西江主要干支流河网及梯级水库水动力模拟及应用

方神光　蓝霄峰　黄代忠　崔丽琴　著

中国水利水电出版社
www.waterpub.com.cn
·北京·

内 容 提 要

本书收集了西江中上游水文、地形及泥沙等资料，分析了西江中游河流水系、泥沙特性、暴雨特性及洪水特性，探讨了主要梯级水库的修建对洪水的影响；研究了西江中游河网及梯级水库在防洪、生态及突发水污染方面的优化调度模式。

西江主要干支流河网及梯级水库水动力的研究，对探讨防灾减灾措施、突发性水质污染应急管理措施及生境变化对水生生物群落的影响具有重要意义，还可以为河网及梯级水库防洪、生态恢复及突发性水污染调度提供技术支撑。

图书在版编目（CIP）数据

西江主要干支流河网及梯级水库水动力模拟及应用 / 方神光等著. -- 北京 : 中国水利水电出版社, 2021.3
ISBN 978-7-5170-9498-2

Ⅰ. ①西… Ⅱ. ①方… Ⅲ. ①西江－分叉型河段－河网化规划－水动力学－数值模拟②西江－分叉型河段－梯级水库－水动力学－数值模拟 Ⅳ. ①TV212.5②TV62

中国版本图书馆CIP数据核字(2021)第052544号

书 名	西江主要干支流河网及梯级水库水动力模拟及应用 XI JIANG ZHUYAO GAN－ZHILIU HEWANG JI TIJI SHUIKU SHUIDONGLI MONI JI YINGYONG
作 者	方神光 蓝霄峰 黄代忠 崔丽琴 著
出版发行	中国水利水电出版社 （北京市海淀区玉渊潭南路1号D座 100038） 网址：www.waterpub.com.cn E－mail：sales@waterpub.com.cn 电话：（010）68367658（营销中心）
经 售	北京科水图书销售中心（零售） 电话：（010）88383994、63202643、68545874 全国各地新华书店和相关出版物销售网点
排 版	中国水利水电出版社微机排版中心
印 刷	清淞永业（天津）印刷有限公司
规 格	184mm×260mm 16开本 15.5印张 377千字
版 次	2021年3月第1版 2021年3月第1次印刷
定 价	**75.00**元

前言

西江是珠江流域的主干，发源于云南省曲靖市乌蒙山余脉的马雄山东麓，自西向东流经云南、贵州、广西、广东4省（自治区），至广东省三水的思贤滘，全长2075km，流域面积35.3万km^2，占珠江流域总面积的77.8%。西江水系支流众多，水量充沛，较大洪水多发生在5—8月。经济发达的三角洲地区的洪水威胁主要来自西江。如"94·6"流域性大洪水、"96·7"柳江大洪水、"98·6"和"05·6"西江大洪水；其中"94·6"流域性大洪水，广东、广西受灾人口近1800万人，直接经济损失高达280多亿元。一方面，为了提高河道两岸的防洪能力，西江中游修建多座大型调节性梯级水库，其中有已建成的龙滩、百色、岩滩和即将建成的大藤峡水利枢纽等，这些梯级水利枢纽结合沿岸堤防的达标加固建设，可提高沿线重点城市防洪能力。另一方面，防洪工程建设结合近些年的河道采砂、航道整治、港口码头建设等，出现了一系列负面影响，如堤防防洪能力下降、洪水演进时间缩短、河床冲刷、堤岸失稳等现象；河道水文特性的变异、低温水的下泄、滩槽冲刷导致的栖息地破坏，伴随近些年经济社会快速发展的巨量污水排放等，致使西江流域水生态环境出现恶化趋势，如西江流域鱼类资源丰富，但由于梯级水库开发导致鱼类生境萎缩，鱼类集中产卵场已由历史上的29个缩减为17个；上游采矿区的密布以及近些年的产业转移，突发性的水体污染事故概率也随之上升，典型的如2011年8月12日云南曲靖市越州镇化工废渣铬渣污染事故，部分有毒污水被直接排入西江源头南盘江，给中、下游地区社会的生产和生活造成了相当程度的影响。随着近年水生态环境治理和恢复提升到国家战略层面，在发挥西江流域梯级水库防洪兴利的同时，急需在梯级水库的调度模式方面开展更多的研究工作，以治理和恢复受损的水生态环境。

本书参考了西江流域规划和研究成果，基于实测水文和地形等资料，建立了西江河网及梯级水库水动力、泥沙和水质数学模型，对梯级水库在防洪、水环境和水生态调度方面的应用进行了研究和探讨。全书共8章，汇总了作者对西江流域近些年来的主要研究成果。第1章，在对西江流域近些年面临的主要问题进行总结的基础上，一方面阐述河网水动力数学模型的类型、计算方法及应用，另一方面对梯级水库在防洪和生态调度中的应用实践历程进行了回顾。第2章，通过引入广延量和强度量的概念，逐步推导了浑水连续方程、运动方程、泥沙输移方程、河床冲淤方程及其简化形式等，详细给出了求解和离散过程。第3章，分析了西江流域水文、泥沙、河道地形特征及演变等特性，探讨了梯级水库建设对洪水演进的影响。第4章，详细阐述了西江中、上游河网及梯级水库水动力模型建立的理论和方法，采用大量实测水文资料对河道糙率和数学模型进行了率定和验证，在建立的数学模型平台上对西江典型频率洪水演进过程进行了模拟。第5章，系统总结了西江流域主要干支流的防洪规划、控制水面线及堤岸达标建设情况，采用实测水文和地形资料，探讨了控制水面线的适用性和堤岸的防洪能力。第6章，采用建立的河网及梯级水库平台，模拟了西江流域发生的中上游型、中下游型和全流域型洪水过程，探讨了不同梯级水库调度模式对不同类型洪水的调度效果。第7章，探讨了枯季如何充分利用梯级水库调度保障梧州断面的生态流量和抑咸流量；对东塔产卵场水深、地形特征进行了分析，基于该产卵场鱼类分布走航实测资料，初步探讨了鱼类产卵期间的活动特性与水力要素之间的相关关系；模拟和分析了为达到鱼类产卵所需的水文过程进行的梯级水库调度模式。第8章，模拟分析了污染物在长距离河道内的输移传播过程及其特性，探讨了不同突发性水体污染事故下的梯级水库调度原则和方式。

鉴于西江流域范围广、上下游之间差异大，需求的多样性和问题的复杂性及作者水平所限，书中难免有不妥及错误之处，敬请读者批评指正。

本书撰写过程中，得到了珠江水利科学研究院徐峰俊总工、谢宇峰副院长、何用所长、李杰所长等人的关心和帮助，在此一并表示衷心感谢！

本书的出版得到了珠江水利科学研究院科技计划项目（〔2015〕ky032）和国家重点研发计划项目（2018YFC0407800）的资助。

作者

2019年8月19日于广州

目录

第1章 绪论

西江地处亚热带，地理条件和自然生态条件独特，生物多样性和鱼类资源极其丰富，为许多洄游性鱼类的洄游通道和繁殖场所，西江栖息有120多种不同类型的水生经济动物。20世纪80年代，西江被确定为我国水电开发基地之一。水电梯级的陆续开发，对西江干流鱼类的水生环境产生了很不利的影响，水电梯级开发形成的库区淹没了部分产卵场，压缩了鱼类繁殖与生存的空间，西江干流原有29个鱼类产卵场，现仅存17个。现存的产卵场功能受到较大程度的限制，鱼类早期资源量和物种多样性也显著减少。

为了保护和改善河流生态环境，保障水生生物多样性，减轻和弥补水库建设对生态系统的负面影响，通过改进水库调度运行方式，制定合理的调度规则，营造水生生物所需要的水文过程，从而维持或恢复健康的水生生境，达到保护水生态系统的目的。西江主要干支流河网及梯级水库水动力模拟作为生态调度研究的手段之一，在生态调度研究中发挥了很重要的作用。

1.1 背景

西江是珠江流域的主干，集水面积占西江、北江流域面积的88%左右，经济发达的三角洲地区的洪水威胁主要来自西江，梧州、广州等防洪重点城市常常受到西江洪水的威胁。随着西江流域经济社会的快速发展，面临的防洪、河道侵占、河床下切、水质污染、水利枢纽建设、生态环境恶化等问题也越来越突出，为解决西江、北江及珠江三角洲地区的防洪问题，《珠江流域综合利用规划报告》提出在西江中、上游兴建龙滩水电站、大藤峡水利枢纽等大中型水库，与北江飞来峡水利枢纽及中、下游沿江堤防形成较为完善的堤库结合防洪工程体系。但总体来看，仍存在以下问题：

(1) 西江中、上游地区沿岸防洪标准较低，近年来气候变化造成的洪水和干旱灾害的频繁发生，以及沿河城镇经济的快速发展和人口的聚集，洪水灾害对沿岸经济社会造成的威胁和损失也越来越大。因此，在大力开展水利工程基础设施建设应对灾害发生的同时，急需就灾害发生前后的预警预报等防灾减灾工作开展更多的研究工作。

(2) 随着近些年珠江流域中、上游社会经济的快速发展，产业向中、上游转移，大量工农业企业厂房、桥梁、管道等沿河流或跨河流布置，并且诸如黔江、红水河、柳江等河流已规划为西部地区重要的通航河道，导致河道及修建的水库区域出现突发性水质污染事故的概率大为增加，由于突发性水质污染具有不确定性、高危害性、难以处理以及紧急性，若不及时采取相应的应急管理措施，将对水库水质及下游珠三角地区供水造成严重影响。

(3) 由于经济社会快速发展，西江流域中、上游地区地形地貌发生了较大的变化，河道采砂等导致的河道下切问题较为突出，同时梯级水电站的开发和大型水利枢纽的建设等改变了河道洪水演进特性、水动力和水环境特性，这也是当前珠江水利委员会防洪和生态调度以及绿色珠江建设关注的重点。

(4) 目前梯级电站的建立充分开发了流域水利资源，但流域梯级建设也从水文情势、理化参数、生物指标、形态结构等方面改变了水生态系统，破坏了由水生生物群落与水环境共同构成的具有特定结构和功能的动态平衡系统，对流域水生生态环境产生了重大影响。其中以鱼类产卵场为例，目前由于人类活动影响及梯级水库开发，鱼类生境萎缩，西江流域鱼类集中产卵场已由历史上的29个缩减为17个。目前电站调度很少考虑水生生态需求，特别是鱼类产卵等敏感期对生态流量过程的需求，能够刺激鱼类产卵的小洪水过程大幅减少，现存产卵场的功能也受到较大影响。

1.2 河网水动力模型研究进展

1.2.1 河网水动力数学模型类型

河网洪水演进过程一般是通过数学建模和利用数值方法进行模拟计算。现阶段，河网水动力模型大致有以下几类：单元划分模型、节点-河道模型、人工神经网络模型、混合模型及蒙特卡罗随机游动模型等。

1.2.1.1 单元划分模型

单元划分模型最先应用于越南湄公河河网的水量计算，又称为湄公河模型。其基本思想是把水位变化小、下垫面因素及水力特性相似的某一片水体概化为一个无调蓄作用的单元，连接河道作为单元间流量交换的媒介。利用有限差分法，把每个单元微分形式的质量平衡方程离散为以单元水位为基本未知量的方程组，再求解得单元间流量和各单元的代表水位。单元划分模型考虑比较全面，涵括了池塘、河道、支流小溪、湖荡等多种水体类型，但却忽略了各种水体除水位外的其他水力特性差别及圣维南方程组的惯性项，因而不适用于水位变化急剧的情况以及感潮河段，仅适用于流速比较稳定的河道。

1.2.1.2 节点-河道模型

节点-河道模型的基本思想是把一维圣维南方程组作为控制方程，将河网中的每一条河道视为独立单一的，每条河道连接处的节点应满足动力衔接条件和流量衔接条件，可得到由圣维南方程组、边界条件和节点衔接方程联立的闭合方程组，进而可求解得到各条河段内各个断面的未知水力要素。该模型原则上适用于任意河网，且计算精度较高，但不适用于滩地、湖泊等非河道水体，而且建模过程相对繁琐。

1.2.1.3 人工神经网络模型

生物的神经网络是由大量神经元构成的并行分布式系统，利用其结构和功能可模拟复杂河网的水动力数值计算。人工神经网络模型的基本思想是依据数值计算需要、工程实际和河道湖泊的相互关系把河网进行概化，将河网分为以下三个部分：河网的输入、河网内部呈串联关系或并联关系的水库、河网的输出。该模型主要是基于节点水量平衡方程和整个河网水量守恒关系来模拟河网洪水演进过程，其中河网的输入输出为简单的线性关系。人工神经网络模型需要比较多的基础资料，而且模型验证较为困难，但可避免单一水动力模型计算量大、计算速度慢而无法用于实时预报等缺点。

1.2.1.4 混合模型

混合模型吸收了单元划分模型和节点-河道模型的优点，基本思想是将需要建模的水系概化成河网和水域两类。河网采用的是节点-河道模型，水域采用的是单元划分模型并引入当量河宽，将水域的调蓄作用概化为河道滩地，再纳入节点-河道模型一并计算。

混合模型是目前使用比较多的河网水力计算模型，因为其综合考虑了水体类型及其互相作用，但前期处理繁琐，而且河道和水域的划分具有经验性。

1.2.1.5 蒙特卡罗随机游动模型

蒙特卡罗随机游动模型是一种比较独特的数值计算方法，一般是建立一个随机过程，使其特征参数等于问题的解，再利用观察或抽样模型来确定所求参数的统计特征，进而得出近似解。基于蒙特卡罗理论建立的河网随机游动模型，节点和断面不需要按照一定的顺序编号，又避免求解大型矩阵，计算简单灵活，为复杂河网水动力计算开拓了一个新方向。

1.2.2 河网水动力数值计算方法

描述河道水流的一维非恒定流方程组属于一阶双曲线型拟线性偏微分方程组，在电子计算机问世之前经常采用马斯京根法、扩散波、瞬态法以及特征河长法等进行求解。随着计算机技术的迅猛发展和普及推广，数值求解圣维南方程组得到迅速发展和广泛应用。圣维南方程组解法大致可划分为特征线法、有限差分法和有限单元法。

1.2.2.1 特征线法

特征线法的基本思想是依据相关数学理论，通过把双曲线型的准线性偏微分方程转化为两组常微分方程，再对常微分方程进行求解。白玉川（2002）等[1]把圣维南方程组转化为相应的特征线方程组，再利用不等距偏心插值特征线格式进行差分离散进而得到内点和边点的差分格式，并利用 Stoker 条件处理节点，最后可获得方程的数值解。特征线法的优势在于计算精度较高，但对于不规则网格，需要进行差值计算才能得到给定断面的水情过程线，这既增加了计算的工作量，也带来一定的计算误差。在实际运用中，特征差分法应用比较广泛，其综合了一般差分法和特征线法的优点。

1.2.2.2 有限差分法

有限差分法可分为显示和隐式两大类。一般来说，显示差分格式无需联立代数方程组，计算简单，但“Courant 条件”限制了其必须是条件稳定的，因而对时间步长 Δt 较为敏感。相对来说，隐式差分格式计算收敛快，稳定性好，可取较长的时间步长，适用范围广，因而在河网数值模型计算中应用广泛。隐式差分格式又可进一步细分为直接解法、松弛迭代法、分级解法和节点分组解法。

(1) 直接解法。直接解法是早期河网水力计算中较为常用的方法，其基本思想是以河道断面水力要素为基本未知量，直接求解由内断面方程和边界方程组成的方程组，但由于方程系数矩阵为高阶稀疏矩阵，大大影响了消元速度。李岳生等[2]提出了“河网不恒定流隐式方程组的稀疏矩阵解法”，在一定程度上节省了计算机内存，提高了计算速度，但矩阵中仍然包含河网的所有方程及未知量，若是河网庞大且复杂，对于计算机求解仍是一个不可避免的问题。

(2) 松弛迭代法。松弛迭代法将河网分解为单一的河道进行计算，求解时先预估河段汇流节点处支流的流量，再利用松弛迭代法进行修正使其逐渐逼近精确值。徐小明等[3]在此基础上进行了改进并运用到环状河网的计算中，把对任意复杂河网的求解转化为对一系列单一河道的求解。

(3) 分级解法。分级解法于 20 世纪中期由 J. Dronkers[4]提出，基本思想是先将河道断面的未知水力要素集中到节点上，再求解含有节点变量的系数矩阵进而回代求解得河道各个断面的水位和流量。分级解法把矩阵未知量都叠加到计算河道两端节点对应断面的水位和流量上，使计算速度得到较大的提高，又保证了计算的精度。该方法曾广泛应用到非洲、美国加利福尼亚、荷兰等地区的河口三角洲水网中并取得较好的效果。20 世纪 70 年代 W. Schulze[5]提出把河网中任一河道视为一个单元，以节点及边界水位为未知量，对连接代数方程组进行压缩。80 年代后，分级解法发展迅速，根据方程组连接形式的不同又可分为二级解法、三级解法和四级解法等。

(4) 节点分组解法。节点分组解法是由李义天[6]在分级解法的基础上首先提出的。该方法是把河网中的节点进行分组并建立分组后的节点方程组，联立计算求得最后一组方程组的水位或流量，再逐步回代求得节点方程组中各节点的水位或流量，进而可求得节点间各河段内各个断面的水位和流量。该方法可将河网中的节点划分成任意多组，使得节点方程组系数矩阵的阶数减少到与分组后各组的节点数相同，降低系数矩阵的维数从而大大降低了计算量。在此基础上，侯玉等[7]总结了节点分组解法的一般理论并提出了新算法，即将河网中的节点进行分片编码，在矩阵分块计算技术的基础上把原节点的水位应用到新的节点方程组中，实现了递推过程的简化。

1.2.2.3 有限单元法

20 世纪 50 年代有学者提出了有限单元法[8]。该方法把连续的流场分解为一系列小单元并在各单元内部选取节点作为插值节点，将微分方程中的变量转化成插值函数与变量及其导数在节点上的线性组合，根据加权剩余或变分原理把控制微分方程转化为可以控制所有孤立单元的有限元方程，再经过联立合成得到满足初始及边界条件的总体有限元方程，最后求解得到各节点上的函数值，即为所求未知量。

1.2.3 河网水动力模型应用概述

河网水动力学模型发展至今已经较为成熟，在国内已广泛应用到科研和工程实际中。詹杰民等[9]建立了可以模拟环状、树状、有分支以及任意组合的河网或渠道的水动力数学模型，将复杂河网分解成河道和节点两大类进行数据结构构建以及存储和使用，在三级联解法的基础上进行改进，避免直接联立求解大型线性方程组，既解决了系数矩阵的带宽问题，又因为构建数据结构的灵活性而使得河网中的河道和汊点可以任意编号。季益柱等[10]建立长江三峡水库一维水动力数学模型，并从水位、流量、流速等方面分析库区水流运动规律，并采用 Visual Basic 编程实现了图形界面与 Fortran 计算程序的数据交互，通过混合编程技术生成动态链接库将两者连接起来，成功实现了一维水动力数值模拟和动态显示的一体化。伍宁[11]利用芙蓉江江口水文站、长江徐六泾水文站的实测水文资料进行分析验算，对解决非恒定流方面的一些实际的水文问题进行初步分析和探讨。张小琴等[12]将圣维南方程组与新安江模型结合构成河口地区水位模拟模型，根据上、下边界和预报断面的初始水位、流量假定了三种初始条件应用于曹娥江感潮河段的水位预报。计算显示，由这三种初始条件计算的整个洪水过程的效果相当，初始条件的选取对计算洪水过程的起涨段有较大影响，考虑预报断面初始水位的初始条件能较好地模拟洪水的起涨段。

针对珠江河口网河区的复杂情况，朱金格等[13]分别对 20 世纪 50 年代和 90 年代珠江河网区水动力过程进行了模拟，同时结合相关数据探讨了珠江河网水动力对地形变化的响应；李毓湘等[14]建立了珠江三角洲河网区水动力学模型，采用三级联解法计算，利用丰水期、平水期、枯水期三期实测资料对模型参数进行率定并取得了较好的效果。龙江等[15]应用有限元法对珠江三角洲进行一维水动力模拟，其基本思想是仿照四点隐式差分法在每个单元内部形成独立的单元方程组，通过空间和时间上的离散，利用 Galerkin 法弱形式构造圣维南方程组的有限元控制方程组，运用 FRONT 法和 Newton－Raphson 法求解非线性总体方程组，结合边界条件和初始条件求得数值解。徐峰俊等[16]利用珠江三角洲和河口区水流泥沙、含氯度连续条件，把珠江三角洲网河区一维水沙、含氯度输移数学模型和河口区二维水沙、含氯度输移数学模型进行了联解，采用最新的地形资料并选用洪水、中水、枯水及大潮、中潮、小潮等多种水文组合条件对该模型进行分区验证和整体验证。

1.3 梯级水库调度研究进展

1.3.1 梯级水库防洪调度研究进展

近年随着大型水库、梯级水库的兴建，流域梯级水库的优化调度问题受到人们的高度重视。发电已不再是水库运行的单一目标，梯级水库开始更多地考虑防洪任务。开展大型流域水库群联合优化调度，不仅关系到水库群自身的安全和经济利益，也关系到防洪、生态、供水等多方面的利益。

自20世纪40年代Little[17]率先提出将最优化理论运用到水库调度，国外学者对水库群综合防洪调度做了大量研究。进入70年代，随着通信技术、遥感技术、计算机技术的发展，以线性规划、非线性规划和动态规划为代表的优化技术开始被广泛研究，并取得了一定的应用成果。Windsor（1973）[18]最早进行线性规划研究，线性规划法为水库调度中最广泛使用的方法，不需要初始决策，结果收敛于全局最优解，计算方便快速。非线性规划[19]则可以处理线性规划所不能处理的不可分目标函数与非线性约束问题，非线性规划的方法有：逐次线性规划法（Successive Linear Programming）、增量拉格朗日方法（Incremental Lagrangian Method）、广义梯度下降法（Generalized Reduced Gradient Method）等；Barros等[20]将非线性规划（Nonlinear Programming）方法用于巴西的那帕内马河（ParanaPanema）梯级水库；随后在2003年，又将该方法扩展应用到巴西全国共75个水电站组成的大规模水电系统，在预测入流情况下实现了洪水实时调度。动态规划法是继线性规划法、非线性规划法后提出的，具有上述两种方法的优点，可将复杂问题分解为若干子问题，逐个求解。张忠波等[21]将并行计算和改进遗传算法两种优化算法应用于水库优化调度模型求解中，为水库优化调度模型求解提供了新的研究手段。

相较于国外较早的水库联合调度研究，我国的水库优化防洪调度研究始于20世纪60年代，梯级水库群的联合防洪调度研究则始于80年代[22]。熊斯毅（1983）[23]将偏离损失系数法引入水库群优化调度研究中。该方法由单一水库优化调度建立起来，利用偏离损失系数将单一水库优化调度结果有机地衔接，这样一般的水库群都可以归结为两个或两个以上水库群系统。张勇传等（1987）[24]在水库群优化调度的研究中针对确定来水条件的优化调度问题提出状态极值（水位）逐次优化解法（SEPOA）[25]，不仅可以解决数学计算中的维数问题也能解决局部极值与整体极值的关系问题，并提出水库群优化调度函数及其参数识别方法，应用T变换改进卡尔曼滤波算法从而提高径流预报准确度。董子敖和李英（1991）[26]提出了一个求解超大规模水电站群补偿调节调度的“分级多层次法”优化模型，该模型采用大系统递阶理论，首次提出采用水电站水库群补偿调节和调度的多目标多层次优化法数学模型，该模型可计算优化水库达20座。为了针对数量更为庞大的水库群，董子敖等[26]又在多目标多层次优化数学模型的基础上做进一步拓展提出分级优化，以三峡水电站为中心的跨大区联网水库群系统便用此理论进行优化调度，其中最大的一个水库群多达117座，包括73座长期调节水库。徐刚等（2005）[27]将蚁群算法应用到水库优化调度中，取得了较好的效果。蚁群算法在近十年针对联合水库优化调度问题在国内有着大量研究，如刘玒玒、汪妮等（2015）[28]针对水库群优化调度问题提出一种改良化蚁群算法，是一种自行调整信息素挥发系数、信息量及转移概率的改进蚁群算法，有效地解决了传统蚁群算法收敛速度慢且容易陷入局部极值的缺陷，该方法在黑河三水库联合供水优化调度中进行实践，相较于传统蚁群算法，该方法提高了计算效率及精度。

针对西江流域梯级水库调度，中水珠江规划勘测设计有限公司近年做了大量研究工作，如：2006年完成了《西江骨干水库对西江防洪影响研究报告》[29]，在分析西江洪水特性的基础上，以梧州站为防洪控制点，分别对天生桥一级、岩滩、龙滩、大藤峡进行调度研究；2008年完成了《西江洪水调度方案研究报告》[30]，重点分析了全流域型、中上游型、中下游型洪水特性，逐级以武宣、大湟江口、梧州站作为控制站点，对已建的龙滩、岩滩、红花、西津大型水库和长洲梯级水利枢纽进行调洪分析后，研究了针对不同类型洪水发生条件下的梯级水库调度规则；2012 年提出的《西江干流洪水实时调度方案》[31]进一步对不同类型洪水下的调度规则进行了研究，并对参与调度水库自身防洪安全风险进行了分析和探讨。

1.3.2 梯级水库生态调度研究进展

随着人们对河流保护认识的逐步加强，越来越多的河流已经从开发利用状态转向于生态修复。梯级水库也开始承担生态修复任务，建设生态友好型水库，对已建梯级水库进行生态友好型调度成为现在的热门研究方向。生态调度从 20 世纪 70 年代提出以来，其理念及求解技术的研究发展非常迅速，并以国外研究为代表进行了一系列成功实践，以美国、澳大利亚、日本、德国等发达国家水平较高。水库生态调度是在保证防洪、发电、灌溉等效益的条件下，调节下泄流量的时间序列，尽可能恢复下游水流的自然节律过程，并通过人造洪峰等恢复自然水位涨落特征，调节水质、水温和泥沙冲淤，进行流域自然生态环境修复。

如 1991—1996 年，美国田纳西河流域管理局[32]为提高水库泄流水量和水质，针对其管理的 20 个水库，从生态角度对水库调度方式进行调整。采用适当的日调节、设置小型机组等方法有效提高了下游河道最小流量；采用涡轮机掺气、使用复氧堰设施等方法，有效地提高了下泄水流的溶解氧浓度，显著改善了水库下游水生态环境。建于 1942 年的哥伦比亚的大古力水坝（GCD）[33]，直到 1948 年其运行目标都是单一发电，1948—1982 年，更多的是承担防洪任务，1983 年后提出了促进以鲑鱼为代表的鱼类和野生动物繁殖任务，大坝在管理中开始考虑溯河产卵鱼类的产卵问题。大古力水坝的生态管理开始采用帮助幼鱼过坝、增大下泄流量、模拟高流量脉冲等方法，有效地提高了洄游鱼类的过坝率，解决了其产卵问题及大坝水生物繁殖问题。巴西图库鲁伊水电站[34]在其水库调度中规定，为避免大坝给下游生态群落造成伤害，保护堤岸斜坡、水库四周的稳定，制定了水电站的运行水位不能超过 72m 的调度规则，有力地保证了在水库多指标的管理调度中，生态指标能有效地得到保障从而确保下游群落的生态安全；2000—2001 年，澳大利亚墨类—达令河流域为满足鱼类产卵所需的生态流量，采用释放生态流量、营造天然洪水过程的方式进行生态修复，很好地刺激了鱼类产卵，从而改善了生态环境。

水库生态调度的相关研究在国内虽然起步较晚，但从理论到实践均有大的进展。胡和平和刘登峰等（2008）[35]提出了基于生态流量过程线的水库生态调度方法，它是以水电站的年发电量为最大优化目标，生态流量过程线为相关约束。生态流量过程线是为满足下游生态环境所需流量范围的上下限，多数情况下是给出流量所需下限。该方法被应用在对黄河某子流域进行模拟计算，针对下游生态环境提出 4 个生态目标，计算结果显示生态目标与发电目标并不是完全对立的，在满足生态目标的同时发电量仅减少 7.6%。曾勇（2010）[36]提出跨界水冲突博弈模型，基于博弈论与最优方法，考虑冲突参与人的非合作及合作行为、水资源的质与量、河道最小生态需水要求，将模型运用于官厅水库流域的张家口市、北京市跨界的水量和水质冲突问题，合理确定排污少、经济效益高的水质水量联合调度方案。康玲和黄云燕等（2010）[37]提出逐步优化算法（POA），将多阶段决策问题分为若干子问题，每个子问题考虑相邻两时间段的目标值，逐个时段寻优直到收敛，分析计算了汉江的最小生态流量、适宜生态流量以及四大家鱼产卵所需要的洪水脉冲过程，对丹江口水库进行生态优化调度方案编制。小浪底调水调沙（2003—2005）[38]过程中，将生态引入调度总目标中，通过加大上游水库下泄流量的方法减少泥沙淤积，有效地改善了下游生态环境。中华鲟是典型的溯河洄游性鱼类，1981年建成的葛洲坝阻碍了中华鲟通往金沙江下游及长江上游历史产卵场的洄游通道，并改变了中华鲟产卵繁殖所需要的特定水文和水动力条件。有鉴于此，下游针对中华鲟产卵场建立了水动力数学模型进行水库生态调度[39]，以中华鲟产卵期为调度周期，将产卵场产卵适合度作为指标，同时考虑水库防洪、航运效益建立双目标水库生态调度模型。经过计算结果分析，生态调度后中华鲟在产卵期（10—11月）同比历史可增加39%适合产卵水域面积，而发电量仅损失0.15%，取得了较好的成果。

第2章

一维水动力数学模型

天然河道复杂多样，有顺直型、弯曲型、游荡型、分汊型等，各种河型水流结构的泥沙运动都不一样。严格来说，天然河道水流运动不是一维的，但从宏观角度来分析，研究重点集中在断面平均水力要素上，一维水流运动的假定是合理的。

本章介绍的一维河网水动力数学模型作出假定：水流和泥沙是一维的，即各水流和泥沙运动要素在全断面上均匀分布；水位在全河宽上水平；水流运动弯曲较小，竖向加速度可忽略，全断面的压力分布可看成静水压力分布；悬移质含沙量在全断面的分布均匀；河床坡度较小，其倾角的余弦近似等于1，悬移质和推移质颗粒相互碰撞的影响忽略不计。

2.1 基本概念

为从基本原理出发推导一维河网水动力数学模型，此处引入广延量、强度量概念。广延量定义为只与质量相关的量，如体积、质量、动量、能量等，用大写字母 Φ 表示；强度量定义为与质量无关的量，如压强、温度等，用小写字母 φ 表示。广延量和强度量之间的物理关系可以用如下微分表示：

$$\Phi=\int_{\Omega}\rho\varphi \mathrm{d}\tau \tag{2-1}$$

Ω 表示体积，ρ 为密度，用 σ 表示该体积的表面积，则广延量的随流微商有

$$\frac{D\Phi}{Dt}=\frac{D}{Dt}\int_{\Omega}\rho\varphi \mathrm{d}\tau=\frac{\partial}{\partial t}\int_{\Omega}\rho\varphi \mathrm{d}\tau+\int_{\partial\Omega}\rho\varphi u_n \mathrm{d}\sigma \tag{2-2}$$

若控制体 Ω 形状不变，则有

$$\frac{D}{Dt}\int\rho\varphi\mathrm{d}\tau=\int_{\Omega}\frac{\partial}{\partial t}(\rho\varphi)\mathrm{d}\tau+\int_{\partial\Omega}\rho\varphi u_n\mathrm{d}\sigma \tag{2-3}$$

用高斯公式，将式（2-3）积分有

$$\int_{\partial\Omega}\rho\varphi u_n\mathrm{d}\sigma=\int_{\Omega}\nabla(\rho\varphi u_n)\mathrm{d}\tau$$

则有

$$\frac{D}{Dt}\int\rho\varphi\mathrm{d}\tau=\int_{\Omega}\left[\frac{\partial}{\partial t}(\rho\varphi)+\nabla(\rho\varphi u_n)\right]\mathrm{d}\tau \tag{2-4}$$

定义 ρ 为清水密度，ρ_S 为泥沙密度，ρ_p 为单位体积上混合物浑水密度，S 为单位体积泥沙含量，则浑水密度为：

$$\rho_p=\rho\left(1-\frac{S}{\rho_S}\right)+S=\rho+\frac{\rho_S-\rho}{\rho_S}S=\rho+\frac{\Delta\rho}{\rho_S}S \tag{2-5}$$

令式（2-1）中的 $\varphi=1$，则 $\Phi=\int_{\Omega}\rho\mathrm{d}\tau$ 表示的物理意义为质量。

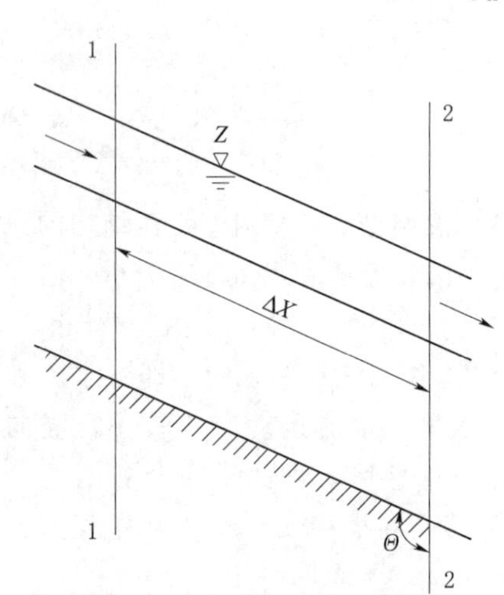

图2-1 河道剖面示意图

将质量守恒定律应用于浑水团则有

$$\frac{D}{Dt}\int_{\tau}\rho_p\mathrm{d}\tau=0 \tag{2-6}$$

将质量守恒定律应用于泥沙则有

$$\frac{D}{Dt}\int_{\tau}S\mathrm{d}\tau=0 \tag{2-7}$$

将牛顿第二定律用于泥沙则有

$$\frac{D}{Dt}\int_{\tau}\rho_p\vec{v}\mathrm{d}\tau=\vec{F} \tag{2-8}$$

式（2-1）中 $\rho\varphi$ 可以用来表示浑水团的密度、浑水团中泥沙分密度和浑水团的动量。若考虑浑水团体积变化，如图2-1所示，考虑某河道断面1-1和断面2-2之间的浑水团，取 $\mathrm{d}\tau=\Delta x\mathrm{d}A$，$A$ 表示浑水团的全部表面积，A_1、A_2 和 A_0 分别表示断面1-1的过水面积、断面2-2的过水面积和两个断面之间河道底部的冲淤变化面积，ρ_l 和 q_l 分别表示两断面间的入流浑水密度和流量，流速矢量以与体积表面外法向向量方向一致为正，将式（2-2）展开有

$$\begin{aligned}\frac{D}{Dt}\int_{\Omega}\rho\varphi\mathrm{d}\tau&=\frac{\partial}{\partial t}\int_{A+A_0}\rho\varphi\mathrm{d}A\Delta x-\int_{A_1}\rho\varphi u\mathrm{d}A+\int_{A_2}\rho\varphi u\mathrm{d}A+\rho_l q_l\Delta x\\&=\frac{\partial}{\partial t}\int_{A}\rho\varphi\mathrm{d}A\Delta x+\frac{\partial}{\partial t}\int_{A_0}\rho\varphi\mathrm{d}A\Delta x-\int_{A_1}\rho\varphi u\mathrm{d}A+\int_{A_1}\rho\varphi u\mathrm{d}A\\&\quad+\frac{\partial}{\partial x}\int_{A_1}\rho\varphi u\mathrm{d}A\Delta x+\cdots+\rho_l q_l\Delta x\\&=\left(\frac{\partial}{\partial t}\int_{A}\rho\varphi\mathrm{d}A+\frac{\partial}{\partial t}\int_{A_0}\rho\varphi\mathrm{d}A+\frac{\partial}{\partial x}\int_{A_1}\rho\varphi u\mathrm{d}A+\cdots+\rho_l q_l\varphi\right)\Delta x\end{aligned} \tag{2-9}$$

2.2 基本方程推导

2.2.1 一般浑水连续方程推导

将 $\varphi=1$，$\rho=\rho_p$ 代入式（2-6）和式（2-9）有

$$\left(\frac{\partial}{\partial t}\int_A \rho_p \mathrm{d}A+\frac{\partial}{\partial t}\int_{A_0} \rho_p \mathrm{d}A+\frac{\partial}{\partial x}\int_A \rho_p u \mathrm{d}A+\rho_l q_l\right)\Delta x+\cdots=0$$

$$\Rightarrow \frac{\partial}{\partial t}\int_A \rho_p \mathrm{d}A+\frac{\partial}{\partial t}\int_{A_0} \rho_p \mathrm{d}A+\frac{\partial}{\partial x}\int_A \rho_p u \mathrm{d}A+\rho_l q_l+\text{无穷小}=0$$

$$\Rightarrow \frac{\partial}{\partial t}\int_A \rho_p \mathrm{d}A+\frac{\partial}{\partial t}\int_{A_0} \rho_p \mathrm{d}A+\frac{\partial}{\partial x}\int_A \rho_p u \mathrm{d}A+\rho_l q_l=0 \tag{2-10}$$

式（2-10）即为浑水连续方程，对其进行时均化有

$$\rho_p=\overline{\rho_p}+\rho'_p, u=\overline{u}+u' \text{ 且} \overline{\int_A \rho_p \mathrm{d}A}=\int_A \overline{\rho_p}\mathrm{d}A \tag{2-11}$$

得到 $$\overline{\int_A \rho_p u A}=\int_A \overline{\rho_p}\,\overline{u}\mathrm{d}A+\int_A \overline{\rho'_p u'}\mathrm{d}A, \overline{\rho'_p u'}=-\varepsilon_x \frac{\partial \overline{\rho_p}}{\partial x} \tag{2-12}$$

式中，ε_x 为 x 方向上紊动扩散系数。联立式（2-10）和式（2-12）有

$$\frac{\partial}{\partial t}\int_A \overline{\rho_p}\mathrm{d}A+\frac{\partial}{\partial t}\int_{A_0} \overline{\rho_p}\mathrm{d}A+\frac{\partial}{\partial x}\int_A \overline{\rho_p}\,\overline{u}\mathrm{d}A-\frac{\partial}{\partial x}\int_A \varepsilon_x \frac{\partial \overline{\rho_p}}{\partial x}\mathrm{d}A+\overline{\rho_l}\,\overline{q_l}=0 \tag{2-13}$$

对简单河道，将式（2-13）积分并忽略紊动项得浑水时均连续方程：

$$\frac{\partial}{\partial t}(A\rho_m)+\frac{\partial}{\partial x}(\rho_m uA)+\rho_0 \frac{\partial A_0}{\partial t}+\rho_l q_l=0 \tag{2-14}$$

式中：ρ_0 为河床饱和湿密度；且有关系式 $\rho_m=\rho\left(1-\frac{S}{\rho_S}\right)+S$，$\rho_0=\rho\left(1-\frac{\rho'}{\rho_S}\right)+\rho'$，$\rho'$为床沙容重。

2.2.2 一般浑水运动方程推导

运动方程推导主要依据动量守恒定律，不含冲淤变化时有 $\varphi=u$，$\rho=\rho_p$，代入式（2-8）和式（2-9）则有关系式：

$$\frac{D}{D_t}\int_\tau \rho_p \vec{V}\mathrm{d}\tau=\vec{F}=\left(\frac{\partial}{\partial t}\int_A \rho_p u \mathrm{d}A+\frac{\partial}{\partial t}\int_A \rho_p u \mathrm{d}A+\frac{\partial}{\partial t}\int_{A_0} \rho_l u \mathrm{d}A+\rho_l q_l u_l\right)\Delta x+\cdots \tag{2-15}$$

控制体上作用的外力包括重力 $\vec{G}$、压力 $\vec{P}$ 和黏性力 $\overrightarrow{T_u}$，将其取 x 轴上投影，则外力：

$$\left(\frac{\partial}{\partial t}\int_A \rho_p u \mathrm{d}A+\frac{\partial}{\partial x}\int_{A_1} \rho u^2 \mathrm{d}A+\rho_l q_l u_l\right)\Delta x+\cdots=\vec{G}+\vec{P}+\overrightarrow{T_u} \tag{2-16}$$

式中：u_l 为旁侧入流或出流沿 x 轴向平均分速。

将式（2-16）时均化则有

$$\left[\frac{\partial}{\partial t}\int_A \overline{\rho_P}\,\overline{u}\mathrm{d}A+\frac{\partial}{\partial t}\int_A \overline{\rho'_P u'}\mathrm{d}A+\frac{\partial}{\partial x}\int_{A1}\overline{\rho_P}\,\overline{u}^2\mathrm{d}A+\frac{\partial}{\partial x}\int_{A1}(\overline{\rho_P}\,\overline{u'^2}+2\,\overline{\rho'u'}\overline{u})\mathrm{d}A+\rho_l q_l u_l\right]\Delta x+\cdots$$
$$=G+P+T_u$$

忽略小量有

$$\left(\frac{\partial}{\partial t}\int_A \overline{\rho_P}\,\overline{u}\mathrm{d}A+\frac{\partial}{\partial x}\int_{A1}\overline{\rho_P}\,\overline{u^2}\mathrm{d}A+\rho_l q_l u_l\right)\Delta x+\cdots=G+P+T_u+T_t \quad (2-17)$$

式中：T_t 为紊动切应力。

（1）重力：
$$G=\rho_m gA\Delta x i_b \quad (2-18)$$

（2）断面1-1压力：
$$p_1=\rho_m g h_c A \quad (2-19)$$

断面2-2压力：
$$p_2=-\left[\rho_m g h_c A+\frac{\partial}{\partial x}(\rho_m g h_c A)\Delta x+\cdots\right] \quad (2-20)$$

侧壁压力：
$$p_l=\int_0^h \rho_m g(h-y)\frac{\partial b}{\partial x}\Delta x\mathrm{d}y \quad (2-21)$$

则总压力为

$$P=p_1+p_2+p_l=\left[-\frac{\partial}{\partial x}(\rho_m g h_c A)+\int_0^h \rho_m g(h-y)\frac{\partial b}{\partial x}\mathrm{d}y+\cdots\right]\Delta x$$
$$=\left[-\rho_m gA\frac{\partial h_c}{\partial x}-\rho_m g h_c\frac{\partial A}{\partial x}-h_c gA\frac{\partial \rho_m}{\partial x}+\int_0^h \rho_m g(h-y)\frac{\partial b}{\partial x}\mathrm{d}y\right]\Delta x+\cdots \quad (2-22)$$

其中，h_c 表示断面形心淹没深度，将 $h_c=\frac{1}{A}\int_0^h (h-y)b\mathrm{d}y$ 代入式（2-22）则有

$$P=\left[-\rho_m g\left(\frac{\partial h}{\partial x}A+\int_0^h (h-y)\frac{\partial b}{\partial x}\mathrm{d}y-h_c\frac{\partial A}{\partial x}\right)-\rho_m g h_c\frac{\partial A}{\partial x}-g h_c A\frac{\partial \rho_m}{\partial x}\right.$$
$$\left.+\int_0^h \rho_m g(h-y)\frac{\partial b}{\partial x}\mathrm{d}y\right]\Delta x+\cdots=-\left(\rho_m gA\frac{\partial h}{\partial x}+g h_c A\frac{\partial \rho_m}{\partial x}\right)\Delta x+\cdots \quad (2-23)$$

（3）黏性力：包括床面摩阻力、风应力及过水断面上的黏性力，最后一项一般忽略，有

$$\tau_\mu=\tau_s B\Delta x-\tau_b \chi\Delta x \quad (2-24)$$

均匀流时床面摩阻力为
$$\tau_b=\rho_m g\frac{A}{\chi}i_f \quad (2-25)$$

式中：i_f 为水力坡度；τ_s 为风应力；B 为水面宽；τ_b 为床面摩阻力；χ 为湿周。

联立式（2-24）和式（2-25）有黏性力

$$T_u=(\tau_S B-\rho_m gAi_f)\Delta x \quad (2-26)$$

（4）紊流作用力：
$$T_t=\frac{\partial}{\partial x}\int_A \tau_{xx}\mathrm{d}A\Delta x+\cdots \quad (2-27)$$

将式（2-18）～式(2-27)代入方程（2-17）有

$$\frac{\partial}{\partial t}\int_A \overline{\rho_P}\,\overline{u}\mathrm{d}A+\frac{\partial}{\partial x}\int_A \overline{\rho_P}\,\overline{u^2}\mathrm{d}A+\rho_l q_l u_l$$
$$=\overline{\rho_m}gAi_b-\overline{\rho_m}gA\frac{\partial h}{\partial x}-g h_c A\frac{\partial \rho_m}{\partial x}+\tau_s B-\overline{\rho_m}gAi_f+\frac{\partial}{\partial x}\int_A \tau_{xx}\mathrm{d}A \quad (2-28)$$

若略去式（2-28）的紊动应力，且将：$gh_cA\dfrac{\partial\rho_m}{\partial x}=gh_cA\dfrac{\partial}{\partial x}\left(\rho+\dfrac{\Delta\rho}{\rho_s}S\right)=gh_cA\dfrac{\Delta\rho}{\rho_s}\dfrac{\partial S}{\partial x}$代入，有

$$\left(\frac{\partial}{\partial t}\int_A\rho_p u\,\mathrm{d}A+\frac{\partial}{\partial x}\int_A\rho_p u^2\,\mathrm{d}A+\rho_m gA\frac{\partial h}{\partial x}+gh_cA\frac{\Delta\rho}{\rho_s}\frac{\partial S}{\partial x}=\rho_m gA(i_b-i_f)+\tau_sB-\rho_l q_l u_l \tag{2-29}$$

略去风应力并对简单河道进行断面积分则有浑水运动方程：

$$\frac{\partial}{\partial t}(\rho_m uA)+\frac{\partial}{\partial x}(\rho_m u^2A)+\rho_m gA\frac{\partial h}{\partial x}+gh_cA\frac{\Delta\rho}{\rho s}\frac{\partial S}{\partial x}=\rho_m gA(i_b-i_f)-\rho_l q_l u_l \tag{2-30}$$

2.2.3 一般泥沙及河床冲淤方程推导

2.2.3.1 泥沙连续方程

固相泥沙遵守连续方程，有

$$\frac{D}{Dt}\int_\Omega\rho\varphi\,\mathrm{d}\tau=0 \tag{2-31}$$

将含沙量 $S=\rho\varphi$ 代入式（2-31），则有

$$\frac{D}{Dt}\int_\Omega S\,\mathrm{d}\tau=0 \tag{2-32}$$

如图 2-2 所示，式中床面控制面元素 $\mathrm{d}\sigma=\mathrm{d}\chi\Delta x$；床面上部泥沙运动速度定义为 $v_{s(-n)}$；床面因为冲淤的运动速度定义为$\tilde{v}_{-n}$，则床面控制面外法向泥沙通量为

$$\int_\chi\rho_b(v_{s(-n)}-\tilde{v}_{s(-n)})\,\mathrm{d}\chi\Delta x \tag{2-33}$$

将式（2-33）作为源项代入一维连续方程，则有

$$\frac{D}{Dt}\int_\Omega\rho\varphi\,\mathrm{d}\tau=(\frac{\partial}{\partial t}\int_A\rho\varphi\,\mathrm{d}A+\frac{\partial}{\partial t}\int_{A0}\rho\varphi\,\mathrm{d}A+\frac{\partial}{\partial x}\int_{A1}\rho\varphi u\,\mathrm{d}A+\rho\varphi q_l)\Delta x+\cdots=0$$

$$\Rightarrow\left[\frac{\partial}{\partial t}\int_A S\,\mathrm{d}A+\frac{\partial}{\partial x}\int_{A1}Su\,\mathrm{d}A+\int_\chi S_b(v_{s(-n)}-\tilde{v}_{s(-n)})\,\mathrm{d}x+S_l q_l\right]\Delta x+\cdots=0$$

$$\Rightarrow\frac{\partial}{\partial t}\int_A S\,\mathrm{d}A+\frac{\partial}{\partial x}\int_A Su\,\mathrm{d}A+\int_\chi S_b(v_{s(-n)}-\tilde{v}_{s(-n)})\,\mathrm{d}x+S_l q_l=0 \tag{2-34}$$

又根据河床界面高程 y_0 变化、河床内侧泥沙密度 ρ'及其与界面泥沙通量之间的关系可推导出如下关系式：

$$\int_x S_b(v_{s(-n)}-\tilde{v}_{-n})\,\mathrm{d}x=\int_B\rho'\frac{\partial y_0}{\partial t}\mathrm{d}b \tag{2-35}$$

联立式（2-34）和式（2-35），则有

$$\frac{\partial}{\partial t}\int_A S\,\mathrm{d}A+\frac{\partial}{\partial x}\int_A Su\,\mathrm{d}A+\int_B\rho'\frac{\partial y_0}{\partial t}\mathrm{d}b+S_l q_l=0 \tag{2-36}$$

将式（2-36）时均化并忽略紊动扩散，则有

$$\frac{\partial}{\partial t}\int_A\overline{S}\,\mathrm{d}A+\frac{\partial}{\partial x}\int_A\overline{S}\overline{u}\,\mathrm{d}A+\int_B\rho'\frac{\partial y_0}{\partial t}\mathrm{d}b+S_L q_l=0 \tag{2-37}$$

简单河道对上式积分则得到泥沙连续方程：

$$\frac{\partial}{\partial t}(SA)+\frac{\partial}{\sigma x}(AuS)+\rho'\frac{\partial A_0}{\partial t}+S_l q_l=0 \tag{2-38}$$

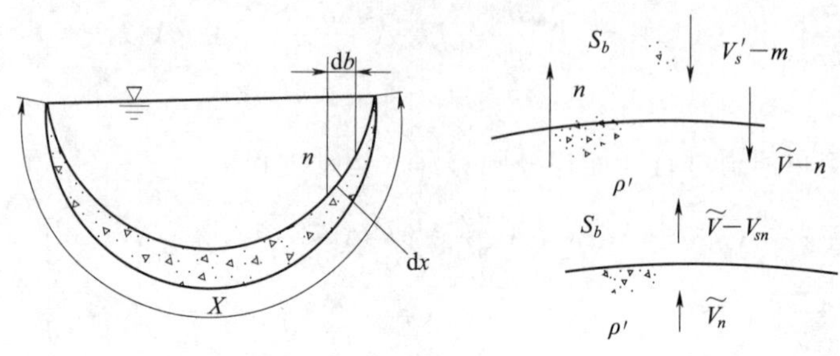

图 2-2　河床冲淤示意图

2.2.3.2　河床变形方程

由床面泥沙通量满足质量方程 $S_b(\widetilde{v}_n-v_{sn})=\rho'\widetilde{v}_n$，有

$$\left[w_b S_b+\varepsilon_y\left(\frac{\partial \overline{s}}{\partial_y}\right)_b\right]B=\rho'\frac{\partial A_0}{\partial t} \tag{2-39}$$

当输沙处于平衡状态时，不发生冲淤变化，则

$$\frac{\partial A_0}{\partial t}=0 \tag{2-40}$$

床面附近饱和输沙时含沙量 S_b 等于饱和含沙量 S_{b*}，则

$$\varepsilon_y\left(\frac{\partial \overline{S}}{\partial y}\right)_b=-w_b S_{b*} \tag{2-41}$$

假设该式于不平衡输沙时的规律也存在，则

$$Bw_b(\overline{S_b}-S_{b*})=\rho'\frac{\partial A_0}{\partial t} \tag{2-42}$$

用断面平均沉速取代近底沉速 w_b，断面平均含沙量 S 取代近底含沙量$\overline{S_b}$，则有 $\alpha_1=\frac{\overline{S_b}}{S}$，$\alpha_2=\frac{S_{b*}}{S_*}$，联立上述公式则得到河床变形方程：

$$Bw(\alpha_1 S-\alpha_2 S_*)=\rho'\frac{\partial A_0}{\partial t} \tag{2-43}$$

2.2.4　简化浑水连续方程和运动方程推导

2.2.4.1　浑水连续方程简化推导

由浑水连续方程
$$\frac{\partial}{\partial t}(\rho_m A)+\frac{\partial}{\partial x}(\rho_m uA)+\rho_0\frac{\partial A_0}{\partial t}+\rho_l q_l=0 \tag{2-44}$$

泥沙连续方程
$$\frac{\partial}{\partial t}(SA)+\frac{\partial}{\sigma x}(AuS)+\rho'\frac{\partial A_0}{\partial t}+S_l q_l=0 \tag{2-45}$$

以及
$$\rho_m=\rho+\frac{\rho_s-\rho}{\rho s}S \tag{2-46}$$

式（2-37）展开有

$$A\frac{\partial\rho_m}{\partial t}+\rho_m\frac{\partial A}{\partial t}+\rho_m\frac{\partial Q}{\partial x}+Q\frac{\partial\rho_m}{\partial x}+\rho_0\frac{\partial A_0}{\partial t}+\rho_l q_l=0 \tag{2-47}$$

又

$$\frac{\partial\rho_m}{\partial t}=\frac{\rho_s-\rho}{\rho_S}\frac{\partial s}{\partial t},\frac{\partial\rho_m}{\partial x}=\frac{\rho_s-\rho}{\rho_S}\frac{\partial s}{\partial x} \tag{2-48}$$

式（2-38）展开，有

$$A\frac{\partial s}{\partial t}+S\frac{\partial A}{\partial t}+S\frac{\partial Q}{\partial x}+Q\frac{\partial S}{\partial x}+\rho'\frac{\partial A_0}{\partial t}+S_L q_l=0 \tag{2-49}$$

联立式（2-47）和式（2-48），有

$$A\frac{\Delta\rho}{\rho_s}\frac{\partial s}{\partial t}+\rho_m\frac{\partial A}{\partial t}+\rho_m\frac{\partial Q}{\partial x}+Q\frac{\Delta\rho}{\rho_s}\frac{\partial s}{\partial x}+\rho_0\frac{\partial A_0}{\partial t}+\rho_l q_l=0 \tag{2-50}$$

由式（2-49）有

$$A\frac{\partial s}{\partial t}+Q\frac{\partial S}{\partial x}+\rho'\frac{\partial A_0}{\partial t}=-S\frac{\partial A}{\partial t}-S\frac{\partial Q}{\partial x}-S_L q_l \tag{2-51}$$

将式（2-51）代入式（2-50）中有

$$\rho_m\frac{\partial A}{\partial t}+\rho_m\frac{\partial Q}{\partial x}+\frac{\Delta\rho}{\rho_s}\left[-S\frac{\partial A}{\partial t}-S\frac{\partial Q}{\partial x}-S_L q_l\right]+\rho_0\frac{\partial A_0}{\partial t}+\rho_L q_l=0 \tag{2-52}$$

合并后有

$$\left(\rho_m-\frac{\Delta\rho}{\rho_s}S\right)\frac{\partial A}{\partial t}+\left(\rho_m-\frac{\Delta\rho}{\rho_s}S\right)\frac{\partial Q}{\partial x}+\rho_0\frac{\partial A_0}{\partial t}+\left(\rho_l-\frac{\Delta\rho}{\rho_s}S_l\right)q_l=0 \tag{2-53}$$

由 $\rho=\rho_m-\frac{\Delta\rho}{\rho_s}S$ 代入上式，有

$$\rho\frac{\partial A}{\partial t}+\rho\frac{\partial Q}{\partial x}+\rho_0\frac{\partial A_0}{\partial t}+\rho_l q_l=0 \tag{2-54}$$

近似取 $\rho_0/\rho\approx 1$，$\rho_l/\rho\approx 1$，则得到浑水连续方程：

$$\frac{\partial A}{\partial t}+\frac{\partial Q}{\partial x}+\frac{\partial A_0}{\partial t}+q_l=0 \tag{2-55}$$

一般河床冲淤面积时间变化率$\frac{\partial A_0}{\partial t}$比其他项小很多，忽略该项则得到简化连续方程：

$$\frac{\partial A}{\partial t}+\frac{\partial Q}{\partial x}+q_l=0 \tag{2-56}$$

2.2.4.2 简化运动方程推导

前面推导的一般浑水运动方程为

$$\frac{\partial}{\partial t}(\rho_m uA)+\frac{\partial}{\partial x}(\rho_m u^2 A)+\rho_m gA\frac{\partial h}{\partial x}+gh_c A\frac{\Delta\rho}{\rho_s}\frac{\partial s}{\partial x}=\rho_m gA(i_b-i_f)-\rho_l q_l u_l \tag{2-57}$$

上式左边展开

$$\begin{cases}\dfrac{\partial}{\partial t}(\rho_m uA)=\rho_m\dfrac{\partial(uA)}{\alpha t}+uA\dfrac{\partial\rho_m}{\partial t}=\rho_m u\dfrac{\partial A}{\partial t}+\rho_m A\dfrac{\partial u}{\partial t}+uA\dfrac{\partial\rho_m}{\partial t}\\ \dfrac{\partial}{\partial x}(\rho_m u^2A)=\rho_m A\dfrac{\partial u^2}{\partial x}+u^2\dfrac{\partial(\rho_m A)}{\partial x}=2\rho_m Au\dfrac{\partial u}{\partial x}+u^2\rho_m\dfrac{\partial A}{\partial x}+u^2A\dfrac{\partial\rho_m}{\partial x}\end{cases}\tag{2-58}$$

$$\Rightarrow\begin{cases}\dfrac{\partial}{\partial t}(\rho_m uA)=u\dfrac{\partial}{\partial t}(A\rho_m)+A\rho_m\dfrac{\partial u}{\partial t}\\ \dfrac{\partial}{\partial x}(\rho_m u^2A)=u^2\dfrac{\partial}{\partial x}(\rho_m A)+2\rho_m Au\dfrac{\partial u}{\partial x}=u\dfrac{\partial(A\rho_m u)}{\partial x}+A_m\rho_m u\dfrac{\partial u}{\partial x}\end{cases}\tag{2-59}$$

将式（2-59）代入一般浑水运动方程，则有

$$u\frac{\partial}{\partial t}(A\rho_m)+A\rho_m\frac{\partial u}{\partial t}+u\frac{\partial(A\rho_m u)}{\partial x}+A_m\rho_m u\frac{\partial u}{\partial x}+\rho_m gA\frac{\partial h}{\partial x}+gh_cA\frac{\Delta\rho}{\rho_s}\frac{\partial s}{\partial x}=\rho_m gA(i_b-i_f)-\rho_l q_l u_l$$

$$\Rightarrow A\rho_m\frac{\partial u}{\partial t}+A_m\rho_m u\frac{\partial u}{\partial x}+\rho_m gA\frac{\partial h}{\partial x}+gh_cA\frac{\Delta\rho}{\rho_s}\frac{\partial s}{\partial x}-u\left(\rho_0\frac{\partial A_0}{\partial t}+\rho_l q_l\right)=\rho_m gA(i_b-i_f)-\rho_l q_l u_l$$

$$\Rightarrow\frac{\partial u}{\partial t}+u\frac{\partial u}{\partial x}+g\frac{\partial h}{\partial x}+\frac{gh_c}{\rho_m}\frac{\Delta\rho}{\rho_s}\frac{\partial s}{\partial x}-\frac{u\rho_0}{A\rho_m}\frac{\partial A_0}{\partial t}-\frac{u\rho_l q_l}{A\rho_m}=g(i_b-i_f)-\frac{\rho_l q_l u_l}{A\rho_m}$$

$$\Rightarrow\frac{\partial u}{\partial t}+u\frac{\partial u}{\partial x}+g\frac{\partial h}{\partial x}+gh_c\frac{\Delta\rho}{\rho_m}\frac{\partial}{\partial x}\left(\frac{s}{\rho_s}\right)-\frac{u}{A}\frac{\rho_0}{\rho_m}\frac{\partial A_0}{\partial t}=g(i_b-i_f)-\frac{\rho_l q_l}{A\rho_m}(u_l-u)\tag{2-60}$$

若含沙量很小，ρ_m 为常值，并设 $\rho_l\approx\rho_m$，取 $uA=Q$ 代入上式得到简化浑水运动方程

$$A\frac{\partial u}{\partial t}+Au\frac{\partial u}{\partial x}+gA\frac{\partial h}{\partial x}+gAh_c\frac{\Delta\rho}{\rho_m}\frac{\partial}{\partial x}\left(\frac{\rho}{\rho_s}\right)-u\frac{\rho_0}{\rho_m}\frac{\partial A_0}{\partial t}=gA(i_b-i_f)-q_l(u_l-u)$$

$$\Rightarrow\frac{\partial Q}{\partial t}-u\frac{\partial A}{\partial t}+u\frac{\partial Q}{\partial x}-u^2\frac{\partial A}{\partial x}+gA\frac{\partial h}{\partial x}+gAh_c\frac{\Delta\rho}{\rho_m}\frac{\partial}{\partial x}\left(\frac{s}{\rho_s}\right)-u\frac{\rho_0}{\rho_m}\frac{\partial A_0}{\partial t}$$

$$=gA(i_b-i_f)-q_l(u_l-u)$$

$$\Rightarrow\frac{\partial Q}{\partial t}+u\frac{\partial Q}{\partial x}-u\left(\frac{\partial A}{\partial t}+\frac{\partial Q}{\partial x}-A\frac{\partial u}{\partial x}\right)+gA\frac{\partial h}{\partial x}+gAh_c\frac{\Delta\rho}{\rho_m}\frac{\partial}{\partial x}\left(\frac{s}{\rho_S}\right)-u\frac{\rho_0}{\rho_m}\frac{\partial A_0}{\partial t}$$

$$=gA(i_b-i_f)-q_l(u_l-u)$$

$$\Rightarrow\frac{\partial Q}{\partial t}+\frac{\partial}{\partial x}(Qu)+gA\frac{\partial h}{\partial x}=gA(i_b-i_f)-q_l u_l\tag{2-61}$$

2.2.4.3 泥沙连续方程简化

由泥沙连续方程的一般形式，有

$$\frac{\partial}{\partial t}(AS)+\frac{\partial}{\partial x}(AuS)+\rho'\frac{\partial A_0}{\partial t}+S_l q_l=0\Rightarrow\frac{\partial}{\partial t}(AS)+\frac{\partial(QS)}{\partial x}+\rho'\frac{\partial A_0}{\partial t}+S_l q_l=0$$

河床变形方程为 $$B\omega(\alpha_1 S-\alpha_2 S_*)=\rho'\frac{\partial A_0}{\partial t}$$

联立以上方程，有

$$\frac{\partial}{\partial t}(AS)+\frac{\partial(QS)}{\partial x}+B\omega(\alpha_1 S-\alpha_2 S_*)+S_l q_l=0\tag{2-62}$$

展开，有

$$A\frac{\partial S}{\partial t}+S\frac{\partial A}{\partial t}+Q\frac{\partial S}{\partial x}+S\frac{\partial Q}{\partial x}+B\omega(\alpha_1 S-\alpha_2 S_*)+S_l q_l=0$$

$$\Rightarrow A\frac{\partial S}{\partial t}+Q\frac{\partial S}{\partial x}+S\left(-\frac{\partial A_0}{\partial t}-q_l\right)+\rho'\frac{\partial A_0}{\partial t}+S_l q_l=0$$

$$\Rightarrow\frac{\partial S}{\partial t}+u\frac{\partial S}{\partial x}=\frac{S-\rho'}{A}\frac{\partial A_0}{\partial t}+\frac{S-S_l}{A}q_l \tag{2-63}$$

式（2-63）则为简化后的泥沙连续方程。

2.2.4.4 简单断面一维数学模型汇总

浑水连续方程：

$$\frac{\partial}{\partial t}(\rho_m A)+\frac{\partial}{\partial x}(\rho_m uA)+\rho_0\frac{\partial A_0}{\partial t}+\rho_l q_l=0 \tag{2-64}$$

其中 $\rho_m=\rho(1-s/\rho_s)+s,\rho_0=\rho(1-\rho'/\rho_s)+\rho',\Delta\rho=\rho_s-\rho$

式中：ρ_m 为浑水密度；ρ 为清水密度；ρ_s 为悬移质泥沙干密度；s 为含沙量；ρ_0 为河床饱和泥沙湿密度；ρ'为河床含沙量。

浑水运动方程：

$$\frac{\partial}{\partial t}(\rho_m uA)+\frac{\partial}{\partial x}(\rho_m u^2 A)+\rho_m gA\frac{\partial h}{\partial x}+gh_c A\frac{\Delta\rho}{\rho_s}\frac{\partial s}{\partial x}=\rho_m gA(i_b-i_f)-\rho_l q_l u_l \tag{2-65}$$

泥沙连续方程：

$$\frac{\partial}{\partial t}(SA)+\frac{\partial}{\partial x}(AuS)+\rho'\frac{\partial A_0}{\partial t}+S_L q_l=0 \tag{2-66}$$

河床变形方程：

$$B\omega(\alpha_1 S-\alpha_2 S_*)=\rho'\frac{\partial A_0}{\partial t} \tag{2-67}$$

浑水连续方程进一步简化后得

$$\frac{\partial A}{\partial t}+\frac{\partial Q}{\partial x}+q_l=0 \tag{2-68}$$

浑水运动方程在含沙量很小且 ρ_m 为常值时，为

$$\frac{\partial Q}{\partial t}+\frac{\partial}{\partial x}(Qu)+gA\frac{\partial h}{\partial x}=gA(i_b-i_f)-q_l u_l \tag{2-69}$$

泥沙运动方程为

$$\frac{\partial S}{\partial t}+u\frac{\partial S}{\partial x}=\frac{S-\rho'}{A}\frac{\partial A_0}{\partial t}+\frac{S-S_l}{A}q_l \tag{2-70}$$

2.2.5 以水位和流量表达的简化方程

根据式（2-68）～式(2-70）推导用水位 Z、流量 Q 表达的方程组。

2.2.5.1 浑水连续方程

如图 2-3 所示，以 Z_0 表示断面位置河床底部高程，Z 表示水位，h 为水深，θ 表示

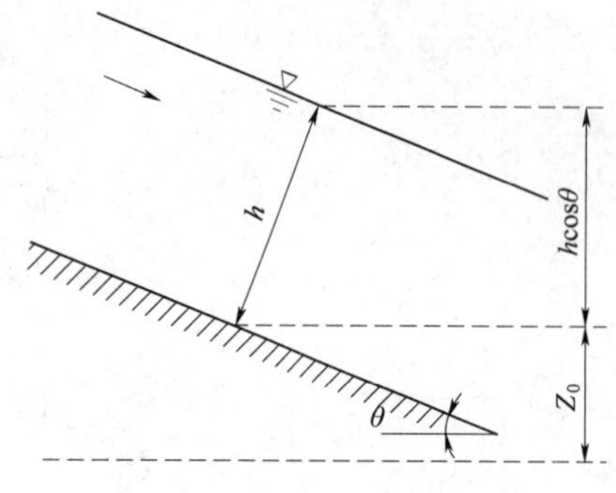

图2-3 河道纵剖面示意图

河床底部床面与水平面间的夹角，则有

$$Z=Z_0+h\cos\theta \tag{2-71}$$

$$\begin{cases}\dfrac{\partial Z}{\partial x}=\dfrac{\partial Z_0}{\partial x}+\cos\theta\dfrac{\partial h}{\partial x}=-i_b+\cos\theta\dfrac{\partial h}{\partial x}\\ \dfrac{\partial Z}{\partial t}=\dfrac{\partial Z_0}{\partial t}+\cos\theta\dfrac{\partial h}{\partial t}\end{cases} \tag{2-72}$$

若是定床，则 $\dfrac{\partial Z_0}{\partial t}=0$，有 $\dfrac{\partial Z}{\partial t}=\cos\theta\dfrac{\partial h}{\partial t}$；在 $\theta\leqslant6°$ 时，近似取 $\cos\theta=1$，则有

$$\frac{\partial Z}{\partial x}=-i_b+\frac{\partial h}{\partial x},\frac{\partial Z}{\partial t}=\frac{\partial h}{\partial t}$$

河道断面过水面积可以表示为断面里程、时间和水深的函数 $A=A(x,t,h)$，则有

$$\begin{cases}\dfrac{\partial A}{\partial t}=\dfrac{\partial A}{\partial h}\dfrac{\partial h}{\partial t}=B\dfrac{\partial h}{\partial t}=B\dfrac{\partial Z}{\partial t}\\ \dfrac{\partial A}{\partial x}=\dfrac{\partial A}{\partial h}\dfrac{\partial h}{\partial x}+\left.\dfrac{\partial A}{\partial x}\right|_z=B\dfrac{\partial h}{\partial x}+\left.\dfrac{\partial A}{\partial x}\right|_z=B\left(i_b+\dfrac{\partial Z}{\partial x}\right)+\left.\dfrac{\partial A}{\partial x}\right|_z\end{cases} \tag{2-73}$$

将上式代入式（2-68），则有用 Z、Q 表达的浑水连续方程：

$$B\frac{\partial Z}{\partial t}+\frac{\partial Q}{\partial x}+q_l=0 \tag{2-74}$$

2.2.5.2 运动方程

浑水运动方程简化形式见式（2-69），对其中部分项展开有

$$\frac{\partial(Qu)}{\partial x}=\frac{\partial}{\partial x}\left(\frac{Q^2}{A}\right)=\frac{2Q}{A}\frac{\partial Q}{\partial x}-\frac{Q^2}{A}\frac{\partial A}{\partial x}=\frac{2Q}{A}\frac{\partial Q}{\partial x}-\frac{Q^2}{A^2}\left[B\left(i_b+\frac{\partial Z}{\partial x}\right)+\left.\frac{\partial A}{\partial x}\right|_z\right] \tag{2-75}$$

$$gA\frac{\partial h}{\partial x}=gA\left(i_b+\frac{\partial Z}{\partial x}\right) \tag{2-76}$$

又由

$$Q=Ac\sqrt{Ri_f}\Rightarrow i_f=\frac{Q^2}{A^2c^2R} \tag{2-77}$$

代入式（2-69）可得到以 Z、Q 表达的运动方程：

$$\frac{\partial Q}{\partial t}+\frac{2Q}{\partial A}\frac{\partial Q}{\partial x}-B\frac{Q^2}{A^2}i_b-\frac{Q^2}{A^2}B\frac{\partial Z}{\partial x}-\frac{Q^2}{A^2}\left.\frac{\partial A}{\partial x}\right|_z+gAi_b+gA\frac{\partial Z}{\partial x}=gAi_b-gA\frac{Q^2}{A^2c^2R}-q_lu_l$$

$$\Rightarrow\frac{\partial Q}{\partial t}+\frac{2Q}{A}\frac{\partial Q}{\partial x}+\left(gA-B\frac{Q^2}{A^2}\right)\frac{\partial Z}{\partial x}-\frac{Q^2}{A^2}\left.\frac{\partial A}{\partial x}\right|_z+g\frac{Q^2}{Ac^2R}=-q_lu_l \tag{2-78}$$

通过以上方程变换获得以 Z、Q 表达的一维非恒定流方程：

$$\begin{cases}B\dfrac{\partial Z}{\partial t}+\dfrac{\partial Q}{\partial x}+q_l=0\\ \dfrac{\partial Q}{\partial t}+\dfrac{2Q}{A}\dfrac{\partial Q}{\partial x}+\left(gA-B\dfrac{Q^2}{A^2}\right)\dfrac{\partial Z}{\partial x}-\dfrac{Q^2}{A^2}\left.\dfrac{\partial A}{\partial x}\right|_z+g\dfrac{Q^2}{Ac^2R}=-q_lu_l\end{cases} \tag{2-79}$$

泥沙连续方程：
$$A\frac{\partial S}{\partial t}+Q\frac{\partial S}{\partial x}=(S-\rho')\frac{\partial A_0}{\partial t}+(S-S_l)q_l \tag{2-80}$$

河床变形方程：
$$B\omega(\partial_1 S-\partial_2 S_*)=\rho'\frac{\alpha A_0}{\partial t} \tag{2-81}$$

若考虑推移质，则河床变形方程为

$$\rho'\frac{\partial A_0}{\partial t}=B\omega(\partial_1 S-\partial_2 S_*)+B\frac{\partial g_b}{\partial x} \tag{2-82}$$

式中：g_b 为单宽输沙量。

2.3 方程组的离散和求解

2.3.1 Preissmann 四点隐式差分格式

Preissmann 四点隐式差分格式突破了显式差分格式对时间步长 Δt 的限制。当选定适当的权重系数 θ 时，即可保证差分格式的无条件稳定。利用 Preissmann 四点隐式差分格式对一维水动力方程组进行离散，围绕矩形网格中的点来取因变量的偏导数和进行差商逼近，得到以增量表达的非线性方程组。忽略二阶微量简化为线性代数方程组，即可对其直接进行求解。如图 2-4 所示，M 点在时间上距已知时层为 $\theta\Delta t$，距未知时层为 $(1-\theta)\Delta t$。现根据加权平均概念或按线性插值关系，求出 L、R、U、D 四点上的函数值如下：

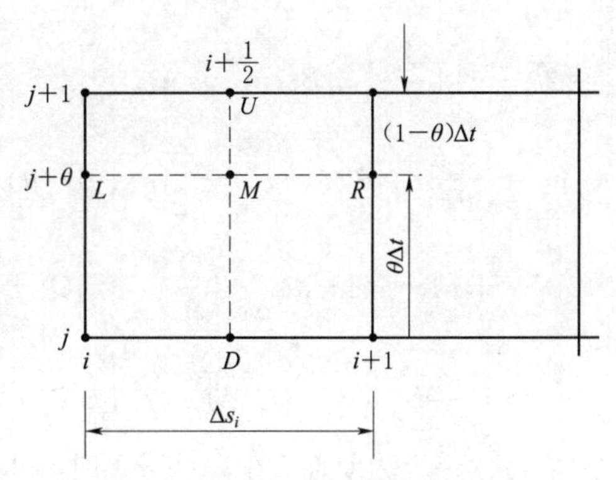

图 2-4 Preissmann 网格离散示意图

$$\varphi_L=\varphi_i^{j+\theta}=\theta\varphi_i^{j+1}+(1-\theta)\varphi_i^j \tag{2-83}$$

$$\varphi_R=\varphi_{i+1}^{j+\theta}=\theta\varphi_{i+1}^{j+1}+(1-\theta)\varphi_{i+1}^j \tag{2-84}$$

$$\varphi_U=\varphi_{i+\frac{1}{2}}^{j+1}=\frac{1}{2}(\varphi_i^{j+1}+\varphi_{i+1}^{j+1}) \tag{2-85}$$

$$\varphi_D=\varphi_{i+\frac{1}{2}}^{j}=\frac{1}{2}(\varphi_i^{j}+\varphi_{i+1}^{j}) \tag{2-86}$$

由此可得网格偏心点 M 的差商和函数在 M 点的值如下：

$$\begin{aligned}\frac{\partial\varphi}{\partial s}(M)=\left(\frac{\partial\varphi}{\partial s}\right)_{i+\frac{1}{2}}^{j+\theta}&\approx\frac{\varphi_R-\varphi_L}{\Delta s_i}=\frac{\theta(\varphi_{i+1}^{j+1}-\varphi_i^{j+1})+(1-\theta)(\varphi_{i+1}^j-\varphi_i^j)}{\Delta s_i}\\&=\frac{\theta\varphi_{i+1}^{j+1}+(1-\theta)\varphi_{i+1}^j-[\varphi_i^{j+1}+(1-\theta)\varphi_i^j]}{\Delta s_i}\end{aligned} \tag{2-87}$$

$$\frac{\partial\varphi}{\partial t}(M)=\left(\frac{\partial\varphi}{\partial t}\right)_{i+\frac{1}{2}}^{j+\theta}\approx\frac{\varphi_U-\varphi_D}{\Delta t}$$

$$=\frac{(\varphi_i^{j+1}+\varphi_{i+1}^{j+1})-(\varphi_i^j+\varphi_{i+1}^j)}{2\Delta t}=\frac{\varphi_i^{j+1}-\varphi_i^j+\varphi_{i+1}^{j+1}-\varphi_{i+1}^j}{2\Delta t} \tag{2-88}$$

$$\varphi(M)=\varphi_{i+1/2}^{j+\theta}=\frac{1}{2}(\varphi_L+\varphi_R)=\theta\left(\frac{\varphi_i^{j+1}+\varphi_{i+1}^{j+1}}{2}\right)+(1-\theta)\frac{\varphi_i^j+\varphi_{i+1}^j}{2}$$

$$=\theta_{\varphi U}+(1-\theta)\varphi_D=\theta\left(\frac{\varphi_i^{j+1}+\varphi_{i+1}^{j+1}}{2}\right)+(1-\theta)\frac{\varphi_i^j+\varphi_{i+1}^j}{2} \tag{2-89}$$

式中：上标为时间坐标，下标为空间坐标；Δx 为单元河段长度，m；Δt 为时间步长，s；θ 为权重系数。

将以上离散项代入式（2-79）中，整理得

$$a_{1i}z_i^{j+1}-c_{1i}Q_i^{j+1}+a_{1i}z_{i+1}^{j+1}+c_{1i}Q_{i+1}^{j+1}=e_{1i} \tag{2-90}$$

$$a_{2i}z_i^{j+1}+c_{2i}Q_i^{j+1}-a_{2i}z_{i+1}^{j+1}+d_{2i}Q_{i+1}^{j+1}=e_{2i} \tag{2-91}$$

式中：$a_{1i}=1$，$c_{1i}=2\theta\dfrac{\Delta t}{\Delta s_i}\dfrac{1}{B_{i+1/2}^{j+\theta}}$，$e_{1i}=z_i^j+z_{i+1}^j-\dfrac{1-\theta}{\theta}c_{1i}(Q_{i+1}^j-Q_i^j)+\dfrac{2\Delta t}{\Delta s_i}\dfrac{q_i^{j+1}}{B_{i+1/2}^{j+\theta}}$，

$a_{2i}=2\theta\dfrac{\Delta t}{\Delta s_i}\left[\left(\dfrac{Q_{i+1/2}^{j+\theta}}{A_{i+1/2}^{j+\theta}}\right)B_{i+1/2}^{j+\theta}-gA_{i+1/2}^{j+\theta}\right]$，$c_{2i}=1-4\theta\dfrac{\Delta t}{\Delta s_i}\dfrac{Q_{i+1/2}^{j+\theta}}{A_{i+1/2}^{j+\theta}}$，$d_{2i}=1+4\theta\dfrac{\Delta t}{\Delta s_i}\left(\dfrac{Q}{A}\right)_{i+\frac{1}{2}}^{j+\theta}$

$$e_{2i}=\frac{1-\theta}{\theta}a_{2i}(z_{i+1}^j-z_i^j)+\left[1-4(1-\theta)\frac{\Delta t}{\Delta s_i}\left(\frac{Q}{A}\right)_{i+1/2}^{j+\theta}\right]Q_{i+1}^j$$

$$+\left[1+4(1-\theta)\frac{\Delta t}{\Delta s_i}\left(\frac{Q}{A}\right)_{i+1/2}^{j+\theta}\right]Q_i^j+2\Delta t\left(\frac{Q_{i+1/2}^{j+\theta}}{Q_{i+1/2}^{j+\theta}}\right)^2\times\frac{A_{i+1}(z_{i+1/2}^{j+\theta})-A_i(z_{i+1/2}^{j+\theta})}{\Delta s_i}$$

$$-2\Delta t\,\frac{gn^2Q_{i+1/2}^{j+\theta}|Q_{i+1/2}^{j+\theta}|B_{i+1/2}^{j+\theta}}{(A_{i+1/2}^{j+\theta})^2(A_{i+1/2}^{j+\theta}/B_{i+1/2}^{j+\theta})^{1/3}}$$

式中　z_i^j、z_i^{j+1} 为断面 i 在 j、$j+1$ 时刻水位，m；z_{j+1}^j、z_{i+1}^{j+1} 为断面 $i+1$ 在 j、$j+1$ 时刻水位，m；Q_i^j、Q_i^{j+1} 为断面 i 在 j、$j+1$ 时刻流量，m^3/s；Q_{i+1}^j、Q_{i+1}^{j+1} 为断面 $i+1$ 在 j、$j+1$ 时刻流量，m^3/s；$B_{i+1/2}^{j+\theta}$ 为水面宽，m；$A_{i+1/2}^{j+\theta}$ 为断面过水面积，m^2；$A_{i+1}(z_{i+1/2}^{j+\theta})$、$A_i(z_{i+1/2}^{j+\theta})$ 为对应于水位 $z_{i+1/2}^{j+\theta}$ $i+1$ 及断面 i 的过水面积；Δs_i 为断面 i 和断面 $i+1$ 空间距离，m；Δt 为时间步长，s；n 为河段糙率；g 为重力加速度，m/s^2。

式（2-90）和式（2-91）为第 i 个矩形网格中建立的 2 个非线性代数方程式（因系数含有待求的未知数），带有 z_i^{j+1}、z_{i+1}^{j+1}、Q_i^{j+1} 和 Q_{i+1}^{j+1} 4 个未知数，所以对于一个网格来说是不闭合的，但扩展到全河道并加上上、下游边界条件补充的 2 个方程便可以闭合。因此，全河段各点未知数 z 和 Q，须联立求解包括非线性代数上、下游边界条件在内的 $2N$ 个非线性代数方程组，才能得到它们的解答。此处列出包括上、下游边界条件在内的所有方程式，为书写简便，去掉未知时层（$j+1$）上标。设上、下游边界条件的通用形式为：

上游边界条件　　$a_0z_1+c_0Q_1=e_0$

下游边界条件　　$a_Nz_N+c_NQ_N=e_N$

式中：如 c_0 和 c_N 为 0，则给出的边界条件分别为上、下游边界断面上的水位过程线；如 a_0 和 a_N 为 0，则为上、下游边界断面上的流量过程线；如 a_0、c_0、a_N 和 c_N 均不为 0，

则为上、下游边界断面上的水位-流量关系曲线。结合上述边界条件，全河段 $2N$ 个非线性代数方程式为：

上游边界条件 $a_0 z_1 + c_0 Q_1 = e_0$

$i=1$ 时，

$$z_1 - c_{11} Q_1 + z_2 + c_{11} Q_2 = e_{11}$$

$$a_{21} z_1 + c_{21} Q_1 - a_{21} z_2 + d_{21} Q_2 = e_{21}$$

$i=2$ 时，

$$z_2 - c_{12} Q_2 + z_3 + c_{12} Q_3 = e_{12}$$

$$a_{22} z_2 + c_{22} Q_2 - a_{22} z_3 + d_{22} Q_3 = e_{22}$$

$$\vdots$$

$i=i$ 时，

$$z_i - c_{1i} Q_i + z_{i+1} + c_{1i} Q_{i+1} = e_{1i}$$

$$a_{2i} z_i + c_{2i} Q_i - a_{2i} z_{i+1} + d_{2i} Q_{i+1} = e_{2i}$$

$$\vdots$$

$i=N-1$ 时，

$$z_{N-1} - c_{1,N-1} Q_{N-1} + z_N + c_{1,N-1} Q_N = e_{1,N-1}$$

$$a_{2,N-1} z_{N-1} + c_{2,N-1} Q_{N-1} - a_{2,N-1} z_N + d_{2,N-1} Q_N = e_{2,N-1}$$

下游边界条件 $a_N z_N + c_N Q_N = e_N$

上述方程组可以形成一个三对角矩阵，而且是一个大型稀疏非线性方程组，通常采用追赶法求解。θ 一般与计算稳定性关系有：

$0 \leqslant \theta < 0.5$ 难稳定，甚至不稳定

$0.5 \leqslant \theta < 0.6$ 弱稳定

$0.6 \leqslant \theta < 1.0$ 强稳定

θ 越大，精度就会越差，一般可取 $\theta = 0.7 \sim 0.75$。

2.3.2 非线性方程组求解

已知边界条件：

上游 $a_0 z_1 + c_0 Q_1 = e_0$

下游 $a_N z_N + c_N Q_N = e_N$

线性方程组（2-90）和（2-91）上游边界条件可为以下三种：已知上游水位随时间的变化、已知上游流量随时间的变化或已知上游流量和水位之间的关系，下游边界条件与此相似。对前两种形式分别进行推导其离散求解式，第三种情况只需借鉴前两种形式的任一种。具体求解形式如下。

2.3.2.1 已知上游水位随时间变化

将式（2-90）$\times a_{2i}$ + 式(2-91)$\times a_{1i}$，有

$$2a_{1i}a_{2i}z_i^{j+1} + (a_{1i}c_{2i} - a_{2i}c_{1i})Q_i^{j+1} + (a_{2i}c_{1i} + a_{1i}d_{2i})Q_{i+1}^{j+1} = a_{1i}e_{2i} + a_{2i}e_{1i} \quad (2-92)$$

初始条件为 $a_0 z_1 + c_0 Q_1 = e_0$，设

$$z_i^{j+1} = R_i Q_i^{j+1} + P_i \quad (2-93)$$

代入式（2-92）有

$$2a_{1i}a_{2i}(R_i Q_i^{j+1} + P_i) + (a_{1i}c_{2i} - a_{2i}c_{1i})Q_i^{j+1} + (a_{2i}c_{1i} + a_{1i}d_{2i})Q_{i+1}^{j+1} = a_{1i}e_{2i} + a_{2i}e_{1i}$$

$$(2a_{1i}a_{2i}R_i + a_{1i}c_{2i} - a_{2i}c_{1i})Q_i^{j+1} + (a_{2i}c_{1i} + a_{1i}d_{2i})Q_{i+1}^{j+1} = a_{1i}e_{2i} + a_{2i}e_{1i} - 2a_{1i}a_{2i}P_i$$

可得

$$Q_i^{j+1}=\frac{a_{1i}e_{2i}+a_{2i}e_{1i}-2a_{1i}a_{2i}P_i}{2a_{1i}a_{2i}R_i+a_{1i}c_{2i}-a_{2i}c_{1i}}-\frac{a_{2i}c_{1i}+a_{1i}d_{2i}}{2a_{1i}a_{2i}R_i+a_{1i}c_{2i}-a_{2i}c_{1i}}Q_{i+1}^{j+1} \tag{2-94}$$

设

$$\begin{cases} f_i=L_{i+1}=\dfrac{a_{1i}e_{2i}+a_{2i}e_{1i}-2a_{1i}a_{2i}P_i}{2a_{1i}a_{2i}R_i+a_{1i}c_{2i}-a_{2i}c_{1i}} \\ g_i=M_{i+1}=\dfrac{a_{2i}c_{1i}+a_{1i}d_{2i}}{2a_{1i}a_{2i}R_i+a_{1i}c_{2i}-a_{2i}c_{1i}} \end{cases} \tag{2-95}$$

则

$$Q_i^{j+1}=L_{i+1}+M_{i+1}Q_{i+1}^{j+1} \tag{2-96}$$

将式（2-90）$\times c_{2i}$，式(2-91)$\times c_{1i}$，有

$$\begin{aligned}&(a_{1i}c_{2i}+a_{2i}c_{1i})z_i^{j+1}+(a_{1i}c_{2i}-a_{2i}c_{1i})z_{i+1}^{j+1}+(c_{1i}c_{2i}+c_{1i}d_{2i})Q_{i+1}^{j+1}\\&=c_{1i}e_{2i}+c_{2i}e_{1i}\end{aligned} \tag{2-97}$$

将式（2-93）代入式（2-92）可得

$$z_i^{j+1}=R_i(f_i-g_iQ_{i+1}^{j+1})+P_i=-g_iR_iQ_{i+1}^{j+1}+R_if_i+P_i \tag{2-98}$$

将式（2-96）代入式（2-97）可得

$$\begin{aligned}z_{i+1}^{j+1}=&-\frac{c_{1i}c_{2i}+c_{1i}d_{2i}-g_iR_i(a_{1i}c_{2i}+a_{2i}c_{1i})}{a_{1i}c_{2i}-a_{2i}c_{1i}}Q_{i+1}^{j+1}\\&+\frac{c_{1i}e_{2i}+c_{2i}e_{1i}-(a_{1i}c_{2i}+a_{2i}c_{1i})(R_if_i+P_i)}{a_{1i}c_{2i}-a_{2i}c_{1i}}\end{aligned} \tag{2-99}$$

将式（2-98）与式（2-92）对比可得

$$\begin{cases} R_{i+1}=\dfrac{(a_{1i}d_{2i}-a_{2i}c_{1i})R_i-d_{2i}c_{1i}-c_{1i}c_{2i}}{2a_{1i}a_{2i}R_i+a_{1i}c_{2i}-a_{2i}c_{1i}} \\ P_{i+1}=\dfrac{(a_{2i}e_{1i}-a_{1j}e_{2i})R_i-(a_{1i}c_{2i}+a_{2i}c_{1i})P_i+c_{1i}e_{2i}+c_{2i}e_{1i}}{2a_{1i}a_{2i}R_i+a_{1i}c_{2i}-a_{2i}c_{1i}} \end{cases} \tag{2-100}$$

迭代求解过程如下：

(1) 已知上边界条件 $a_0z_1+c_0Q_1=e_0$ 求出 P_1，R_1。

(2) 由 P_1，R_1 根据式（2-95）和式（2-100）求出 L_2，M_2，P_2，R_2。

(3) 由 P_2，R_2 求出 L_3，M_3，P_3，R_3。

……

(4) 由 P_{N-1}，R_{N-1}求出 L_N，M_N，P_N，R_N。

(5) 由下游边界条件求 $Q_{N-1}^{j+1}=L_N+M_NQ_N^{j+1}$。

(6) 由 $z_N^{j+1}=R_NQ_N^{j+1}+P_{N1}$，求出 z_N^{j+1} 或 Q_N^{j+1}。

由 $z_{N-1}^{j+1}=R_{N-1}Q_{N-1}^{j+1}+P_{N-1}$，求出 z_{N-1}^{j+1}。

……

(7) 直至求出 z_1^{j+1}，Q_1^{j+1}。

(8) 求出两次迭代的差值，较大时重复从（1）开始计算。

2.3.2.2 已知上游流量随时间的变化

设 $Q_i^{j+1}=E_iz_i^{j+1}+F_i$，将其代入式（2-93）可得

$$[2a_{1i}a_{2i}+E_i(a_{1i}c_{2i}-a_{2i}c_{1i})]z_i^{j+1}+(a_{2i}c_{1i}+a_{1i}d_{2i})Q_{i+1}^{j+1}=a_{1i}e_{2i}+a_{2i}e_{1i}-F_i(a_{1i}c_{2i}-a_{2i}c_{1i})$$

$$z_i^{j+1}=-\frac{a_{2i}c_{1i}+a_{1i}d_{2i}}{2a_{1i}a_{2i}+E_i(a_{1i}c_{2i}-a_{2i}c_{1i})}Q_{i+1}^{j+1}+\frac{a_{1i}e_{2i}+a_{2i}e_{1i}-F_i(a_{1i}c_{2i}-a_{2i}c_{1i})}{2a_{1i}a_{2i}+E_i(a_{1i}c_{2i}-a_{2i}c_{1i})}$$

令

$$\begin{cases}G_{i+1}=-\dfrac{a_{2i}c_{1i}+a_{1i}d_{2i}}{2a_{1i}a_{2i}+E_i(a_{1i}c_{2i}-a_{2i}c_{1i})}\\H_{i+1}=\dfrac{a_{1i}e_{2i}+a_{2i}e_{1i}-F_i(a_{1i}c_{2i}-a_{2i}c_{1i})}{2a_{1i}a_{2i}+E_i(a_{1i}c_{2i}-a_{2i}c_{1i})}\end{cases}\tag{2-101}$$

则 $z_i^{j+1}=G_{i+1}Q_{i+1}^{j+1}+H_{i+1}$，将其代入式（2-92）可得

$$(a_{1i}c_{2i}+a_{2i}c_{1i})(G_{i+1}Q_{i+1}^{j+1}+H_{i+1})+(a_{1i}c_{2i}-a_{2i}c_{1i})z_{i+1}^{j+1}+(c_{1i}c_{2i}+c_{1i}d_{2i})Q_{i+1}^{j+1}=c_{1i}e_{2i}+c_{2i}e_{1i}$$

$$(a_{1i}c_{2i}-a_{2i}c_{1i})z_{i+1}^{j+1}+[c_{1i}c_{2i}+c_{1i}d_{2i}+G_{i+1}(a_{1i}c_{2i}+a_{2i}c_{1i})]Q_{i+1}^{j+1}$$
$$=c_{1i}e_{2i}+c_{2i}e_{1i}-(a_{1i}c_{2i}+a_{2i}c_{1i})H_{i+1}$$

$$Q_{i+1}^{j+1}=\frac{a_{1i}c_{2i}-a_{2i}c_{1i}}{c_{1i}c_{2i}+c_{1i}d_{2i}+G_{i+1}(a_{1i}c_{2i}+a_{2i}c_{1i})}z_{i+1}^{j+1}+\frac{c_{1i}e_{2i}+c_{2i}e_{1i}-(a_{1i}c_{2i}+a_{2i}c_{1i})H_{i+1}}{c_{1i}c_{2i}+c_{1i}d_{2i}+G_{i+1}(a_{1i}c_{2i}+a_{2i}c_{1i})}$$

对比 $Q_i^{j+1}=E_iz_i^{j+1}+F_i$ 可得下式：

$$\begin{cases}E_{i+1}=\dfrac{a_{1i}c_{2i}-a_{2i}c_{1i}}{c_{1i}c_{2i}+c_{1i}d_{2i}+G_{i+1}(a_{1i}c_{2i}+a_{2i}c_{1i})}\\F_{i+1}=\dfrac{c_{1i}e_{2i}+c_{2i}e_{1i}-(a_{1i}c_{2i}+a_{2i}c_{1i})H_{i+1}}{c_{1i}c_{2i}+c_{1i}d_{2i}+G_{i+1}(a_{1i}c_{2i}+a_{2i}c_{1i})}\end{cases}\tag{2-102}$$

迭代求解过程如下：

（1）由已知的上边界条件 $a_0z_1+c_0Q_1=e_0$ 求出 E_1，F_1，再由式（2-101）求出 G_2，H_2。

（2）由 G_2，H_2 根据式（2-102）求出 E_2，F_2。

（3）再由 E_2，F_2 求出 G_3，H_3。

……

（4）直至求出 E_N，F_N，G_N，H_N。

（5）由下游边界条件求 $Q_N^{j+1}=E_Nz_N^{j+1}+F_N$。

（6）由 $z_{N-1}^{j+1}=G_NQ_N^{j+1}+H_N$，求出 z_{N-1}^{j+1}。

由 $Q_{N-1}^{j+1}=E_{N-1}z_{N-1}^{j+1}+F_{N-1}$，求出 Q_{N-1}^{j+1}。

……

（7）直至求出 z_1^{j+1}，Q_1^{j+1}。

（8）求出两次迭代的差值，较大时重复从（1）开始计算。

2.3.3 其他方程的离散求解

2.3.3.1 泥沙连续方程

由泥沙方程

$$\frac{\partial}{\partial t}(SA)+\frac{\partial}{\partial x}(QS)=-\rho'\frac{\partial A_0}{\partial x}-S_lq_l\tag{2-103}$$

且有
$$\begin{cases}\dfrac{\partial(QS)}{\partial x}=\dfrac{Q_i^{j+1}S_i^{j+1}-Q_{i-1}^{j+1}S_{i-1}^{j+1}}{\Delta x_{i-1}},Q\geqslant 0\\ \dfrac{\partial(QS)}{\partial x}=\dfrac{Q_{i+1}^{j+1}S_{i+1}^{j+1}-Q_i^{j+1}S_i^{j+1}}{\Delta x_i},Q<0\end{cases}\tag{2-104}$$

$$\rho'\frac{\partial A_0}{\partial t}=B\omega(\alpha_1 S-\alpha_2 S_*)\Rightarrow B\omega(\alpha_1 S-\alpha_2 S_*)=[B\omega(\alpha_1 S-\alpha_2 S_*)]_i^{j+1}\tag{2-105}$$

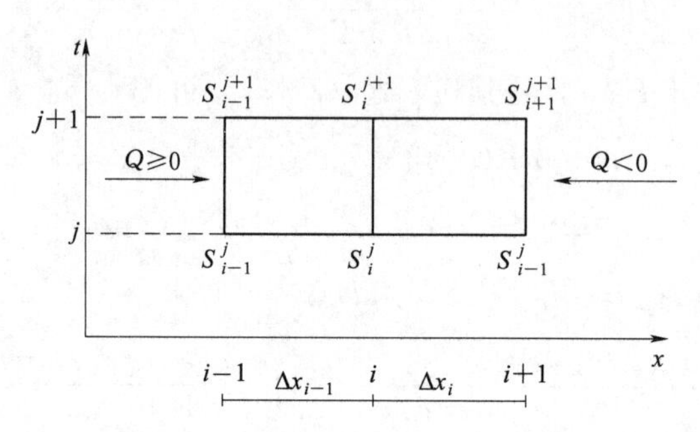

图 2-5 泥沙连续方程离散示意图

将式（2-104）和式（2-105）代入式（2-103）；当 $Q\geqslant 0$ 时：

$$\frac{A_i^{j+1}S_i^{j+1}-A_i^jS_i^j}{\Delta t}+\frac{Q_i^{j+1}S_i^{j+1}-Q_{i-1}^{j+1}S_{i-1}^{j+1}}{\Delta x_{i-1}}=-B_i^{j+1}\omega_i^{j+1}\alpha_i^{j+1}(S_i^{j+1}-S_{*i}^{j+1})-S_{li}^{j+1}q_{li}^{j+1}$$

$$\frac{A_i^{j+1}}{\Delta t}S_i^{j+1}-\frac{A_i^j}{\Delta t}S_i^j+\frac{Q_i^{j+1}}{\Delta x_{i-1}}S_i^{j+1}-\frac{Q_{i-1}^{j+1}}{\Delta x_{i-1}}S_{i-1}^{j+1}=-B_i^{j+1}\omega_i^{j+1}\alpha_i^{j+1}S_i^{j+1}+B_i^{j+1}\omega_i^{j+1}\alpha_i^{j+1}S_{*i}^{j+1}-S_{li}^{j+1}q_{li}^{j+1}$$

$$\left(\frac{A_i^{j+1}}{\Delta t}+\frac{Q_i^{j+1}}{\Delta x_{i-1}}+B_i^{j+1}\omega_i^{j+1}\alpha_i^{j+1}\right)S_i^{j+1}=B_i^{j+1}\omega_i^{j+1}\alpha_i^{j+1}S_{*i}^{j+1}+\frac{A_i^j}{\Delta t}S_i^j+\frac{Q_{i-1}^{j+1}}{\Delta x_{i-1}}S_{i-1}^{j+1}-S_{il}^{j+1}q_{li}^{j+1}$$，有

$$S_i^{j+1}=\frac{\Delta tB_i^{j+1}\omega_i^{j+1}\alpha_i^{j+1}S_{*i}^{j+1}+A_i^jS_i^j+\dfrac{\Delta t}{\Delta x_{i-1}}Q_{i-1}^{j+1}S_{i-1}^{j+1}-S_{li}^{j+1}q_{li}^{j+1}\Delta t}{A_i^{j+1}+\Delta tB_i^{j+1}\omega_i^{j+1}\alpha_i^{j+1}+\dfrac{\Delta t}{\Delta x_{i-1}}Q_i^{j+1}}\tag{2-106}$$

当 $Q<0$ 时：

$$\frac{A_i^{j+1}S_i^{j+1}-A_i^jS_i^j}{\Delta t}+\frac{Q_{i+1}^{j+1}S_{i+1}^{j+1}-Q_i^{j+1}S_i^{j+1}}{\Delta x_i}=-[\alpha B\omega(S-S_*)]_i^{j+1}-S_{li}^{j+1}q_{li}^{j+1}$$

$$\Rightarrow S_i^{j+1}=\frac{\Delta tB_i^{j+1}\omega_i^{j+1}\alpha_i^{j+1}S_{*i}^j+A_i^jS_i^j-\dfrac{\Delta t}{\Delta x_i}Q_{i+1}^{j+1}S_{i+1}^{j+1}-S_{li}^{j+1}q_{li}^{j+1}\Delta t}{A_i^{j+1}+\Delta tB_i^{j+1}\omega_i^{j+1}\alpha_i^{j+1}-\dfrac{\Delta t}{\Delta x_i}Q_i^{j+1}}\tag{2-107}$$

2.3.3.2 河床冲淤变形方程

$$\rho'\frac{\partial A_0}{\partial t}=B\omega(\alpha_1 S-\alpha_2 S_*)=\alpha B\omega(S-S_*)\tag{2-108}$$

式（2-107）近似离散为

$$\frac{1}{B}\frac{\partial A_o}{\partial t}=\frac{\alpha\omega}{}(S-S_*)=\frac{\partial y_0}{\partial t}\tag{2-109}$$

即冲淤厚度 $\Delta y_0=\frac{\alpha\Delta t\omega}{\rho'}(S-S_*),\Delta y_0{}_i^{j+1}=\frac{\Delta t}{\rho'}[\alpha_i^{j+1}\omega_i^{j+1}(S_i^{j+1}-S_{*i}^{j+1})]$ (2-110)

边界含沙量需按不同情况给定。

上边界：当 $Q\geqslant 0$ 时，需要给出泥沙边界条件。

当 $Q<0$ 时，按式（2-107）计算。

下边界：当 $Q\geqslant 0$ 时，按式（2-106）计算。

当 $Q<0$ 时，需要给出泥沙边界条件。

2.3.3.3 温排水或污染物方程

其同样遵守连续方程：$\frac{D}{Dt}\int_\Omega \rho\varphi \mathrm{d}\tau=0$

不考虑热量或污染物与床面之间的交换，取 $\rho\varphi=T$ 或 C，则

$$\frac{D}{Dt}\int_\Omega T\mathrm{d}\tau=\frac{\partial}{\partial t}\int_A T\mathrm{d}A\cdot\Delta x+\frac{\partial}{\partial t}\int_{A_0}T\mathrm{d}A\cdot\Delta x+\frac{\partial}{\partial x}\int_{A_1}Tu\mathrm{d}A\Delta x+\cdots+T_l q_l\Delta x=0 \tag{2-111}$$

可得 $\left(\frac{\partial}{\partial t}\int_A T\mathrm{d}A+\frac{\partial}{\partial x}\int_A Tu\mathrm{d}A+\cdots+T_l q_l\right)\Delta x=0$，简化后为

$$\frac{\partial}{\partial t}\int_A T\mathrm{d}A+\frac{\partial}{\partial x}\int_A Tu\mathrm{d}A+T_l q_l=0 \tag{2-112}$$

将式（2-112）时均化，忽略紊动扩散项则有

$$\frac{\partial}{\partial t}\int_A \overline{T}\mathrm{d}A+\frac{\partial}{\partial x}\int_A \overline{T}\,\overline{u}\mathrm{d}A+\overline{T}_l\,\overline{q_l}=0 \tag{2-113}$$

对一级河道断面积分后有 $\frac{\partial(TA)}{\partial t}+\frac{\partial(TAu)}{\partial x}+\overline{T}_l\,\overline{q_l}=0$ (2-114)

又有

$$\begin{cases}\frac{\partial(QT)}{\partial x}=\frac{Q_i^{j+1}T_i^{j+1}-Q_{i-1}^{j+1}T_{i-1}^{j+1}}{\Delta x_{i-1}},Q\geqslant 0\\ \frac{\partial(QT)}{\partial x}=\frac{Q_{i+1}^{j+1}T_{i+1}^{j+1}-Q_i^{j+1}T_i^{j+1}}{\Delta x_i},Q<0\end{cases} \tag{2-115}$$

联立式（2-114）和式（2-115）则有

$$\frac{T_i^{j+1}A_i^{j+1}-T_i^jA_i^j}{\Delta t}+\frac{Q_i^{j+1}T_i^{j+1}-Q_{i-1}^{j+1}T_{i-1}^{j+1}}{\Delta x_{i-1}}+T_lq_l=0$$

$Q\geqslant 0$ 时，有

$$\Rightarrow T_i^{j+1}=\frac{A_i^jT_i^j+\frac{\Delta t}{\Delta x_{i-1}}Q_{i-1}^{j+1}T_{i-1}^{j+1}-T_lq_l\Delta t}{A_i^{j+1}+\frac{\Delta t}{\Delta x_{i-1}}Q_i^{j+1}} \tag{2-116}$$

$$\frac{T_i^{j+1}A_i^{j+1}-T_i^jA_i^j}{\Delta t}+\frac{Q_{i+1}^{j+1}T_{i+1}^{j+1}-Q_i^{j+1}T_i^{j+1}}{\Delta x_i}+T_lq_l=0$$

$Q<0$ 时，有

$$\Rightarrow T_i^{j+1}=\frac{A_i^jT_i^j-\frac{\Delta t}{\Delta x_i}Q_{i+1}^{j+1}T_{i+1}^{j+1}-T_lq_l\Delta t}{A_i^{j+1}-\frac{\Delta t}{\Delta x_i}Q_i^{j+1}} \tag{2-117}$$

2.4 本章小结

本章从广延量和强度量的物理含义出发，基于质量守恒方程和运动守恒方程，推导了浑水连续方程、浑水运动方程、泥沙及河床冲淤方程、水温及污染物输移扩散方程，并给出了以水位和流量表达的简化方程组。应用 Preissmann 四点隐式差分格式详细推导了各偏微分方程的离散过程，并给出了基于不同上、下游边界条件下的离散方程组的求解过程，这些详细的物理和数学过程也是编制计算程序和开展研究的重要基础工作。

第3章 西江主要干支流河网及梯级水库特征

西江中游是流域梯级水库建设和开展防洪调度的重点区域，该区域河流水系呈现树状，主要干支流有红水河、柳江、黔江、郁江和浔江。西江中游干支流自身水文特性的研究是开展洪水调度的前期基础。

3.1 水文特征

3.1.1 河流水系

西江作为珠江水系的干流河道，发源于云南省曲靖市沾益县马雄山，流经云南、贵州、广西、广东四省（自治区）。西江上游称南盘江，河长914km，于贵州、广西交界的蔗香村与北盘江汇合后称红水河；红水河长659km，至广西象州县石龙镇与柳江汇合后称黔江；黔江长122km，于广西桂平市与郁江汇合后称浔江；浔江长172km，于广西梧州市纳入桂江后称西江；西江长208km，在广东三水市思贤滘与北江汇合后流入珠江三角洲河网区，主流由磨刀门出海。西江干流从源头至思贤滘全长2075km。西江流域主要河道特征见表3-1。

柳江为西江水系的主要支流之一，发源于贵州省独山县更顶山，上段称都柳江，流经贵州省的三都、榕江、从江等县，至广西三江县老堡口与古宜河汇合后称融江，经融安、融水、柳城，至凤山镇与龙江汇合后称柳江，经柳州市，至象州县石龙镇与红水河汇合流入黔江，河长755km，集水面积58270km^2。

郁江是西江水系的最大支流，发源于云南省云龙山，流经广西西林、百色等市县，至邕宁县宋村与左江汇合后称郁江，流经南宁、贵港等市，至桂平市与黔江汇合流入浔江，河长 1145km，其中郁江段 427km，流域集水面积 89870km²。

表 3-1 西江流域主要河道特征表

<table>
<tr><th>河段</th><th>河道名称</th><th>河道长度/km</th><th>河道落差/m</th><th>集水面积/km²</th><th>占西江流域面积/%</th></tr>
<tr><td rowspan="2">上游</td><td>南盘江</td><td>914</td><td>1854</td><td>56880</td><td>16.1</td></tr>
<tr><td>红水河</td><td>659</td><td>762</td><td>81460</td><td>23.1</td></tr>
<tr><td rowspan="2">中游</td><td>黔江</td><td>122</td><td>18</td><td>60480</td><td>17.1</td></tr>
<tr><td>浔江</td><td>172</td><td></td><td>110440</td><td>31.3</td></tr>
<tr><td>下游</td><td>西江</td><td>208</td><td>4～5</td><td>43860</td><td>12.4</td></tr>
<tr><td rowspan="5">主要一级支流</td><td>北盘江</td><td>442</td><td>2146</td><td>26590</td><td>7.5</td></tr>
<tr><td>柳江</td><td>755</td><td>1303</td><td>58270</td><td>16.5</td></tr>
<tr><td>郁江</td><td>1145</td><td>1842</td><td>89870</td><td>25.5</td></tr>
<tr><td>桂江</td><td>438</td><td>1578</td><td>18790</td><td>5.3</td></tr>
<tr><td>贺江</td><td>338</td><td></td><td>11590</td><td>3.3</td></tr>
<tr><td colspan="2">西江</td><td>2075</td><td></td><td>353120</td><td>100</td></tr>
</table>

3.1.2 暴雨特性

西江流域位于我国南部低纬度季风区，地域广阔，气候复杂，大部分地区属南亚热带湿润气候，北部为中亚热带湿润气候。

3.1.2.1 暴雨的历时分布

西江流域冬季处于极地大陆高压边缘，盛行偏东北季风，为干季，暴雨少。春季西太平洋副热带高压开始增强，孟加拉湾低压槽建立，冷高压势力减弱。夏季风逐渐活跃，冷暖空气对峙，东南或西南季风盛行，水汽丰沛，暴雨多，强度大。秋季是过渡期，降雨量和暴雨频次都迅速减少。

流域内大部分地区前汛期 4—6 月以锋面、低压槽暴雨为主，后汛期 7—9 月则以台风雨居多。前汛期暴雨次数约占全年暴雨次数的 58%。前、后汛期均可能发生稀遇暴雨，但高量级暴雨则多发生于前汛期。流域内一次暴雨历时一般为 7d，而主要雨量又集中在 3d，3d 雨量占 7d 雨量的 80%～85%，暴雨中心可达 90%。

3.1.2.2 暴雨的空间分布

暴雨在地域上有明显差别，降雨趋势由东向西递减，一般山地降水多，平原河谷降水少，同一山脉高地迎风坡与背风坡也有差异，降水高值区多分布在较大山脉迎风坡。流域短历时暴雨高值区分布不规则，而实测最大 24h 和 3d 以上历时的高值区分布基本相同。

流域中部有 3 个暴雨高值区：桂南十万大山高值区；桂东北、桂北诸山脉迎风坡次高值区；桂中大瑶山、莲花山、东风岭等山脉迎风坡分布着小范围高值区组成的弧形高值带。

流域西部的暴雨量级和范围均比东部小。3d 雨量高值区在黔南诸山脉迎风坡及云南罗平、贵州罗甸等小区域内，分布分散，雨量在 200～300mm，其余地区为 100～200mm。

3.1.3 洪水特性

3.1.3.1 洪水时空分布

西江流域较大洪水的出现时间，一般自每年的4月开始，至10月结束。每年5—9月为暴雨洪水的集中季节，其中以6—8月最盛，特大暴雨洪水多发生在6—7月；红水河流域面积最大，洪水出现时间与柳江相近而略迟。

3.1.3.2 洪水过程特点

西江上游红水河洪水峰型较平缓，过程历时较长，量大，涨洪历时为3～5d，洪峰持续时间一般为3～6h。

柳江是西江水系的第二大支流，是西江水系的暴雨中心。较大洪水多是峰高量大的多峰型洪水过程。以此洪水过程，时间短则3d，长者可达25d。涨水历时较短，占过程总历时的1/4～1/3。一般涨率为0.3～0.5m/h。

黔江洪水是红水河与柳江洪水过程的综合反映，峰现时间多与柳江相应，洪水涨幅大，峰型较胖。

浔江河段洪水过程较缓慢，峰型较胖，涨洪历时一般为4～6d，洪峰持续时间一般在10h以上，高洪水位持续时间较长。

郁江是西江水系的最大支流，洪水过程一般较胖，较大洪水多为双峰型，高水部分持续时间较长，涨洪历时3～5d，洪峰持续时间约6h。郁江贵港段以下受黔江洪水顶托明显，洪水及洪峰持续时间比南宁段洪水过程历时长。

西江洪水的特点是峰高量大、历时长、变幅大、峰型胖，洪水过程多呈多峰型或双峰型，据梧州站1952—1998年的实测资料统计，在年最大洪水中，属于单峰的有14次，占29.79%；属于双峰的有13次，占27.66%；属于多峰的有20次，占42.55%。西江较大的洪水过程历时一般为20—40d，最长洪水历时达89d（出现在1966年）。对不同峰型历时统计表明，单峰型的洪水历时平均为27d、双峰型的洪水历时平均为29d、多峰型的洪水历时平均达56d。对比洪水历时的峰前峰后历时，多年平均峰后历时比峰前历时长8d，表明西江洪水起涨较快而消退较慢。

3.2 泥沙特性

3.2.1 主要站点泥沙输移特性

珠江是我国七大江河中含沙量较小的河流，其中西江高要站断面多年平均含沙量为0.288kg/m^3，总体含沙量较小，但由于年径流量大，输沙量也较大。西江水系干支流、上、下游含沙量差异大，其中上游的南北盘江受特殊的地形地貌构成影响，水土流失严重，其输沙模数和含沙量均为珠江流域的高值区；中、下游主要支流柳江、郁江、贺江等流域森林植被较好，水土流失少。

20世纪90年代以来，受中、上游大型水库建设、水土保持措施等因素综合影响，西江水系输沙量呈现下降的趋势。西江流域泥沙变化存在明显的分界点，即梯级水库建成之前和建成之后，水库建成之前河道基本呈天然流态，按天然河道输沙；水库建成之后，大量泥沙淤积在库区，使河道输沙发生改变。西江流域主要控制站点不同时期年平均输沙量见表3-2。

表3-2　各主要控制站点不同时期年输沙量[40]　单位：万t

水系	站名	时段		
		1960—1979年	1980—1999年	2000—2010年
南盘江	江边街	571	631	413
北盘江	大渡口	1173	1239	397
红水河	天峨	4750	5854	1547
	都安	4917	4579	491
	迁江	5023	4591	533
黔浔江	武宣	5467	5494	1348
	大湟江口	6091	6227	2014
西江	梧州	7354	6327	2216
	高要	7212	8452	2257
郁江	崇左	275	288	212
	百色	372	551	343
	南宁	955	926	632
	贵港	884	744	722
柳江	三岔	121	139	131
	柳州	396	546	503
	对亭	116	44	112

除桂江、贺江缺乏泥沙实测资料外，西江水系主要干支流的输沙量在2000年以后均较20世纪有所减少，其中尤以红水河、黔浔江及西江干流段泥沙减幅最为明显，以红水河都安站、黔浔江大湟江口站和西江高要站为例，分析显示：

（1）都安站2000—2010年年平均输沙量为491万t，仅为1960—1979年年平均输沙量的9.98%、为1980—1999年年平均输沙量的10.7%；

（2）大湟江口站2000—2010年年平均输沙量为2014万t，仅为1960—1979年年平均输沙量的33.1%、1980—1999年年平均输沙量的32.3%；

（3）高要站2000—2010年年平均输沙量为2257万t，仅为1960—1979年年平均输沙量的31.3%、1980—1999年年平均输沙量的26.7%；

（4）郁江和柳江输沙量在2000年前后变化较小，变化相对较大的南宁站2000—2010年年平均输沙量为1960—1979年年平均输沙量的66.2%，为1980—1999年年平均输沙量的68.3%，可认为梯级水电站修建对郁江、柳江输沙影响较小。

西江高要站泥沙变化与红水河都安站、黔浔江大湟江口站变化规律一致性较好，可认为西江泥沙主要来自黔浔江与红水河，考虑到柳江与郁江泥沙变化较小，可认为西江泥沙主要来自上游的红水河。

3.2.2 流域输沙量变化影响因素分析

西江流域输沙量近几十年来变化显著，其影响因素主要有三点：

（1）气候变化。气候变化直接影响降水，降水和径流量息息相关，径流量的多少决定着河道的输沙量，气候变化在一定程度上影响着输沙量的多少。吴创收等[41]根据珠江流域1954—2011年不同阶段的降雨量、径流量和输沙量的关系，分析得到降水变化对入海泥沙减少的贡献率为20%，人类活动的贡献率为80%。

（2）水土保持。水土保持主要是通过改变流域下垫面来影响流域产沙输沙过程。新中国成立初期，随着经济社会的发展，大量森林被砍伐，土壤裸露容易遭到侵蚀，水土流失严重，使河流含沙量加大；20世纪90年代开始，随着水土保持各项措施的实施，流域内水土流失面积逐渐减小，使河流含沙量有减小的趋势。以迁江站为例，水土流失相对严重的1960—1979年，年平均输沙量为5023万t，水土保持措施开始实施后的1980—1999年，年平均输沙量为4591万t，减少了8.6%，水土保持措施实施后对输沙量影响不大。

（3）人类活动。西江干流已建大型水库包括天生桥一级、龙滩、岩滩、大化、百龙滩、乐滩、桥巩、长洲等水利枢纽，总库容达到385亿m^3。水库的巨大调节能力对泥沙的运动产生重大影响。以百龙滩水电站为例，百龙滩是红水河流域规划的第七个梯级电站，水库总库容3.37亿m^3，总装机容量19.2万kW，工程于1993年2月开工，1996年2月第一台机组并网发电，1999年5月全部机组投产发电。以1999年为时间节点，1999年之前认为河道受水库影响小，1999年之后百龙滩建成开始拦蓄泥沙。都安水文站位于百龙滩下游，该站2000—2010年年平均输沙量为491万t，较1960—1979年减少90%，较1980—1999年减少了89.3%；与此同时，龙滩、大化、百龙滩等梯级电站修建后的2000—2010年迁江站年平均输沙量为533万t，较1960—1979年减少了89.4%，较1980—1999年减少了88.4%，可见，龙滩、大化、百龙滩等梯级电站对河道输沙量的减少影响显著。

图3-1为西江高要站1957—2011年年径流量和年输沙量变化趋势图，高要站位于广东省肇庆市，为西江中、下游的重要控制站，径流量和输沙量的变化能反映西江流域水沙变化特性。分析可知，1975—1985年高要站年输沙量呈现轻微上涨的趋势，1985—1990年输沙量呈现轻微减小的趋势，1990—1995年输沙量呈现增加的趋势，1995—2007年输沙量呈现明显减小的趋势。岩滩水电站于1995年6月建成发电，高要站输沙量在1995年前后存在明显分界点，1995年以后存在明显减小的趋势；大化水电站于1985年6月建成发电，高要站输沙量在1985年前后有明显的转折点，1985年以后有减小的趋势，可见，西江中、上游岩滩、大化等梯级水电站的建设对流域输沙量的变化影响显著，使高要站输沙量有明显减小的趋势。

3.2.3 河道泥沙的生态特性

泥沙对河流物质循环和水质控制起着重要作用，是河道稳定和河岸带栖息地形成的重要因素。泥沙的生态作用可分为两大类：一类是直接作用于生物，对河道生态产生影响；另一类是通过改变水文水利条件和基质营养来间接影响水生植物的生长。

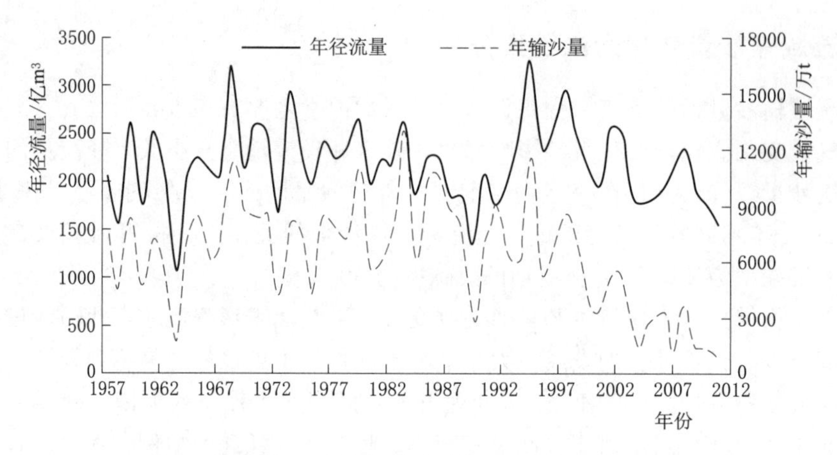

图3-1 西江高要站年径流量和年输沙量变化趋势图

泥沙对河道生态的直接作用表现在：泥沙冲刷破坏河床床面结构，使河床基质粗化，使水生植物生长环境遭到破损，导致植物的剥离、根除和根的暴露。同时，在泥沙冲刷下，鱼类产卵场遭到破坏，大量附着于岩石缝隙的鱼苗被冲走[42]，不利于鱼类的生长繁殖；而泥沙的大量淤积，也会加大对鱼类产卵场的淹没，降低孵化率[43]。

泥沙通过控制基质营养物质来间接影响水生植物的生长。河流水体的泥沙淤积是河道两岸基质重要的组成部分，对水生植物的生长繁殖具有显著意义。李义天等[44]指出黄土高原流失的泥沙中每吨含氮0.8～1.5kg、钾20kg、磷1.5kg，均为植物生长所必需的营养物质。这些富含营养物质的泥沙在河岸的淤积，补充和改善了河流基质的养分条件，促进了河岸植被的生长繁衍；反之，河道含沙量减少或在河岸的淤积量减少，将不利于基质养分的改善，对河岸植被的生长产生不利影响。

泥沙通过改变水文水利条件间接影响鱼类生长繁殖。河道冲刷加剧使水生动物失去了隐蔽场所，成活率降低，泥沙的冲刷淤积也会改变河道水文水力条件，进而影响水生动植物的生长。以四大家鱼产卵为例，其成熟期鱼的排卵受精不仅需要洪水涨落等自然环境条件的刺激，而且需要一定的水流条件使其悬浮于水中，顺水漂流孵化，泥沙冲刷会增大河床底部流速，不利于鱼卵的孵化。

水体中的泥沙影响着水生动物的摄食、产卵繁殖、生长发育等生命过程，对水生动物有着十分重要的意义。河道泥沙通过影响藻类的生长繁殖来控制浮游动物的摄食来源，进而影响浮游动物的生长；泥沙也通过干扰鱼类等水生动物的产卵、影响孵化率和仔鱼成活率、改变其洄游特性、控制其捕食效率等来影响水生动物的生长。

3.2.4 梯级水库拦沙对生态的影响

对于特定的河流而言，河流泥沙过程与河流生态系统存在着相适应效应，河道梯级水库的调节改变了下游河道的水沙过程，势必对河流生态系统产生相应的影响。梯级水电站对河流生态系统的影响可分为三大类：库区、河口和河道整体。

(1) 梯级水电站长期运行以后，大量的泥沙、有机物淤积在库区，使水体浊度增加，污染程度加剧，改变了河流的天然生态系统。具体表现在：库区水温和有机物出现分层、溶氧含量降低、pH值降低、水体富营养化等多种生态环境问题，对库区水生动植物的生存和发展构成威胁。与此同时，水库蓄水初期，由于水流的冲蚀作用对岸边进行浸蚀，引起土壤流失，破坏原始的生态环境；蓄水后期，库区大量泥沙淤积形成新的库岸边线，该边线在水流冲蚀和淤积的共同影响下发生迁移[45]。泥沙淤积还会进一步减小水库的兴利库容和防洪库容，影响水库的综合效益，长期运行的水库泥沙纵向淤积形态一般呈锥体或三角洲状[46]，三角洲推进到坝前会进一步威胁坝体安全。

(2) 梯级水电站的拦沙作用对河口形态也会造成巨大影响。发源于埃塞俄比亚的尼罗河，上游河道含有大量泥沙，平均每年有大约1.24亿t的泥沙被输入地中海，在河口形成肥沃的三角洲，为河口的农业生产提供保障，1959年阿斯旺大坝修建之后，约98%的泥沙进入纳赛尔水库，泥沙大量淤积在库底使下游河道输沙量急剧减小，河口淤积量减小，河口三角洲遭到严重侵蚀，海岸线侵蚀的速率由20世纪60年代的每年约20m增加到1991年的240m，对河口的农业生产和三角洲的生态环境带来不利影响[47]。

(3) 梯级水电站的修建改变了河道的天然流动特性，破坏了河流的纵向连续性[48]，导致许多水生生物无法在水库上、下游间自由洄游和迁徙，影响其繁殖和生长发育等过程。同时，水库清水下泄使河道含沙量减小，加剧了对下游河道的冲刷，导致下游河道河床粗化，破坏了水生生物的生存空间和躲避大流量水流冲刷的隐蔽场所[49]，细颗粒泥沙含量减少，有机物和营养物质含量降低，不利于水生植物的生长，造成种群的基因遗传多样性降低；此外，水电站修建也破坏了河道的横向连续性[49]，梯级水电站的调度一方面降低了洪峰流量和洪水出现频率，另一方面下泄清水加剧了河道向冲刷下切方向发展，河道过水面积增大降低了洪水漫滩的概率，河流主流与洪泛平原上的洼地和湖泊之间的物质能量交换减少[50]，淤泥和养分补给量减少使其逐渐贫瘠、盐渍化，植被覆盖率下降，植被大量减少，进一步中断了水生食物链，破坏了水生动物的栖息地，河流生物多样性和生产力下降[50]。

目前针对水库泥沙淤积问题的措施有多种，通过水库泥沙调度解决水库淤积问题是目前治理泥沙淤积的主要措施。水库泥沙调度的方式主要有两大类：蓄清排浑运用和蓄洪运用。蓄清排浑运用是指在河流来沙的主要时期，控制水库坝前水位，恢复河道至天然流态，使大部分泥沙排出库外达到排沙冲淤的目的，在来沙量较小的时期拦蓄清水，达到兴利发电的目的[51]。蓄洪运用是指水库调度方式按照兴利和防洪的要求进行，该运用方式无排沙期，主要是利用防洪兴利的部分弃水进行排沙。蓄洪运用可进一步分为蓄洪排沙和蓄洪拦沙，蓄洪拦沙是指水库在汛期只拦蓄洪水，而不进行泄流排沙，主要利用水库拦沙库容控制泥沙淤积；蓄洪排沙是指水库在来沙量较多的汛期不仅拦蓄部分洪水，而且通过控制水库水位进行排沙冲淤[47]。

水库泥沙淤积不仅受水库泥沙调度方式影响，还与水库蓄水时间和汛限水位关系密切。蓄水时间提前，坝前水位控制在正常蓄水位的时间增加，汛限水位的持续时间减少，蓄水期泥沙淤积明显，与此同时排沙时间缩短，水库泥沙淤积量增加；蓄水时间推后，正常蓄水位维持时间减少，汛限水位持续时间增加，排沙期延长利于水库排沙，水库泥沙淤积量减小[52]。水库汛限水位与泥沙淤积关系紧密，水库淤积量随汛限水位的降低而减小，随汛限水位的升高而增大[47]。

3.3 主要河流地形及演变特性

3.3.1 主要河道地形资料

西江中游河网主要由红水河段、柳江段、黔江段、郁江段、浔江段和西江段等河段组成，收集到的最新水深地形资料情况见表3-3，其中红水河段起始于望谟县蔗香村止于石龙三江口，柳江段起始于柳州水文站止于石龙三江口，黔江段起始于石龙三江口止于桂平三江口，郁江段起始于邕州大桥止于桂平三江口，浔江段起始于桂平三江口止于梧州，西江起始于梧州止于高要，如图3-2所示。根据收集的最新地形资料，对河道分段、断面设置、河道特征断面、河道深泓点高程特点及变化、河底坡降等进行了统计，见表3-4。

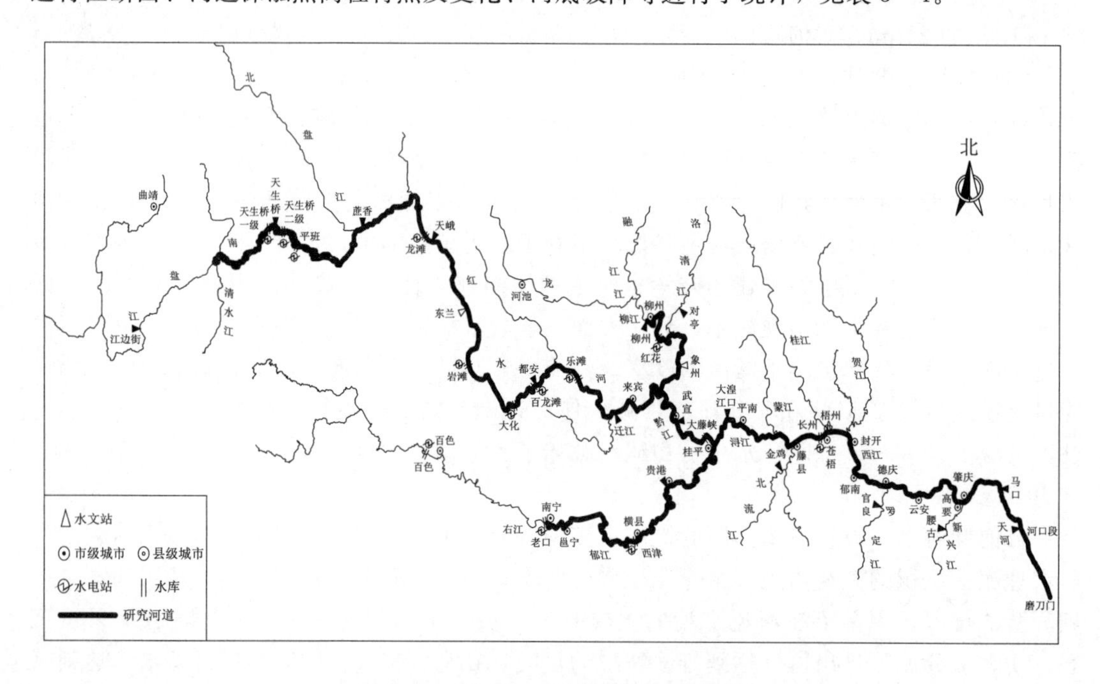

图3-2 西江中、上游河网主要河段图

表3-3 西江中、上游河网地形资料表

地形测绘年份	河 道	河 段	资料高程系统
2010	红水河	曹渡河口—龙滩	1985年国家高程基准
		龙滩—岩滩	
		岩滩—大化	
		大化—百龙滩	
		百龙滩—乐滩	
		乐滩—桥巩	
		桥巩—石龙三江口	1956年黄海高程基准

续表

地形测绘年份	河道	河段	资料高程系统
2009	柳江	柳州—红花	1985国家高程基准
		红花—石龙三江口	
2009	黔江	石龙三江口—桂平三江口	1985国家高程基准
2007	郁江	南宁—西津	1956年黄海高程基准
2010		西津—贵港航运枢纽	
2006		贵港航运枢纽—桂平三江口	
2010	浔江	桂平三江口—梧州	1985国家高程基准
2013	西江	梧州—高要	1985国家高程基准

表3-4 西江中、上游河网水动力模型河道特征表

河道	河段分段	河段长度/km		河段断面数量/个	河道断面数量/个	河道河底总平均坡降/‰		深泓点平均高程/m
红水河	蔗香—龙滩	194	718	265	2785	0.49	0.43	215
	龙滩—岩滩	165		691		0.74		187
	岩滩—大化	82		372		0.52		121
	大化—百龙滩	26		95		0.44		94
	百龙滩—乐滩	76		395		0.19		78
	乐滩—桥巩	75		379		0.15		51
	桥巩—石龙三江口	100		588		0.5		28
柳江	柳州—红花水电站	60	158	214	551	0.04	0.1	56
	红花—石龙三江口	98		337		0.16		44
黔江	石龙三江口—桂平三江口	122	122	450	450	0.625	0.625	10
郁江	南宁—西津	169	382	670	1438	0.037	0.062	43
	西津—贵港航运枢纽	104		386		0.057		25
	贵港航运枢纽—桂平三江口	109		382		0.091		17
浔江	桂平三江口—长洲枢纽	155	177	642	688	0.07	0.068	−2
	长洲枢纽—梧州	22		46		0.063		−3
西江	梧州—高要	194	194	185	185	0.072	0.072	−5

3.3.2 红水河段特性

收集了红水河段上游从蔗香水文站至石龙三江口总长653km的河道地形，统计显示该河段平均坡降0.43‰，河宽150～200m，河段有刁江和清水河两条较大支流，干流河道有蔗香、天峨、东兰和迁江等水文站。该河段属于山区型河流，两岸多为高山丘陵，河床由硅质灰岩，基岩裸露，以冲蚀为主，节理裂缝较发育，稳定性好，河床不易冲刷和崩

塌，河床断面形态多为 V 字形，河段两岸城镇较少，下游受洪水影响较大的是来宾市。

3.3.2.1 冲淤演变特性

由于红水河段较长，为便于分析，将红水河分为上、下游两段，上游段自蔗香水文站至桥巩水电站，如图 3-3 所示，下游段自桥巩水电站至石龙三江口，如图 3-4 所示。龙滩大坝建成前，1993—2005 年天峨水文站平均年输沙量 4263 万 t，2009 年龙滩大坝建成之后，2010—2012 年平均年输沙量 17 万 t，天峨水文站年平均输沙量仅为建坝前的 0.4% 左右，说明龙滩大坝建成后库区呈现淤积状态。沈鸿金通过统计天峨、迁江水文站的输沙量变化来分析水库拦沙情况（表 3-5）显示[53]，大化水库建成至 1992 年岩滩水库建成前的 9 年时间里，天峨站至迁江站河段表现为淤积，平均每年淤积 392 万 t；1993 年岩滩水库建成至 2005 年期间，该河段淤积量更大，平均每年淤积 2587 万 t。

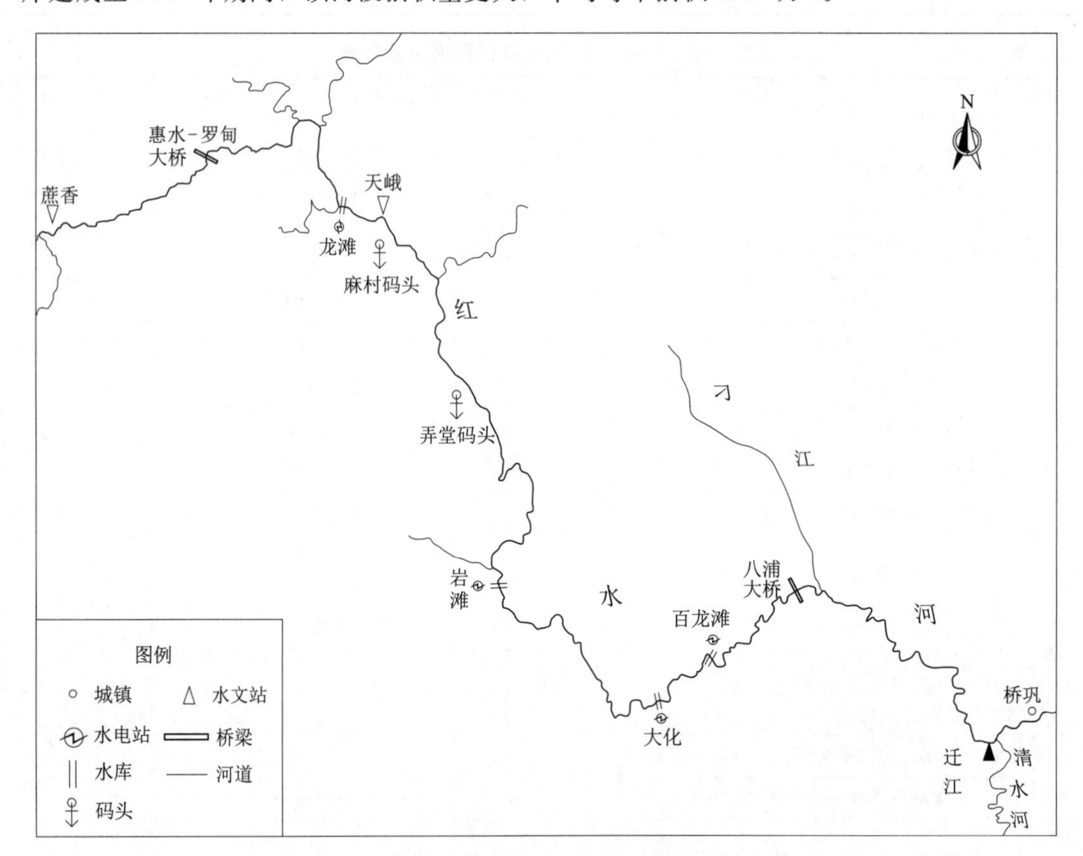

图 3-3 红水河上游段河道图

表 3-5 红水河天峨、迁江水文站输沙量变化情况 单位：万 t

时 间	平均年输沙量		区间冲淤量	
	天峨水文站	迁江水文站	年平均	总量
1960—1983 年	4935	5219	－284	－6816
1984—1992 年	6042	5350	＋392	＋3528
1993—2005 年	4263	1676	＋2587	＋33631

注 区间冲淤量“－”为冲，“＋”为淤；天峨水文站缺少 1959 年之前的泥沙资料。

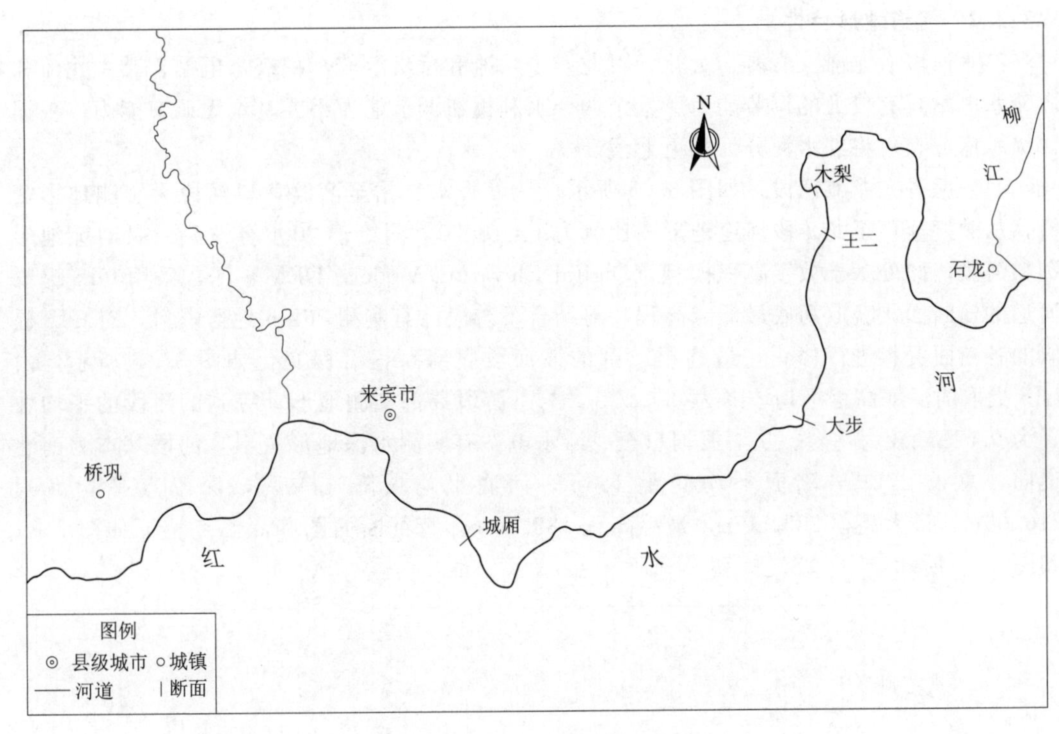

图 3-4 红水河下游段河道图

红水河下游河段通过20世纪80年代以来遥感影像分析对比，河段基本特性参数及近年来变化情况见表3-6。该河段岸坡下段多为白垩纪页岩和泥沙，岩石抗冲刷性好，岸坡稳定；近年来河道江心滩淤长且有新的江心洲生成，边滩发育。总的来说，红水河下游河道中有泥沙沉积，心滩及岸滩发育且导致河床有一定程度的缩窄，表明河道总体呈淤积态势。

表 3-6　　红水河下游河段基本特性参数及近年来变化情况

河段	河谷宽/m	地质情况	变化情况
城厢段	350～500	岸坡下部为白垩系页岩；上部为第四系冲洪积黏土、壤土、少量砂卵石	2002年前下滩受到冲刷，上滩基本不变，2002年后，心滩有不同程度淤长
大步村段	450～600	岸坡下部为白垩系泥岩；上部为第四系冲洪积黏土组成	新的江心洲生成；边滩发育，向主河道扩张
王二—木梨村段	400～500	岸坡下部为白垩系泥岩；上部为残积红黏土	岸滩变化不大，河道平面20年基本不变
木梨—大湾乡河道			右岸边滩淤积，主流逼向左岸

综上所述，红水河上游河段呈淤积态势，龙滩、岩滩和大化等库区均有泥沙淤积；下游河段总体为淤积态势，江心滩淤长，边滩扩张。

3.3.2.2 河道地形特性

红水河段有龙滩、岩滩、大化、百龙滩、乐滩和桥巩等6个梯级水电站，其中龙滩和岩滩水电站具有较大的调节能力，其余四个水利枢纽调节能力小或基本无调节能力。根据梯级水库分布可将红水河分为如下七段。

(1) 蔗香—龙滩河段。如图3-5所示，从蔗香水文站至漕渡河口河段无实测地形资料，从漕渡河口至龙滩段河道地形图比例为1：10000，测绘于2006年之后；针对无地形资料河段，此处基于数字高程模型（Digital Elevation Model，DEM）图，采用GIS提取河道的横断面，获取河底最低点高程，再结合下游段已有实测26km地形资料，对GIS提取的各断面资料进行修正，最终提取到的该河段底部高程沿程变化如图3-5所示，由GIS提取的河底高程平均坡降为0.617‰，与下游段局部实测地形计算到的河段的平均坡降为0.549‰较为吻合。从漕渡河口至龙滩水电站有实测水深地形资料，河段基本为南北走向，总长27km，断面平均间距183m，河底平均坡降0.49‰，深泓点平均高程215.00m，最大高程235.00m，最小高程188.00m，特征断面图和深泓点特征如图3-7和图3-8所示。

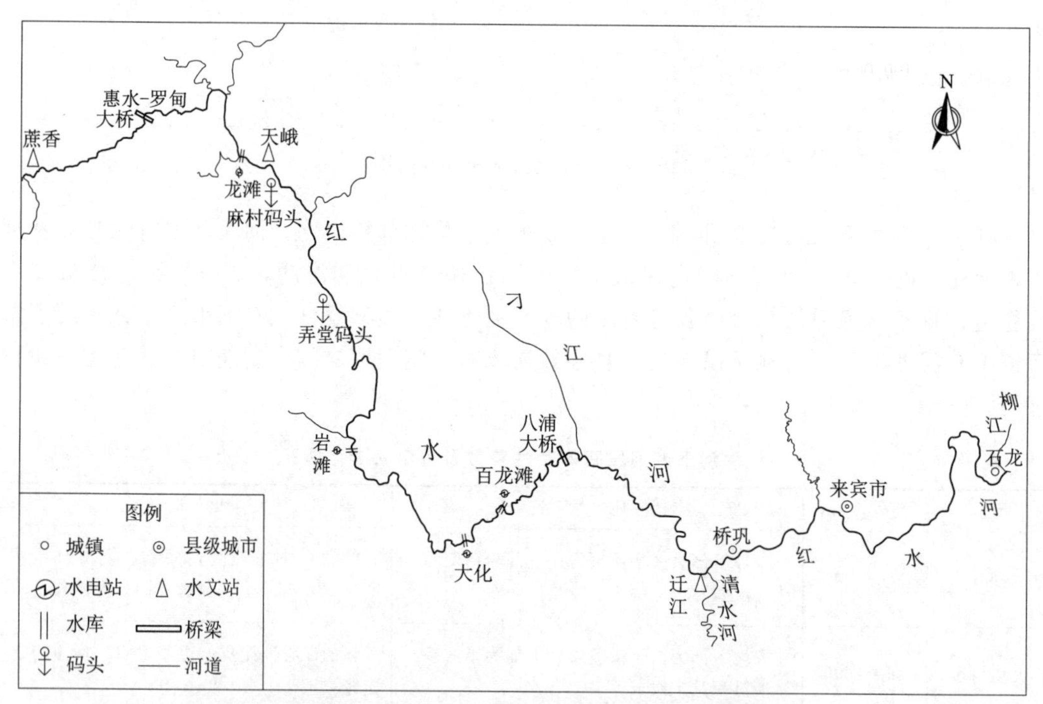

图3-5 采用GIS提取的河底高程沿程分布图

(2) 龙滩—岩滩河段。河道地形图比例为1：10000，测绘于2006年之后，起始于龙滩水电站终止于岩滩水电站，河段基本为西北—东南走向，靠近岩滩河段有较多河弯，距岩滩坝前23km处河道扩大进入岩滩库区。河道总长165km，布置了691个断面，断面平均间距239m，河底平均坡降0.74‰，深泓点平均高程187.00m，最大高程216.00m，最小高程148.00m，该河道前80km河床较高在200m左右，后半段河床突然下切至170m左右，特征断面图和深泓点特征如图3-9和图3-10所示。

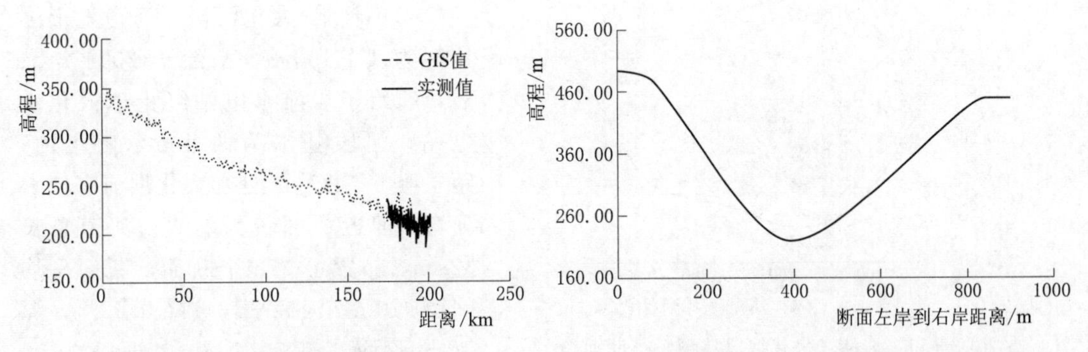

图 3-6　红水河河道图

图 3-7　漕渡河口—龙滩河段典型特征断面图

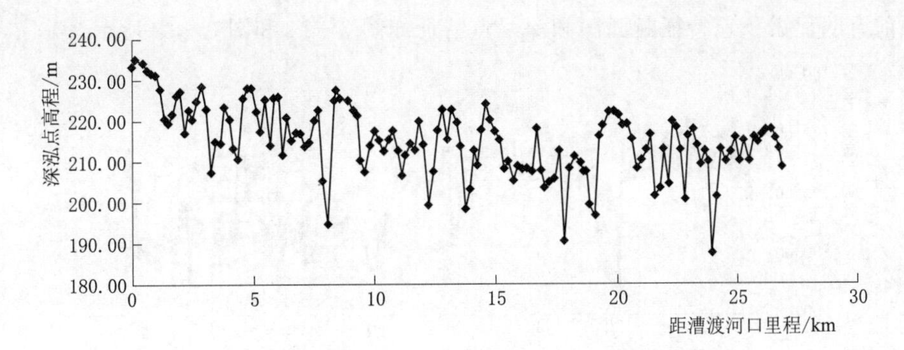

图 3-8　漕渡河口—龙滩河段深泓点沿程分布图

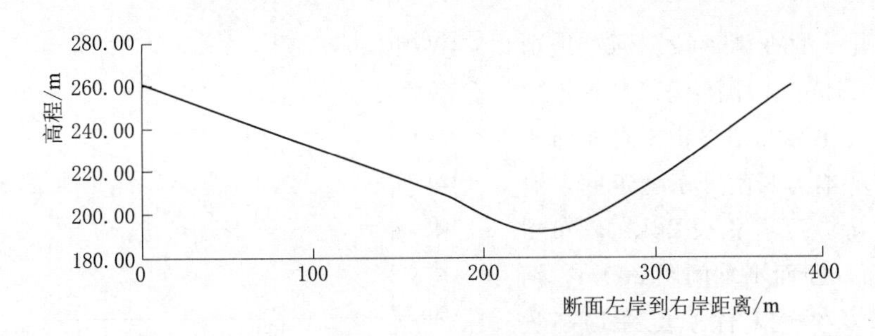

图 3-9　龙滩—岩滩河段典型特征断面图

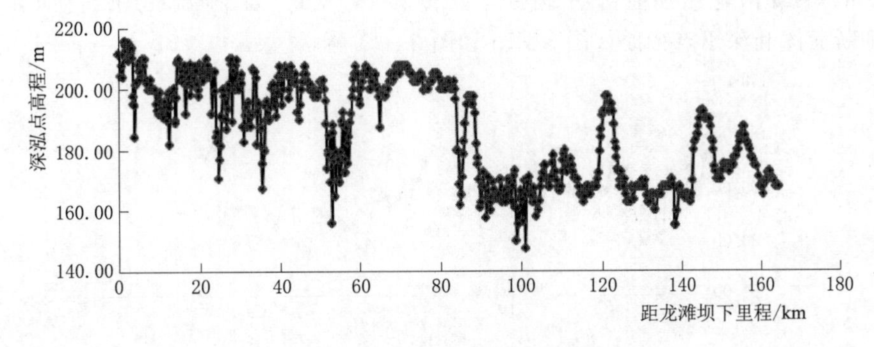

图 3-10　龙滩—岩滩河段深泓点沿程分布图

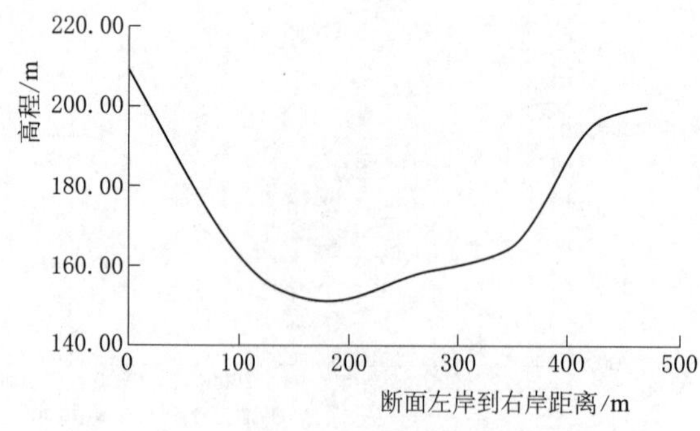

图3-11 岩滩—大化河段典型特征断面图

(3) 岩滩-大化河段。河道地形图比例为1：10000，测绘于2006年之后，起始于岩滩水电站终止于大化水电站，河段基本为西北—东南走向，距岩滩下游27km处和大化坝前有较大河弯，河道中部较为顺直。河道总长82km，布置了372个断面，断面平均间距220m，河底平均坡降0.52‰，深泓点平均高程121.00m，最大高程151.00m，最小高程85.00m，大化水电站坝前有明显淤积，特征断面图和深泓点特征如图3-11和图3-12所示。

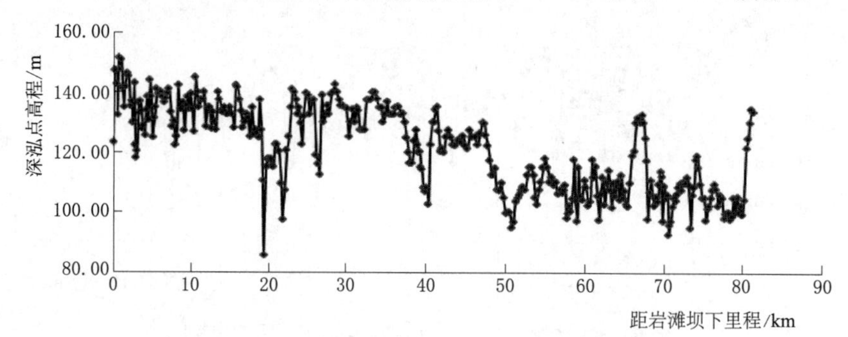

图3-12 岩滩-大化河段深泓点沿程分布图

(4) 大化—百龙滩河段。河道地形图比例为1：10000，测绘于2006年之后，起始于大化水电站终止于百龙滩水电站，河段基本为西南—东北走向，有两个较大河弯。河道总长26km，布置了95个断面，断面平均间距269m，河底平均坡降0.44‰，深泓点平均高程94.00m，最大高程117.00m，最小高程72.00m，百龙滩电站坝前有明显淤积，特征断面图和深泓点特征如图3-13和图3-14所示。

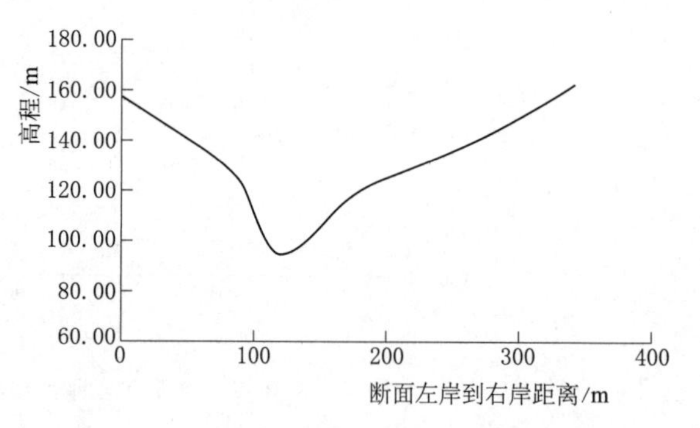

图3-13 大化—百龙滩河段典型特征断面图

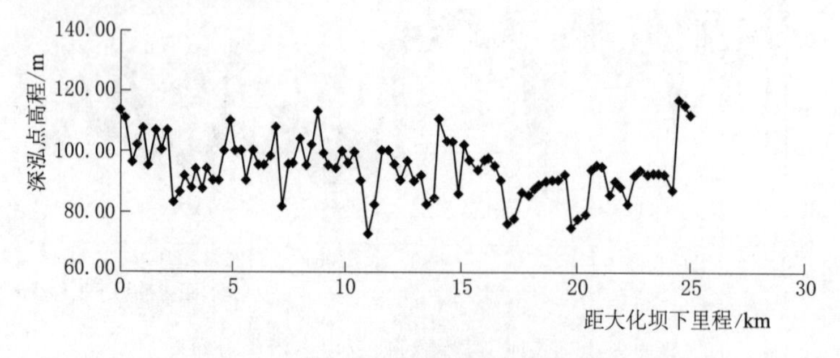

图3-14 大化—百龙滩河段深泓点沿程分布图

（5）百龙滩—乐滩河段。河道地形图比例为1∶10000，测绘于2006年之后，起始于百龙滩水电站终止于乐滩水电站，河段前半段为西南—东北走向，后半段为西北—东南走向，有较多河弯。河道总长76km，布置了395个断面，断面平均间距192m，河底平均坡降0.19‰，深泓点平均高程78.00m，最大高程108.00m，最小高程30.00m，距百龙滩坝下50～60km处河床有约20m的抬升，特征断面图和深泓点特征如图3-15和图3-16所示。

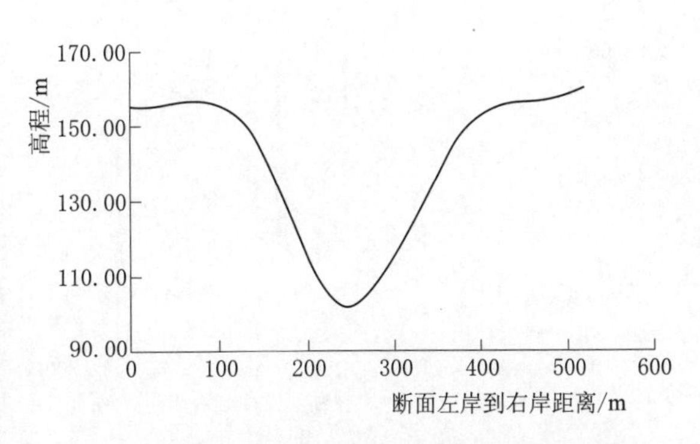

图3-15　百龙滩—乐滩河段典型特征断面图

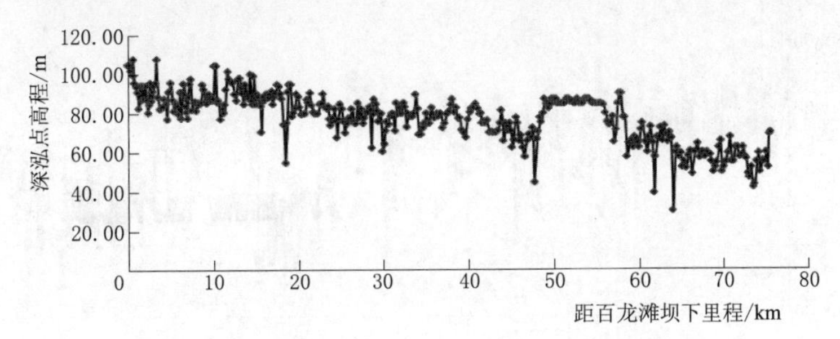

图3-16　百龙滩—乐滩河段深泓点沿程分布图

（6）乐滩—桥巩河段。河道地形图比例为1∶10000，测绘于2006年之后，起始于乐滩水电站终止于桥巩水电站，河段为西北—东南走向，有7个较大河弯。河道总长75km，布置了379个断面，断面平均间距198m，河底平均坡降0.15‰，深泓点平均高程51.00m，最大高程73.00m，最小高程11.00m，河床底部沿程变化较为剧烈，河道多江心洲，特征断面图和深泓点特征如图3-17和图3-18所示。

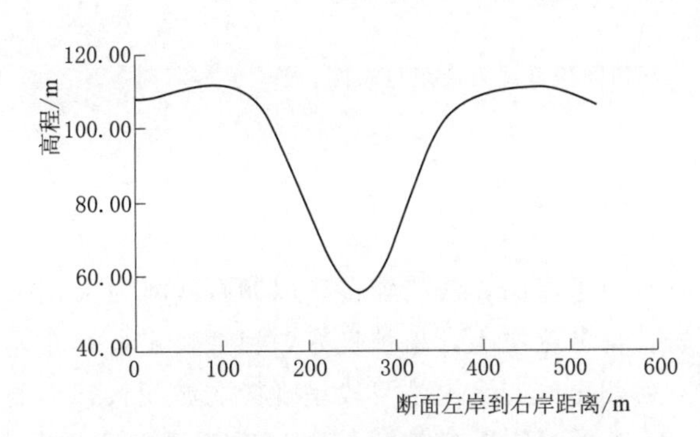

图3-17　乐滩—桥巩河段典型特征断面图

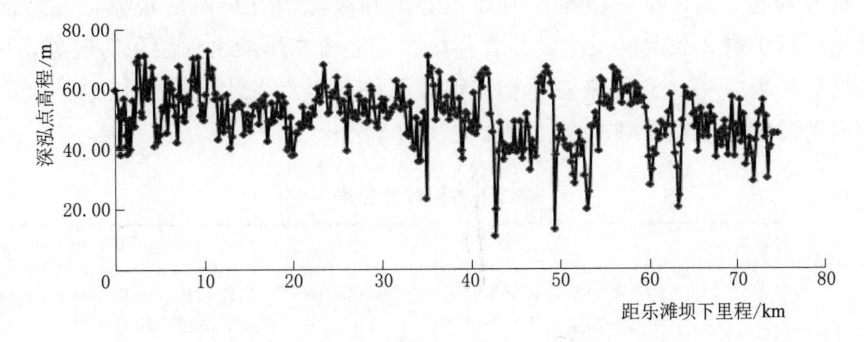

图3-18　乐滩—桥巩河段深泓点沿程分布图

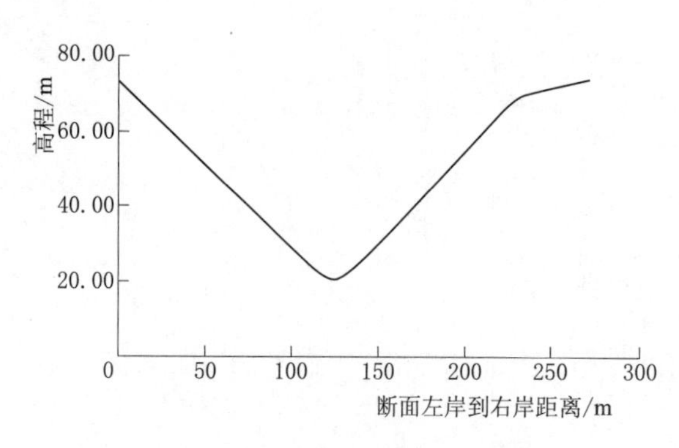

图3-19 桥巩—石龙三江口河段典型特征断面图

(7) 桥巩—石龙三江口河段。河道地形图比例为1∶2000，测绘于2010年3月，起始于桥巩终止于石龙三江口，河段为东西走向，来宾市附近和石龙三江口附近有较大河弯。河道总长100km，布置了588个断面，断面平均间距169m，河底平均坡降0.43‰，深泓点平均高程28.00m，最大高程52.00m，最小高程－15.00m，河床底部沿程变化较为剧烈，河道多险滩，特征断面图和深泓点特征如图3-19和图3-20所示。

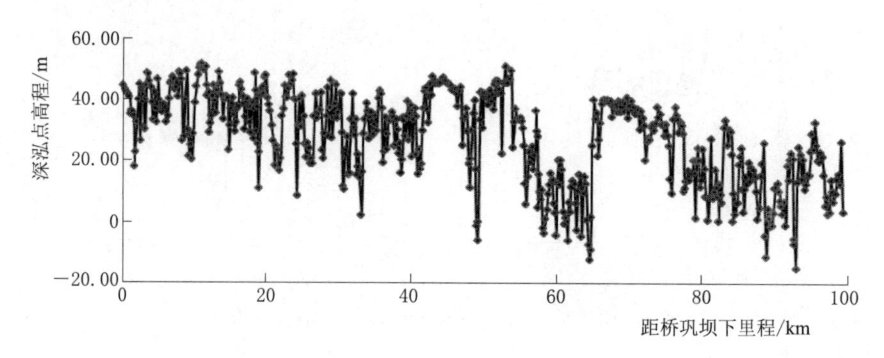

图3-20 桥巩—石龙三江口河段深泓点沿程分布图

3.3.3 柳江段基本特性

3.3.3.1 河段冲淤演变特性

如图3-21所示是柳江河道图。柳江下游河道弯曲，浅滩较多，以卵石浅滩为主，两岸丘陵与台地平原相间，地质部分为水成岩，部分为黏土，植被良好，河道稳定，局部为石质河床。由于红花水电站拦蓄洪水作用，柳州至红花水电站河段呈现微弱淤积状态；下游段红花水电站至石龙三江口河段从2009年开始，因航道整治使得河道深槽有所加深，边滩则不断淤积。另外，历年遥感影像对比分析显示，柳江下游河段岸坡底部为灰岩，岩石坚硬，抗冲刷能力强，岸坡稳定；河道中心滩和岸滩均有扩展的现象：心滩演变为岸滩，岸滩向河道扩展，表明河道里泥沙含量增多，心滩和岸滩出现淤积的现象，柳江下游河段特征信息见表3-7。总体来看，柳江河段从柳州至红花水电站河床总体上以微淤为主，下游河道总体上呈现深槽冲刷、边滩淤浅的态势。

表3-7 柳江下游河段特性表

河段	河谷宽度/m	岸坡地质	变化情况
大冲—鸡沙	400～650	下部为泥盆系灰岩，上部主要为第四系冲洪积黏土、壤土及砂卵石	心滩扩展，变成岸滩；心滩滩头滩尾淤长；岸滩向河道扩展

续表

河段	河谷宽度/m	岸坡地质	变化情况
廷耀—迷赖	400～650	下部为石炭系灰岩，上部为第四系冲洪积黏土、壤土及部分残积红黏土	河道河势基本稳定，局部心滩和岸滩有淤长

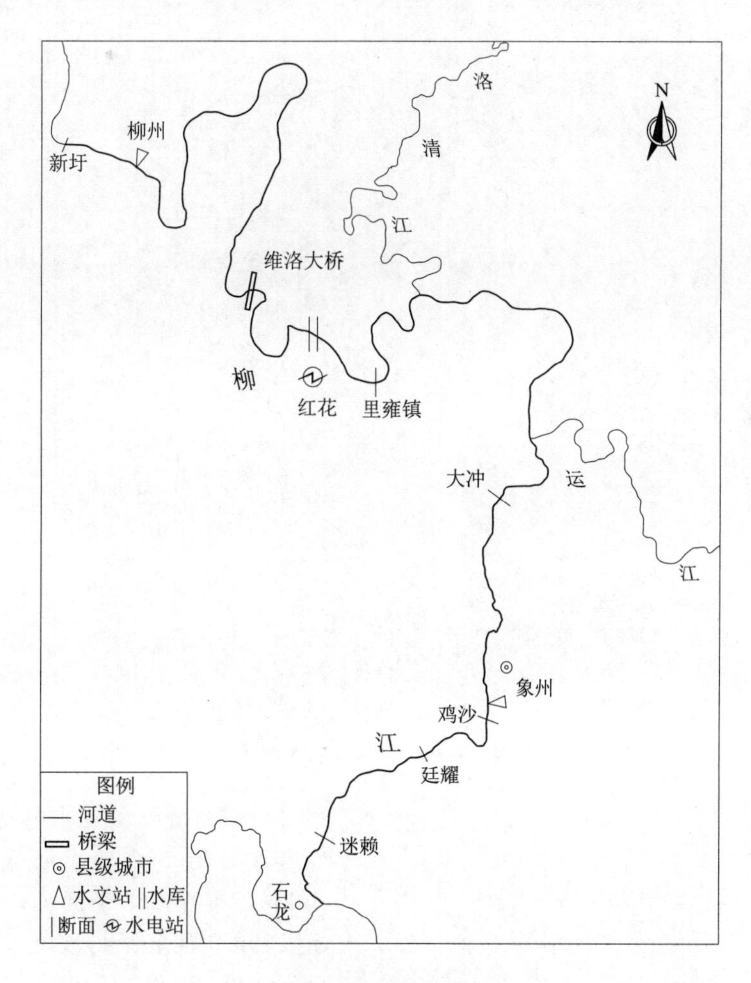

图 3-21　柳江河道图

3.3.3.2　河段地形特性

柳江河段地形资料范围为：上游始于柳州水文站下游止于石龙三江口，总长158km，河段河底坡降约为0.1‰，洛清江为柳江较大支流，河段主河道有柳州和象州等水文站，如图3-22所示。该河段从柳州市至石龙三江口之间建设有红花水电站，该电站为径流式电站，不承担下游防洪任务，未设置防洪库容，对洪水无调节作用。红花电站以上河段两岸地势较为平缓，红花水电站至象州水文站河段两岸为山区丘陵。柳江河道流经柳州城区，有较为重要的防洪任务。

(1) 柳州—红花河段。河道地形图比例为1∶2000，测绘于2006年之后，起始于柳

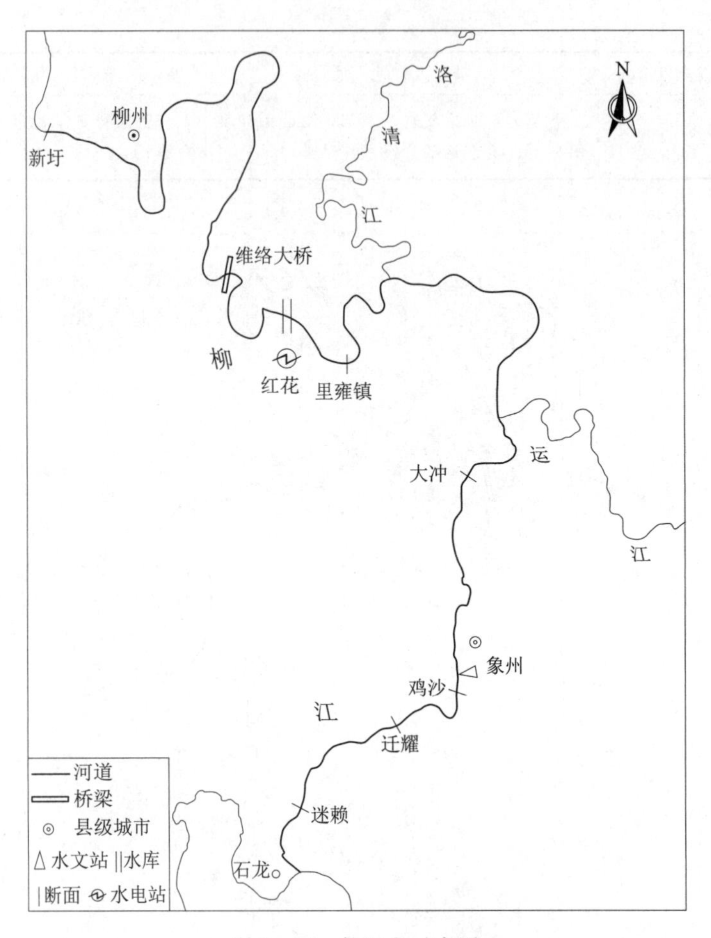

图3-22　柳江段示意图

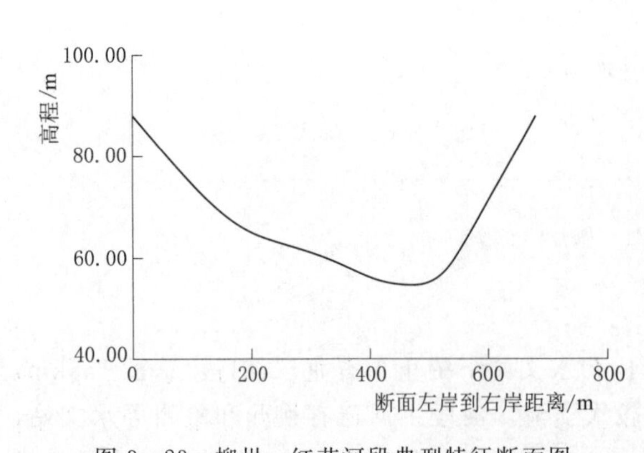

图3-23　柳州—红花河段典型特征断面图

州水文站终止于红花水电站，河段为南北走向，有5个较大河弯。河道总长60km，布置214个断面，断面平均间距279m，河底平均坡降0.04‰，深泓点平均高程56.00m，最大高程68.00m，最小高程29.00m，河床底部较为平缓，特征断面图和深泓点特征如图3-23和图3-24所示。

（2）红花—石龙三江口河段。河道地形图比例为1∶2000，测绘于2009年3月，起始于红花水电站终止于石龙三江口，河段前30km为东西走向，之后为南北走向，前30km有较多河弯，后半段较为顺直。河道总长98km，布置了337个断面，断面平均间距290m，河底平均坡降0.16‰，深泓点平均高程44.00m，最大高程58.00m，最小高程15.00m，特征断面图和深泓点特征如图 3－25 和图 3－26 所示。

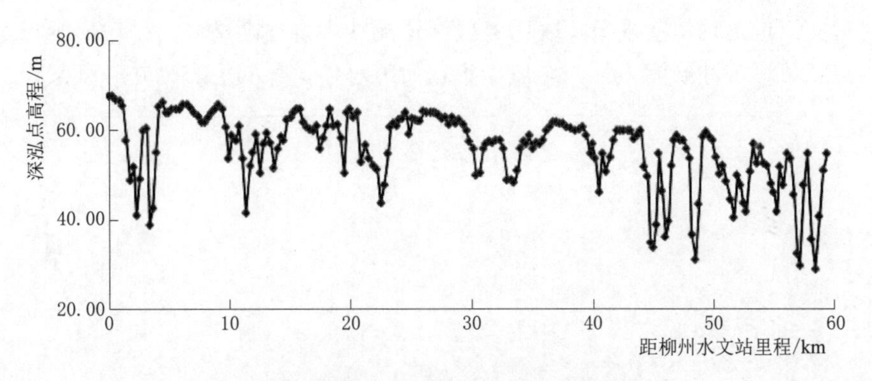

图 3－24 柳州—红花河段深泓点沿程分布图

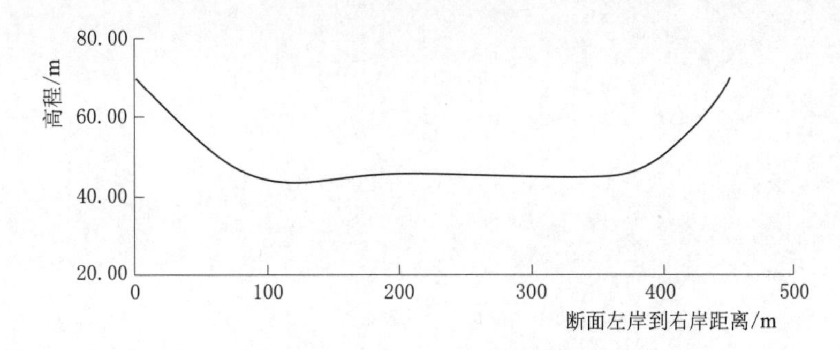

图 3－25 红花—石龙三江口河段典型特征断面图

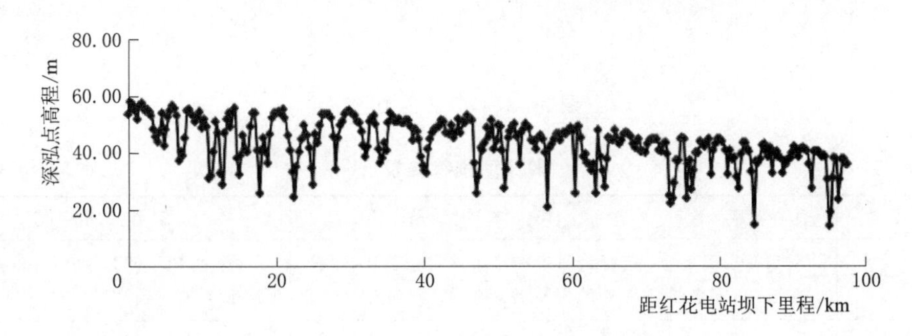

图 3－26 红花—石龙三江口河段深泓点沿程分布图

3.3.4 黔江段基本特性

3.3.4.1 河段冲淤演变特性

如图 3－27 所示是黔江河道图。黔江流域地貌主要为峡谷、平原、丘陵掺杂分布，河道中多滩岛，以石质滩险为主。黔江上游武宣平原段多由残积红黏土及次生红黏土组成，河床主要为石灰岩，抗冲刷能力强。通过 20 世纪 80 年代以来的历年遥感影像的对比分析，统计黔江各河段基本信息及近年来变化情况见表 3－8，黔江河道岸坡下部为石炭或二迭系灰岩，岩石坚硬，抗冲刷能力强，大藤峡附近河段岩层倾角大于坡角，河道岸坡整体稳定；河道中多处江心洲出现淤积态势，且出现新的江心滩，江心滩滩尾普遍有一定的淤长，河道支汊也出现堵塞现象，表明各段河道泥沙含量逐渐增多，呈现出淤积态势。综上所述，黔江河道抗冲刷能力强，岸坡稳定，河道总体上呈稳定态势并略有淤积。

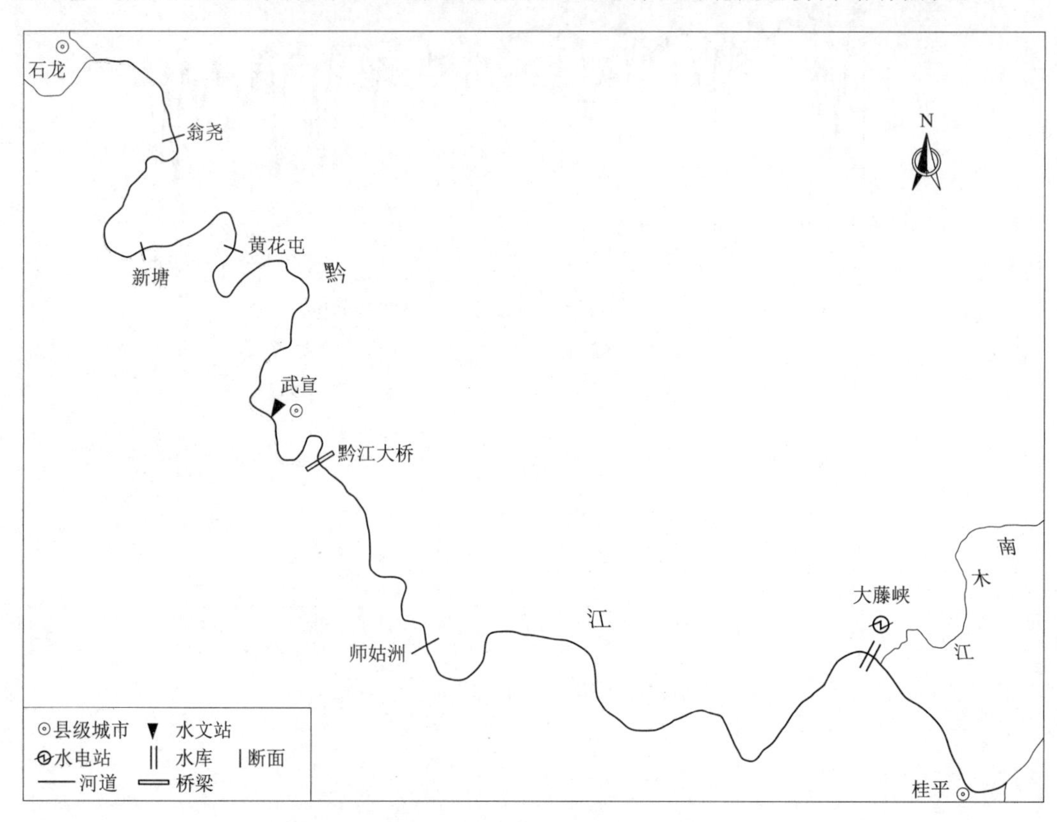

图3-27 黔江河道图

表3-8 黔江河段特性表

河 段	河谷宽度/m	岸 坡 地 质	变 化 情 况
翁尧—新塘	400～600	下部为石炭～二迭系灰岩，上部为第四系冲洪积黏土、壤土、砂卵石	凸岸淤积，凹岸冲刷，江心洲淤积，近心滩淤长
新塘—黄花屯	500～650	下部为二迭系灰岩，上部为第四系残积红黏土、冲洪积黏土、壤土、砂卵石	上段岸坡基本保持不变，下段弯道处轻微淤积
武宣—师姑洲	300～600	下部为石炭系灰岩，上部为第四系残积红黏土、冲洪积黏土、壤土	近心滩滩尾淤长，心滩增多且出现淤积，支汊被堵
大藤峡	120—220（枯水）	两岸山体主要为碎屑岩，岩层倾角大于坡角	江心滩稳定，蓄水后局部地段崩塌

3.3.4.2 河段地形特性

黔江段上游始于石龙三江口下游止于桂平三江口，总长122km，区间集水面积2210km²，河段河底坡降0.625‰，河段主河道有武宣水文站，如图3-28所示。石龙三江口至武宣水文站段河道两岸地势平缓，多为农田，下游20km转桶滩处至桂平三江口段，河道两岸变为丘陵山区，河宽变窄多险滩，河床下切，规划中的大藤峡水电站正位于此段。集水面积在 100～1000km^2 以上的支流有新江、旺村河、东乡河、濛江、墟武赖水、马来河，以马来河最大。

黔江段地形图比例为 1：5000，测绘于 2009 年 3 月，河段为西北—东南走向，有较多河弯。河道布置了 450 个断面，断面平均间距 268m，深泓点平均高程 10.00m，最大高程 37.00m，最小高程－58.00m。特征断面图和深泓点特征如图 3－29 和图 3－30 所示。

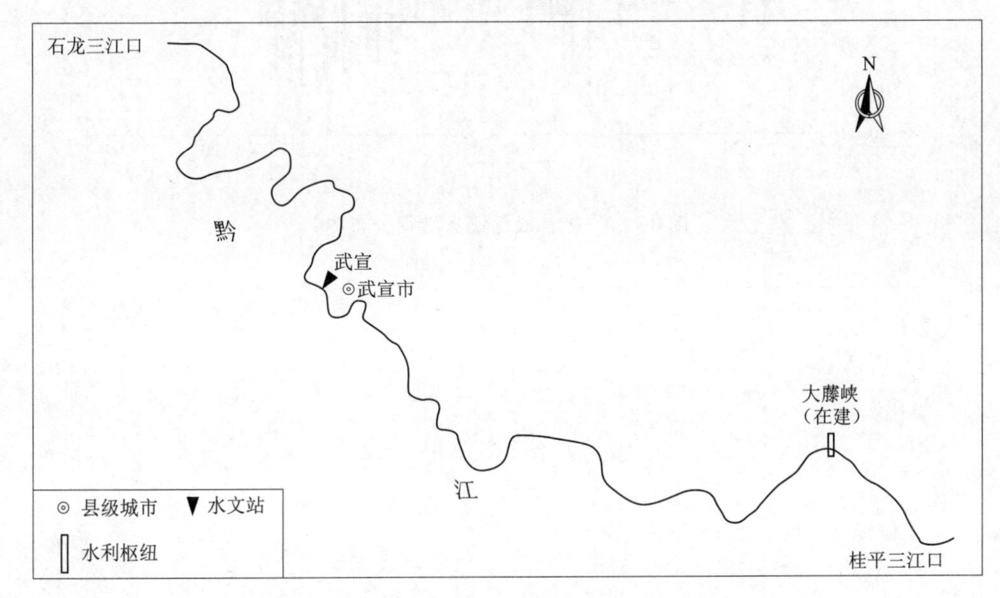

图 3－28　黔江段示意图

3.3.5　郁江干流段基本特性

3.3.5.1　冲淤演变特性

如图 3－31 所示是郁江河道图。郁江干流中游建有西津水库，1964 年建成发电，对郁江干流河段冲淤影响巨大。针对建库前后 1954—1965 年河床变化分析显示[54]，建库前横县站较南宁站输沙量平均每年大 262.8 万 t，即出库泥沙量大于入库泥沙量，建库后横县输沙量反而较南宁平均每年小 279.6 万 t，表明西津水库建成后的仅 1 年时间，南宁至横县段河道即转入以淤积为主。另外，沈鸿金等[53]对西津水库建成后南宁站和贵港站 1967—2005 年共 39 年泥沙实测资料的分析显示，该河道以淤积为主，平均每年淤积泥沙约 118 万 t；对武宣、贵港和大湟江口水文站 1954—2005 年资料的分析显示，平均每年从黔江武宣站、郁江贵港站进入的泥沙分别为 5020 万 t 和 860 万 t，而从浔江大湟江口站下泄的泥沙为 5720 万 t，平均每年淤积约 97.8 万 t。考虑到人工采砂等因素，贵港至桂平河段河道基本保持平衡并略有淤积。

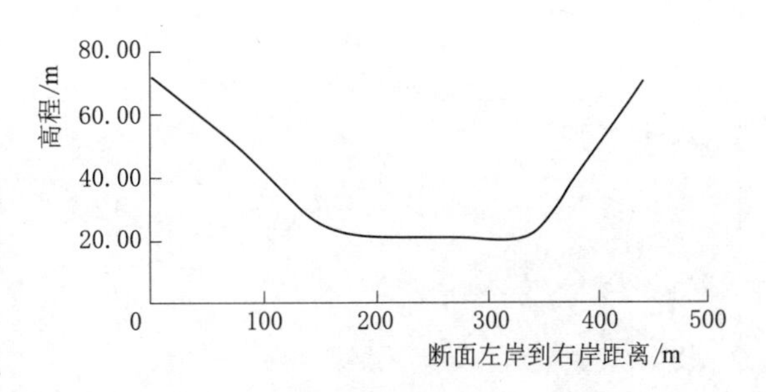

图 3－29　黔江段典型特征断面图

因此，综合来看，南宁至贵港段河道主要呈现淤积态势，贵港至桂平三江口段河道冲淤基本平衡并略有淤积。

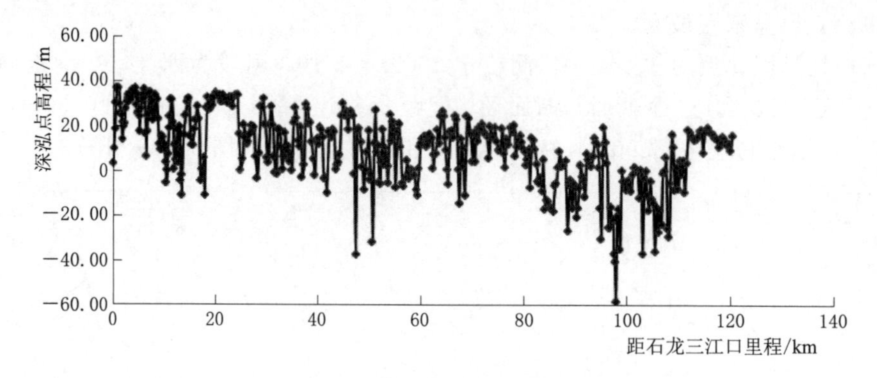

图 3-30 黔江段深泓点沿程分布图

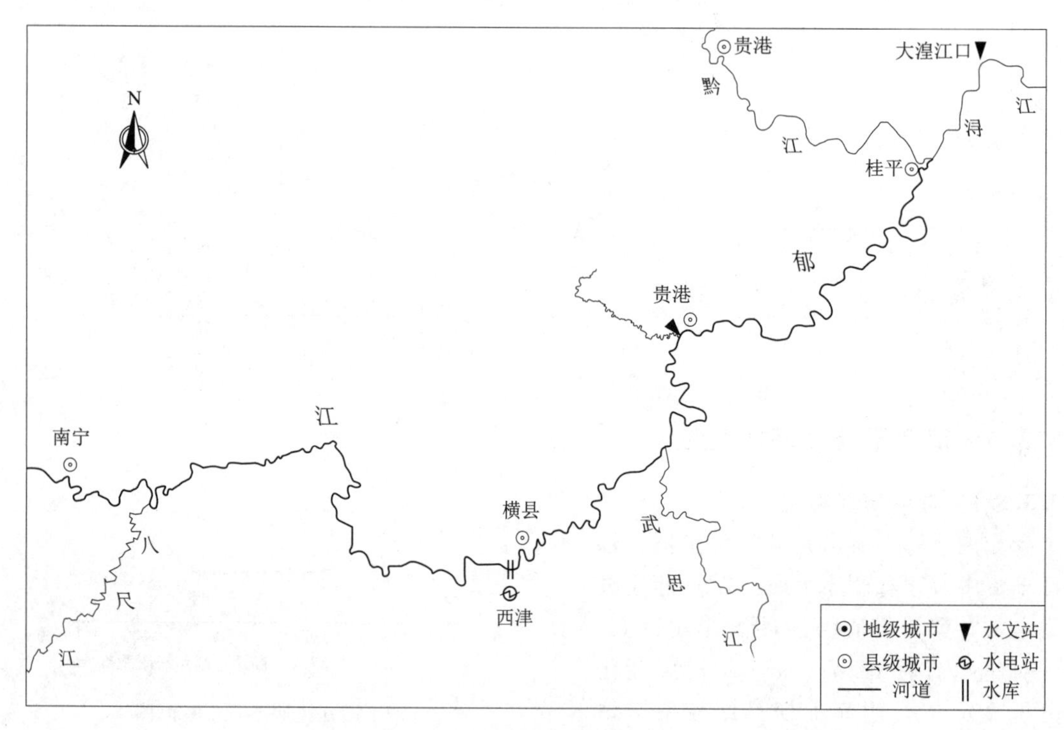

图 3-31 郁江河道图

3.3.5.2 地形特性分析

郁江段地形资料范围为：上游始于邕州大桥下游止于桂平三江口，总长 382km，布置了 1438 个断面，河段河底坡降 0.062‰，武思江和八尺江为两条较大支流，河段主河道有南宁、横县和贵港等水文站，如图 3-32 所示。该河段从上游到下游有西津水电站、贵港航运枢纽和桂平航运枢纽，其中西津水电站为季调节水电站，具有较强的调节能力，其余两个航运枢纽基本无调节能力。郁江河段流经南宁城区和贵港城区，因而有着较为重要的防洪任务。按照郁江段之间水利枢纽分布可将其分为三段。

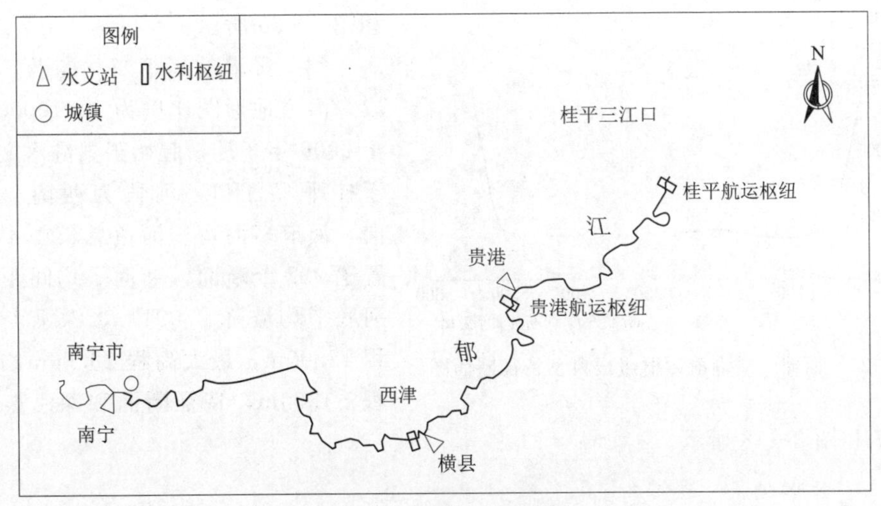

图 3-32 郁江段示意图

(1) 南宁—西津河段。河道地形图比例为 1∶1000，测绘于 2007 年 7 月，起始于南宁水文站终止于西津水电站，河段前 87km 为东西走向，河道较为顺直，后半段为西北—东南走向，有较多河弯。河道总长 169km，布置了 670 个断面，断面平均间距 252m，河底平均坡降 0.037‰，深泓点平均高程 43.00m，最大高程 56.00m，最小高程 3.00m，特征断面图和深泓点特征如图 3-33 和图 3-34 所示。

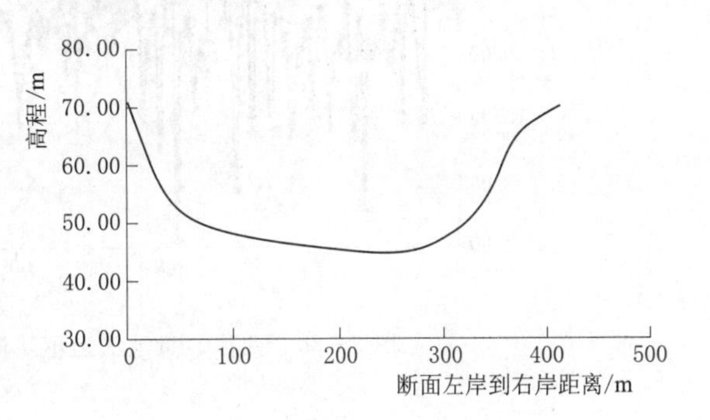

图 3-33 南宁—西津河段典型特征断面图

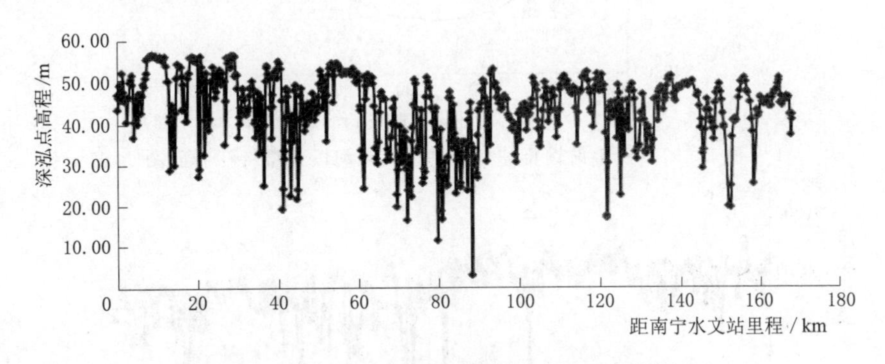

图 3-34 南宁—西津河段深泓点沿程分布图

(2) 西津—贵港航运枢纽河段。河道地形图比例为 1∶1000，测绘于 2010 年 3 月，起始于西津水电站终止于贵港航运枢纽，河段为西南—东北走向，河道多河弯。河道总长 104km，布置了 386 个断面，断面平均间距 268m，河底平均坡降 0.051‰，深泓点平均高程 25.00m，最大高程 39.00m，最小高程－4.00m，特征断面和深泓点特征如图 3-35

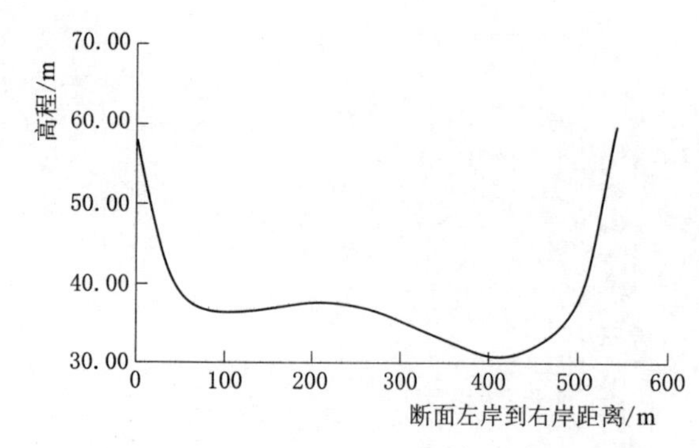

图 3-35　西津—贵港航运枢纽段典型特征断面图

和图 3-36 所示。

(3) 贵港航运枢纽—桂平三江口河段。河道地形图比例为 1∶10000，测绘于 2006 年 3 月，起始于贵港水文站终止于桂平三江口，河段为西南—东北走向，河道多河弯。河道总长 104km，布置了 382 个断面，断面平均间距 285m，河底平均坡降 0.091‰，深泓点平均高程 17.00m，最大高程 26.00m，最小高程−1.00m，特征断面和深泓点特征如图 3-37 和图 3-38 所示。

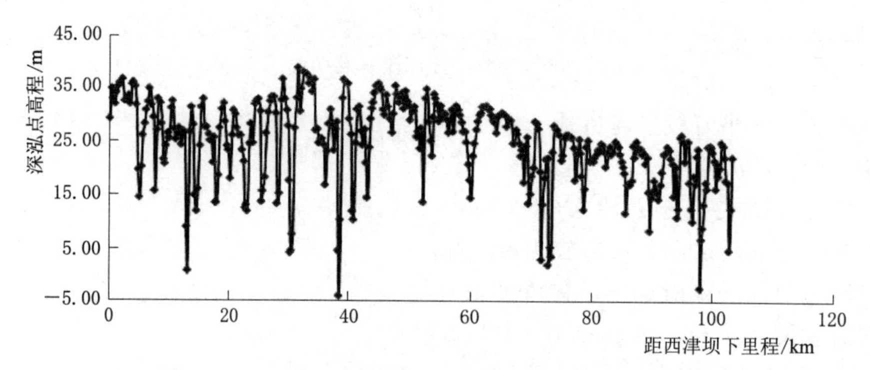

图 3-36　西津—贵港航运枢纽河段深泓点沿程分布图

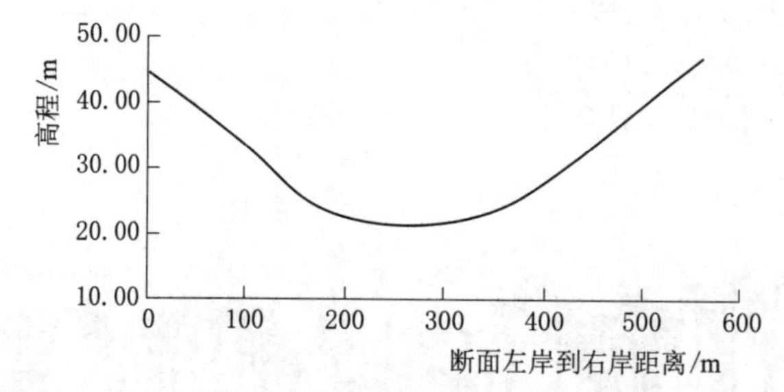

图 3-37　贵港航运枢纽—桂平三江口河段典型特征断面图

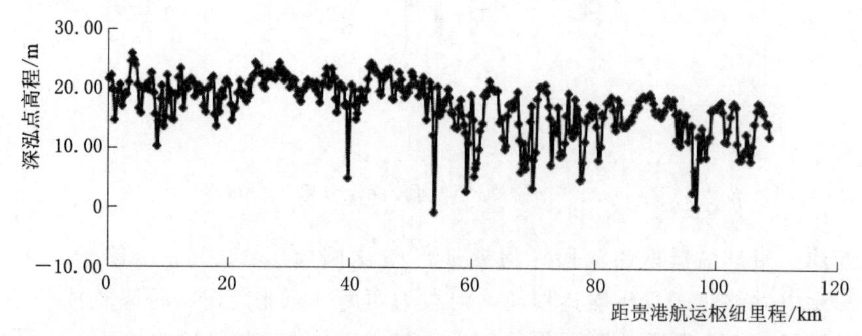

图 3-38　贵港航运枢纽—桂平三江口河段深泓点沿程分布图

3.3.6 浔江段基本特性

3.3.6.1 冲淤演变特性

如图3-39所示是浔江河道图。浔江河段两岸开阔，地势平缓，岸坡以土质或石灰岩、砂岩组成为主，抗冲能力强，河道横向变化小；河床以基岩或砂卵石组成为主，局部地区有沙层覆盖。从桂平—相思洲河段20世纪80年代以来的遥感影像分析显示，1988—1998年以淤积为主，1998—2009年以冲刷为主；相关研究采用1988年、2010年两个年份的实测地形资料对相思洲—泗化洲段河道进行冲淤情况分析[55,56]显示该河段以冲刷为主，统计显示冲刷量约为15061.8万m^3，年平均冲刷654.9万m^3/a；泗化洲—梧州河段利用1998年、2010年实测河道断面地形比较分析显示，该段河道河床总体稳定，局部出现深槽下切。总体来看，随着近些年长洲水利枢纽的建成运行以及对河道人工采砂的限制，浔江河道下切趋势已趋缓，局部河段尤其是长洲枢纽库区内河段呈现缓慢回淤趋势。且长洲水利枢纽建成运行至今已近10年，当前枢纽的拦沙作用随着库区淤积增大而迅速减小，下泄沙量基本恢复天然状态，位于枢纽下游的梧州河段冲淤将基本趋于稳定。

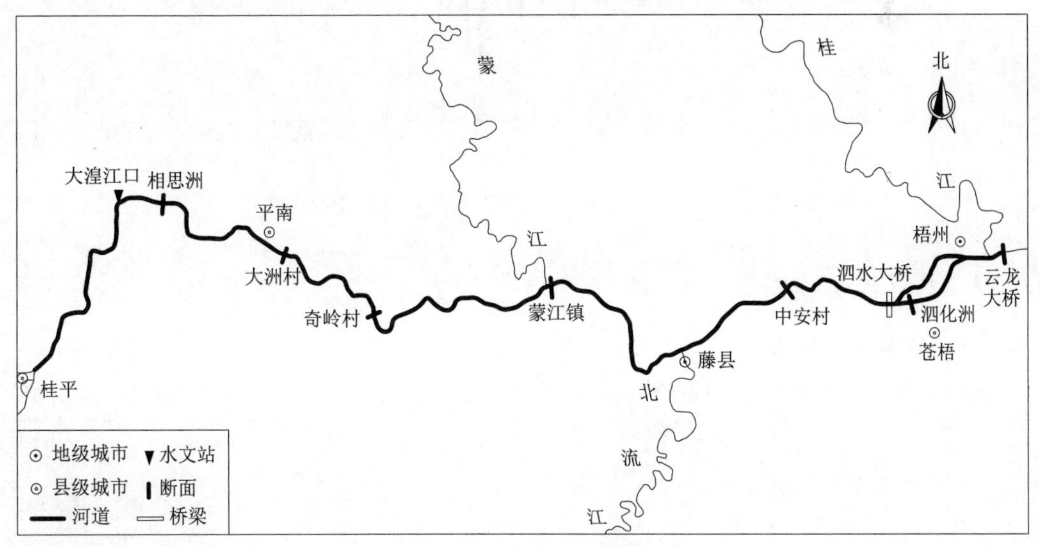

图3-39 浔江段示意图

3.3.6.2 河道地形特性

浔江段上游始于桂平三江口下游止于长洲枢纽，总长155km。河段河底坡降0.968‰，在桂平县境内浔江流向东北，入平南县境后折向东南，在平南县武林有白沙河汇入，再向东流入藤县，在蒙江镇与蒙江相汇，然后转向东南，汇北流河于藤县。河段主河道有大湟江口、平南和藤县等水文站，如图3-39所示。该河段下游为长洲水利枢纽控制，集水面积在1000km^2以上的一级支流有北流河、蒙江等。北流河流域面积9359km^2，是浔江一级支流中最大的一条。此外，还有集水面积100km^2以上的一级支流石江、大湟江等14条。浔江段地形图比例为1：5000，测绘于2010年6月，大湟江口上游为东北—西南走向，大湟江口下游为东西走向，有较多河中洲。河道布置了642个断面，断面平均间距242m，深泓点平均高程－2.00m，最大高程16.00m，最小高程－67.00m。特征断面图和深泓点特征如图3-40和图3-41所示。

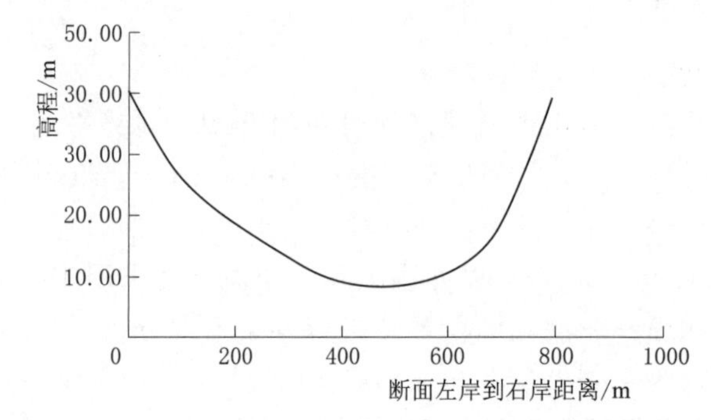

图3-40 桂平三江口—长洲枢纽河段典型特征断面图

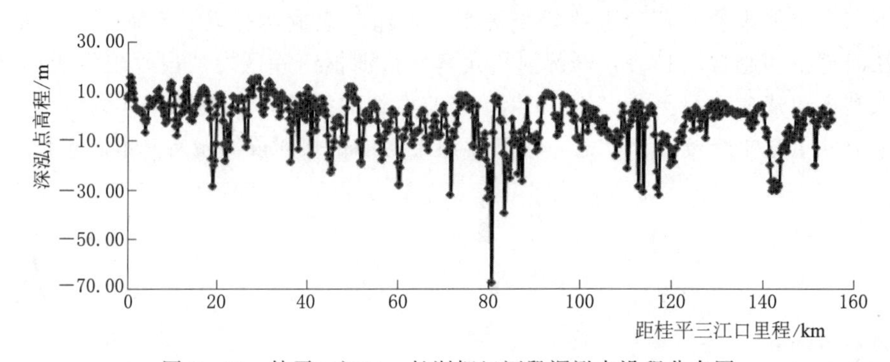

图3-41 桂平三江口—长洲枢纽河段深泓点沿程分布图

3.3.7 西江段基本特性

3.3.7.1 冲淤演变特性

如图3-42所示是西江河道图。西江河段从梧州至思贤滘河道河岸由黏土、石灰岩、

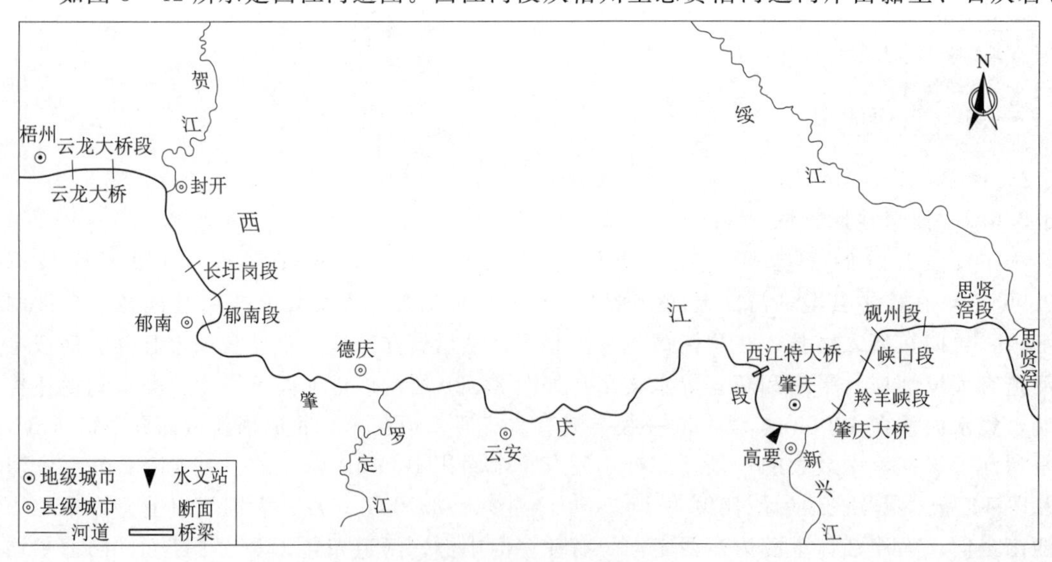

图3-42 西江河道图

砂岩等组成，具有较强的抗冲能力。河道横向变形小，河床多为基岩或砂卵石，部分地区有沙层覆盖。根据梧州—思贤滘河段1999年、2007年、2012年实测水下地形数据，利用实测资料对河道进行断面冲淤变化分析可知（见表3-9），西江河道以肇庆大桥为界，上游（梧州—肇庆大桥）梧州段、长岗圩段左岸和郁南段河道呈现淤积态势，封开段、长岗圩右岸和肇庆段河道呈现下切态势。上游河道有冲有淤，但淤积河道范围小，总体呈现下切态势，平均下切幅度为1.3～1.5m，平均下切速率为0.15m/a。西江河道下游（肇庆大桥—思贤滘）羚羊峡段呈稳定状态，峡口段和砚州岛段呈现淤积态势，思贤滘段呈冲刷态势。下游河道有冲有淤，但冲刷范围小，总体呈现微淤态势，平均淤积速率为0.06m/a。总体来看，该河段上游段河道河床有冲有淤，但河道总体上呈现冲刷下切态势；下游段河道河床也有冲有淤，总体上呈现轻微淤积态势。

表3-9　　西江干流梧州—高要河段冲淤演变特性

河段	1999—2012年河道冲淤情况	备　注
梧州段	1999—2007年冲刷态势，2007—2012年淤积态势	整体下切态势，下切幅度1.3～1.5m，下切速率0.15m/a
封开段	冲刷态势，下切幅度3.5m	
长岗圩段	左岸淤1.5～5m，右岸冲刷1.5～6m	
郁南段	河道呈淤积态势，淤3m	
肇庆段	河道呈冲刷态势，平均下切速率0.15m/a	
羚羊峡段	平稳状态	整体轻微淤积，淤积速率约为0.06m/a
峡口段	1999—2007年冲刷，下切幅度13.9～20.1m；2007—2012淤积，淤1.2～5m	
砚州岛段	河道呈淤积态势，淤0.8～1.4m，平均下切速率0.25m/a	
思贤滘段	河道呈冲刷态势，下切幅度3.5m，平均下切速率0.44m/a	

3.3.7.2　河道地形特性

梧州—思贤滘河道地形图，测绘于2014年，起始于梧州市，终止于金利镇金马大桥，梧州—郁南河段为西北—东南走向，郁南—思贤滘段为西东走向，绿步镇和肇庆市有较大河弯。河道总长218km，平均河宽900m，最大宽度2780m，位于广利镇；最小宽度342m，位于高要区羚羊峡，河道断面形态多为V字形和U字形；河底平均坡降0.14‰，深泓点平均高程−25.00m，最大高程−8.60m，最小高程−71.90m；河床底部沿程变化较为剧烈，河道内多险滩。梧州—思贤滘河段特征断面图如图3-43所示，肇庆市九市镇—思贤滘深泓点如图3-44所示。

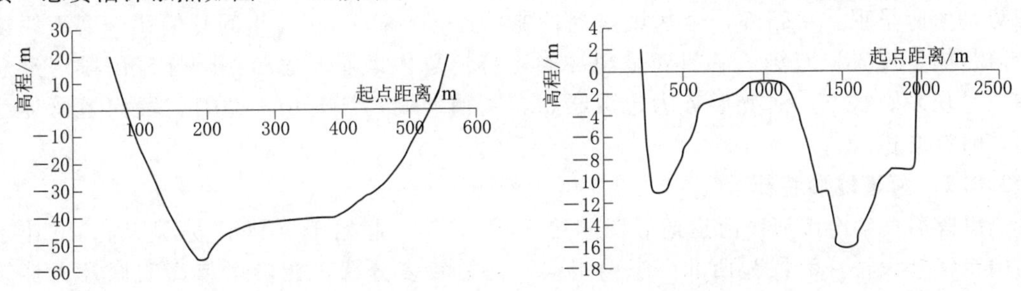

图3-43（一）　梧州—思贤滘河段典型特征断面图

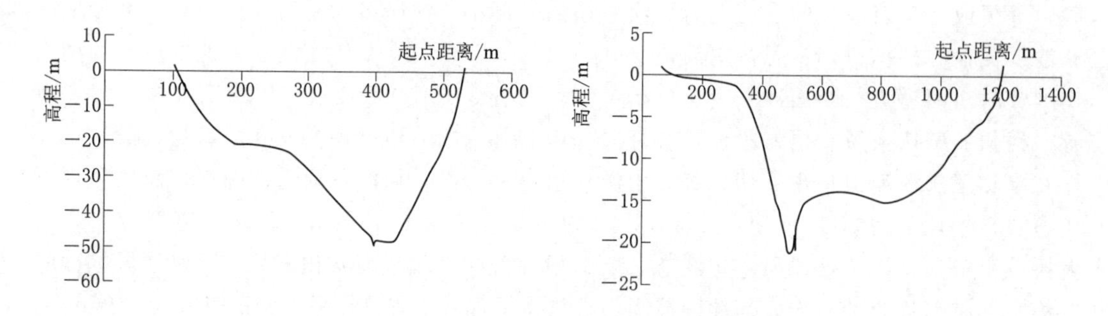

图 3-43（二） 梧州—思贤滘河段典型特征断面图

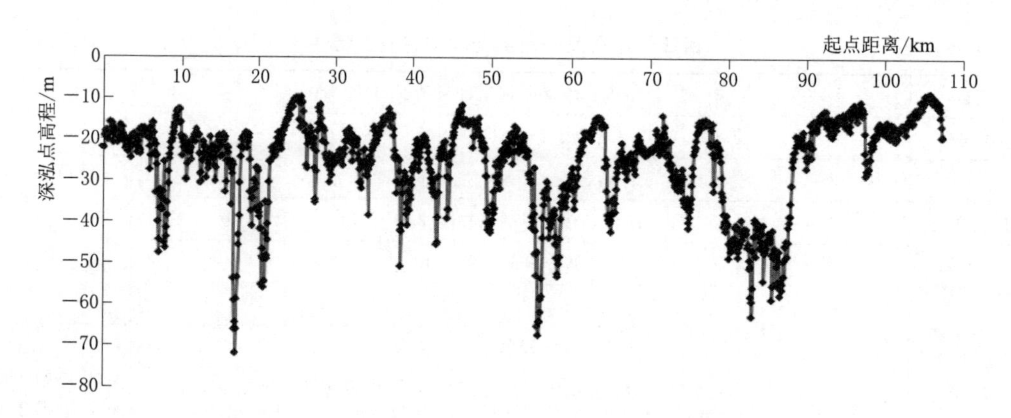

图 3-44 梧州—思贤滘河段深泓点沿程分布图

3.3.8 西江干流网河段基本特性

3.3.8.1 冲淤演变特性

如图 3-45 所示是西江河网区河道分段图。针对灯笼山—磨刀门河段，利用 GIS 技术对 2000—2010 年灯笼山—磨刀门段三维水下地形模型进行叠合分析并计算泥沙冲淤量[57]；针对思贤滘—灯笼山河段，以 2013 年水深地形为主体，参考 1999 年实测的河道断面数据和 2007 年实测水下地形数据，分析该河段冲淤变化[58]，结果见表 3-10。分析显示，1999—2013 年间，河网区思贤滘—九江大桥段河道深槽不断下切；九江大桥—灯笼山段河道总体保持平衡状态，河道主流方向未变，河床稳定，边滩呈现淤积态势，河床呈现下切态势，全水域呈现冲刷状态；2000—2010 年间灯笼山—磨刀门段河道整体呈现淤积态势，口门处呈现冲刷态势。总体来看，思贤滘—灯笼山段河道总体上呈现冲刷状态，演变形势为边滩淤积，主槽冲刷；灯笼山—磨刀门段河道总体稳定并略有淤积。

3.3.8.2 河道地形特征

思贤滘—鹤山市河段河道地形图测绘于 2013 年，起始于金利镇金马大桥，终止于鹤山市江顺大桥，河段为西北—东南走向，河道较多分汊，在佛山市高明区及九江镇皆有较大的江心洲。河道总长 51km，平均河宽 1532m；最大宽度 3740m，位于九江镇；

表 3-10 河网区河道演变

河段	时间	演变情况	边滩淤积总量/亿 m^3	边滩淤积厚度/m	主槽冲刷总量/亿 m^3	主槽下切深度/m
思贤滘—九江大桥	1999—2013年	边滩淤积，主槽冲刷	1.2	0～2	20.3	3.53
九江大桥—灯笼山	1999—2013年	边滩淤积，主槽冲刷	1.4	2～5	20.1	2.58
灯笼山—磨刀门	2000—2010年	边滩淤积，口门处冲刷	0.4	—	3.5	1～4

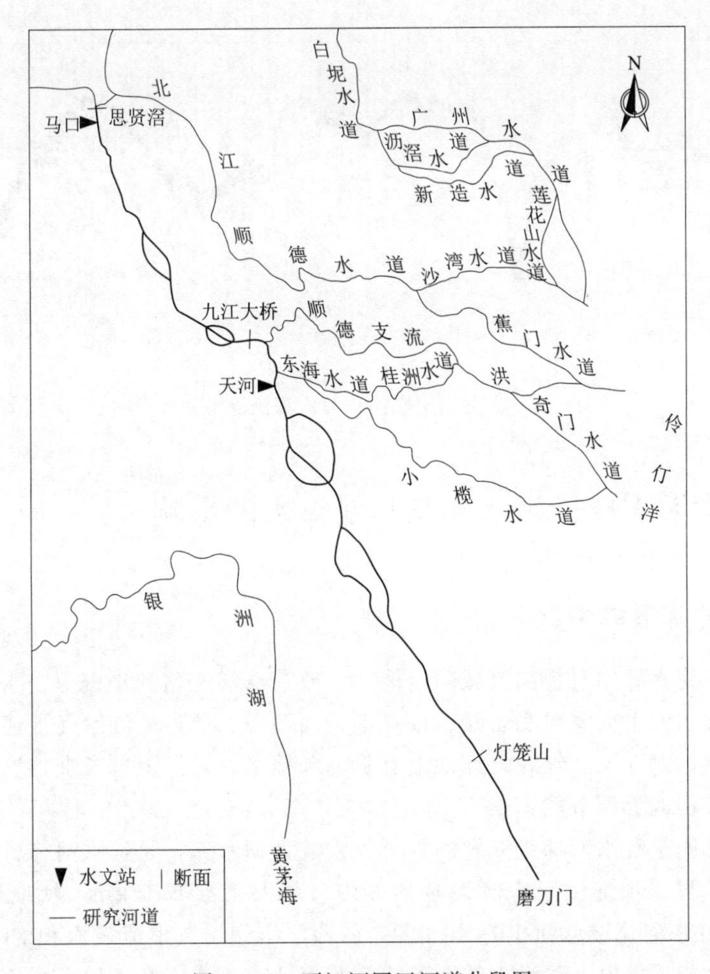

图 3-45 西江河网区河道分段图

最小宽度 638m，位于佛山市；断面形态多为 W 形和 V 形；河底平均坡降 0.12‰，深泓点平均高程－22.30m，最大高程－10.10m，最小高程－49.9m，河床底部沿程变化较为平缓，在分汊河段汇合处河床底部深泓变化较大。特征断面图和深泓点特征图如图 3-46 和图3-47所示。

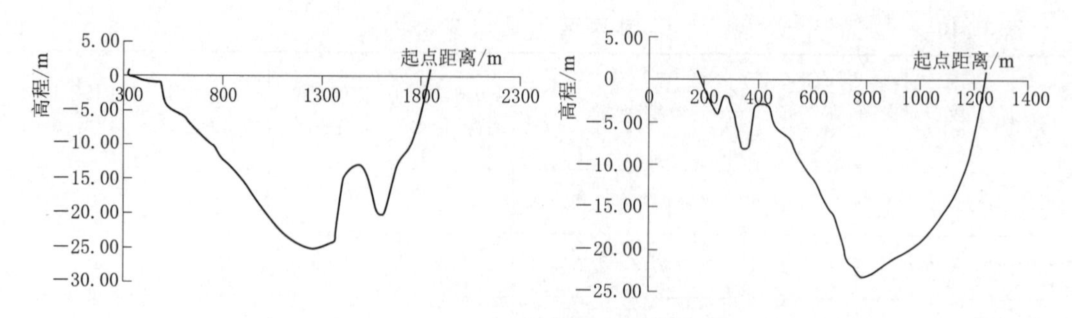

图 3-46 思贤滘—鹤山市河段典型特征断面图

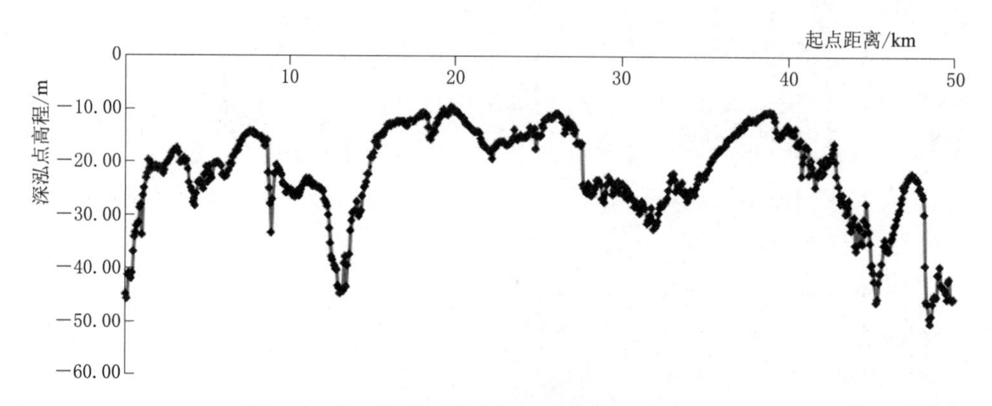

图 3-47 思贤滘—鹤山市河段深泓点沿程分布图

3.4 西江中游主要梯级水库及其对洪水的影响

3.4.1 主要水库基本情况

西江中游已建水库中对提高流域防洪能力、改善珠江三角洲水资源、水环境起控制性作用的主要有红水河上的龙滩和岩滩、郁江上的西津等。此外，红水河上还有大化、百龙滩、乐滩、桥巩，柳江上有红花，郁江上有贵港和桂平，浔江上有长洲，这些水利枢纽的调节作用相对较弱或无调节能力。

（1）龙滩水库是红水河梯级开发的骨干工程、大型水库，是红水河综合利用规划的第四个梯级枢纽工程。坝址位于广西天峨县境内，距天峨县城 15km，坝址以上流域面积 98500km^2，占红水河流域总面积的 71.2%，占西江梧州站以上流域面积的 30%。水库具有较好的调节性能，发电、防洪、航运等综合利用效益显著，经济技术指标优越。水库按 500 年一遇洪水设计，10000 年一遇洪水校核。龙滩水库分两期开发，一期按正常蓄水位 375.00m，校核洪水位 379.34m，设计洪水位 376.47m，水库总库容 179.6 亿 m^3，调节库容 111.5 亿 m^3，防洪库容 50 亿 m^3，总装机容量 420 万 kW。主体工程于 2001 年 7 月 1 日开工建设，2003 年 11 月 6 日完成大江截流，2006 年 9 月 30 日电站成功下闸蓄水，2007 年 5 月第 1 台机组发电，2009 年 12 月全部建成并投产发电。

（2）岩滩水库位于红水河中游的广西大化瑶族自治县岩滩镇，是红水河综合利用规划的第五个梯级枢纽工程。水库以发电为主，兼有航运效益，按1000年一遇洪水设计，5000年一遇洪水校核，设计洪水位227.20m，校核洪水位229.20m，正常蓄水位223.00m，死水位212.00m；总库容33.8亿m^3，调节库容10.5亿m^3，属不完全年调节水库，总装机容量为121万kW。该工程于1985年3月开工，1987年11月提前一年截流成功，1992年9月首台机组投产发电，1995年6月4台机组全部投产运行。

（3）大化水库位于红水河中游的大化瑶族自治县境内，也是红水河上兴建的第一座大型水库，该工程的建设拉开了红水河梯级开发的序幕。水库按100年一遇洪水设计，1000年一遇洪水校核，设计洪水位165.35m，校核洪水位169.63m，正常蓄水位155.00m，水库总库容8.74亿m^3。大化枢纽以发电为主，兼有航运、灌溉等效益，总装机容量45.6万kW。该工程于1975年10月开始兴建，1983年12月1日一号机组正式并网发电，1985年6月工程建设竣工。

（4）百龙滩水库位于广西都安瑶族自治县与马山县交界处的红水河中游，是红水河流域规划的第七个梯级枢纽工程，坝址距都安县城12km，马山县城17km，南宁市147km。电站以发电为主，兼顾航运等综合利用效益。水库正常蓄水位126.00m，总库容3.37亿m^3，调节库容470万m^3。总装机容量19.2万kW。工程于1993年2月开工，1996年2月第一台机组并网发电，1999年5月全部机组投产运行。

（5）乐滩水库位于广西忻城县，距百龙滩水电站76.2km，是红水河规划的第八个梯级枢纽工程。枢纽工程以发电为主，兼有航运、灌溉等综合利用效益。水库正常蓄水位112.00m，总库容9.5亿m^3，调节库容0.46亿m^3，总装机容量60万kW，具有日调节能力。工程项目于2003年3月5日获得国家计划委员会批准正式开工建设，第一台机组于2004年12月20日投产发电；第四台机组于2005年12月24日投产发电。

（6）桥巩水库位于广西来宾市境内的红水河干流上，上游距已建的乐滩水电站75km，下游距待建的大藤峡水电站175km，距来宾市区40km，距南宁市151km。水库正常蓄水位84.00m，总库容9.03亿m^3，调节库容0.27亿m^3；枢纽工程为日调节水电站，总装机容量45.6万kW。工程于2005年3月动工兴建，2009年8台机组全部投产发电。

（7）红花水库位于柳江下游河道红花村里雍林场附近，距柳州县城35km，距柳州市25km，是柳江干流综合规划九个梯级枢纽工程最下游的一个。正常蓄水位77.50m，相应库容为5.7亿m^3，坝址以上控制流域面积4.677万km^2，总装机容量为228MW，工程等别为Ⅰ等，主要建筑物为2级；设计洪水标准为100年一遇，校核洪水标准为1000年一遇；泄水建筑物消能防冲按50年一遇洪水设计，洪峰流量为29700m^3/s。工程概算总投资16.7亿元，总工期3年3个月，发电工期2年8个月。

（8）西津水库位于广西壮族自治区横县的郁江上。水库集雨面积8.09万km^2，多年平均流量1410m^3/s，多年平均径流量504亿m^3。正常蓄水位为61.6m，总库容为30亿m^3，调节库容为4.40亿m^3，属季调节水库。工程以防洪、发电为主。西津水库于1958年10月开工，1964年投入发电。水库大坝坝顶高程71.00m，泄流表孔设17孔，每孔净宽14m，堰顶高程51.00m，最大泄量3.07万m^3/s。

(9) 贵港航运枢纽水库位于郁江中段贵港市上游约6km的蓑衣滩处，下距桂平航运枢纽110km，上距西津水库104.3km。贵港航运枢纽正常蓄水位43.10m，相应库容3.718亿m^3，死水位42.60m，相应库容3.533亿m^3，调节库容0.185亿m^3，汛期限制水位41.10m。贵港水电站是一座低水头径流式电站，装置4台单机容量为30MW的灯泡贯流式机组，总装机容量120MW。

(10) 桂平航运枢纽水库位于桂平市郊区，是一个集航运、发电、灌溉、交通于一体的综合利用性航运枢纽工程。正常蓄水位为31.5m，最高水头11.7m，总库容3.19亿m^3，调节库容1.02亿m^3，死库容2.17亿m^3。

(11) 长洲水利枢纽水库坝址位于浔江下游河段，距下游梧州市约12km，是西江下游河段广西境内的最后一个规划梯级。水库集雨面积的30.86万km^2，占西江流域面积的87.4%，多年平均流量6120m^3/s，多年平均径流量1930亿m^3，正常蓄水位为20.60m，总库容为56亿m^3，调节库容1.33亿m^3，在汛期为无调节水库，在枯水期承担日调节任务。

3.4.2 梯级水库对洪水的影响

3.4.2.1 实测水文资料分析

红水河上水文站控制站点主要有天峨站和迁江站，收集天峨站、迁江站1971—2012年洪水水文资料，将天峨—迁江河段所有统计的257场同场洪水355个洪峰从时间上按水库建设前后划分为两种状态，其一为天然状态，红水河上第一个水电站建设完工以前的时间段，即大化电站建成（1984年）以前的1971—1983年；其二为水电站影响状态，即1984—2012年。355个洪峰的传播分别按水库影响划分为两个时段统计不同洪峰流量级洪水对洪峰传播时间的影响，其中天然状态统计洪峰共166个，水电站影响的状态189个，不同量级洪峰分布情况及平均传播时间见表3-11及图3-48。

表3-11 建库前后不同量级洪峰传播时间统计表

洪水量级/(m^3/s)	建库前		建库后		时间变化/h
	洪峰个数	传播时间/h	洪峰个数	传播时间/h	
<1000	2	69.0			
1000~1999	18	56.2			
2000~2999	28	55.4	24	33.7	21.7
3000~3999	28	45.3	29	34.9	10.4
4000~4999	27	47.7	35	38.5	9.2
5000~5999	15	47.1	32	36.8	10.3
6000~6999	9	44.6	18	40.8	3.8
7000~7999	11	43.9	12	38.6	5.3
8000~8999	9	39.3	14	36.9	2.4
9000~9999	8	44.2	5	43.3	0.9
10000~12000	6	33.2	12	39.5	−6.3
>12000	5	37.8	8	41.3	−3.5

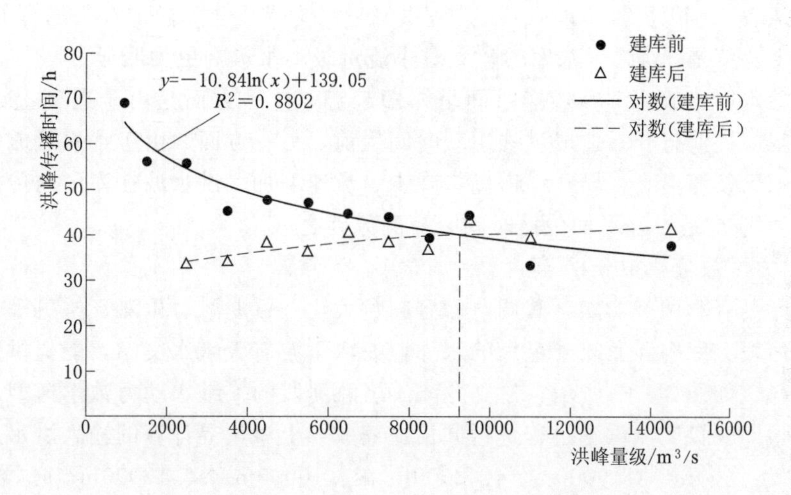

图 3-48 水库建设前后不同量级洪峰平均传播时间变化

图 3-48 中，实心圆点“•”表示水库建设前（1971—1983 年）不同洪峰量级洪水与对应洪峰平均传播时间的关系，可以看出随着洪峰量级的增加，洪峰传播时间呈缩短的趋势，两者相关关系函数为对数型，相关系数 R 达 0.94。空心三角“Δ”表示水库建设后（1984—2012 年）不同洪峰量级洪水与其平均的洪峰传播时间的关系，可以看出随着洪峰量级的增加，洪峰传播时间略有增加趋势，但洪峰传播时间变化并不明显，各量级洪峰传播时间相差不大。由此可见，水库建设后洪峰传播时间的变化趋势与水库建设前不同；从表 3-11 及图 3-49 中也可以看出，对于较小量级的洪水，梯级电站建成之后平均传播时间较短，而建梯级电站之前较长；对于较大量级的洪水，电站修建前后平均洪峰传播时间相差不大，从统计资料来看其临界的洪峰量级大致为 9000～9999m³/s，大于这一量级的洪水在建库前后传播时间变化不大。

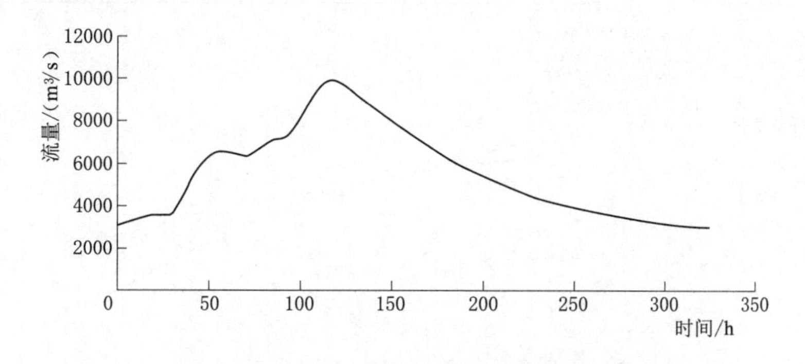

图 3-49 天峨—岩滩河段典型洪水流量过程线

总的来看，不同量级洪水的洪峰传播时间变化幅度 Δt 可以反映出对洪峰传播时间的影响大小，Δt 采用洪峰传播时间的最大值除以均值，得出建库前 Δt 为 1.5，而建库后 Δt 为 1.1，可见梯级水电站建设后洪水传播时间变化幅度减小，即不同洪水量级的洪峰其传播时间差异减小。

另外，从表 3-11 可得，以 6000m^3/s 洪峰量级为界，建库前加权平均差异是 9.29h，建库后加权平均值是 3.42h，水库的建立对小流量级洪水影响更为明显。

统计中，水库建成后洪峰传播时间呈缩短趋势，这一方面是由于遇到上游较大洪水时，各电站闸门提前打开，造成洪峰出现时间提前；另一方面，由于水库建成后，河道内平均水深比原天然河道大，导致河道糙率减少，流速增加，洪水波在库区内传播比在天然河道下快[59]，这也是洪峰平均传播时间变短的原因之一。

3.4.2.2 水力学数值模拟分析

岩滩水库具有季调节功能，其调节库容超过大化、百龙滩、乐滩、桥巩等 4 座水库之和，是红水河段上库容除龙滩外最大的水库，龙滩下游有天峨水文站，能提供研究所需的洪水水文资料。如图 3-49 所示，建立龙滩—岩滩河段的一维水动力数学模型，选用天峨站 1971 年 9 月 20 日实测洪水过程进行同倍比缩放，上游边界计算的输入洪水过程最大洪峰流量分别为 2500m^3/s、5000m^3/s、8000m^3/s、10000m^3/s、12000m^3/s。岩滩坝前控制水面高程对应的洪峰传播时间计算结果见表 3-12 和图 3-50，以水面高程 205m 作为建库前典型控制水位，水面高程 220m 为建库后典型控制水位，可得建库前和建库后洪峰传播时间的变化（图 3-51）。

表 3-12　不同量级洪水在水库不同蓄水条件下的洪峰传播时间　单位：h

洪峰量级 /(m^3/s)	库水位/m				
	205	210	215	220	225
2500	10.4	9.3	7.2	4.3	3
5000	9.4	8.4	7.5	6	4
8000	9	8.3	7.5	6.4	5.5
10000	8.8	8.2	7.5	6.7	5.7
12000	8.7	8.2	7.6	6.9	5.9

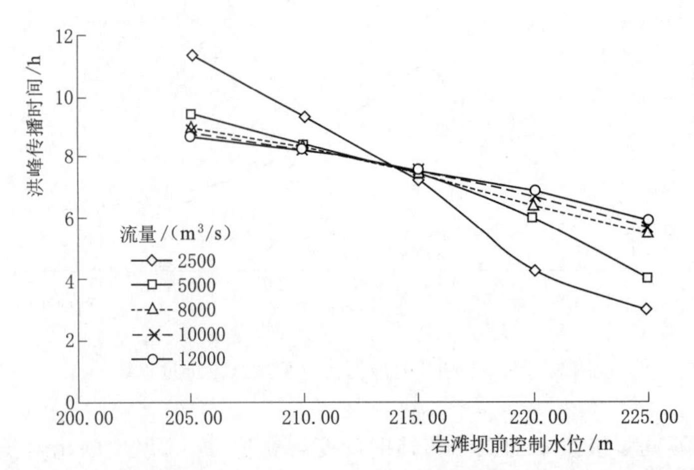

图 3-50　水库蓄水对天峨—岩滩河段不同量级洪水洪峰传播时间

从表 3-12、图 3-50 和图 3-51 中可以看出，在水面高程较小时（可看作水库未建

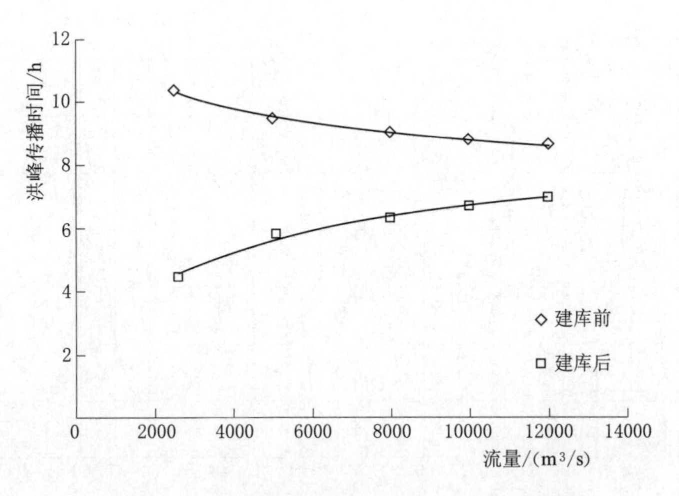

图 3-51 各量级洪水水库建设前后平均传播时间

设之前的天然河道情况），以 205m 为例，天峨—岩滩河段的洪水传播时间为 8～11h，并且随着洪水量级的增加，洪峰传播时间呈递减的趋势。而水面高程较大时（水库蓄水后），洪水传播时间明显缩短到 4～7h，变化趋势与水文资料分析法相似。

以 2000～3000m^3/s 量级洪水的洪水过程为例（洪峰流量 2500m^3/s），岩滩建库前的洪水水面高程一般为 205～210m，洪峰传播时间为 9.3～10.4h，而对于岩滩水库建立后的汛限水位工况及正常蓄水位工况，对应水面高程为 220～225m，洪峰传播时间为 3～4.3h。由此可见，水库蓄水后在汛限水位及正常蓄水位情况下，洪峰传播时间能缩短约 6h。

对于较大流量级的洪水，岩滩建库前和建库后洪峰的传播时间也有一定的减小，从 8～9h 缩短为 6～7h，变化幅度大约是 2h，比 2000～3000m^3/s 量级洪水的 6h 明显变小。

同样的结果在陕西石泉、安康水电站[60]，广西左江水电站[59]以及江西的上犹江水电站[61]也有报道。这主要是由于随着水库的蓄水，库区平均水深比原天然河道大，洪水传播以天然河道的运动波为主的洪水波变为动力波为主的洪水波，从而使库区波速大大加快，汇流时间缩短，洪峰出现时间相应提前，这是洪水平均传播时间变短的原因之一。

3.4.2.3 岩滩水库预泄对洪峰传播时间的影响

由前述分析可知，岩滩建成后天峨—岩滩洪峰传播时间一般约为 3～7h，这为预测预报岩滩洪峰峰现时间提供了有利条件，且天峨上游龙滩水电站建成后，更加大了其防洪保障，为岩滩水库预泄洪水错峰运行奠定了基础。图 3-52 给出了 2012 年 4 月天峨水文站实测流量及岩滩水库出库流量过程，可见岩滩水库出库流量峰现时间与天峨水文站实测流量峰现时间基本一致，反映了岩滩水库预泄调度情况。对于 2000～3000m^3/s 量级洪峰，岩滩水库在预泄洪峰调度的情况下将缩短龙滩—岩滩区间洪峰的传播时间，相比无水库时缩短 6h。

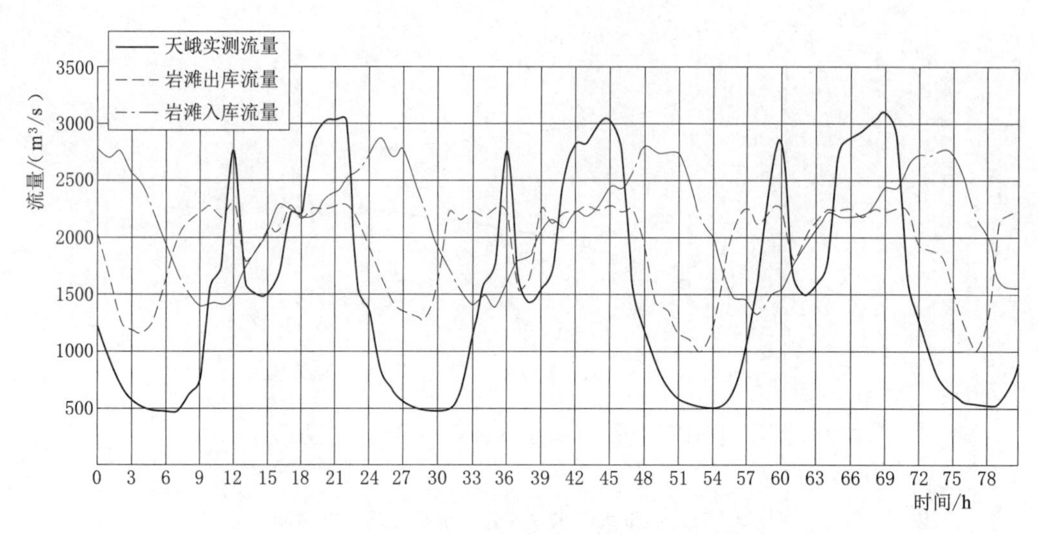

图 3-52 2012 年 4 月天峨水文站岩滩水库实测流量过程

3.5 本章小结

本章基于收集到的西江中游水文资料，对西江中游河流水系、泥沙特性、暴雨特性及洪水特性进行汇总分析；基于收集到的最新河道水深地形资料，对西江中游主要河段红水河、柳江、黔江、郁江和浔江的河道特性进行了详细分析；对主要梯级水库建设河段红水河上梯级水库修建后对洪水的特性进行了分析和探讨。

西江中游河网及梯级水库水动力数学模型建立

西江中游是珠江流域梯级水库建设和开展防洪调度的重点区域，依托最新实测干支流河道水深地形资料，建立了将梯级水库调度模式和一维河网水动力模型融合为一体的西江中游河网整体水动力学模拟计算平台。提出了从河网、子河网、河道、节点四个层面建立模型的计算顺序，有效解决了水库大坝截断河道导致大坝上、下游失去水力联系而使河网不能进行整体连贯计算的技术难题。

4.1　西江中游树状河网及梯级水库计算基本原理

4.1.1　西江中游河网水系研究概述

珠江主流为西江，发源于云南省曲靖市乌蒙山余脉的马雄山东麓，自西向东流经云南、贵州、广西、广东4个省（自治区），至广东省三水的思贤滘，全长2075km，集雨面积35.3万km^2；流域洪水威胁也主要来自西江，如“94·6”流域性大洪水、“96·7”柳江大洪水、“98·6”和“05·6”西江大洪水；其中“94·6”大水，广东、广西受灾人口近1800万人，直接经济损失高达280多亿元[62]。为此，西江中游已建和规划多座大型调节性梯级水库，如已建成的龙滩、百色、岩滩和在建的大藤峡水利枢纽等；这些大型梯级水库如何联合优化调度以达到最优防洪兴利的目的是近些年来研究的重点。杜勇和丁镇[63]指出，要削减“05·6”和“08·6”两次西江特大洪水在梧州的流量，则需在较为精准洪水预报方案的基础上提前3d调度岩滩水库或提前4d联合调度龙滩和岩滩水库；徐松等[64]为西江骨干水库群设计了一套自优化的模拟模型，以满足抑咸约束和航运、生态条件下的发电目标优化；赵旭升等[65]则构建了西江干流集防洪形势分析、调度方案生成、调度仿真计算、方案管理等功能于一体的系统平台；而近些年来枯水期的咸潮入侵、供水安全和航运生态问题，使得梯级水库枯季调度等研究得到重视[66]；这些已有研究成果为珠江流域防洪兴利调度提供了有力的技术支撑，也为继续完善流域防洪调度研究工作指明了方向。

西江中游主要干支流有红水河、柳江、黔江、郁江和浔江，河网水系如图4-1中显示，研究范围内红水河段上游始于漕渡河口、下游止于石龙三江口，总长551km，分布有龙滩、岩滩、大化、百龙滩、乐滩和桥巩六座梯级电站，主要支流有刁江；柳江段上游始于柳州水文站、下游止于石龙三江口，总长158km，有红花水电站，主要支流有洛清江；黔江上游始于石龙三江口、下游止于桂平三江口，总长122km，下游端在建大藤峡枢纽；郁江段上游始于南宁、下游止于桂平三江口，总长382km，主要有西津水电站和贵港水利枢纽，无大的支流；浔江段上游始于桂平三江口、下游止于长洲枢纽，总长155km，主要支流有蒙江和北流江。

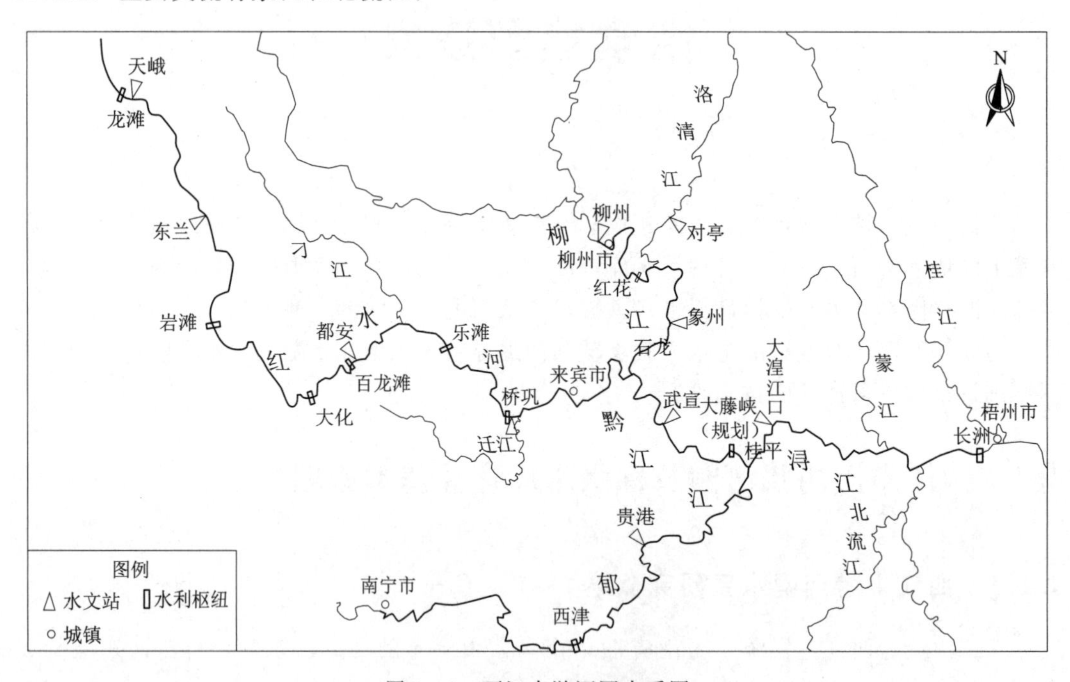

图4-1 西江中游河网水系图

西江中游干支流自身洪水特性的研究是开展洪水调度的前期基础；谢志强等[67]探讨了"94·6"和"98·6"洪水间的差异，指出需要关注由于洪水归槽引起的下游防洪压力增大的问题；季晓云等[68]阐明了红水河、柳江和桂江洪水遭遇是"05·6"洪水造成严重区域灾害的主要原因；苏灵等[69]分析了近20年来西江干流桂平—梧州段较大洪水增大的原因是区间蒙江、桂江较大洪水发生频次增加明显、洪水遭遇组合机遇增大及洪水归槽影响等；许斌等[70]和张康等[71]更是对西江洪水归槽及梯级水库建设对洪水演进的影响特性进行了探讨；赖万安等[72]则首次尝试建立上至红水河迁江水文站和柳江柳州水文站、下至大藤峡水利枢纽的一维河道水动力模型。总体来看，为研究西江中游洪水特性，基于实测洪枯季水文资料的洪水特性成果以及马斯京根法为基础的梯级水库调度成果和理论探讨较为成熟和丰富。依据西江中游主要干支流河网最新水深地形资料，建立了考虑梯级水库电站调度在内的一维河网水动力数学模型，并对模型进行了率定和验证，进一步丰富了西江中游洪枯季调度的研究手段。

4.1.2 树状河网基本计算原理

天然状态下，流域的河系一般呈网状，根据其特征，可分为树状河网和环状河网。树状河网计算遵循的原则是：从支流到干流，从上游到下游。这样可以将河网依次分解成一系列的单一河道，用单一河道的方法求解。树状河网计算的原则主要体现在河道编号和断面编号上，如图 4-2 所示的最基本的河网计算单元，总共有三条河道，4 个河道节点①～④，编号为（一）和（二）的上游河道在节点③汇入河道（三），因此河道的计算顺序是从（一）至（二）到（三）；河道（一）内部断面编号从 1 到 N，河道（二）内部断面编号从 $N+1$ 到 K，河道（三）内部断面编号从 $K+1$ 到 M，因此河道断面计算顺序也是依次从 1 到 M，即先计算河道（一）中从断面 1 到断面 N 的流量系数，再计算河道（二）从 $N+1$ 到 K 的流量系数，在节点③应用水位和流量平衡原理，获取河道（三）初始断面 $K+1$ 的系数，以此计算从断面 $K+2$ 到断面 M 的系数，最后利用节点④的外部边界条件从断面 M 依次反推到断面 1 的水位和流量[73]。

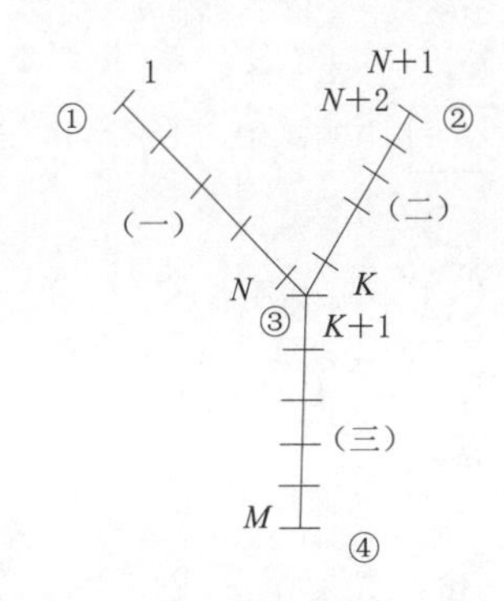

图 4-2 河网基本计算单元示意图

4.1.3 西江中游河网及梯级水库概化和联解原理

西江中游河网为树状，流向明确。主干河道为红水河、黔江和浔江，主要支流为柳江和郁江。但与图 4-2 的基本河网计算单元不同的是，西江中游干支流上分布有数量较多的梯级水库电站，这些电站大坝实际上截断了所在河道，使大坝上、下游水流失去了水力连续性，圣维南方程组在此处不能适用。为在开发西江中游河网水动力模型中同时将梯级水库调度考虑进来，达到同步计算评价的目的，此处引入子河网的概念，将水利枢纽作为河网细分为子河网的特殊节点，以便计算过程中考虑水利枢纽的调度作用，从而将各个河段连接成一个计算整体。西江中、上游河网中共有龙滩、岩滩、大化、百龙滩、乐滩、桥巩、红花、西津、贵港、桂平和长洲等 11 个水利枢纽，这些水利枢纽将河网划分成 10 个子河网，结合河道特点，又可细分成 14 条河段。水利枢纽的上、下游一般属于流量内边界节点或者是水位内边界节点，可以对其水位或流量进行控制，从而实现水利枢纽的调度。西江中、上游河网水动力模型可分为河网、子河网、河道、节点 4 个层面，四者通过水利枢纽调度方式、外部边界条件的传递关系连接成一个整体，如图 4-3 所示，整个模型的流程图如图 4-4 所示，模型计算程序采用 FORTRAN 语言编写。

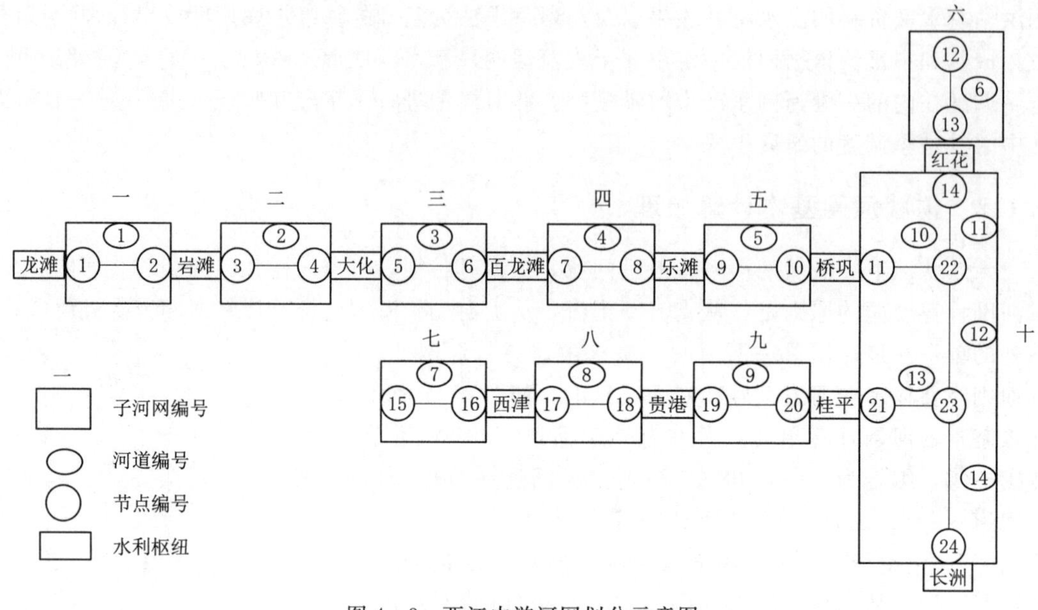

图 4-3 西江中游河网划分示意图

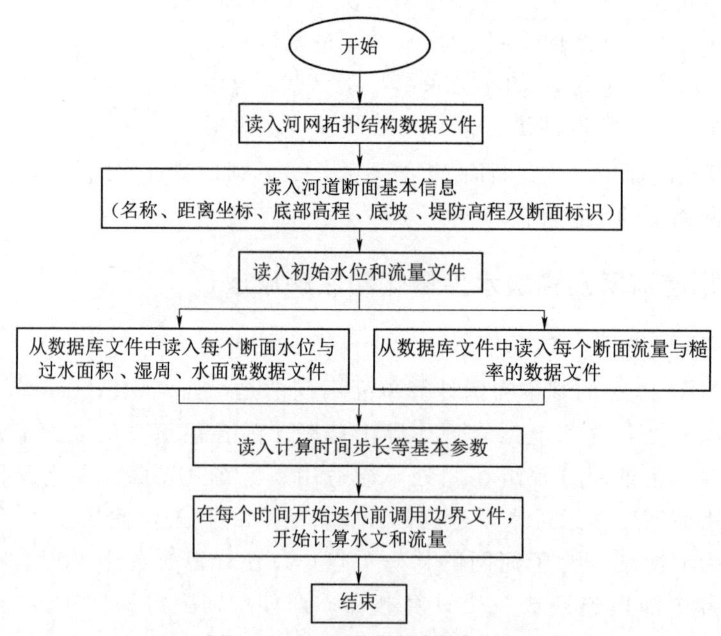

图 4-4 西江中游河网模型程序流程图

4.2 西江中游河网及梯级水库数学模型建立

4.2.1 采用的地形资料基本信息

建模过程中收集了 2010 年红水河、2009 年柳江、2009 年黔江、2006—2010 年黔江、

2009 年郁江及 2010 年浔江河道水深地形资料（1985 年国家高程其准），根据实测地形资料对各河段特征进行了统计和剖分，见表 4-1。相邻断面的平均间距为 500m，并根据河道实际平面变化程度进行了疏密处理。

表 4-1　　西江中游河道基本特征

河段		河段长度/km	河段坡降/‰	深泓点平均高程/m	断面数量
红水河	蔗香—龙滩	27	0.49	215.00	147
	龙滩—岩滩	165	0.74	187.00	691
	岩滩—大化	82	0.52	121.00	372
	大化—百龙滩	26	0.44	94.00	95
	百龙滩—乐滩	76	0.19	78.00	395
	乐滩—桥巩	75	0.15	51.00	379
	桥巩—石龙三江口	100	0.5	28.00	588
柳江	柳州—红花	60	0.04	56.00	214
	红花—石龙三江口	98	0.16	44.00	337
黔江	石龙三江口—桂平三江口	122	0.625	10.00	450
郁江	南宁—西津	169	0.037	43.00	670
	西津—贵港航运枢纽	104	0.057	25.00	386
	贵港航运枢纽—桂平三江口	109	0.091	17.00	382
浔江	桂平三江口—长洲枢纽	155	0.07	−2.00	642

4.2.2 河道断面数据的提取与处理

河网水动力模型的建立需要河道的断面数据，这些数据可分为：各断面地形信息数据，包括断面形状、断面位置、各断面不同水位下的水面宽度、水深、过水面积、湿周等；各断面初始的水流信息数据，如进行恒定流和非恒定流计算时需要初始时刻各断面的流量和水位以及河道糙率。

收集西江中、上游河网各河道的 CAD 地形资料图，根据河道情况合理布置计算断面，布置情况如上节所述，利用 ZDM 程序提取各断面的地理信息数据并整理成数据库文件，供西江中、上游河网水动力模型调用计算。下面简要介绍地理信息数据的获取及处理。

（1）对收集的 CAD 地形资料图进行整理，按照 ZDM 程序的要求转化图中的地形要素以便读取计算。

（2）根据河道地形特点布置计算断面，典型断面布置如图 4-5 所示。计算断面的布置要满足以下原则：计算断面应与河道中轴线互相垂直；计算断面间距不应超过 500m；河道拐弯、河底高程变化剧烈处应多布置断面，河道顺直、河底高程较为平缓的断面可取较大间距；支流附近应布置计算断面以便考虑旁侧入流的影响。

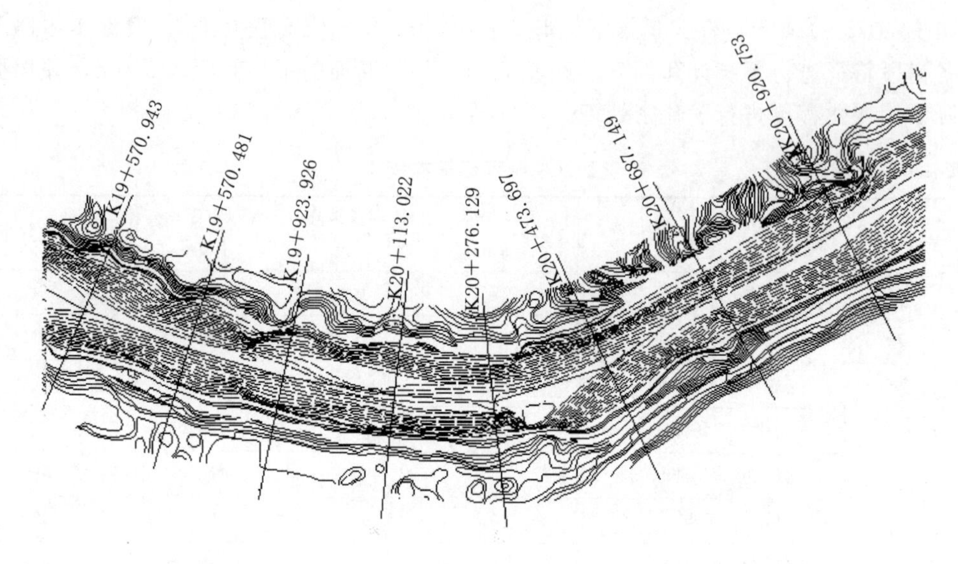

图 4-5 断面布置图

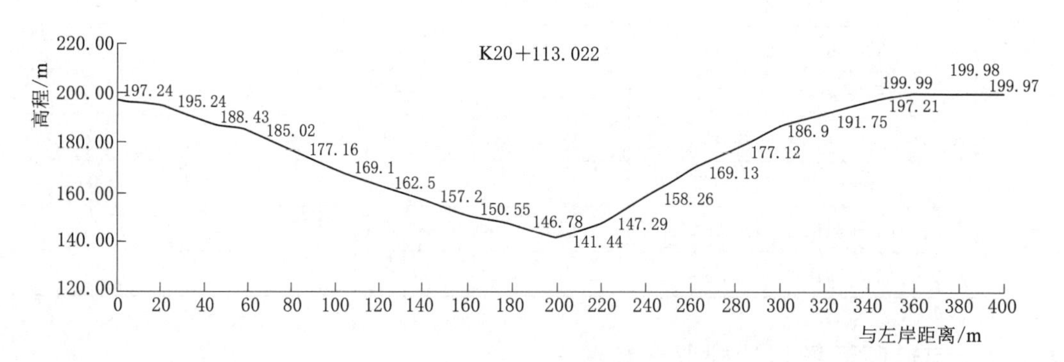

图 4-6 断面特征图

(3) 利用 ZDM 程序提取各个断面的地形数据，生成计算断面剖面，并利用提取的地形数据自动计算不同水位时的河道过水断面面积、河宽、湿周，按设计要求整理出数据库文件，见表 4-2 和表 4-3。

表 4-2　　计算断面水位特征表

水位 /m	断面宽度 /m	过水面积 /m^2	湿周 /m	水位 /m	断面宽度 /m	过水面积 /m^2	湿周 /m
114	3	0	3	120	139	414	140
115	33	19	33	121	159	562	161
116	49	60	49	122	180	732	183
117	59	114	60	123	198	922	201
118	92	179	92	124	217	1129	221
119	120	285	121				

表 4-3 计算断面地形数据表

断面编号	距离/m	断面间距/m	河底高程/m	左岸高程/m	右岸高程 m
1	0	0	68.00	93.00	93.00
2	235	235	68.00	93.00	93.00
3	504	269	67.00	84.00	90.00
4	873	369	66.90	81.00	91.00
5	1117	244	65.80	80.00	93.00
6	1388	271	58.00	82.00	93.00
7	1722	334	49.10	82.00	92.00
8	2003	281	51.90	82.00	93.00
9	2248	245	41.20	82.00	89.00
10	2505	257	49.50	84.00	85.00

由于天然河道断面大都如图 4-6 所示呈现不规则形状，在计算过程中若水位与计算断面水位特征数据库的水位不吻合，则根据插值法来进行计算，如图 4-7 所示。

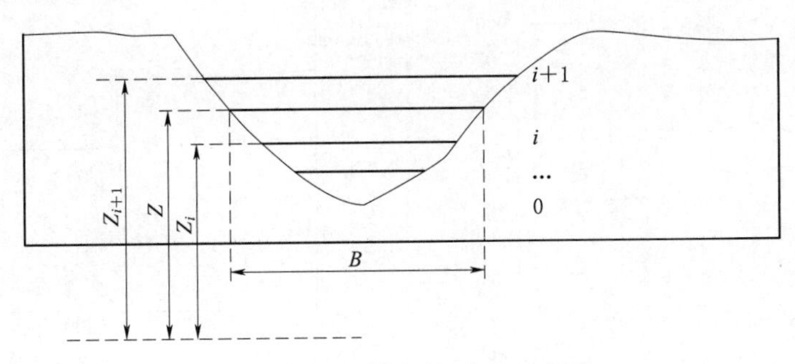

图 4-7 河道断面插值法示意图

当计算水位为 $Z(Z_i<Z<Z_{i+1})$ 时，则相应的水力参数如下：

水面宽度：
$$B=B_i+(B_{i+1}-B_i)\frac{z-z_i}{z_{i+1}-z_i}$$

湿周：
$$X=X_i+(X_{i+1}-X_i)\frac{z-z_i}{z_{i+1}-z_i}$$

过水断面面积：
$$A=A_i+(A_{i+1}-A_i)\frac{z-z_i}{z_{i+1}-z_i}$$

水力半径：
$$R=\frac{A}{X}$$

4.2.3 初始水面线的提取

在一维河网水动力计算中，断面初始条件的选取对于非恒定流计算至关重要，不合理的断面初始条件可能导致计算发散或者洪水演算中起调时段有较大的误差。利用一维水动力模型，以龙滩、柳州水文站、南宁水文站为上游流量外边界，以长洲枢纽的正常蓄水位为下游水位外边界，岩滩、大化、百龙滩、乐滩、桥巩、红花、西津、贵港、桂平等水利枢纽的正常蓄水位作为水位内边界，分别取 $1000m^3/s$、$5000m^3/s$ 和 $10000m^3/s$ 作为外边界流量进行恒定流计算，可得各个河段在不同流量级下的恒定水面线，如图 4-8～图 4-12 所示。

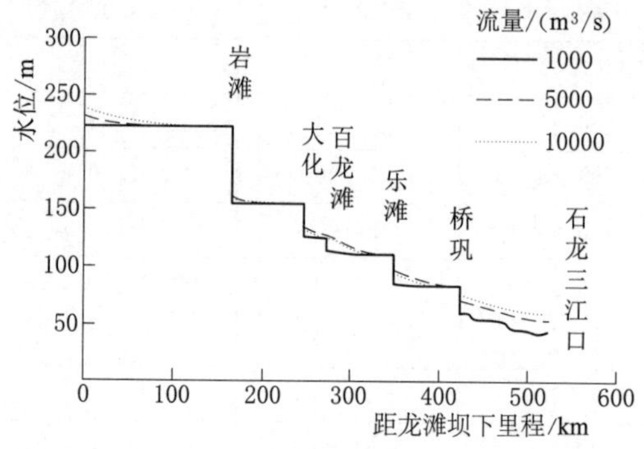

图 4-8　红水河不同量级洪水下恒定水面线

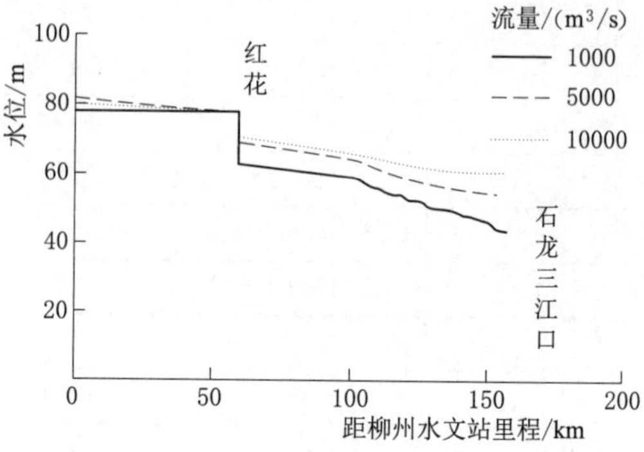

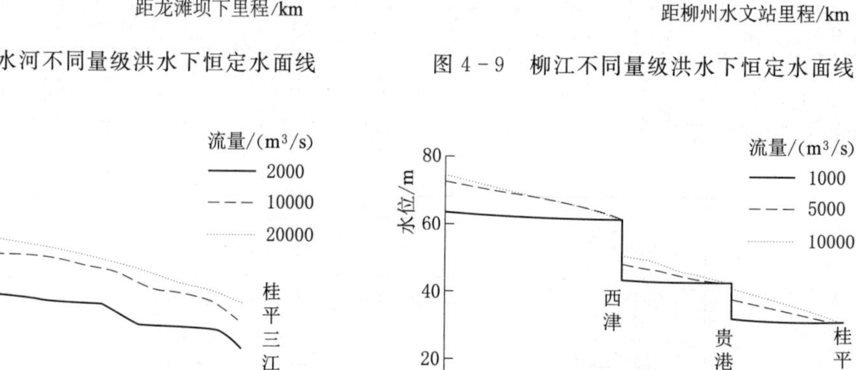

图 4-9　柳江不同量级洪水下恒定水面线

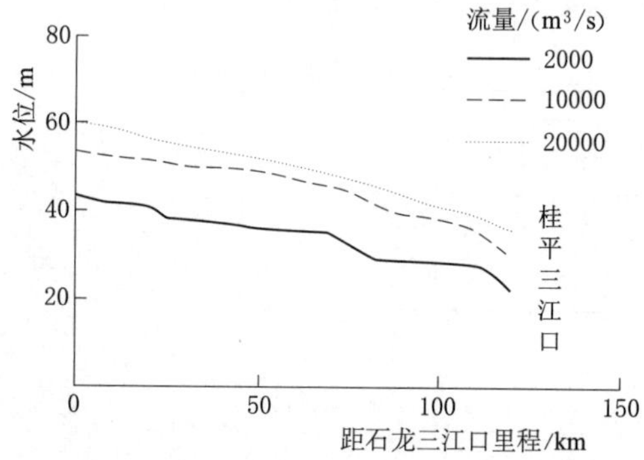

图 4-10　黔江不同量级洪水下恒定水面线

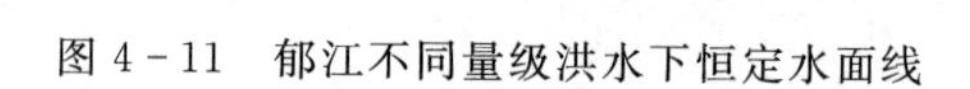

图 4-11　郁江不同量级洪水下恒定水面线

4.2.4　河网编码和计算程序

由图 4-1 可知，西江中、上游河网属于树状河网，将河网节点、河段按照一定顺序编码，即可把河网分解为一系列的单一河道。计算顺序遵循从支流到干流，从上游到下游，用追赶法进行求解。

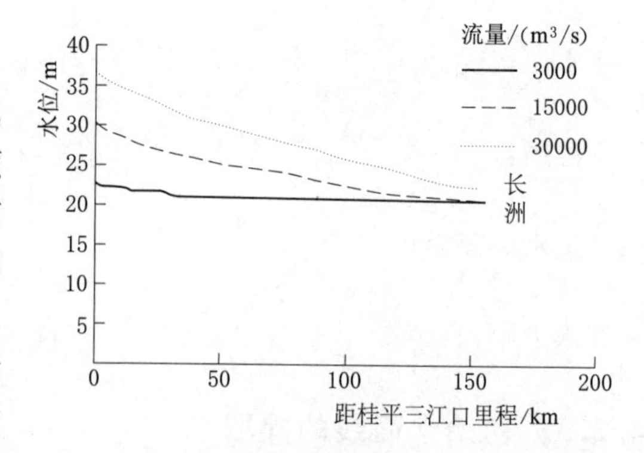

图 4-12　浔江不同量级洪水下恒定水面线

水利枢纽因为自身调节作用而把河段分为独立的两段，因而如何解决水利枢纽对计算的影响也是一个相当重要的问题。本次建模中将水利枢纽作为河网细分为子河网的特殊节点，水利枢纽上、下游都设立计算节点，以便计算过程中考虑水利枢纽的调度作用，从而将各个河段连接成一个计算整体。

西江中、上游河网中共有龙滩、岩滩、大化、百龙滩、乐滩、桥巩、红花、西津、贵港、桂平和长洲等11个水利枢纽，这些水利枢纽将河网划分成10个子河网，结合河道特点，又可细分成14条河段。河段上、下游各有1个计算节点，按照类型划分，可分为以下5种：流量外边界节点、流量内边界节点、水位外边界节点、水位内边界节点、河道交汇节点。河网干流出流节点一般为流量外边界节点，入流节点一般为水位外边界节点，Y形树状河网的交接处一般为河道交汇节点，水利枢纽的上、下游一般属于流量内边界节点或者是水位内边界节点，可以对其流量进行控制，从而实现水利枢纽的调度。

从层面上划分，西江中、上游河网水动力模型可分为河网、子河网、河道、节点4个层面，四者通过水利枢纽调度方式、各节点断面水位和流量的传递关系连接成一个整体，具有逐级从属关系，西江中、上游河网编码如图4-13所示。

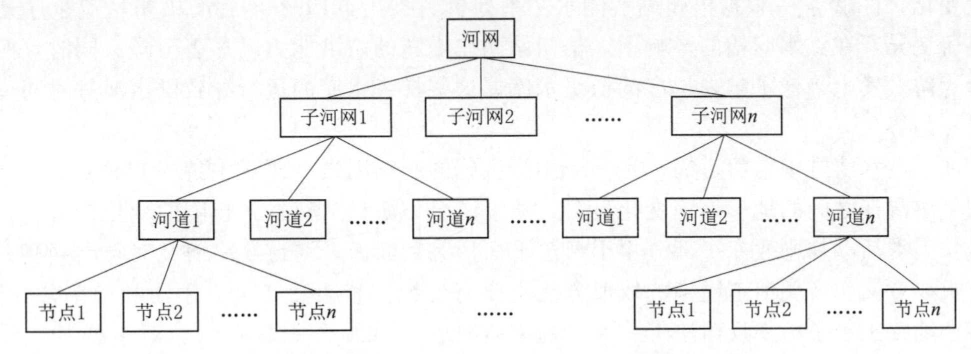

图4-13　河网、子河网、河道、节点从属关系图

西江中、上游河网水动力模型的计算程序采用FORTRAN语言进行编写，将河网的拓扑结构融入到算法中，运用Pressmann四点隐式差分格式进行求解，程序可分为以下5个部分：

(1) MAIN模块。MAIN模块主要是读入程序计算所需要的各种地形水力要素，包括河网编码、断面信息、断面初始条件、河道糙率信息、时间步长、时间步数、权重系数等，并给节点断面赋予初始流量、水位、过流面积、水面宽度、湿周、流速等初始值，定义各种计算变量以及输出结果。

(2) BOUND模块。BOUND模块顾名思义是边界模块，主要判定各个节点的边界类型，并对给定的边界条件进行处理，这个模块的难点在于如何定义边界类型使水利枢纽的调度运行能融入到河网水动力计算中。

(3) CALCULATION模块。CALCULATION模块底下有3个子模块，一个是FUNCTION模块，为两个是CALCULATION1和CALCULATION2模块。FUNCTION模块主要是Preissmann四点隐式差分格式的运用，CALCULATION1和CALCULATION2模块则是不同边界下迭代爬坡法的运用。CALCULATION模块通过调用三个子模块完成对圣维南方程组的求解，从而得到各断面的水位和流量等水力要素。

(4) SEDIMENT模块。SEDIMENT模块为泥沙输移和河床冲淤演变计算模块，含有BOUNDSED模块，用来处理边界条件，在水动力模型计算的基础上，主要用于河网及梯级水库间泥沙的输移模拟计算和河床冲淤演变计算。

(5) TEMPERATURE 及水质模块。TEMPERATURE 及水质模块为水温或污染物输移模拟计算模型，含有 BOUNDTEM 模块，用来处理边界条件，在水动力模型计算的基础上，主要用于河网及梯级水库间温度扩散或污染物输移模拟计算。

4.3 西江中游河网河段糙率率定

4.3.1 概述

西江中游河网主要包括红水河、柳江、黔江、郁江和浔江等，这些河道由于梯级电站建设、堤防兴建、河道采砂、航道整治、港口码头建设等原因，导致河道形态和过流能力发生变化。许斌等[70]根据梧州站实测水文系列资料指出，1992 年后的梧州站流量序列发生显著变异，在洪水归槽的影响下，梧州站两岸堤防的防洪能力已显著下降。同时，西江中游为防洪发电兴建了越来越多的梯级水库，这些梯级水库的运行导致洪水演进时间呈明显缩短趋势[74]。

河道洪水演进中，河道糙率是一个相当敏感的影响因素。西江中游一方面从上游红水河到下游浔江之间的地形地貌变化显著，从上游至下游呈从峡谷到丘陵的变化；另一方面近些年人类活动加剧改变了部分主干河道平面形态和断面，河道糙率研究对防洪兴利无疑具有重要意义。有关河道糙率的取值方法主要有传统的查表法、水力学法和糙率公式法，近年还陆续出现了糙率反演法[75,76,77]、糙率曲线法[78]和综合糙率法[79]；秦荣昱等[80]采用实测资料分析了峡谷与宽谷河道的阻力机理，指出由于紊流的形成、规模和强度不同导致峡谷的综合糙率比宽谷大 1～3 倍；惠遇甲和陈稚聪[81]对长江三峡奉节—香溪河段糙率进行了分析，指出峡谷河段糙率一般为 0.05～0.1，宽谷与峡口段糙率一般为 0.02～0.05；史明礼等[78]在分析了安徽省各山区河道糙率随水位不同变化规律的同时指出，在全河流内，上游糙率一般大于下游，洪水期计算金寨县丰坪电站设计糙率为 0.059，中低水位计算到金寨县团山电站设计糙率则高达 0.26；丁永灿和姜寿来[82]分别采用曼宁公式、均匀流理论和水流能量方程三种方法，计算了长度为 2.431km 的红水河十五滩的河床糙率为 0.11～0.13；武招云[83]根据武宣水文站 1995 年 6 月实测洪水上下比降断面水位，计算得到该黔江段糙率为 0.042～0.053；近年来，随着得河道生态治理和恢复的开展，陆续出现了针对含植物河流等效综合糙率[84,85]及生态防洪护面锁块糙率[14]的研究成果。

西江是珠江流域的主要干流，在《珠江流域防洪规划》[62]中划定的 7 个防洪防护区中，有 6 个与防御西江洪水密切相关，并规划有包含大藤峡水利枢纽在内的一系列梯级电站用于防洪兴利，但与防洪密切相关的西江主要干支流糙率的系统研究成果较为少见。由于影响天然河道的糙率因素众多，复杂多变，很难准确求得，故在天然河道水面曲线计算中，对河道糙率一般采用本河段实测水文资料进行推算。为此，本书根据收集到的实测水文站资料和最新地形资料，根据建立的一维水动力数学模型，对西江中游主干河道糙率进行了计算和分析。

4.3.2 河道糙率计算方法和水文资料的选取

为获取西江中游各河段糙率随流量变化的曲线过程，依托建立的一维水动力数学模型，采用如下率定方法：选取某一河段，确保其上、下游有水利枢纽或水文站作为控制条件，以上游水利枢纽或水文站实测流量过程作为上边界条件，以下游水文站或水利枢纽坝前的实测水位过程作为下边界条件。选取上、下游实测水文过程中的洪峰涨停时刻的实测值，一般河段上游取洪峰流量，下游取对应时刻水位，根据恒定非均匀流方法，估算该河段不同流量级下的糙率；对此糙率再用非恒定流方法进行率定，如果合适，则计算很快收敛且计算水位和实测水位在允许的误差范围内，否则需对糙率进行局部修正或重新使用恒定非均匀流方法进行糙率调整计算，并重复上述过程。本模型建立采用的地形资料主要测量于2004年之后，因此采用的水文资料也主要是2004年之后的实测资料，见表4-4。用来率定糙率的场次洪水选取标准主要是尽量覆盖从小流量到大流量，且尽量优先采用区间入流或出流很小并可忽略的洪水场次，以便准确获取每个河段糙率随流量变化的曲线。在某些场次中必须考虑区间入流或出流时，则根据该河段区间分布的主要支流实测水文资料或上、下游流量差积曲线反推得到。

表4-4　　糙率计算选取的洪水水文资料

河　段	时　段	洪水场次	洪峰流量范围/(m^3/s)
天峨—岩滩	2004—2005年	5	2500～10000
岩滩—大化	2004—2006年	5	3500～10000
岩滩—百龙滩	2008—2010年	3	2000～6000
都安—乐滩	2008—2014年	5	1500～7500
都安—桥巩	2008—2014年	5	1500～7500
柳州—红花	2006—2010年	6	6000～30000
柳州—象州	2007—2013年	6	6000～30000
迁江—象州—武宣	2007—2009年	5	4500～15000
武宣—桂平	2007—2013年	8	2500～35000
南宁—西津	2013—2014年	5	1500～10500
横县—贵港航运枢纽	2010—2014年	5	1000～9500
贵港—桂平三江口	2010—2014年	5	4500～10000
桂平—大湟江口	2008—2012年	10	4500～36000
大湟江口—长洲枢纽	2008—2014年	7	6000～36000

4.3.3 西江中游主干河道糙率率定

依据实测水文资料对各河段糙率分别进行了率定，结果见表4-5、图4-14～图4-29。

(1) 西江中游主干河道（红水河、黔江、浔江）综合糙率呈现从上游往下游递减的趋势，由红水河的0.056减小到下游浔江的0.036；主要支流柳江和郁江综合糙率较小，分别只有0.033和0.035；从地形断面特征来看，西江中游主干河道从上游红水河峡谷逐渐过渡到下游浔江宽谷河道，河道断面从宽V字形向开阔U字形过渡，其糙率变化趋势与以往文献研究成果[80]一致。

表 4-5　　西江中、上游河网糙率特征

干支流	河　段	综合糙率范围	河段长/km	河段糙率值	糙率综合值	糙率特征类型
红水河	天峨—岩滩	0.030～0.041	192	0.036	0.056	Ⅱ
	岩滩—大化	0.056～0.068	82	0.062		Ⅰ
	岩滩—百龙滩	0.056～0.075	108	0.064		
	百龙滩—乐滩	0.062～0.068	76	0.065		
	百龙滩—桥巩	0.058～0.066	151	0.064		
	桥巩—石龙三江口	0.054～0.07	100	0.059		
柳江	柳州—红花	0.031～0.034	60	0.032	0.033	Ⅲ
	柳州—象州	0.032～0.045	69	0.034		
	象州—石龙三江口	0.031～0.034	29	0.032		Ⅰ
黔江	石龙三江口—武宣	0.042～0.06	48	0.053	0.055	Ⅳ
	武宣—桂平	0.052～0.073	72	0.057		Ⅱ
郁江	南宁—西津	0.034～0.043	169	0.039	0.035	Ⅲ
	西津—贵港航运枢纽	0.036～0.039	104	0.038		Ⅲ
	贵港—桂平航运枢纽	0.028～0.032	109	0.03		Ⅰ
浔江	桂平—大湟江口	0.035～0.043	25	0.037	0.036	Ⅳ
	大湟江口—长洲枢纽	0.034～0.039	155	0.0358		Ⅱ

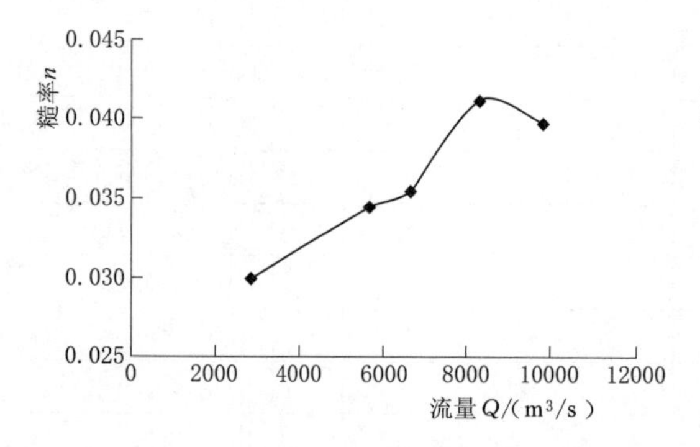

图 4-14　天峨—岩滩河段 $Q-n$ 曲线

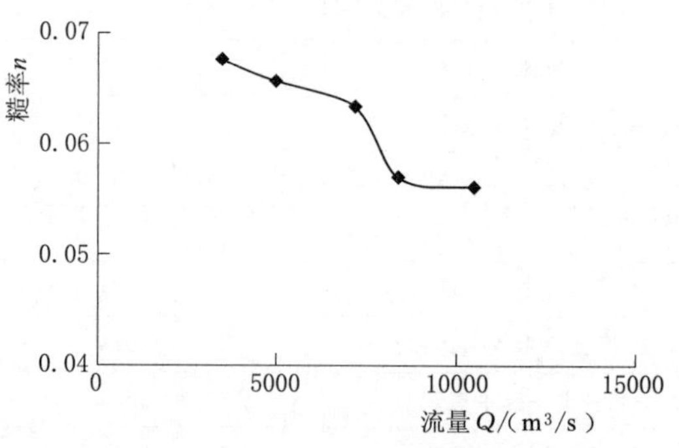

图 4-15　岩滩—大化河段 $Q-n$ 曲线

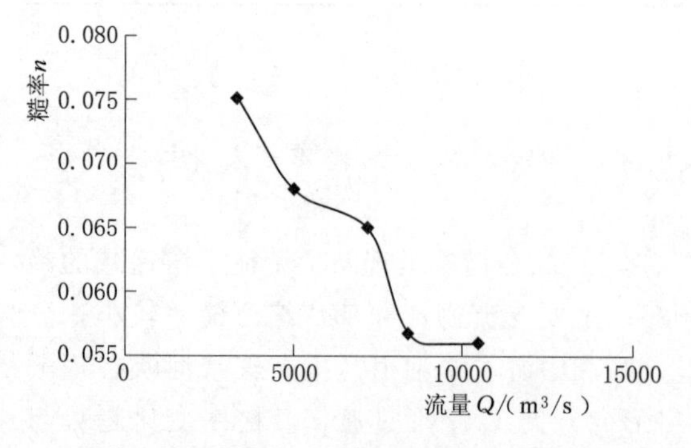

图 4-16　岩滩—百龙滩河段 $Q-n$ 曲线

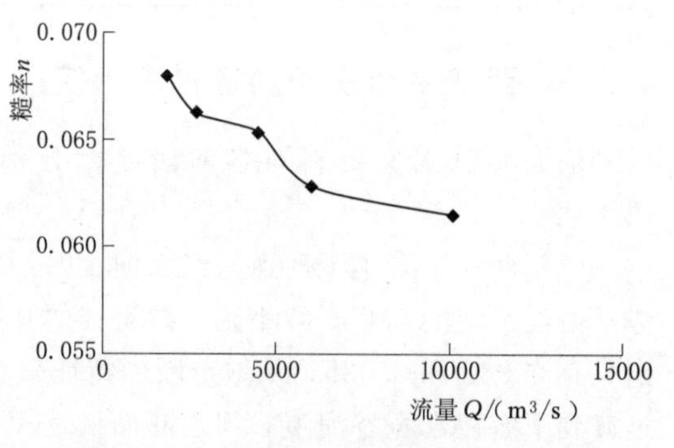

图 4-17　百龙滩—乐滩河段 $Q-n$ 曲线

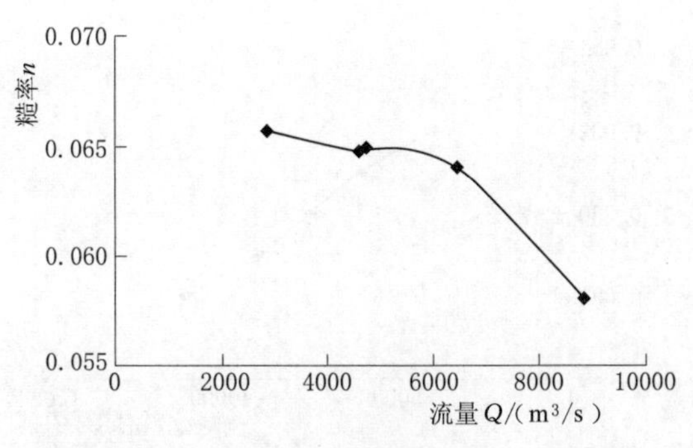

图 4-18　百龙滩—桥巩河段 $Q-n$ 曲线

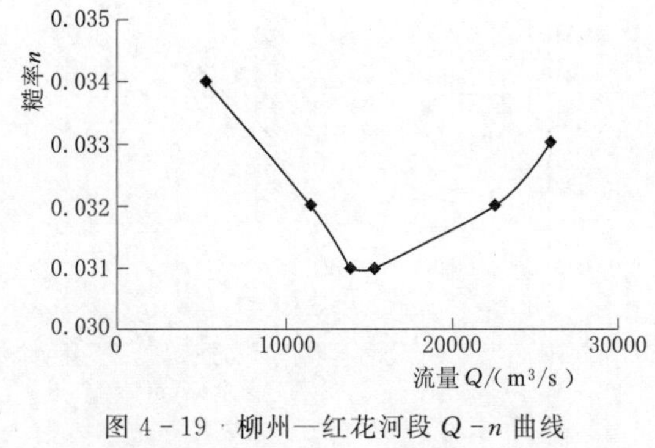

图 4-19　柳州—红花河段 $Q-n$ 曲线

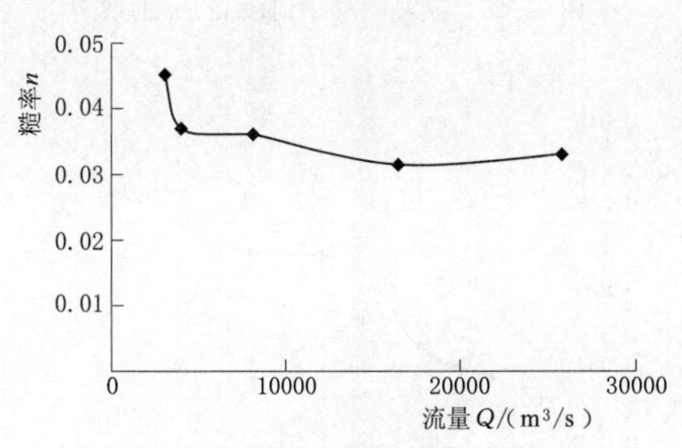

图 4-20　柳州—象州河段 $Q-n$ 曲线

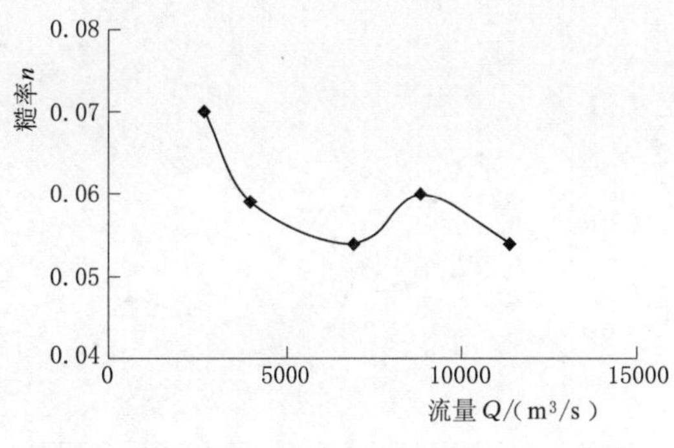

图 4-21　迁江—石龙三江口河段 $Q-n$ 曲线

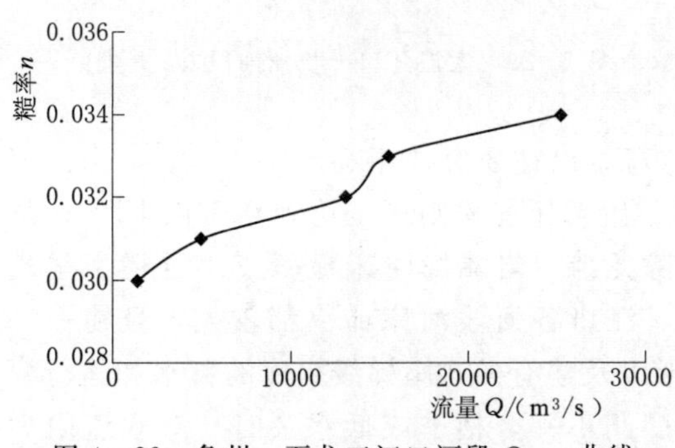

图 4-22　象州—石龙三江口河段 $Q-n$ 曲线

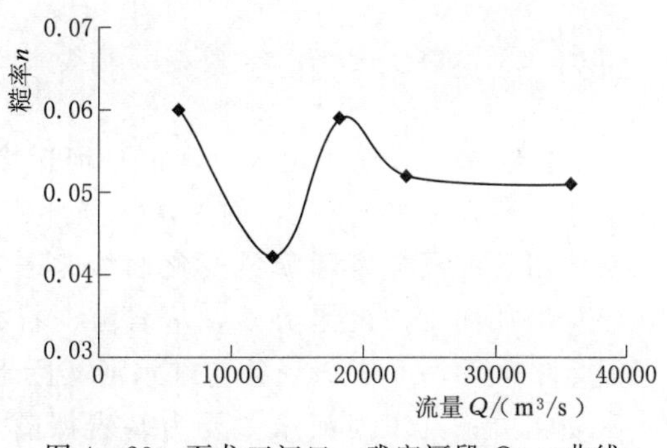

图 4-23　石龙三江口—武宣河段 $Q-n$ 曲线

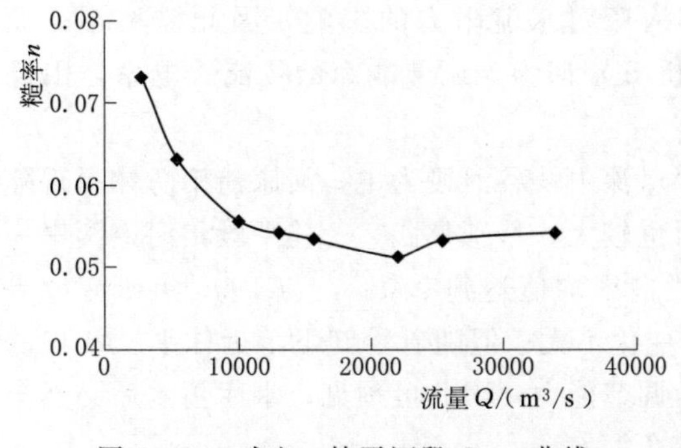

图 4-24　武宣—桂平河段 $Q-n$ 曲线

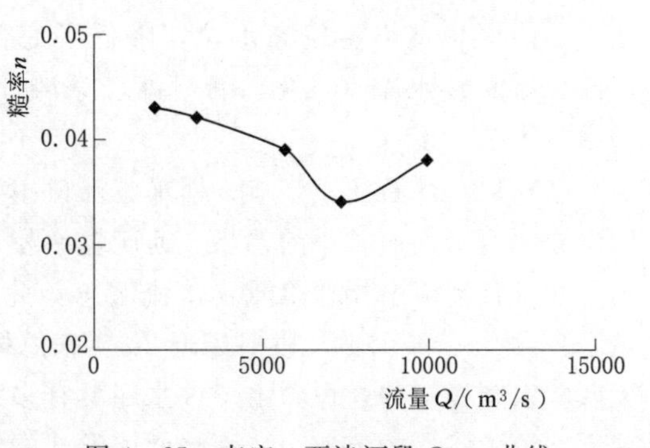

图 4-25　南宁—西津河段 $Q-n$ 曲线

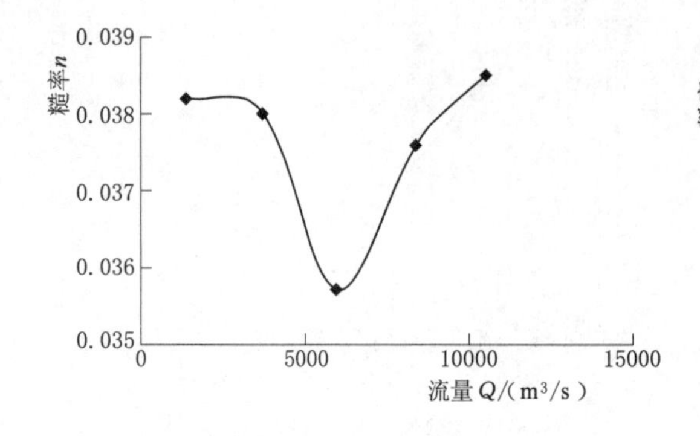

图 4-26 横县—贵港河段 $Q-n$ 曲线

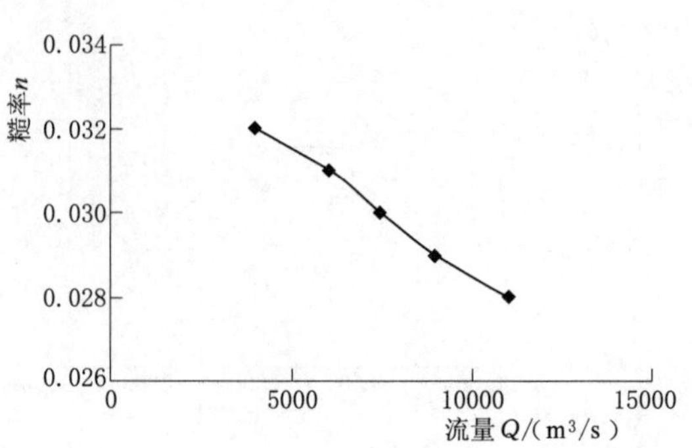

图 4-27 贵港—桂平河段 $Q-n$ 曲线

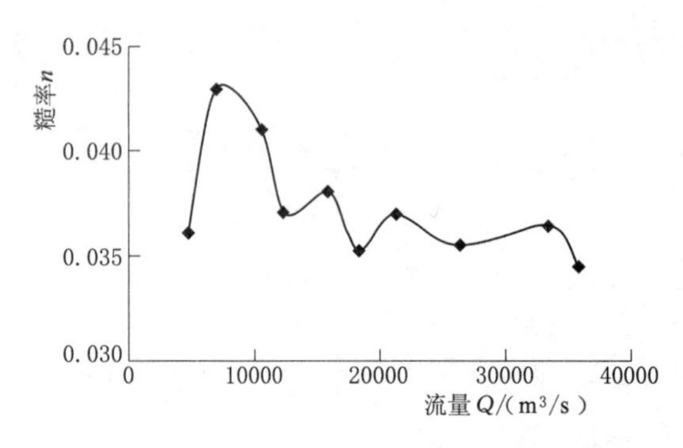

图 4-28 桂平—大湟江口河段 $Q-n$ 曲线

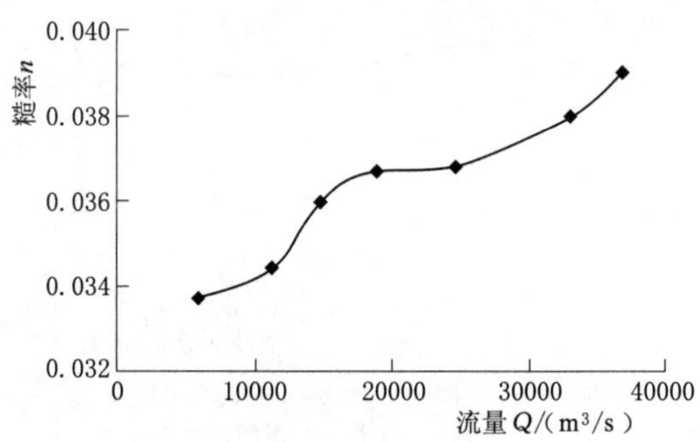

图 4-29 大湟江口—长洲河段 $Q-n$ 曲线

(2) 红水河段属于山区型河流且河道多急弯，以往研究成果显示[78,80,81,86]，山区河流糙率一般在 0.04 以上，而红水河局部河段位置河床糙率则更是达到 0.1 以上[82]；从红水河内各河段糙率随流量变化曲线来看，除龙滩—岩滩段河床糙率较小且糙率呈现随流量增加而增加的趋势外，从岩滩—石龙三江口各河段河床糙率都较大，且糙率都随流量增大而减小；该现象与红水河实际地形以及建有的 6 座梯级水库的蓄水和运行模式密切相关；红水河河床主要为基岩裸露，凹凸不平，枯季或低水头时，对水流阻力大，率定的糙率也大；而龙滩和岩滩水库都属于具有一定年调节能力的水库，即使在枯季，库区也能维持较高水位，降低了底部河床对水流阻力的影响，因此糙率小；而岩滩以下 4 座水库（大化、百龙滩、乐滩、桥巩）都为无调节能力的径流式电站，因此糙率较大。

(3) 黔江从石龙三江口—桂平三江口主要以深山峡谷河段为主，河床糙率总体呈现随流量或水位增加而减小的趋势，河床糙率相对也较大，特别是武宣—桂平段，河道两岸为山区峡谷且河流多拐弯险滩，水流湍急，此段糙率均值达到 0.057，与 1995 年研究成果基本一致[86]，显示黔江段河床近 20 年来总体变化不大；但随着黔江下游近桂平三江口的大藤峡水利枢纽的建设，由于该水库具有多年调节能力，因此可预见，水库蓄水后必然会减缓上游峡谷段的流速，从而降低该黔江的综合糙率。

(4) 西江干流浔江河床糙率呈现随流量增加缓慢增大的趋势，主要支流柳江从柳州水文站—石龙三江口河床糙率随流量变化趋势不明显；郁江河床糙率呈现随流量增加略有减小的趋势；该三个河段底坡降都小于0.1‰，坡度较缓，河流两岸较为平坦，河道较为顺直，因而河床糙率总体较小。

总体来看，西江中、上游主要干支流河道糙率特征可分为四种类型：

(1) 第一种为糙率随着流量的增大而减小（Ⅰ类），典型河段为岩滩—石龙三江口。该河段主要是由于河床基岩裸露，枯季时对水流阻力大，流量增大时，水位升高，将裸露基岩淹没，从而降低了该河床的糙率。

(2) 第二种为糙率随着流量的增大而增大（Ⅱ类），流量增大水位上升到达一定高度后糙率趋于稳定，典型河段为天峨—岩滩。该河段主要是水库具有较大水位调节能力，水库常水位以上两岸山体植被覆盖茂密，水位升高从而增大了两岸植被对水流的阻力。

(3) 第三种为流量小、低水位时河床糙率较大。随着流量增大水位上涨至常遇水位以上时，糙率随着水位的上涨而增大，$Q \sim n$ 曲线呈U字形（Ⅲ类），典型河段为南宁—西津。该河段低水位至常水位时阻力主要来自河床，常水头以上时阻力则主要来自两岸植被。

(4) 第四种糙率随流量变化的关系较复杂（Ⅳ类），典型河段为石龙三江口—武宣；此类河段由于影响河床糙率的阻力因素较多，因此其变化规律较为复杂。

4.4 西江中游河网及梯级水库数学模型验证

4.4.1 天峨—岩滩河段

选取2004年7月10日8时至16日8时共144h的水文资料对率定糙率后的河网水动力模型进行验证，结合相关降雨数据以及上、下游洪量差值拟定区间入流，天峨流量过程为上游边界条件，岩滩坝前水位过程为下游边界条件，如图4-30所示，旁侧入流如图4-31所示，验证结果如图4-32和图4-33所示。

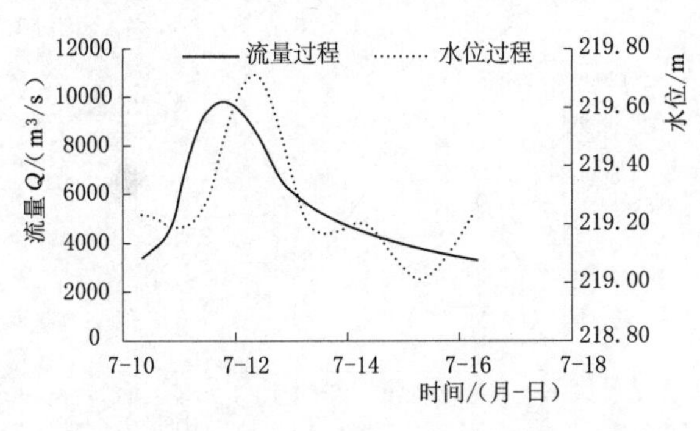

图4-30 天峨—岩滩河段上游边界流量过程和下游边界水位过程

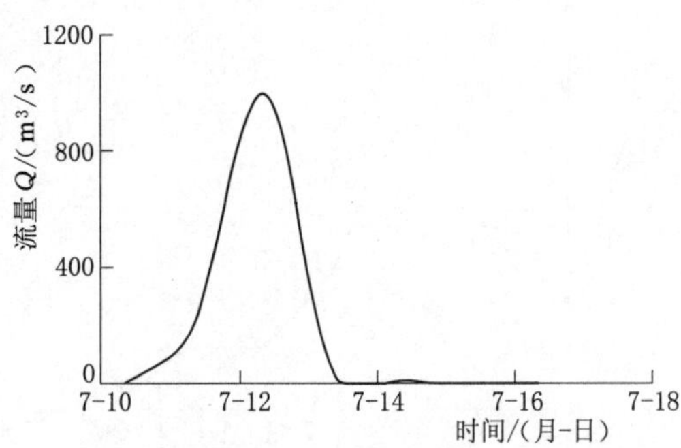

图4-31 天峨—岩滩河段旁侧入流

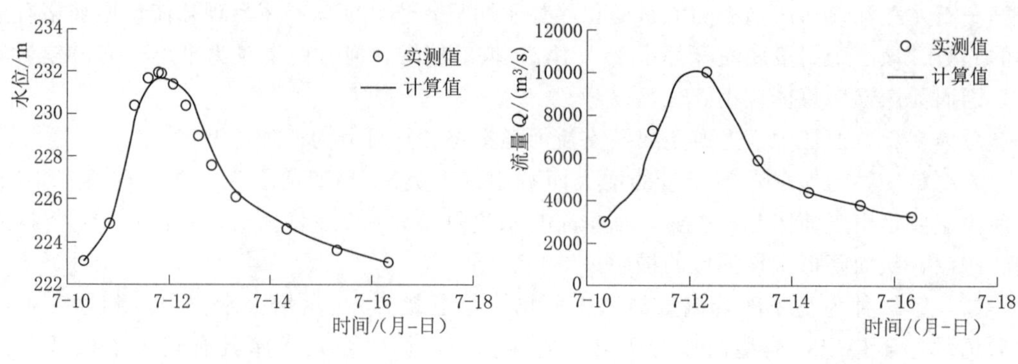

图 4-32 天峨水文站水位过程

图 4-33 岩滩坝前流量过程

4.4.2 岩滩—大化河段

选取 2004 年 7 月 10 日 8 时至 16 日 8 时共 144h 的水文资料对率定糙率后的河网水动力模型进行验证，结合相关降雨数据以及上、下游洪量差值拟定区间入流，岩滩坝下流量过程为上游边界条件，大化坝前水位过程为下游边界条件，如图 4-34 所示，旁侧入流如图 4-35 所示，验证结果如图 4-36 和图 4-37 所示。

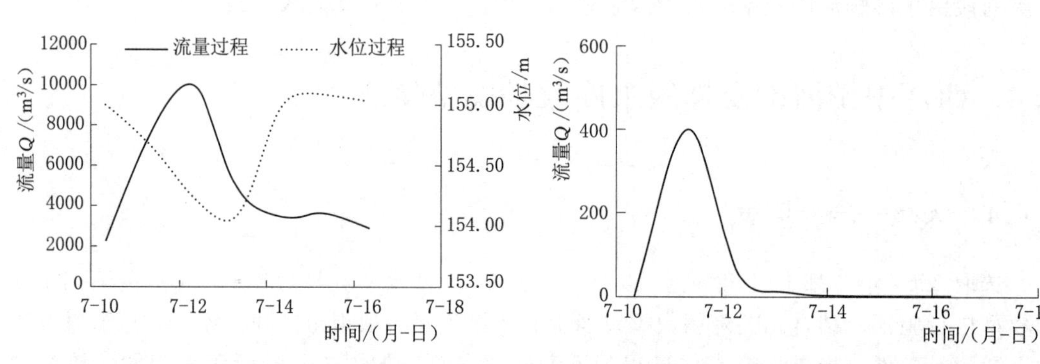

图 4-34 岩滩—大化河段上游边界流量过程和下游边界水位过程

图 4-35 岩滩—大化河段旁侧入流

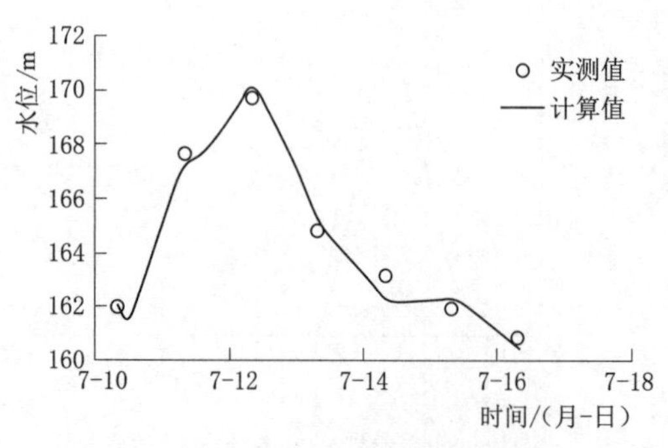

图 4-36 岩滩坝下水位过程

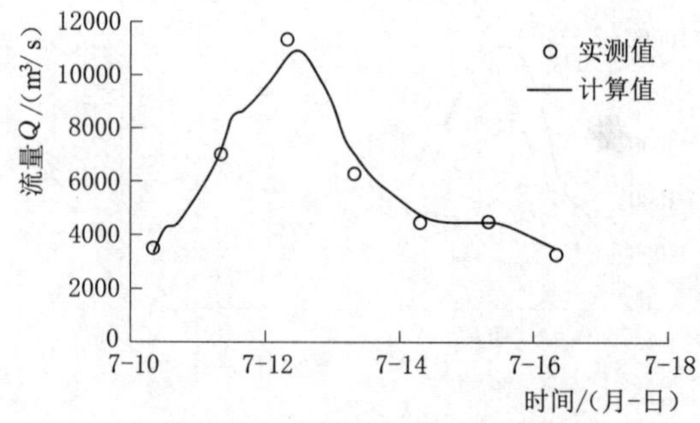

图 4-37 大化坝前流量过程

4.4.3　岩滩—百龙滩河段

选取 2008 年 6 月 12 日 8 时至 15 日 8 时共 72h 的水文资料对率定糙率后的河网水动力模型进行验证，结合相关降雨数据以及上、下游洪量差值拟定区间入流，岩滩坝下流量过程为上游边界条件，百龙滩坝前水位过程为下游边界条件，如图 4-38 所示，旁侧入流如图 4-39 所示，验证结果如图 4-40 和图 4-41 所示。

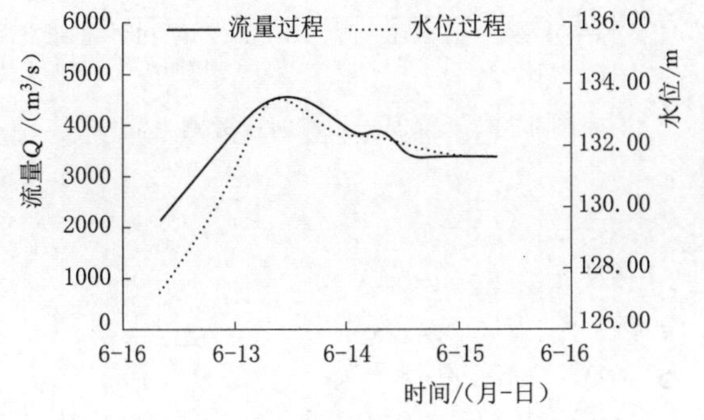

图 4-38　岩滩—百龙滩河段上游边界流量过程和下游边界水位过程

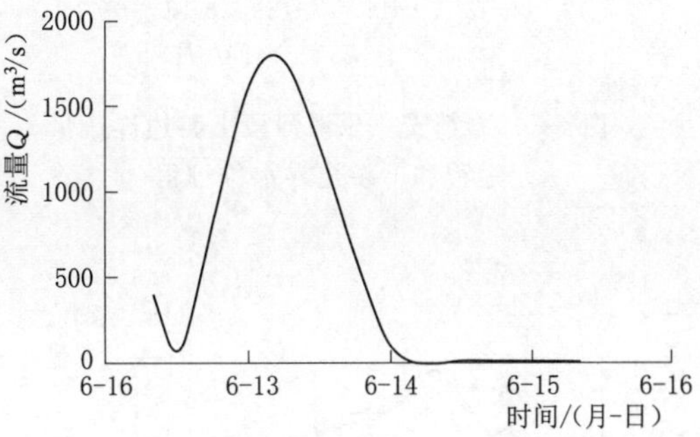

图 4-39　岩滩—百龙滩河段旁侧入流

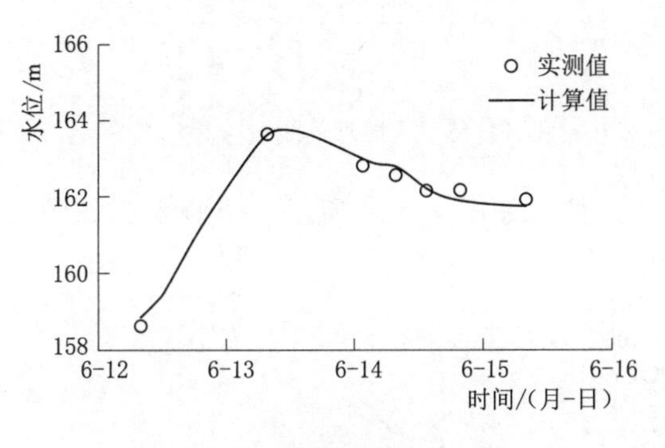

图 4-40　岩滩坝下水位过程

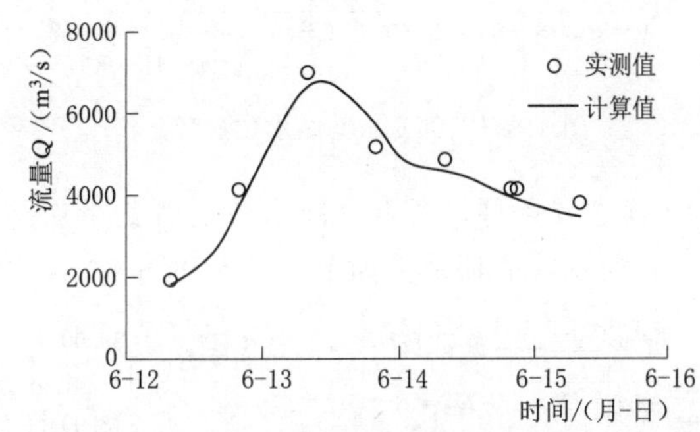

图 4-41　百龙滩坝前流量过程

4.4.4　都安—乐滩河段

选取 2008 年 6 月 12 日 8 时至 15 日 20 时共 84h 的水文资料对率定糙率后的河网水动力模型进行验证，结合相关降雨数据以及上、下游洪量差值拟定区间入流，都安流量过程为上游边界条件，乐滩坝前水位过程为下游边界条件，如图 4-42 所示，旁侧入流如图 4-43所示，验证结果如图 4-44 和图 4-45 所示。

4.4.5　都安—桥巩河段

选取 2008 年 7 月 23 日 8 时至 31 日 8 时共 192h 的水文资料对率定糙率后的河网水动力模型进行验证，结合相关降雨数据以及上、下游洪量差值拟定区间入流，都安流量过程

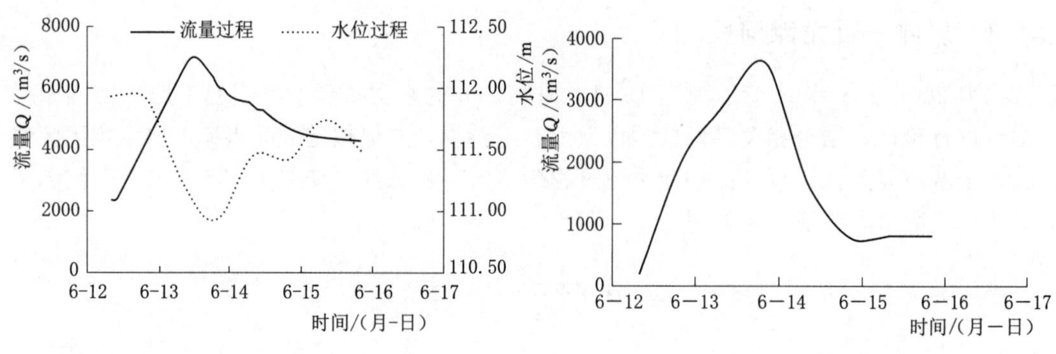

图4-42 都安—乐滩河段上游边界流量过程和下游边界水位过程

图4-43 都安—乐滩河段旁侧入流

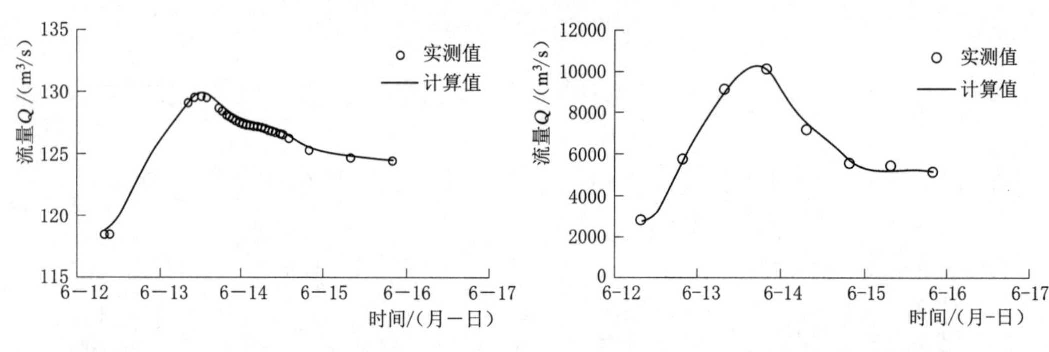

图4-44 都安水文站水位过程

图4-45 乐滩坝前流量过程

为上游边界条件，桥巩坝前水位过程为下游边界条件，如图4-46所示，旁侧入流如图4-47所示，验证结果如图4-48和图4-49所示。

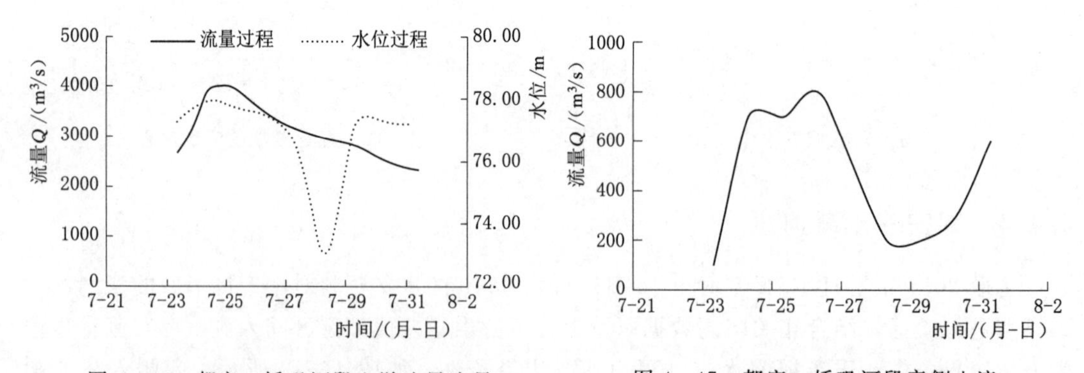

图4-46 都安—桥巩河段上游边界流量过程和下游边界水位过程

图4-47 都安—桥巩河段旁侧入流

4.4.6 柳州—红花河段

选取2009年7月2日8时至8日8时共144h的水文资料对率定糙率后的河网水动力模型进行验证，结合相关降雨数据以及上、下游洪量差值拟定区间入流，柳州流量过程为

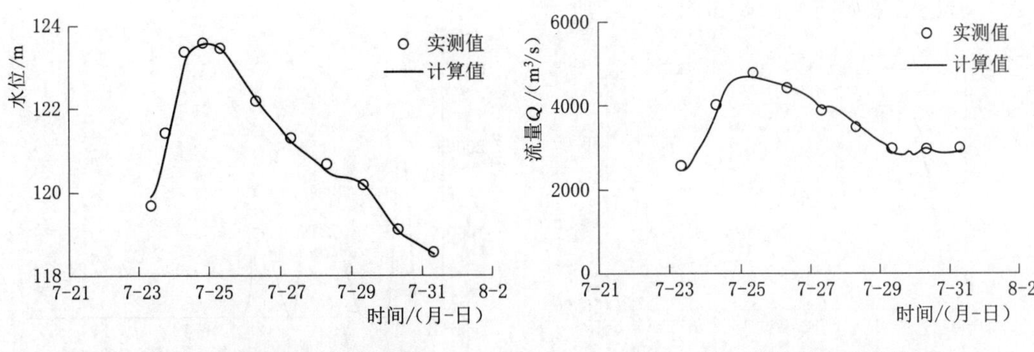

图 4-48　都安水文站水位过程

图 4-49　桥巩坝前流量过程

上游边界条件，红花坝前水位过程为下游边界条件，如图 4-50 所示，旁侧入流如图 4-51 所示，验证结果如图 4-52 和图 4-53 所示。

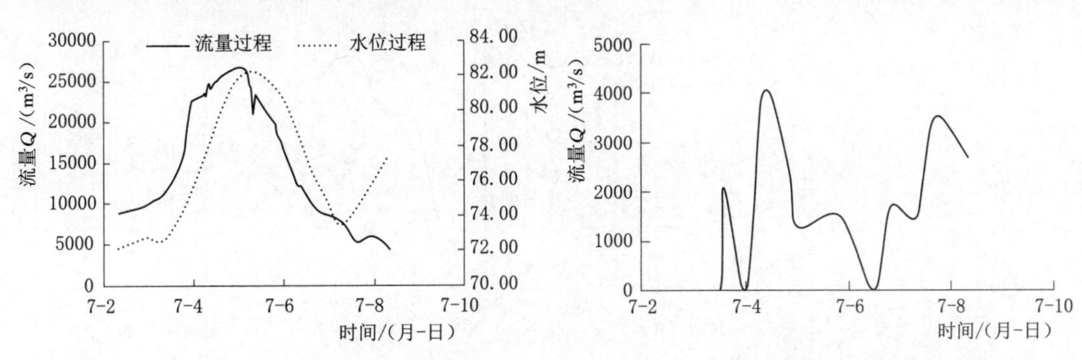

图 4-50　柳州—红花河段上游边界流量过程和下游边界水位过程

图 4-51　柳州—红花河段旁侧入流

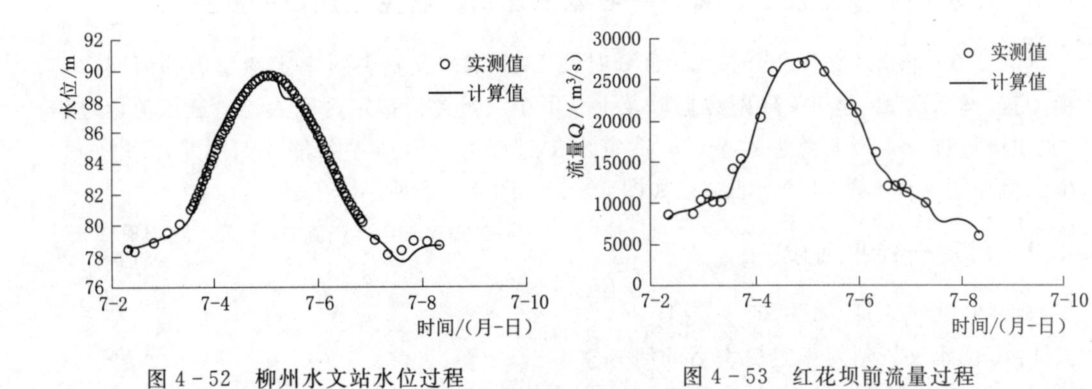

图 4-52　柳州水文站水位过程

图 4-53　红花坝前流量过程

4.4.7　柳州—象州河段

选取 2009 年 6 月 10 日 8 时至 14 日 8 时共 96h 的水文资料对率定糙率后的河网水动力模型进行验证，结合相关降雨数据以及上、下游洪量差值拟定区间入流，柳州流量过程为上游边界条件，象州水位过程为下游边界条件，如图 4-54 所示，旁侧入流如图 4-55

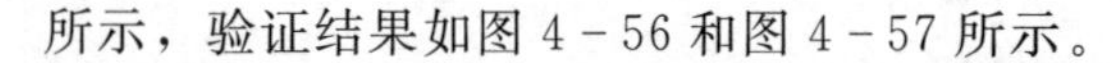
所示，验证结果如图 4－56 和图 4－57 所示。

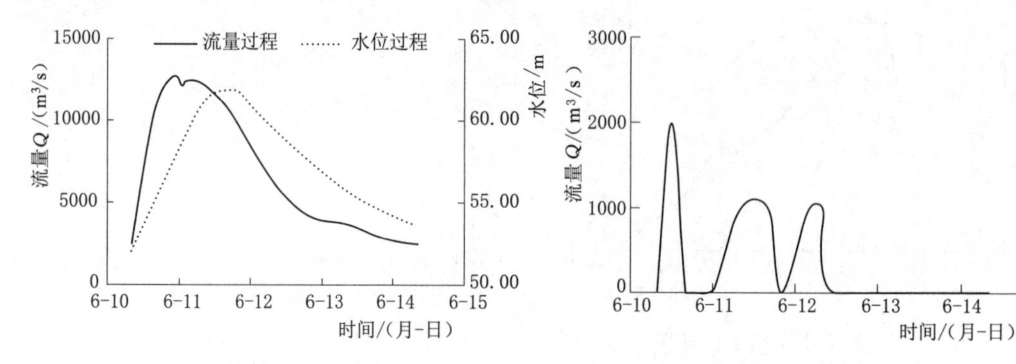

图 4－54 柳州—象州河段上游边界流量过程和下游边界水位过程

图 4－55 柳州—象州河段旁侧入流

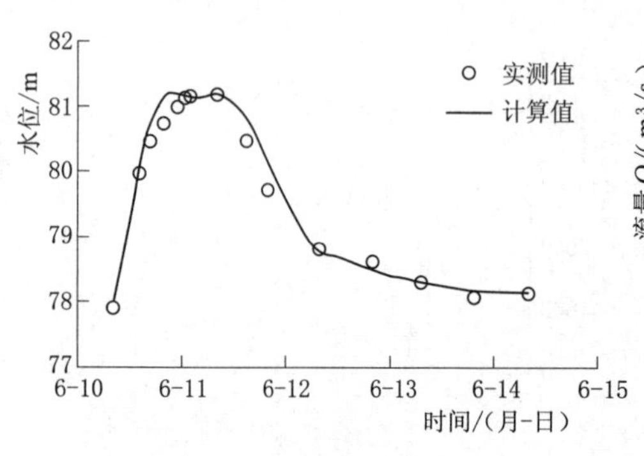

图 4－56 柳州水文站水位过程

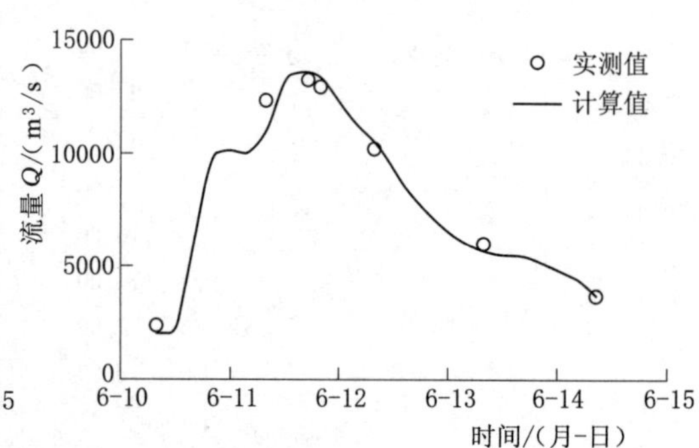

图 4－57 象州水文站流量过程

4.4.8 桥巩—石龙三江口、象州—石龙三江口、石龙三江口—武宣河段

选取 2009 年 6 月 9 日 20 时—15 日 8 时共 132h 的水文资料对率定糙率后的河网水动力模型进行验证，结合相关降雨数据以及上、下游洪量差值拟定区间入流，迁江流量过程 1、象州流量过程 2 为上游边界条件，武宣水位过程为下游边界条件，如图 4－58 所示，旁侧入流如图 4－59 所示，验证结果如图 4－60～图 4－62 所示。

4.4.9 武宣—桂平河段

选取 2009 年 6 月 9 日 8 时—15 日 8 时共 144h 的水文资料对率定糙率后的河网水动力模型进行验证，结合相关降雨数据以及上、下游洪量差值拟定区间入流，武宣流量过程为上游边界条件，桂平水位过程为下游边界条件，如图 4－63 所示，旁侧入流如图 4－64 所示，验证结果如图 4－65 和图 4－66 所示。

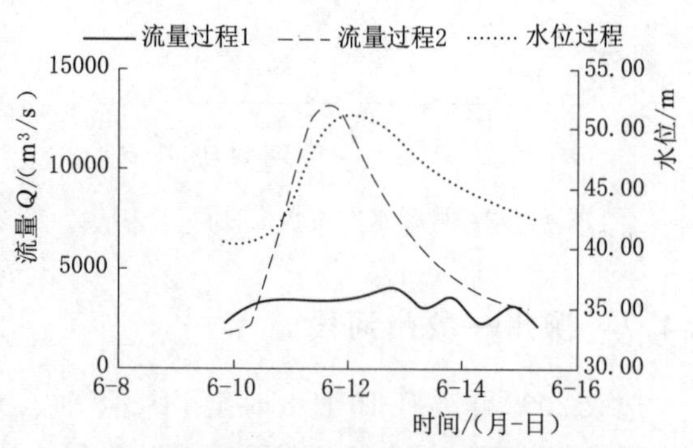

图 4－58 桥巩—石龙三江口上游边界流量过程和下游边界水位过程

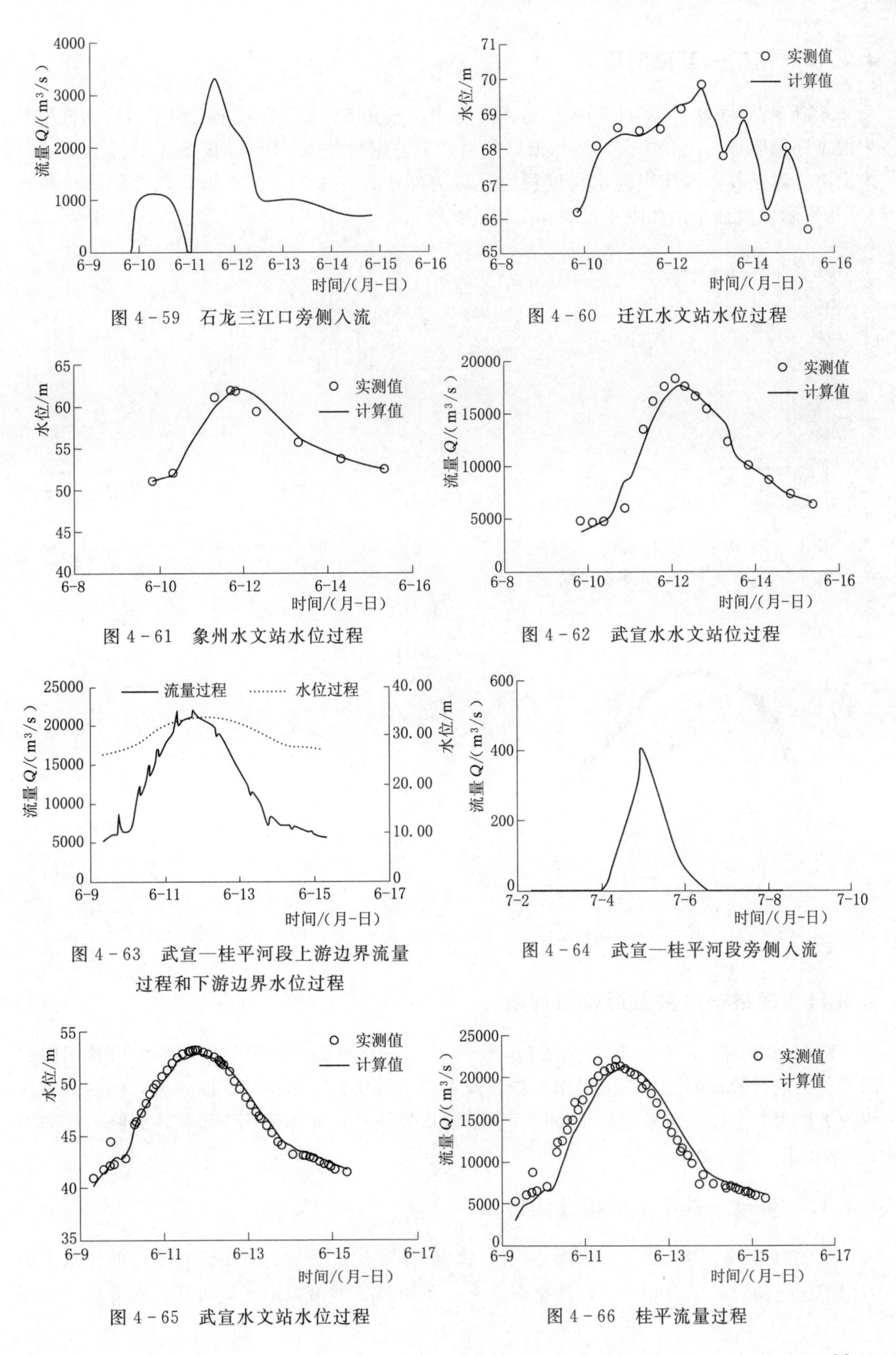

图 4-59 石龙三江口旁侧入流

图 4-60 迁江水文站水位过程

图 4-61 象州水文站水位过程

图 4-62 武宣水水文站位过程

图 4-63 武宣—桂平河段上游边界流量过程和下游边界水位过程

图 4-64 武宣—桂平河段旁侧入流

图 4-65 武宣水文站水位过程

图 4-66 桂平流量过程

4.4.10　南宁—西津河段

选取 2009 年 9 月 18 日 8 时至 24 日 8 时共 144h 的水文资料对率定糙率后的河网水动力模型进行验证，结合相关降雨数据以及上、下游洪量差值拟定区间入流，南宁流量过程为上游边界条件，西津坝前水位过程为下游边界条件，如图 4-67 所示，旁侧入流如图 4-68所示，验证结果如图 4-69 和图 4-70 所示。

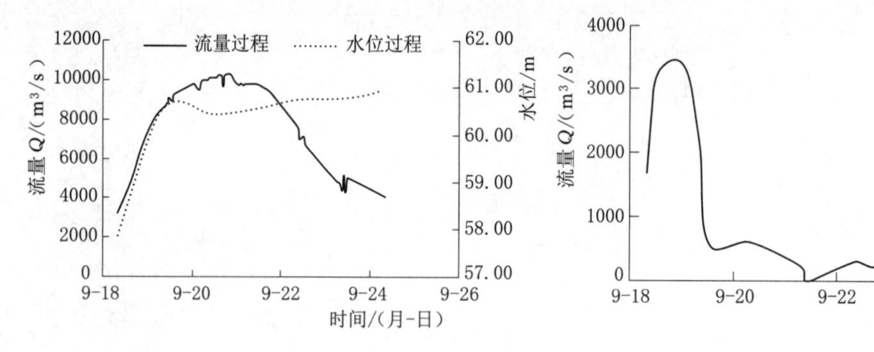

图 4-67　南宁—西津河段上游边界流量过程和下游边界水位过程

图 4-68　南宁—西津河段旁侧入流

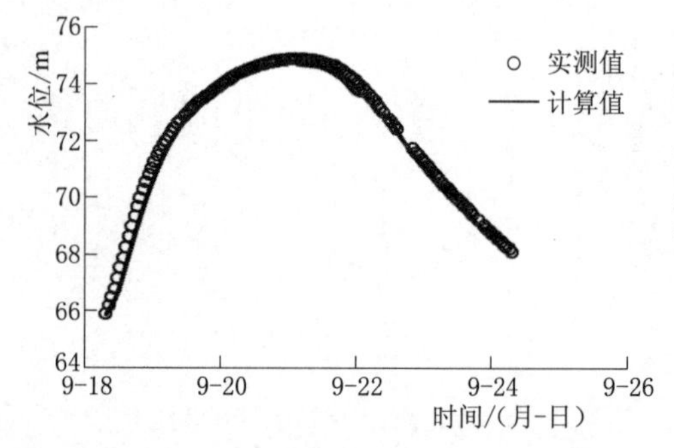

图 4-69　南宁水文站水位过程

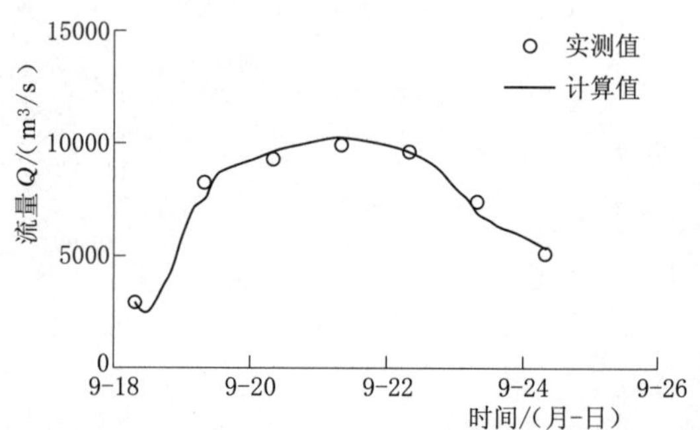

图 4-70　西津水电站坝前流量过程

4.4.11　横县—贵港航运枢纽河段

选取 2013 年 11 月 11 日 8 时至 17 日 8 时共 144h 的水文资料对率定糙率后的河网水动力模型进行验证，结合相关降雨数据以及上、下游洪量差值拟定区间入流，横县流量过程为上游边界条件，贵港坝前水位过程为下游边界条件，如图 4-71 所示，旁侧入流如图 4-72 所示，验证结果如图 4-73 和图 4-74 所示。

4.4.12　贵港—桂平航运枢纽河段

选取 2014 年 7 月 22 日 8 时至 28 日 8 时共 144h 的水文资料对率定糙率后的河网水动力模型进行验证，结合相关降雨数据以及上、下游洪量差值拟定区间入流，贵港流量过程

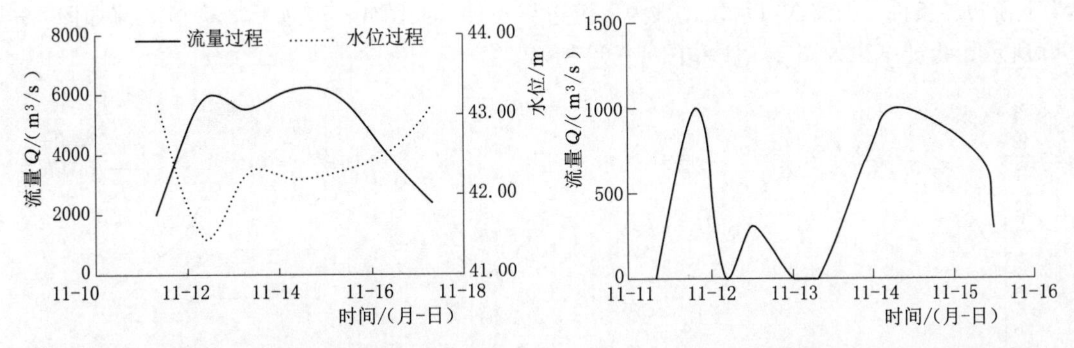

图 4-71 横县—贵港航运枢纽河段上游边界流量过程和下游边界水位过程

图 4-72 横县—贵港航运枢纽河段旁侧入流

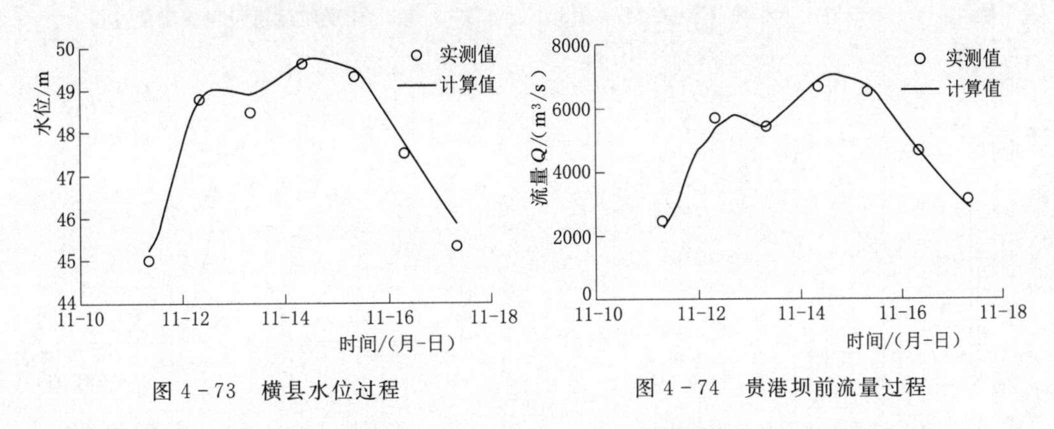

图 4-73 横县水位过程

图 4-74 贵港坝前流量过程

为上游边界条件，桂平坝前水位过程为下游边界条件，如图 4-75 所示，旁侧入流如图 4-76所示，验证结果如图 4-77 和图 4-78 所示。

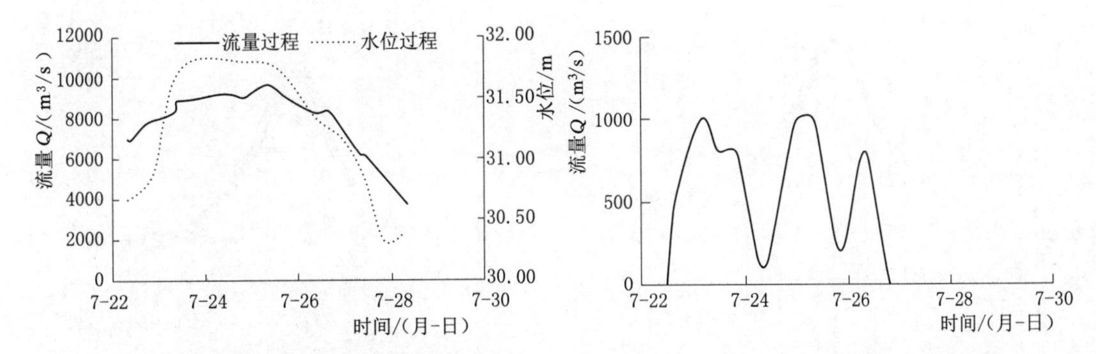

图 4-75 贵港—桂平航运枢纽河段上游边界流量过程和下游边界水位过程

图 4-76 贵港—桂平航运枢纽河段旁侧入流

4.4.13 桂平—大湟江口河段

选取 2009 年 7 月 1 日 8 时至 19 日 8 时共 432h 的水文资料对率定糙率后的河网水动力模型进行验证，结合相关降雨数据以及上、下游洪量差值拟定区间入流，桂平流量过程为上游边界条件，大湟江口水位过程为下游边界条件，如图 4 - 79 所示，旁侧入流如图 4 - 80 所示，验证结果如图 4 - 81 和图 4 - 82 所示。

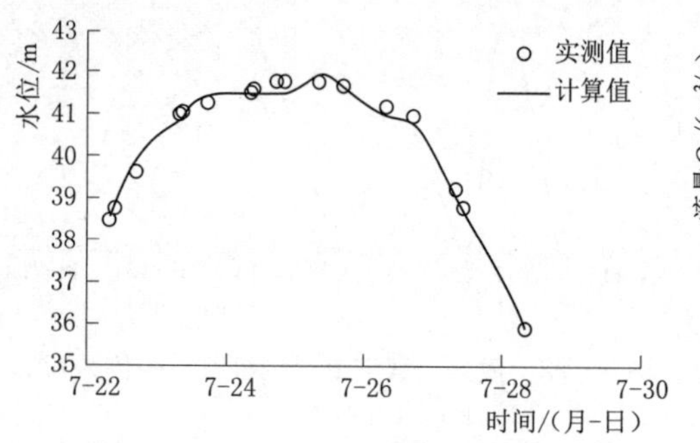

图 4 - 77　贵港航运枢纽坝前水位过程

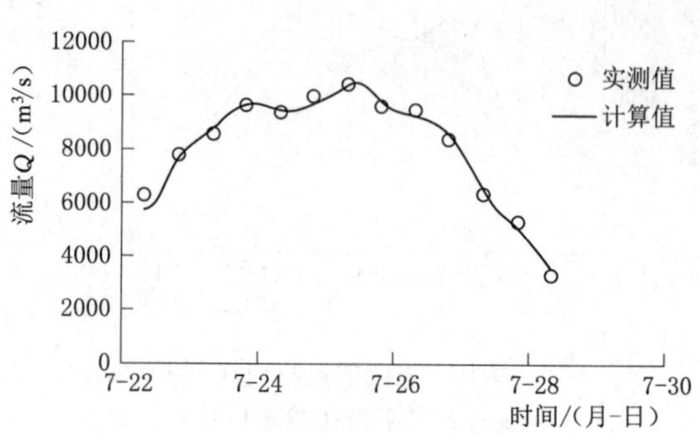

图 4 - 78　桂平航运枢纽坝前流量过程

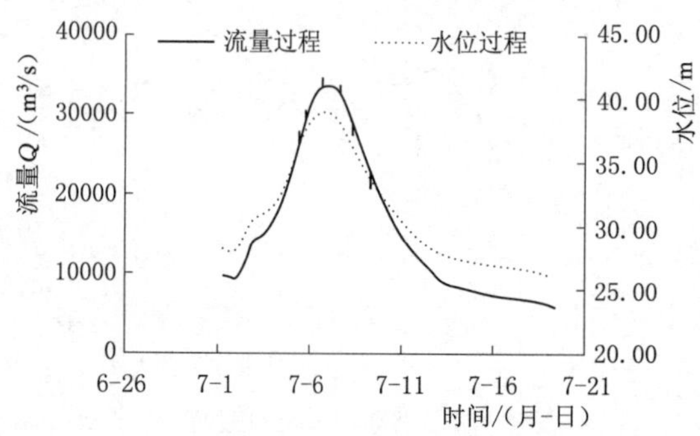

图 4 - 79　桂平—大湟江口河段上游边界流量过程和下游边界水位过程

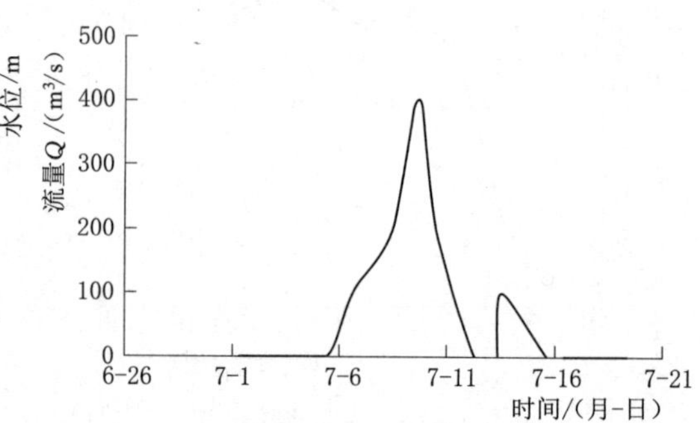

图 4 - 80　桂平—大湟江口河段旁侧入流

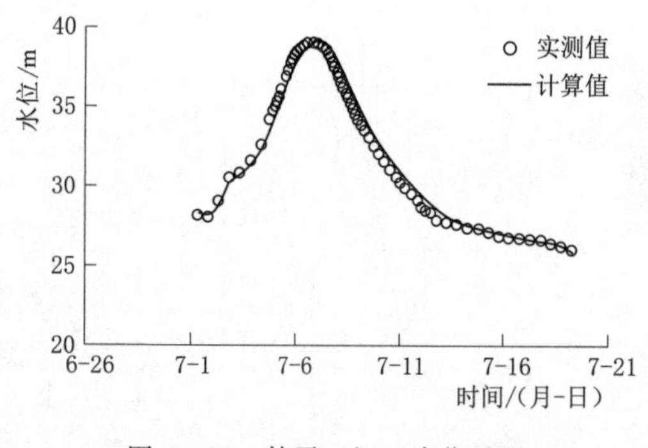

图 4 - 81　桂平三江口水位过程

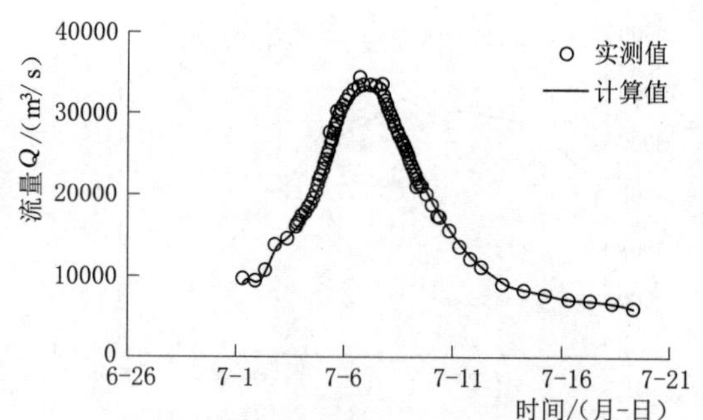

图 4 - 82　大湟江口水文站流量过程

4.4.14　大湟江口—长洲枢纽河段

选取 2009 年 7 月 2 日 8 时—12 日 8 时共 240h 的水文资料对率定糙率后的河网水动力模型进行验证，结合相关降雨数据以及上、下游洪量差值拟定区间入流，大湟江口流量过程为上游边界条件，长洲坝前水位过程为下游边界条件，如图 4 - 83 所示，旁侧入流如图

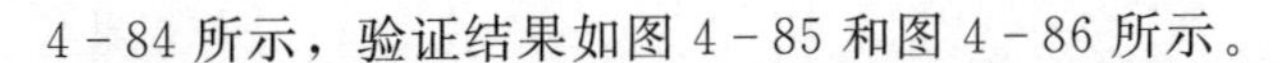
4-84 所示，验证结果如图 4-85 和图 4-86 所示。

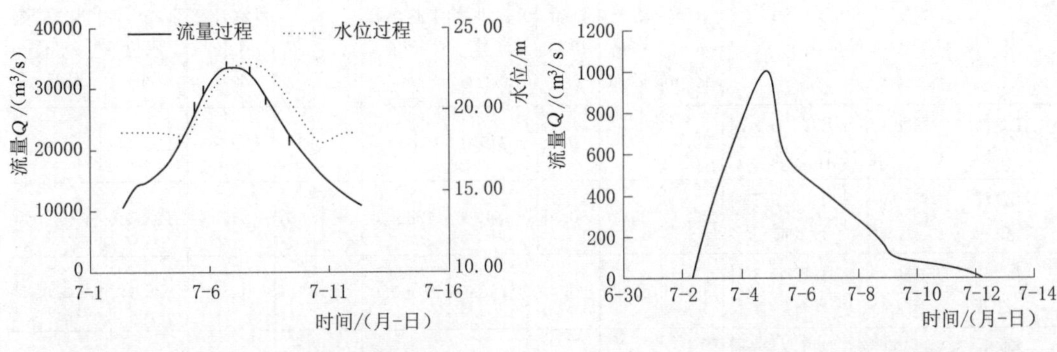

图 4-83 大湟江口—长洲河段上游边界流量过程和下游边界水位过程

图 4-84 大湟江口—长洲河段旁侧入流

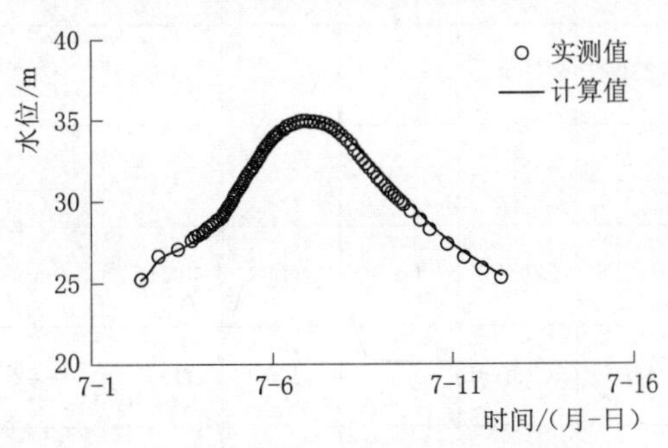

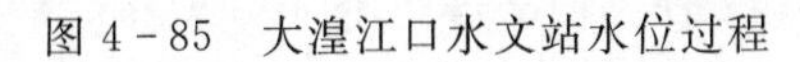
图 4-85 大湟江口水文站水位过程

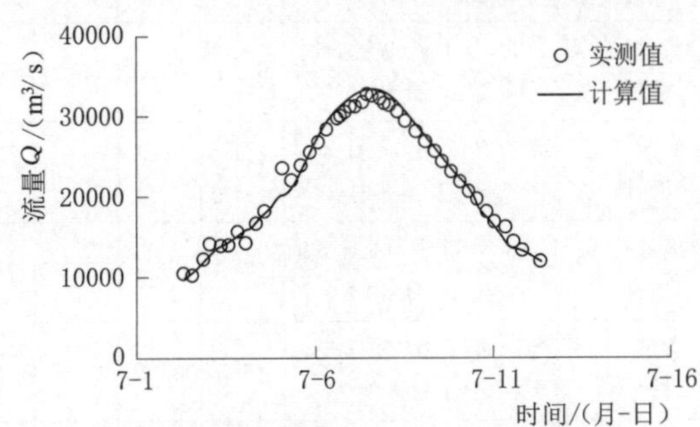

图 4-86 长洲坝枢纽前流量过程

4.4.15 验证结果分析

表 4-6 为模型验证的水位和流量误差统计，可见不论是水位还是流量过程，都与实测结果基本相符，误差在允许的范围内，证实了此处建立的河网模型的可靠性和实用性。少数计算点与实测点有偏差是由于有些河段旁侧入流的水文资料欠缺，计算时将暴雨来水或山涧入流进行概化计算所致。

表 4-6 模型验证水位特征值

河段	验证起止	计算水量/亿 m³	实测水量/亿 m³	洪量误差/%	计算洪峰流量/m³/s	实测洪峰流量/m³/s	洪峰流量误差/%	洪峰计算水位/m	洪峰实测水位/m	洪峰时刻水位误差/m
天峨—岩滩	2004 年 7 月 10 日 8 时至 16 日 8 时	29.4	29.7	−0.74	10089.0	10000.0	0.88	231.82	231.90	−0.08
岩滩—大化	2004 年 7 月 10 日 8 时至 16 日 8 时	32.4	32.0	1.32	10936.1	11300.0	−3.33	169.83	169.74	0.09
岩滩—百龙滩	2008 年 6 月 12 日 8 时至 15 日 8 时	11.8	12.1	−2.90	6752.5	6980.0	−3.37	163.72	163.64	0.08

续表

河　段	验证起止	计算水量/亿 m^3	实测水量/亿 m^3	洪量误差/%	计算洪峰流量/m^3/s	实测洪峰流量/m^3/s	洪峰流量误差/%	洪峰计算水位/m	洪峰实测水位/m	洪峰时刻水位误差/m
百龙滩—乐滩	2008 年 6 月 12 日 8 时至 15 日 20 时	20.4	20.4	−0.08	10214.1	10100.0	1.12	129.74	129.68	0.06
百龙滩—桥巩	2008 年 7 月 23 日 8 时至 31 日 8 时	25.1	25.2	−0.45	4681.5	4760.0	−1.68	123.58	123.59	−0.01
柳州—红花	2009 年 6 月 10 日 8 时至 14 日 8 时	82.3	82.7	−0.49	27766.8	27000.0	2.76	89.73	89.64	0.09
柳州—象州	2009 年 6 月 9 日 20 时至 15 日 8 时	27.1	28.0	−3.15	13576.2	13200.0	2.77	81.20	81.15	0.05
迁江—象州—武宣	2009 年 7 月 2 日 8 时至 8 日 8 时	51.7	51.4	0.68	17549.0	17600.0	−0.29	68.55	68.46	0.09
武宣—桂平	2009 年 6 月 9 日 8 时至 15 日 8 时	63.1	65.2	−3.12	21232.2	22000.0	−3.62	53.21	53.18	0.03
南宁—西津	2009 年 9 月 18 日 8 时至 24 日 8 时	41.3	41.8	−1.24	10261.8	9910.0	3.43	74.82	74.87	−0.05
横县—贵港	2013 年 11 月 11 日 8 时至 17 日 8 时	27.3	27.4	−0.37	7019.6	6700.0	4.55	49.63	49.61	0.02
贵港—桂平	2014 年 7 月 22 日 8 时至 8 日 8 时	42.9	42.9	0.07	10470.7	10430.0	0.39	41.79	41.77	0.02
桂平—大湟江口	2009 年 7 月 1 日 8 时至 19 日 8 时	244.7	244.2	0.28	33516.8	33500.0	0.05	38.91	38.87	0.04
大湟江口—长洲	2009 年 7 月 2 日 8 时至 12 日 8 时	188.0	186.8	0.69	33319.9	32750.0	1.71	34.87	34.86	0.01

注　误差=（计算值−实测值）×100%/计算值。

4.5 西江中游洪水演进特性研究

4.5.1 典型洪水选取

由于西江上游分别修建了光照、董箐、天一和龙滩等大型水库，拦截了大部分洪水，根据近 20 年来西江中游洪水水文资料来看，主要以中、下游型洪水为主。因此，选取 2006 年 7 月 15 日 8 时至 30 日 8 时的天峨和柳州的洪水过程作为典型洪水，天峨、柳州、南宁的流量过程及梧州水位和流量变化过程如图 4-87 所示。红水河天峨站、柳江柳州水文站和西江梧州站洪峰分别为 5440m^3/s、12000m^3/s 和 29400m^3/s，其中梧州洪水级别约 2 年一遇；统计天峨、迁江、武宣、大湟江口及梧州洪水过程线显示，红水河洪峰由天峨站传到迁江站约 21h；柳江洪峰由柳州站传到武宣站约 15h，传到大湟江口和梧州站约为 27h 和 30h。根据洪峰量级和出现时间显示，“06・7”洪水以柳江洪水为主，且柳江洪水先于红水河洪水到达两江交汇的石龙三江口，石龙三江口下游的武宣站、大湟江口站及梧州站洪水主要来自柳江；同时从7月15日至30日梧州流量和水位变化过程来看，洪水过程线呈现单峰，显示本次洪水过程中红水河洪水由于量级小及距离远，在抵达梧州之前已经坦化。

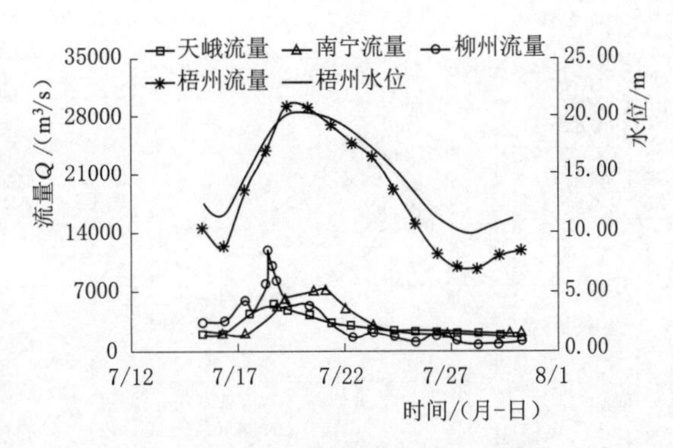

图4-87　水文站典型年洪水过程线

4.5.2　典型工况选取

在不考虑郁江洪水对西江干流洪水演进的影响下，探讨下游梧州站18.73m（为龙滩调度时梧州水文站的控制流量25000m³/s对应的水位）和26.23m（为梧州市河西区和苍梧城区堤防设计水位）水位时，天峨站和柳州站不同量级洪水在西江干流的传播特性。根据以上条件，总共设计6大工况，每个大工况下计算6种不同洪水量级。详细如下：

（1）在保持梧州水位为18.73m以及柳州、南宁分别给定恒定流量为3000m³/s和2000m³/s的情况下，分别模拟计算天峨洪水量级为5年一遇、20年一遇、30年一遇、50年一遇、100年一遇和200年一遇时的情况。

（2）在保持梧州水位为26.23m以及柳州、南宁分别给定恒定流量为3000m³/s和2000m³/s的情况下，分别模拟计算天峨洪水量级为5年一遇、20年一遇、30年一遇、50年一遇、100年一遇和200年一遇时的情况。

（3）在保持梧州水位为18.73m、南宁给定恒定流量2000m³/s叠加柳州5年一遇洪水，分别模拟计算天峨洪水量级为5年一遇、20年一遇、30年一遇、50年一遇、100年一遇和200年一遇时的情况。

（4）在保持梧州水位为26.23m、南宁给定恒定流量2000m³/s叠加柳州5年一遇洪水，分别模拟计算天峨洪水量级为5年一遇、20年一遇、30年一遇、50年一遇、100年一遇和200年一遇时的情况。

（5）在保持梧州水位为18.73m、南宁给定恒定流量2000m³/s叠加柳州20年一遇洪水，分别模拟计算天峨洪水量级为5年一遇、20年一遇、30年一遇、50年一遇、100年一遇和200年一遇时的情况。

（6）在保持梧州水位为26.23m、南宁给定恒定流量2000m³/s叠加柳州20年一遇洪水，分别模拟计算天峨洪水量级为5年一遇、20年一遇、30年一遇、50年一遇、100年一遇和200年一遇时的情况。

4.5.3　洪水演进过程线

图4-88和图4-89给出了工况1和工况3下天峨站发生5年一遇至200年一遇洪水时各典型站点的洪水流量过程线。

（1）相同工况下，随着上游天峨站或柳州站的洪水量级变化，下游任一水文站点的流量随时间变化过程线相似且呈现同倍比放大趋势，证实此处建立的河网及梯级水库数学模

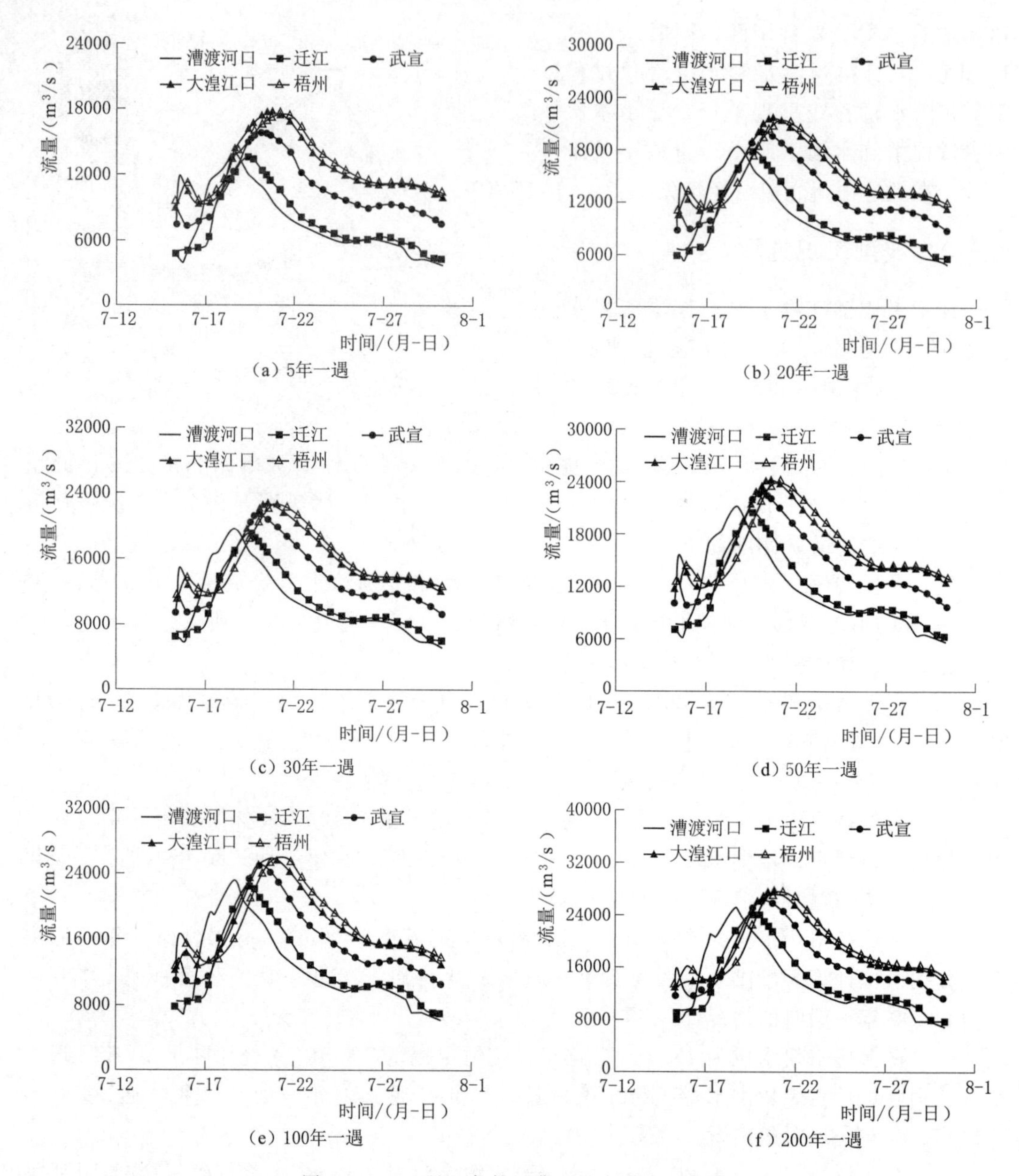

(a) 5年一遇

(b) 20年一遇

(c) 30年一遇

(d) 50年一遇

(e) 100年一遇

(f) 200年一遇

图 4-88 工况 1 条件下典型站点洪水过程线

型平台对洪水变化特征模拟的有效性。

(2) 不考虑柳江和郁江洪水时，红水河洪水由天峨站向下游演进时，洪水呈现明显的坦化过程。不同洪水量级下迁江站洪峰较天峨站平均减小 3.4%，武宣站洪峰较天峨站平均减小 7.0%，大湟江口及梧州站洪峰较天峨站平均减小 9.4%和 10.2%；洪水量级越大，站点洪峰流量减小比例略有增大。

(3) 考虑柳江洪水时，红水河迁江站的洪水过程及洪峰流量不受柳江洪水影响，与不考虑柳江洪水时的变化过程线基本一致；下游武宣、大湟江口及梧州站洪水过程同时受红

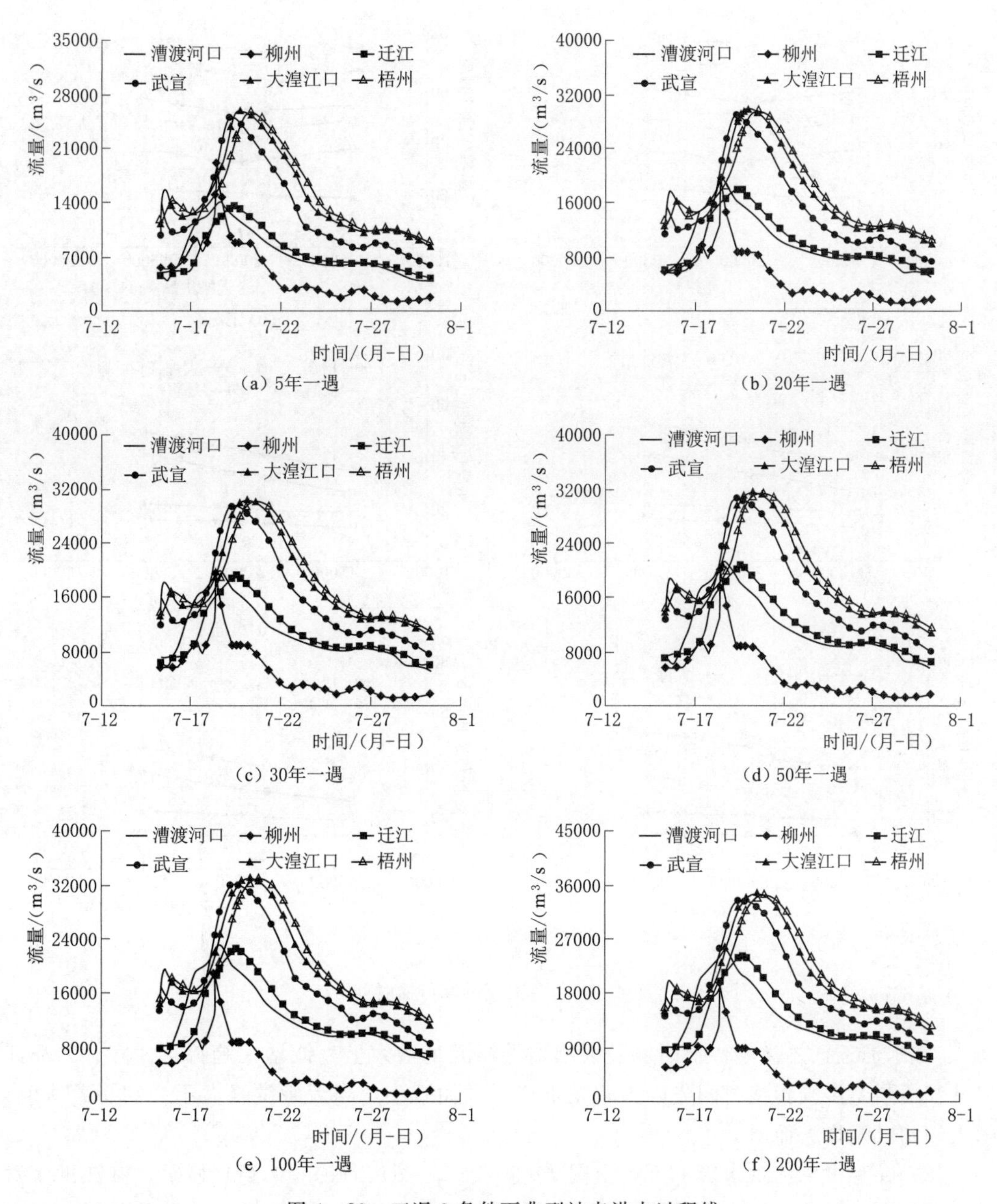

图 4-89 工况 3 条件下典型站点洪水过程线

水河和柳江洪水影响，但武宜站洪峰出现时间主要取决于柳江洪水。

4.5.4 洪峰演进时间特性

图 4-90 给出了 6 大工况下，迁江、武宜、大湟江口和梧州站洪峰抵达时间随洪峰量值的变化特征，分析可见：

(1) 在不考虑柳江洪水影响下，由图 4-90 (a) 和 (b) 显示，洪峰由天峨到达迁江站需 19～22h，到达武宜需 33～38h，到达大湟江口站需 45～50h，到达梧州站需 52～

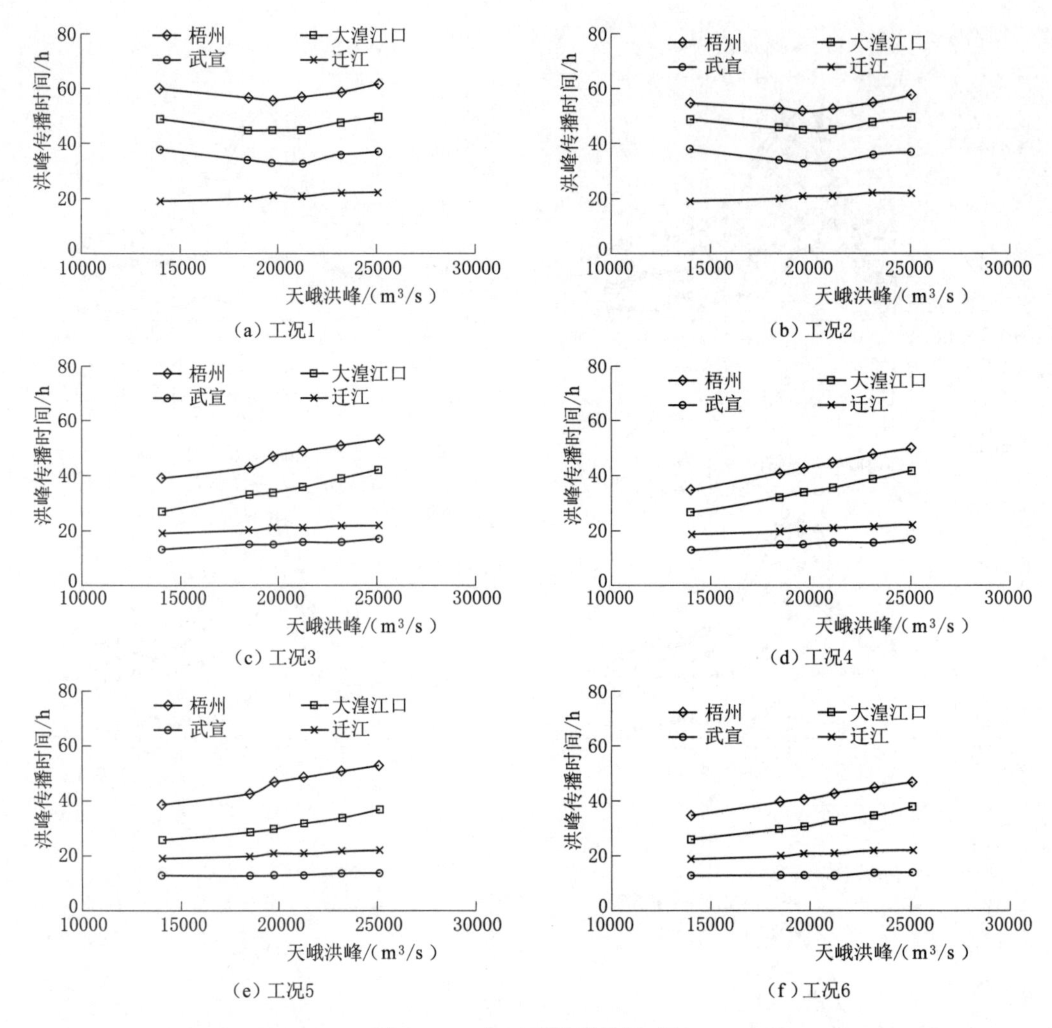

图 4-90 各工况洪峰传播时间

60h。红水河迁江站洪峰传播时间随天峨站洪峰流量增大呈直线增大趋势。武宣、大湟江口站和梧州站洪峰传播时间先随天峨站洪峰增大而减小，当天峨洪峰大于 20000m³/s 时，随天峨站洪峰增大而增大。

（2）在考虑柳江洪水影响下，由图 4-90（c）、（d）、（e）和（f）显示，柳江洪水对红水河洪水演进特性基本无影响，迁江站来自天峨站的洪峰传播时间和变化规律与不考虑柳江洪水情况完全一致。下游武宣、大湟江口和梧州站的洪峰传播时间较不考虑柳江洪水时［图 4-90（a）、（b）］明显提前，如武宣站洪峰抵达时间为 13～17h，大湟江口站洪峰抵达时间为 26～42h，梧州站洪峰抵达时间为 35～53h。

（3）下游梧州站不同水位对迁江站、武宣站和大湟江口站的洪峰传播时间无影响，梧州站洪峰传播时间随下游水位增大而减小的趋势，如工况 1 中梧州站给定水位 18.73m 时，天峨站出现 5 年一遇和 200 年一遇洪水时洪峰到达梧州站时间为 60h 和 62h，工况 2 中梧州站给定水位 26.23m 时，天峨站同样洪峰量级到达梧州站时间为 55h 和 58h。

（4）下游武宣、大湟江口和梧州站洪峰传播时间随红水河洪水量级增大而增大，越往下游该变化趋势越明显，如工况3～工况6中，武宣站洪峰抵达时间的变化幅度在4h内，而大湟江口站在20h内，梧州站在17h内；武宣、大湟江口和梧州站洪峰出现时间和量级主要取决于柳江洪水，各站洪峰出现时间随柳江洪水量级增大而缩短。如武宣站，在柳江20年一遇洪水时，洪峰传播时间为13～14h，在柳江5年一遇洪水时，洪峰传播时间为13～17h，变化幅度有所扩大。

本书选取的“06·7”洪水为典型中下游型洪水，“06·7”洪水以柳江洪水为主，红水河洪水量级较小。进行同倍比放大后模拟计算显示，当红水河上游和柳江上游暴雨同时形成一定量级洪水并遭遇后，对下游防洪会造成较为不利的影响；石龙三江口下游洪水特性主要受柳江洪水影响，随柳江洪水量级增大而增大。

4.6 本章小结

（1）基于西江中游河网水系分布的特点分析，确定数学模型采用树状河网进行模拟计算，提出了从河网、子河网、河道、节点4个层面来联合求解树状河网与梯级水库并存情况下的河道水动力过程。

（2）基于提出的河网和梯级水库联解思路，合理布置各河段的断面数量，提取各断面水位与河宽、过水面积、湿周的信息，建立了河道断面布置和断面信息数据库，并详细给出河道拓扑编码和程序编制的过程。

（3）基于收集到的水文资料，分别对西江中游各河段糙率进行了率定，获得了各河段糙率随流量的变化过程，基于此建立了各河道断面的流量与糙率的数据库文件。并统计了各河段的综合糙率，显示西江中游主要河段红水河、柳江、黔江、郁江、浔江率定的综合糙率分别为0.056、0.033、0.035、0.055和0.036。

（4）基于收集到的水文资料，对建立的西江中游河网及梯级水库数学模型分段进行了深入验证，进一步证实了数学模型的准确和实用性。

（5）采用建立的西江中游河网及梯级水库数学模型，对不同洪水量级的洪水演进过程和时间特性进行了分析和总结，作为开展梯级水库调度的前期基础研究工作。

西江主要干支流防洪特性

珠江是我国七大江河之一。洪水灾害是珠江流域最严重的自然灾害，近百年来多次发生重大的洪涝灾害，造成惨重损失。珠江流域暴雨频繁，洪水峰高、量大、历时长，防洪减灾是一项长期的任务。人类活动影响加重了部分地区的防洪压力，郁江、浔江及西江干流沿江筑堤引起的洪水归槽现象明显，同等暴雨条件下的洪水量级较过去增加。随着国家宏观经济政策的调整，珠江流域防洪面临着巨大的挑战，流域防洪建设任务十分艰巨。所以，西江主要干支流的防洪特性是西江洪水调度首要考虑的因素。

5.1 西江干流网河段（思贤滘—磨刀门）

5.1.1 防洪规划及现状防洪能力

5.1.1.1 防洪规划

《珠江流域防洪规划》[62]（2003年11月）对西江干流网河段堤防规划如图5-1所示：樵桑联围、沙坪大堤、江新联围、中顺大围、白蕉联围、中珠联围和鹤洲北围防洪标准为50年一遇，列为Ⅱ级堤防；金安围、齐杏联围、潮莲围、荷塘围、大鳌围、黄布围、洪湾北围和洪湾南围防洪标准为30年一遇，列为Ⅲ级堤防；其余经济地位较为重要或保护耕地面积在万亩以上的一般堤防为20年一遇标准，列为Ⅳ级堤防。堤防和联围与北江飞来峡、潖江蓄滞洪区及芦苞涌和西南涌联合运用，可将网河段一般保护对象的防洪标准由20～30年一遇提高到30～50年一遇、重点防洪保护对象的防洪标准由50年一遇提高到100～200年一遇。

表 5-1　　西江干流河口段主要堤防防洪能力表

堤　防　名　称	防洪标准	堤防等级	规划等级	是否达标
樵桑联围、沙坪大堤、江新联围、中顺大围、白蕉联围、中珠联围、鹤洲北围	50年一遇	Ⅱ	Ⅱ	是
金安围、齐杏联围、潮莲围、荷塘围、大鳌围、黄布围、洪湾北围、洪湾南围	30年一遇	Ⅲ	Ⅲ	是

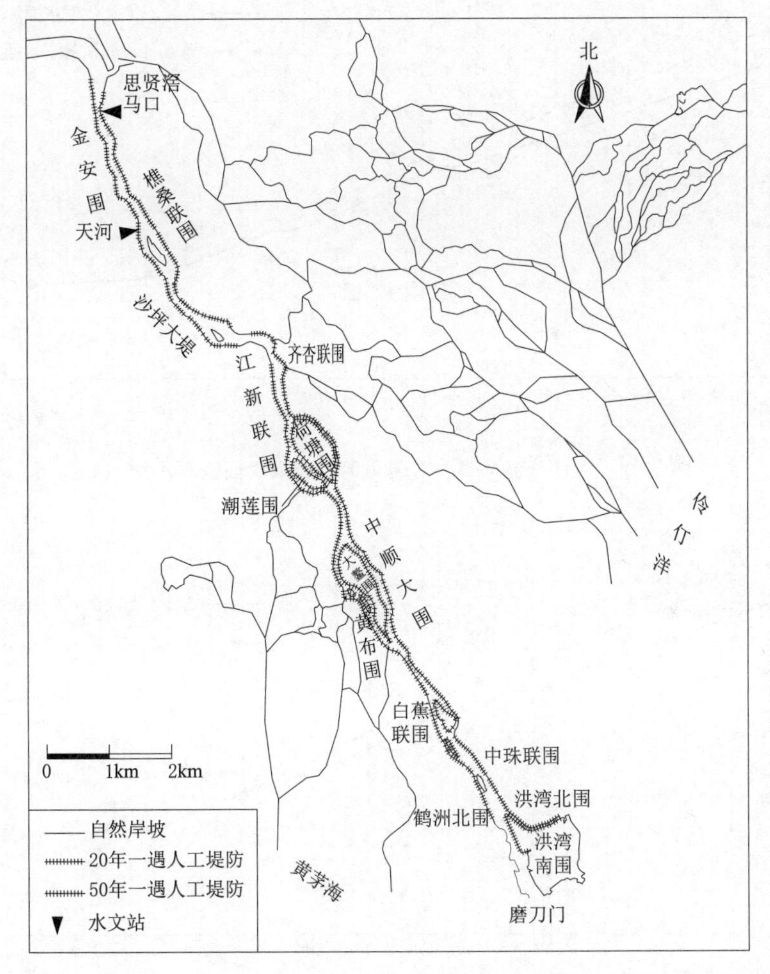

图 5-1　西江干流思贤滘—磨刀门段堤防规划示意图

5.1.1.2　现状防洪能力

表 5-1统计显示，思贤滘—磨刀门出海口河段基本都建有江堤和海堤，该地区经济发达，有广州、佛山等重点防洪城市，防洪标准规划较高，防洪工程建设起步早，堤防已经达到防洪标准要求。

5.1.2　现有防洪控制水面线

《珠江流域防洪规划》[62]公布了马口—灯笼山河段洪水频率 $p=2\%$、$p=5\%$的洪潮水面线《西、北江下游及其三角洲网河河道设计洪潮水面线（试行）》[87]（2002年6月）公布了马口—灯笼山段洪水频率 $p=2\%$、$p=5\%$ 和 $p=10\%$ 的洪潮水面线。比较图5-2和图5-3，可见洪水频率为 $p=5\%$ 和 $p=2\%$ 时，珠江流域防洪规划水面线高于西江、北江洪潮水面线水位，水面线水位差从上游往下游呈递减趋势，最大水位差在马口水文站断面，分别高出1.05m和1.14m，至下游灯笼山断面处水位一致。

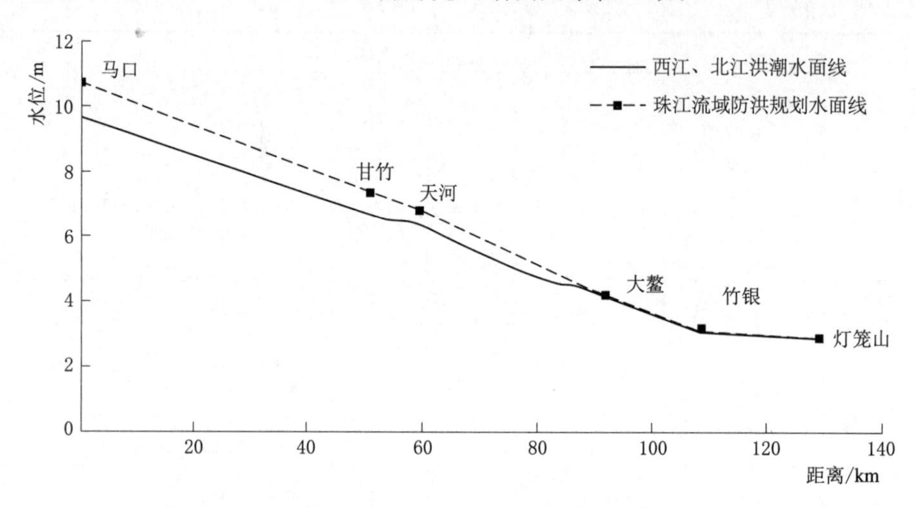

图5-2 西江干流马口—灯笼山河段成果水面线（$p=5\%$）

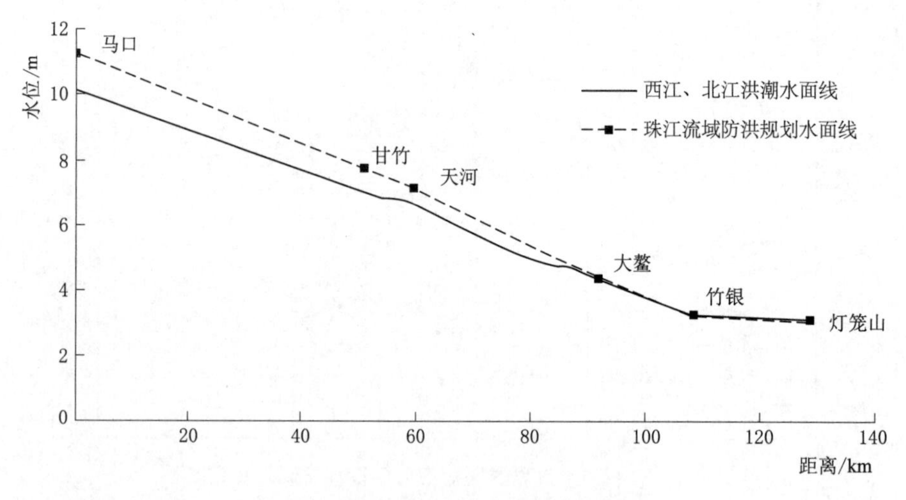

图5-3 西江干流马口—灯笼山河段成果水面线（$p=2\%$）

5.1.3 现状水面线变化特性分析

已有研究显示[58]，西江干流网河段由于前些年河道采砂，尤其靠近上游马口段下切显著，但近年随着禁采的实施，河床呈现恢复性回淤。水面线的影响，选取近些年高要站2012—2015年、马口站2005年、2015年和2016年以及天河站2009年、2012年和2014年实测水位-流量资料，如图5-4～图5-6所示。分析显示：

（1）高要站相同流量下的水位呈现出上升趋势，如 10000m^3/s 流量级时，2015 年水位比 2012 年高 1.215m，20000m^3/s 流量级时高 2.215m，30000m^3/s 流量级时高出 3.215m，水位变化幅度随着流量级的增大而增大。10000～30000m^3/s 流量级之间水位平均上涨 2.215m。

（2）马口站相同流量下的水位呈现出下降趋势。拟合 2005 年和 2016 年水位-流量关系曲线为直线，两直线近乎平行，斜率相等，但 2005 年拟合线位于 2016 年之上，平均水位高出 2016 年 0.824m，表明近年来马口站水位呈下降趋势。

（3）天河站相同流量下的水位呈现出下降趋势。拟合 2009 年和 2014 年水位-流量关系曲线为直线，斜率相等，2009 年拟合线位于 2014 年之上，平均水位高出 2014 年 0.546m，显示近年来天河站水位呈下降趋势。

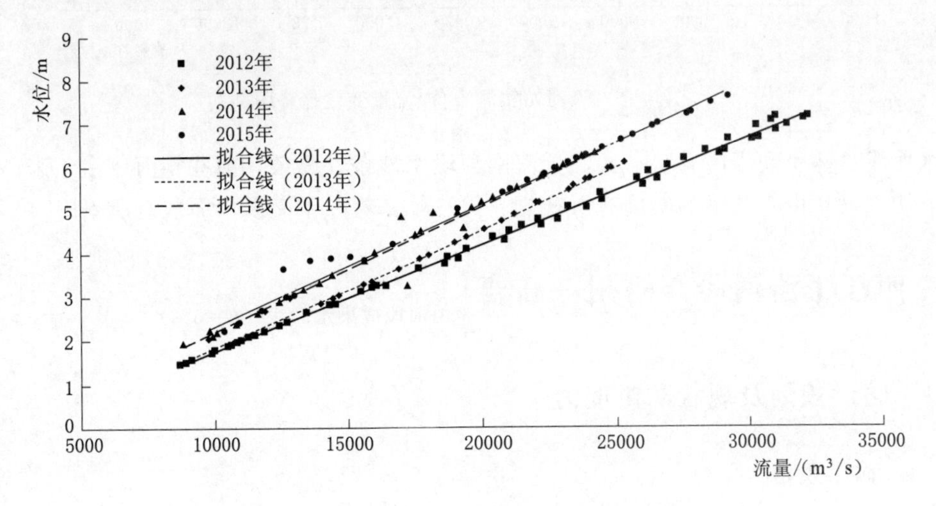

图 5-4　高要站实测水位-流量变化趋势图

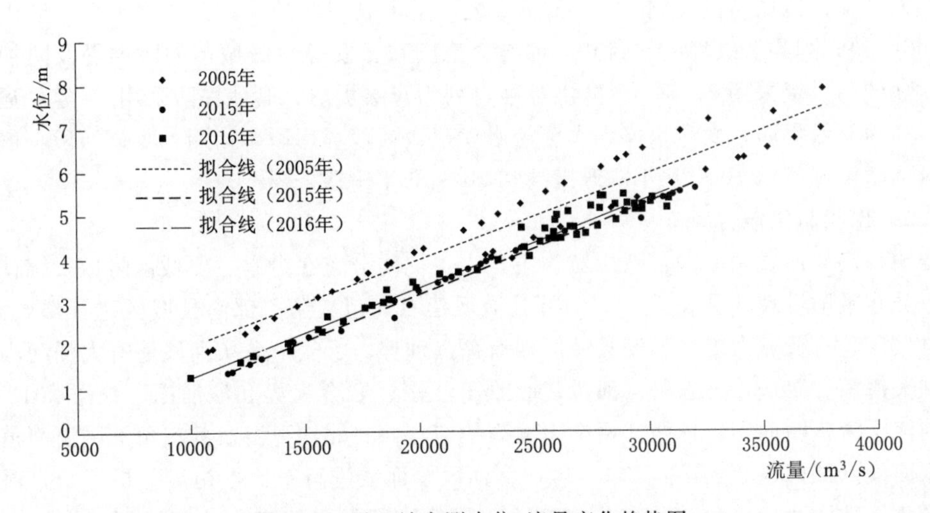

图 5-5　马口站实测水位-流量变化趋势图

综合来看，西江网河段中，高要—马口河段水位呈现逐渐上升的趋势，从马口以下河

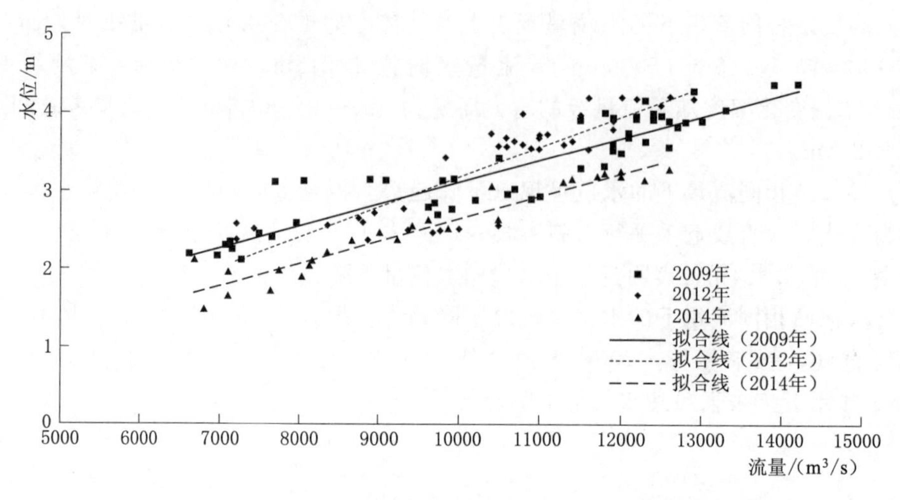

图5-6 天河站实测水位-流量变化趋势图

段，水面线总体呈现下降态势；西江干流网河段水沙条件复杂，前些年河床由于采砂造成严重下切，近年由于禁采的实施有所恢复。但总体来看，干流段水面线有所下降。

5.2 西江干流河段（梧州—高要）

5.2.1 防洪规划及现状防洪能力

5.2.1.1 防洪规划

西江梧州—高要河段主要防洪城市有肇庆、封开、郁南、德庆、云安，如图5-7所示。根据《珠江流域防洪规划》[62]：肇庆市处于景丰联围保护区，景丰联围规划防洪标准为50年一遇，列为Ⅱ级堤防；封开、郁南、德庆和云安等地级城市的防洪堤及防护万亩以上耕地的防洪堤采用20年一遇防洪标准，列为Ⅳ级堤防；其他堤防采用10年一遇防洪标准，列为Ⅴ级堤防。龙滩水库和大藤峡水库建设后，堤库联合运用，将该河段一般防洪保护区的防洪标准由10～20年一遇提高到20～30年一遇。

5.2.1.2 现状防洪能力

梧州—高要河段两岸以自然岸坡为主，人工堤防分布在沿岸主要城镇附近，统计该河段堤岸分布及防洪现状见表5-2，封开县城区建有江口堤防，郁南县城区建有都城大堤，德庆县城区建有德城大堤，云安县城区建有蓬远河堤，云安—肇庆河段建有大涌河堤、禄步围和大湾围；肇庆市—思贤滘河段建有景丰联围、联金大堤和沙浦围。根据2012年测绘的西江干流横断面图，将西江两岸岸坡高程与《西、北江下游及其三角洲网河河道设计洪潮水面线（试行）》[87]中桂江口—思贤滘河段水面线进行对比，初步分析可知，西江河道岸坡整体防洪达标率为98.4%。城区人工堤防中封开城区尚未达到规划防洪标准，其余人工堤防达到防洪规划标准；左岸未达标位置集中在封开县江口镇下典口村和封开县城江滨公园沿岸；右岸未达标位置集中在封开县川江镇界首村、川江镇新兴村和封开县米渡

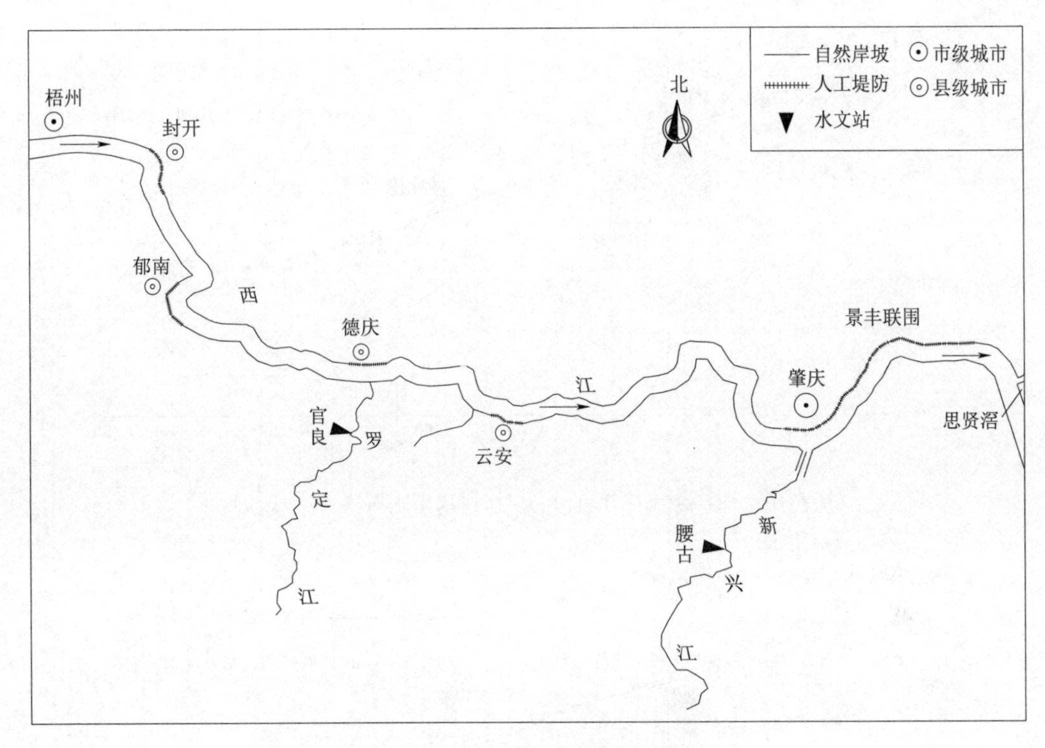

图 5-7 西江干流堤防规划示意图

头沿岸。

表 5-2 西江干流梧州至高要段岸坡防洪能力

堤防名称	保护对象	长度/km	堤顶高程/km	设计水位/m	防洪等级	规划等级	是否达标
禄步围	良田	5.82	16.40	17.12～16.16	20年一遇	Ⅳ级	部分达标
大湾围	肇庆	4.74	16	14.75～14.11	20年一遇	Ⅳ级	是
景丰联围	肇庆	60.84	14.2～12.32	12.57～10.20	50年一遇	Ⅱ级	是
都城大堤	郁南	7.531	25.20	24.67～24.1	20年一遇	Ⅳ级	是
蓬远河堤	云安	0.64	19.22	20.44～20.14	20年一遇	Ⅳ级	否
大涌河堤	良田	1.95	19.00	18.25～17.46	20年一遇	Ⅳ级	是

5.2.2 现有防洪控制水面线

《珠江流域防洪规划》[62]和《西、北江下游及其三角洲网河河道设计洪潮水面线（试行）》[87]给出了梧州—高要河段10年一遇、20年一遇和50年一遇洪水控制水面线，比较两个规划给出的洪水水面线成果可见（图5-8和图5-9）：10年一遇洪水频率下，梧州—封开河段，《珠江流域防洪规划》公布的水面线低于西北江洪潮水面线，以梧州断面最大低出0.44m，封开—高要河段，珠江流域防洪规划水面线成果都高于或接近西北江洪潮水面线成果，并以高要断面最大高出1.14m；20年一遇洪水频率下，在高要区笋围

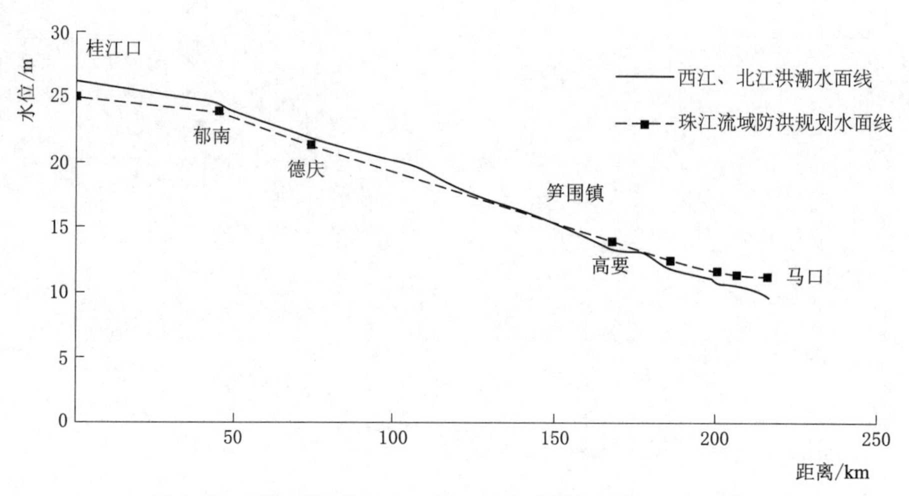

图 5-8 西江干流桂江口—马口河段成果水面线（$p=5\%$）

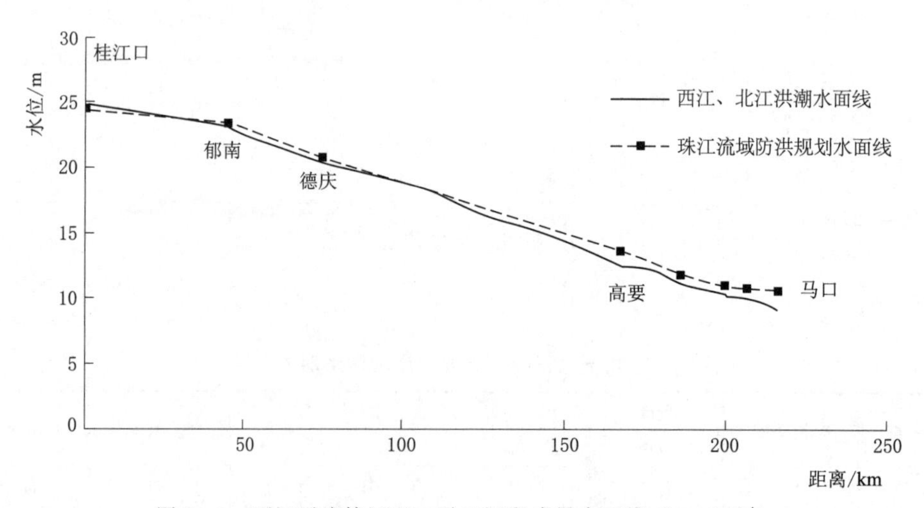

图 5-9 西江干流桂江口—马口河段成果水面线（$p=10\%$）

镇以下游局部河段约 10km 范围内，珠江流域防洪规划报告水面线略高于西北江洪潮水面线，高要断面高出最大为 0.6m，笋围镇—梧州上游的其他河段都低于西北江洪潮水面线，最大差距在梧州断面，珠江流域防洪规划报告水面线比西北江洪潮水面线低 1.27m；50 年一遇洪水频率下，在高要区笋围镇以下游局部河段约 10km 范围内，《珠江流域防洪规划》水面线略高于西北江洪潮水面线，高要断面高出最大为 0.53m，笋围镇—梧州上游的其他河段都低于西北江洪潮水面线，最大差距在梧州断面，珠江流域防洪规划水面线比西北江洪潮水面线低 1.0m。

总体来看，由于珠江流域防洪规划水面线成果公布晚于西北江洪潮水面线成果，显示 2002—2007 年，高要市规划防洪水面线有所升高，而梧州、封开、郁南、德庆、云安市县位置河段规划防洪水面线有所下降；而一般无堤防位置河段 10 年一遇规划防洪水面线则有所抬升，且以高要—云安河段水位抬升较为明显，将显著削弱自然河岸的防洪能力。

5.2.3 现状水面线变化特性

5.2.3.1 梧州水文站

近些年来西江干流河段由于修建梯级水库、堤防加固加高、河道采砂等人类活动造成了水文洪水特性的变化，此处选取了梧州水文站 2005—2014 年实测水位-流量资料进行分析，如图 5－10 所示：

（1）梧州水文站以 2005 年 6 月发生的洪水最大，洪峰流量达 52900m^3/s，为梧州站 100 年一遇洪水，洪水呈现典型的绳套曲线形式，涨水期和退水期相同量级的洪水水位相差较大，如 50 年一遇、20 年一遇和 10 年一遇洪水频率下的退水期水位较涨水期分别高约 2.02m、2.18m 和 2.33m；该水位差随洪水量级减小而缩小，大洪水期间下游水位的抬高造成退水期的顶托显然是造成这种变化趋势的主要原因。

（2）比较梧州站近些年水位变化，该站断面位置水位近些年略有抬升，但变化幅度较小，且主要出现在涨水期；如 10 年一遇洪水频率下，梧州站 2008 年水位仅比 2005 年高出 0.2m，但涨水期实测水位则高出近 1.0m；通过拟合 2005 年水位-流量关系曲线，显示近些年散点基本位于拟合线附近，可见梧州水文站近十年水位总体变化不大。

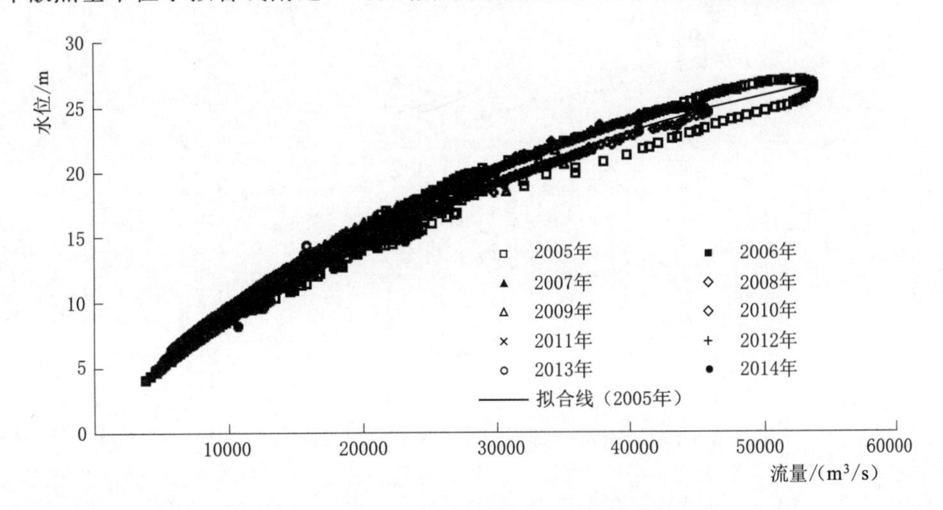

图 5－10 梧州水文站水位-流量关系图

总体来看，近些年西江干流梧州站断面和高要站断面水位呈现上升趋势，且梧州水文站平均水位抬升幅度较小，高要站水位抬升则较为明显。

5.2.3.2 计算边界条件

依据建立的河网数学模型来计算该河段的现状水面线。由于西江干流梧州—高要河段上、下游分别有梧州水文站和高要水文站控制，因此计算范围只需选取该河段，另外河段沿线一般市县规划防御 10～20 年一遇洪水为主，重点城市为 50 年一遇防洪标准，为与现有公布水面线成果进行比较分析，分别计算了三个洪水频率的水面线，见表 5－3。

根据高要站实测水位-流量关系（图 5－4），相同流量情况下，2015 年对应实测水位高于其他年份实测水位，从防洪安全和反映实际水面线变化情况考虑，在计算该河段控制水面线时，下边界高要水文站水位采用 2015 年拟合线推导出的各洪水频率水位，见表 5－

3。10年一遇和20年一遇洪水频率下，该水位均低于珠江流域防洪规划和西北江洪潮水面线成果，50年一遇洪水频率下，该水位处于珠江流域防洪规划和西北江洪潮水面线之间。

表5-3　洪水频率边界条件

洪水频率		10%	5%	2%
梧州流量/(m^3/s)		41200	44700	48500
高要水位/m	珠江流域防洪规划成果	13.624	13.924	14.444
	西北江洪潮水面线成果	12.484	13.314	13.914
	本次采用	12.203	13.253	14.393

5.2.3.3 水面线分析

西江干流梧州—高要河段的各洪水频率下的水面线计算结果如图5-11～图5-13所示，图中同时给出了《珠江流域防洪规划》[62]和《西、北江下游及其三角洲网河河道设计洪潮水面线（试行）》[87]的控制水面线成果。

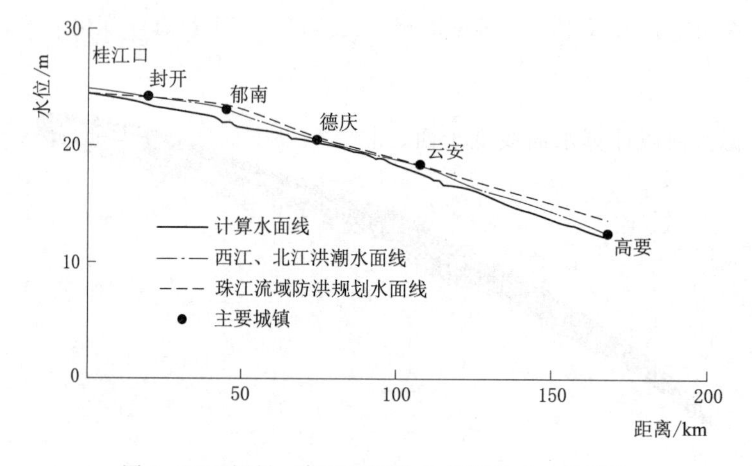

图5-11　梧州—高要河段洪水水面线（$p=10\%$）

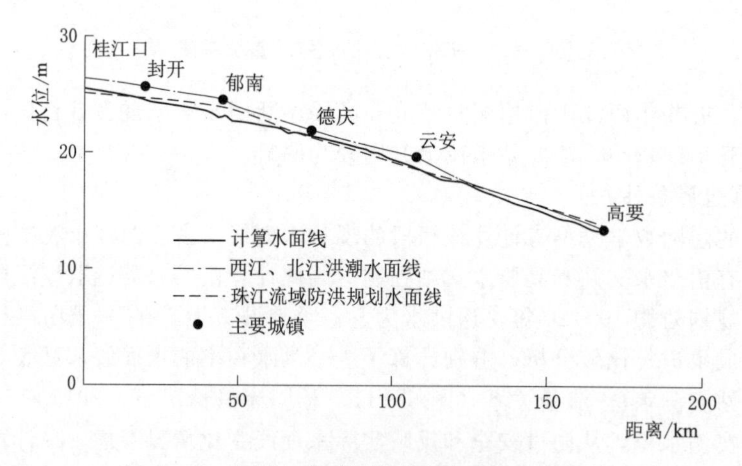

图5-12　梧州—高要河段洪水水面线（$p=5\%$）

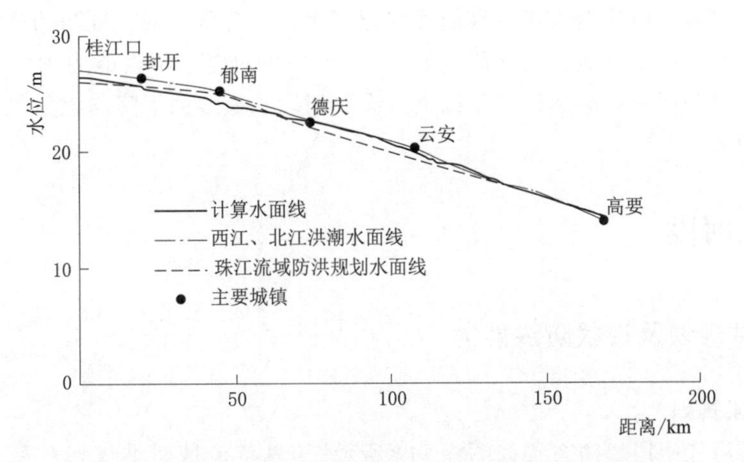

图 5-13 梧州—高要河段洪水水面线（$p=2\%$）

（1）现状洪水水面线与《西、北江下游及其三角洲网河河道设计洪潮水面线（试行）》比较显示，10 年一遇和 20 年一遇洪水频率下，该河段现状计算洪水水面线均低于西、北江洪潮水面线，平均分别低 0.596m 和 0.766m，最大水位差分别为 1.257m 和 1.623m，均位于郁南县附近，梧州断面位置分别低 0.466m 和 0.918m；50 年一遇洪水频率下，梧州—德庆河段计算水面线低于西、北江洪潮水面线，平均低 0.69m，最大水位差为 1.264m，同样位于郁南县附近，德庆—高要河段两者水面线水位基本接近，差距很小。

（2）计算现状洪水水面线与《珠江流域防洪规划》比较显示，10 年一遇洪水频率下，计算水面线均低于珠流规水面，平均低 0.829m，最大水位差 1.544m，位于郁南县附近，梧州断面两者水位基本接近，高要断面低 1.14m；20 年一遇洪水水面线中，计算现状水面线与珠江流域防洪规划水面线相比有高有低，梧州—封开、德庆—云安河段计算水面线高于珠江流域防洪规划水面线，平均分别高 0.247m 和 0.191m，封开—德庆、云安—高要河段水计算面线低于珠江流域防洪规划水面线，平均分别低 0.395m 和 0.41m；50 年一遇洪水频率下，梧州—封开、德庆附近部分河段计算水面线高于珠江流域防洪规划水面线，平均分别高 0.285m 和 0.418m；封开—德庆新寨村、德庆—高要部分河段计算水面线低于珠江流域防洪规划水面线，平均分别低 0.337m 和 0.145m。

综上所述，基于梧州—高要河段最新水文和地形资料计算得到的各洪水频率现状水面线，均低于《西、北江下游及其三角洲网河河道设计洪潮水面线（试行）》成果；与《珠江流域防洪规划》比较来看，除 10 年一遇洪水频率下计算到的现状水面线均显著低于该规划报告成果外，20 年一遇和 50 年一遇洪水频率下两者水面线成果相差不大，且沿线有高有低，相差幅度在 0.5m 以内。

由于梧州—高要河段沿线属于西江防洪保护区，针对重点防洪城市梧州及肇庆高要区，规划为 50 年一遇防洪标准，主要市县为 20 年一遇防洪标准，其他河段一般为 10 年一遇防洪标准，根据以上计算得到的现状水面线与珠江流域防洪规划及西北江洪潮水面线成果比较来看，近些年重点防洪城市如梧州和肇庆、高要以及主要市县如封开、德庆、郁南、云安附近河道对应的洪水频率水面线变化不大甚至有所下降，堤防的防洪能力得以维持甚至有所提高；一般其他位置河段规划的 10 年一遇的堤岸防洪能力则由于水面线较大幅度下降而有显著提升；显然近些年梧州—高要河段水面线的下降与该河段河道呈现显著的下切密切相关。

5.3 浔江河段

5.3.1 防洪规划及现状防洪能力

5.3.1.1 防洪规划

西江中游浔江中段堤防布置如图 5-14 所示。《珠江流域防洪规划》和《广西防洪体系规划报告》[88]对有关浔江段的防洪规划大体一致。浔江段梧州市城区堤防标准采用 50 年一遇，列为Ⅱ级堤防；保护苍梧、藤县、平南、桂平等县级城市的堤防采用 20 年一遇标准，列为Ⅳ级堤防；其他堤防采用 10 年一遇，列为Ⅴ级堤防；远期在龙滩水库及在建大藤峡水库联合调度运用后，可将浔江两岸一般保护对象的防洪标准由 10～20 年一遇提高到 20～30 年一遇，梧州市由 50 年一遇提高到 100 年一遇。

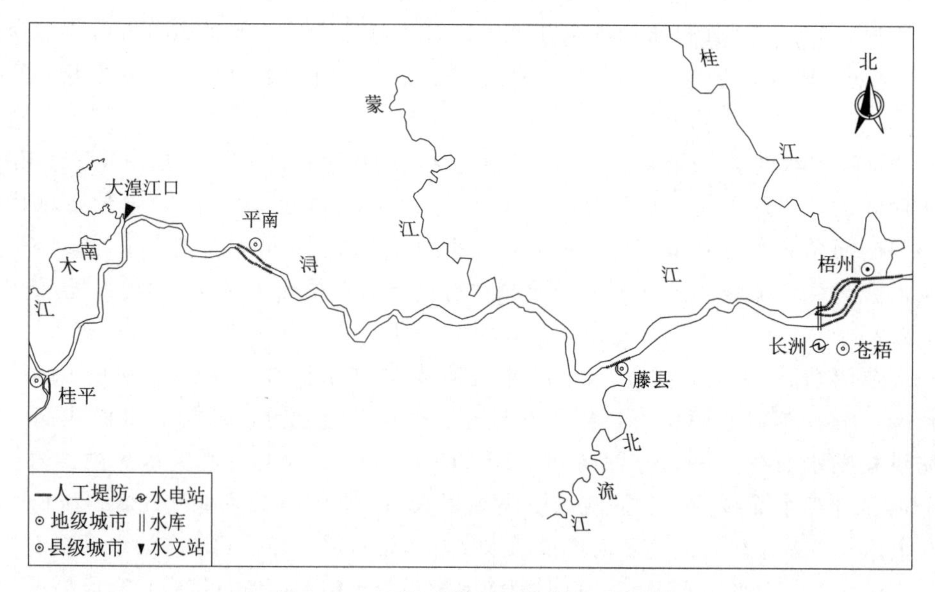

图 5-14 西江中游浔江段堤防示意图

5.3.1.2 现状防洪能力

浔江河道两岸以自然岸坡为主，有低山、丘陵和平地，人工堤防分布在沿岸主要城镇附近，城镇之间河段主要为自然岸坡；主要防洪保护市县如平南、藤县、苍梧、梧州等城区附近河道建有人工堤防。调查显示，各主要防洪市县城区人工堤防总体达到防洪规划标准，梧州市区河段河东堤和长洲堤已达 10 年一遇防洪能力，其余堤防已具有 50 年一遇防洪能力；苍梧县城区堤防已达 50 年一遇防洪能力；平南县和藤县堤防达 20 年一遇防洪能力。利用2010年测绘的最近水深地形图，结合规划报告成果分析显示，浔江河道岸坡整体防洪达标率为93.0%，其中浔江左岸自然岸坡达标率为91.5%，防洪未达标岸段集中在桂平市黎冲塘至桂平市江口镇新村儿、平南县丹竹镇欧屋至藤县濛江镇石累河段；右岸自然岸坡达标率为94.5%，防洪未达标岸段主要集中在桂平市石咀镇榄沙村至桂平市木圭镇合江村、欧屋对岸至藤县濛江镇加雀冲口河段，详见表5-4。

表5-4　浔江河段岸坡防洪能力统计表

河流名称	河　段	长度/km	达标长度/km	未达标长度/km	达标率/%
浔江左岸	郁江口—黎冲塘	6.97	6.97	0	100
	黎冲塘—新村儿	21.57	15.89	5.68	73.7
	新村儿—欧屋	39.43	39.43	0	100
	欧屋—石累	17.75	8.74	9.01	49.3
	石累—梧州	86.28	86.28	0	100
浔江右岸	郁江口—榄沙村	9.30	9.30	0	100
	榄沙村—合江村	19.24	15.16	4.08	78.8
	合江村—欧屋对岸	38.95	38.01	0	100
	欧屋对岸—加雀冲口	20.03	14.57	5.46	72.7
	加雀冲口—梧州	83.48	83.48	0	100

5.3.2 现有防洪控制水面线

《珠江流域防洪规划》和《广西防洪体系规划报告》给出了浔江段10年一遇、20年一遇和50年一遇洪水控制水面线，浔江河段堤防防洪能力以10年一遇和20年一遇为主，图5-15和图5-16给出了这两个洪水频率下的规划水面线成果。比较珠流规和广西规划两组水面线成果可见：10年一遇洪水频率下，《珠江流域防洪规划》公布的水面线成果均高于《广西防洪体系规划报告》，平均高出0.63m，最大水位差为藤县站断面，高出接近1.0m；20年一遇洪水频率下，珠江流域防洪规划公布的水面线仅在丹竹附近略低于广西

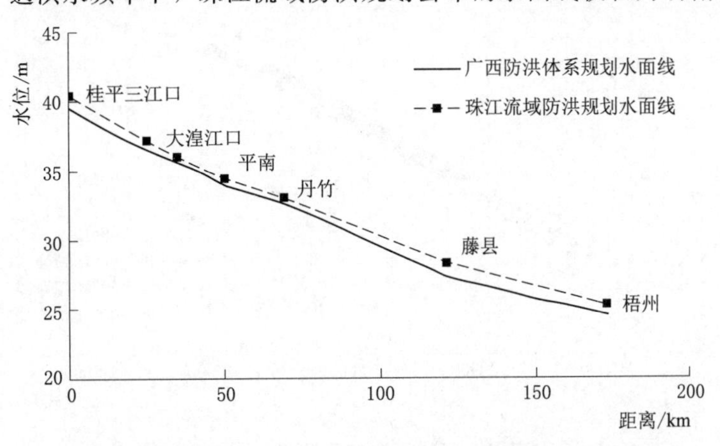

图5-15　浔江桂平三江口—梧州河段成果水面线（$p=10\%$）

防洪体系规划的水面线，其他位置均比广西防洪体系规划水面线平均高出 0.42m 左右，并以桂平三江口位置高出最大约 0.76m。由于《珠江流域防洪规划》成果公布时间为 2007 年，《广西防洪体系规划报告》公布时间为 1999 年，长洲水利枢纽 2007 年建成运行，所以，浔江两岸堤防加固加高引起的洪水归槽极有可能是造成水面线抬高的主要因素，削弱了浔江两岸堤防的防洪能力[70]。

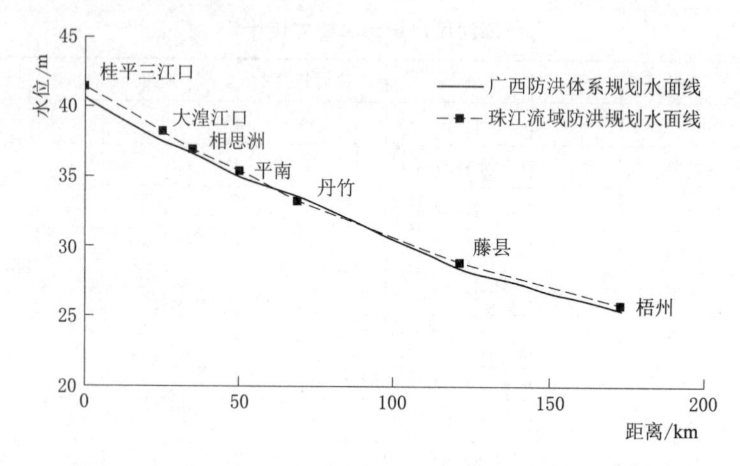

图 5-16 浔江桂平三江口—梧州河段成果水面线（$p=5\%$）

5.3.3 现状水面线变化特性

5.3.3.1 大湟江口水文站

大湟江口水文站位于浔江上游，选取该站 1996 年、1998 年和 2008 年实测水位-流量资料进行分析，如图 5-17 所示，相同流量下大湟江口站的水位呈现出明显上升趋势。相同洪水量级下，2008 年实测水位高于 1996 年，如 15000m³/s 流量级时高 0.946m，25000m³/s 流量级时高 0.915m，30000m³/s 流量级时高 0.904m。

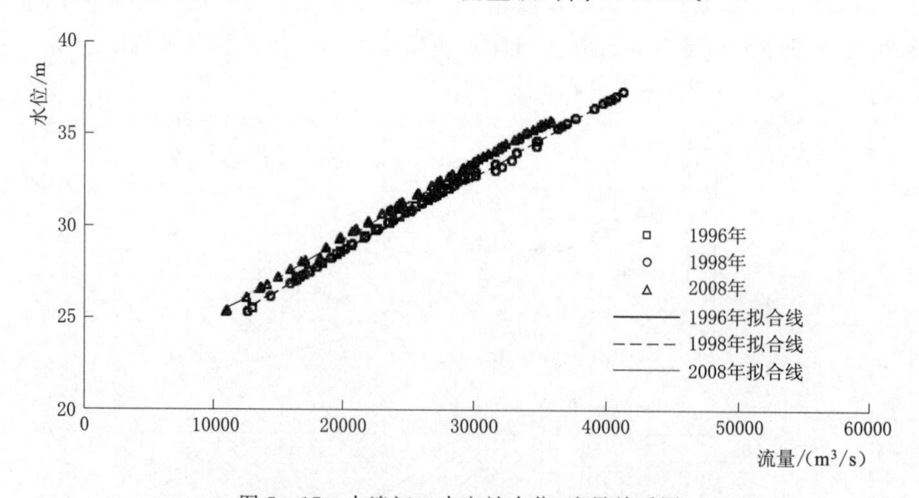

图 5-17 大湟江口水文站水位-流量关系图

另外，梧州水位站断面水位近些年略有抬升（图5-10），但变化幅度较小，且主要出现在涨水期。因此，总体来看，近些年浔江河段水位呈现上升趋势，且靠近上游段的上升幅度要大于下游段；梧州水文站平均水位抬升幅度较小，大湟江口水文站水位抬升则较为明显。

5.3.3.2 水面线计算边界条件

浔江河段上、下游分别有大湟江口水文站和梧州水文站控制，因此计算范围只需选取浔江段，另外由于浔江堤防防洪能力主要以防御20年一遇洪水为主，重点城市以防御50年一遇洪水为主，同时为与现有公布水面线进行比较分析，分别计算了三个洪水频率的水面线，见表5-5。

表5-5 浔江河段边界条件

控制点		$p=10\%$	$p=5\%$	$p=2\%$
大湟江口流量/(m^3/s)		37200	40800	45100
梧州水位/m	珠流规成果	25.26	25.81	26.84
	广西规划成果	24.55	25.48	26.44
	本次采用	23.17	24.29	25.45

根据梧州水文站实测水位-流量关系（图5-10）可见，采用2005年拟合线能较好反映近十年来的水位变化实际情况，因此在计算浔江河段控制水面线时，下边界梧州水文站水位采用该拟合线推导出的各洪水频率水位，相较于已有规划成果，各洪水频率下的梧州断面水位呈现显著下降。

5.3.3.3 水面线分析

计算了西江中游浔江河段各洪水频率下的水面线，结果如图5-18～图5-20所示，图中同时给出了《珠江流域防洪规划》和《广西防洪体系规划报告》的控制水面线成果，比较可见：

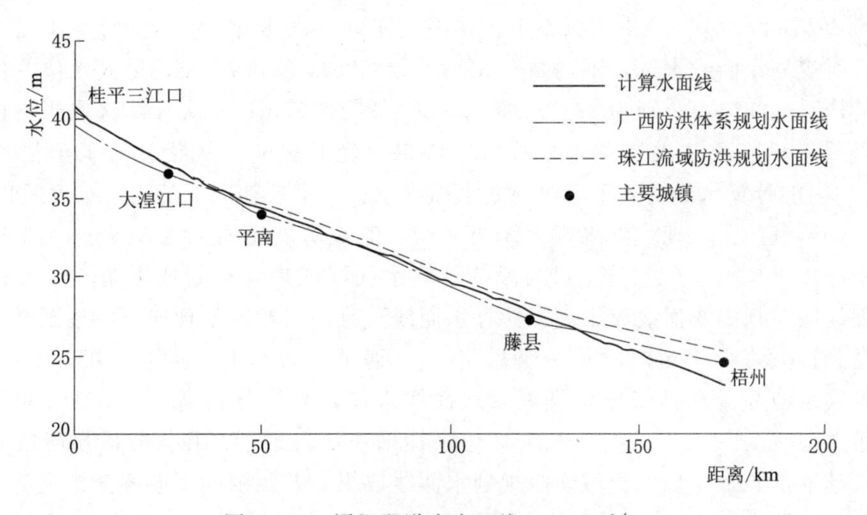

图5-18 浔江段洪水水面线（$p=10\%$）

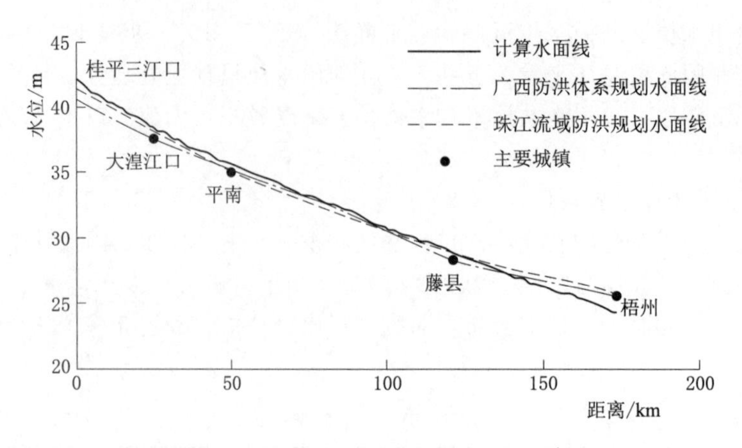

图5-19 浔江段洪水水面线（$p=5\%$）

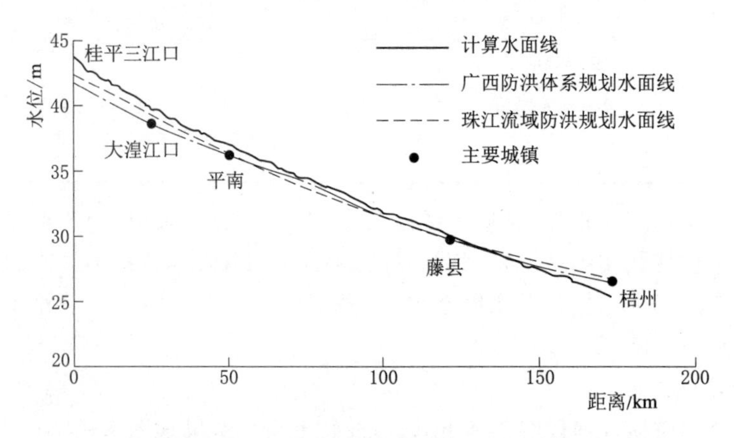

图5-20 浔江段洪水水面线（$p=2\%$）

（1）计算到的浔江现状洪水水面线与《广西防洪体系规划报告》比较显示，10年一遇、20年一遇和50年一遇洪水频率下，桂平三江口—藤县石王河段的计算水面线水位总体高于广西规划水面线水位，平均高0.388m、0.585m和0.780m，最大水位差位于浔江上游端的桂平三江口，分别为1.183m、1.543m和1.957m；本次计算选取梧州控制断面水位显著低于《广西防洪体系规划报告》成果，受此影响，从藤县石王至梧州河段约50km范围内的计算水面线低于广西规划水面线水位，呈现随向下游逐渐扩大的趋势。

（2）计算到的浔江现状洪水水面线与《珠江流域防洪规划》比较显示，10年一遇洪水频率下，桂平三江口—大湟江口河段的计算水面线成果与规划成果基本一致；大湟江口—梧州河段，规划水面线成果高于计算水面线，且高出幅度呈现向下游逐渐增大，在梧州断面达到最大值2.09m。20年一遇和50年一遇洪水频率下，桂平三江口—藤县河段，计算水面线水位高于珠江流域防洪规划水面线水位，平均分别高出0.341m和0.557m，最大水位差分别为0.787m和1.391m，位于桂平三江口附近；藤县—梧州河段受边界选取影响，计算成果低于珠江流域防洪规划水面线成果，差距随向下游逐渐扩大。

基于浔江段最新水文地形资料计算得到的各洪水频率水面线，与《广西防洪体系规划》水面线成果比较来看，大致可分为两段，桂平三江口—藤县河段，计算值略高于该规划值；梧州—藤县河段，计算值略低于该规划值。与《珠江流域防洪规划报告》比较来看，各洪水频率下，梧州—藤县河段的计算水面线同样低于该规划成果，对10年一遇洪水频率，除桂平三江口—大湟江口河段计算水面线略高于该规划成果外，其他河段都低于该规划成果，对20和50年一遇洪水频率，则高于该规划成果。

浔江河段未来演变分析显示趋于稳定，在无大的人类活动干扰下将不会对河道水面线造成影响。浔江段下游重点防洪城市梧州的堤防规划为50年一遇防洪能力，由于实际水面线的下降，堤防防洪能力有所提高；主要市县苍梧和藤县的堤防规划为20年一遇防洪能力，现状设计洪水水面线有所降低，堤防防洪能力有所提高；桂平和平南则由于现状水面线显著抬高，堤防防洪标准有所降低；其他堤岸防御10年一遇洪水的能力保持不变甚至有所提高。

5.4 郁江干流河段

5.4.1 防洪规划及现状防洪能力

5.4.1.1 防洪规划

郁江干流南宁—桂平河段堤防布置如图5-21所示。《珠江流域防洪规划》和《广西防洪体系规划报告》与郁江干流防洪规划成果大致相同。郁江南宁市及贵港市城区防洪堤采用50年一遇标准，列为Ⅱ级堤防；邕宁、横县城区堤防为20年一遇防洪标准，列为Ⅳ级堤防；其他堤防10年一遇，列为Ⅴ级堤防。近期联合右江百色水利枢纽将南宁市和贵港市的防洪标准由50年一遇提高到近100年一遇，沿岸城镇的防洪标准提高到50年一

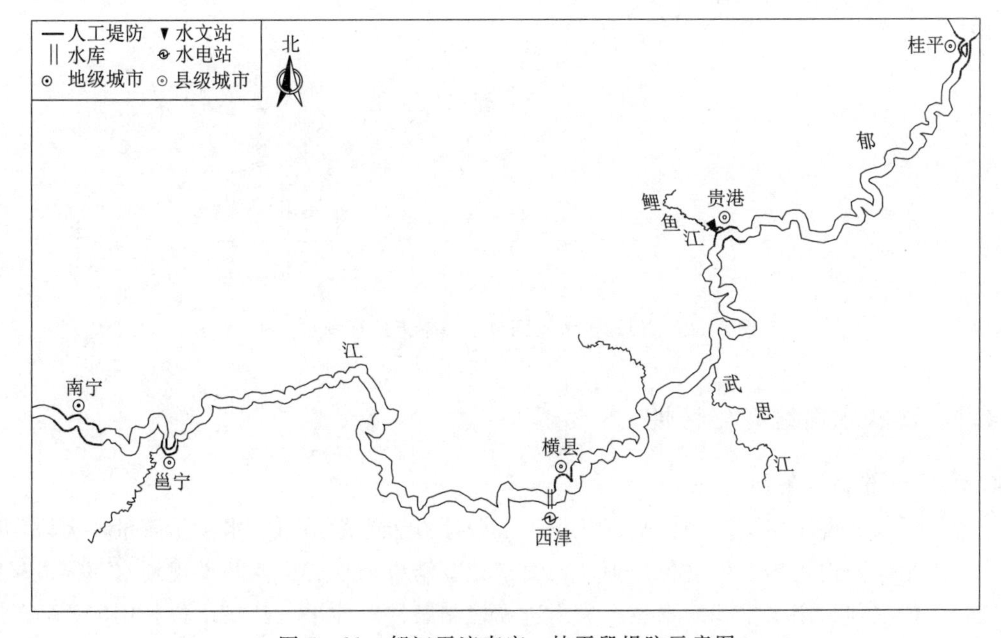

图5-21 郁江干流南宁—桂平段堤防示意图

遇；远期拟建老口水利枢纽，进一步将南宁市的防洪标准提高到200年一遇。

5.4.1.2 现状防洪能力

郁江干流河道两岸以低山、丘陵和平地为主，人工堤防分布在沿岸主要城镇河段，城镇之间河段主要为自然岸坡；主要防洪保护市县如南宁、横县、贵港、桂平等城区河道建有人工堤防。调研显示，南宁河段堤防除江北东堤达到50年一遇防洪标准外，其他堤防主要以20年一遇防洪标准为主，与规划相比总体尚未达标；贵港河段堤防中的沙江堤和小江泵站—小江桥段堤防达50年一遇防洪标准，其他城区堤防不超过20年一遇防洪标准，总体也未达标；横县和桂平城区堤防以10年一遇防洪标准为主，整体未达到20年一遇的防洪规划要求，只有桂平市老城区和厢东堤部分堤防达到20年一遇防洪标准；针对城区河段以外的自然岸坡防洪能力，采用珠江流域防洪规划成果来看，部分河段达不到防御10年一遇标准，郁江干流左岸未达标河段主要集中在南宁市青秀区冲口坡—横县六景镇池香、西津大坝附近牛鼻岭—贵港鲤鱼江口河段；右岸未达标河段主要集中在南宁市江南区英华大桥—横县平朗乡南乐村灯草岭、西津大坝下游附近大塘—贵港市港南区岭尾河段。

5.4.2 现有防洪控制水面线

《广西防洪体系规划报告》公布了郁江干流南宁三站—桂平三江口河段长约397.01km在10年一遇、20年一遇和50年一遇洪水频率下的水面线，如图5-22所示，其中主要防洪城市南宁和贵港在郁江干流出现50年一遇的洪水位分别是79.33m和48.14m，横县和桂平三江口在郁江干流遭遇20年一遇洪水频率下的水位分别是58.49m和40.63m。

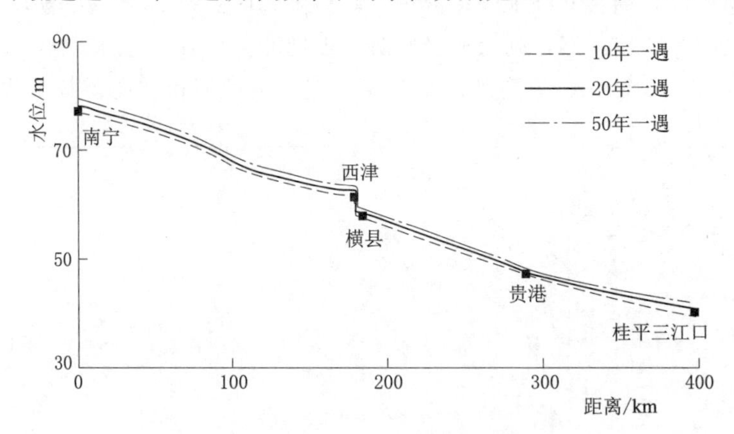

图5-22 郁江干流不同洪水频率下的规划水面线

5.4.3 现状水面线变化特性

5.4.3.1 计算边界条件

郁江河段从南宁水文站至桂平三江口，上游计算边界采用南宁水文站流量，河段中间西津水电站作为内边界条件进行处理，为便于计算结果与现有广西防洪规划水面线成果的比较，西津坝前采用洪水期的水位作为内边界控制条件，桂平三江口水位采用广西防洪规划成果作为下边界条件；由于当前郁江干流段主要防洪城市如南宁、贵港等河道堤防以

20年一遇防洪标准为主，其他位置自然堤岸防洪能力都以10年一遇为主，河段堤岸防洪能力整体标准较低，根据近年实测地形资料及实地调查显示，由广西规划提出的50年一遇洪水水面线已经显著超过郁江干流两岸堤防顶部，结合实际情况，主要计算分析了10年一遇和20年一遇洪水频率下的水面线变化情况，边界条件见表5-6。

表5-6　　郁江干流河段边界条件

洪水频率	$p=10\%$	$p=5\%$
南宁水文站流量/(m^3/s)	13900	15900
西津坝前水位/m	61.40	62.27
桂平三江口水位/m	39.56	40.63

5.4.3.2 水面线分析

采用建立的水动力数学模型，依据表5-6给出的边界条件，计算郁江干流河段各洪水频率下的水面线，结果如图5-23和图5-24所示，图中同时给出了《广西防洪体系规划报告》的控制水面线成果，比较分析可见：

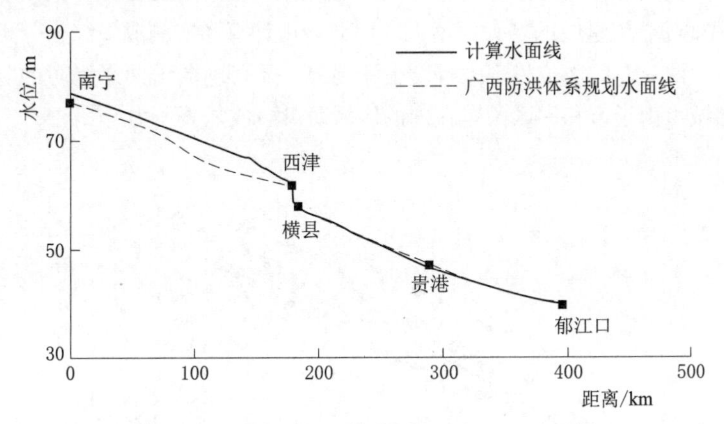

图5-23　郁江干流段洪水水面线（$p=10\%$）

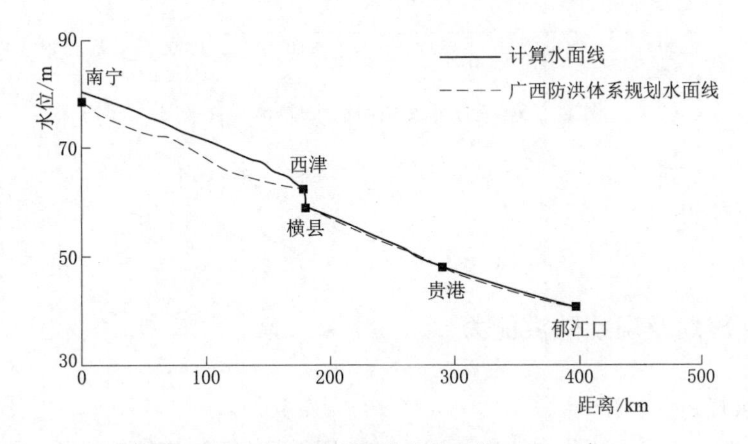

图5-24　郁江干流段洪水水面线（$p=5\%$）

(1) 10年一遇和20年一遇洪水频率下，南宁水文站—西津水电站计算到的现状水面线均分别比广西防洪规划成果中的水面线平均大幅度高出 2.29m 和 2.83m，西津水电站—郁江河口河段计算现状水面线与广西防洪体系规划水面线基本重合。

（2）由于本次计算采用的是郁江干流段 2010 年左右实测地形资料，并且基于近些年实测水文资料进行了率定和验证，在同频率洪水流量下，计算到的西津库区水位的大幅度抬升将对库区两岸防洪造成较为严重的负面影响，而对上游重点防洪城市南宁市，如 20 年一遇洪水频率下计算得到的南宁水文站位置水位较广西防洪体系规划成果抬升了近 2.1m，也极大地削弱了南宁市堤防的防洪能力。

由该河段冲淤演变分析可知[53]，南宁—贵港河段淤积主要集中在西津库区，1967—2005 年年均淤积近 118 万 t；陆航波[89]采用 1975 年、1990 年和 2004 年实测航道地形分析了南宁电厂取水口位置（南宁市横县良圻镇南局村）上、下游共约 20km 河道范围的淤积情况，该河段总体呈淤积态势，大部分断面的淤积在 3m 之内，局部深潭处淤积可达到 14m；为进一步反映近年库区水位的变化情况，图 5-25 给出了南宁水文站 1996 年、1998 年、2008 年和 2014 年实测水位-流量关系图，比较 1996 年和 2014 年等流量下水位可见，4000m³/s、6000m³/s 和 8000m³/s 流量级时，2014 年实测水位较 1996 年分别上涨了 0.833m、0.934m 和 1.006m，上涨幅度随着流量级的增大而增大。因此，由计算和实测成果综合分析可知，近些年相同洪水量级下，西津库区水位呈现大幅度上涨趋势，显著削弱了两岸堤防的防洪能力，从而对包括重点防洪城市南宁市和库区两岸在内的区域防洪造成显著压力。

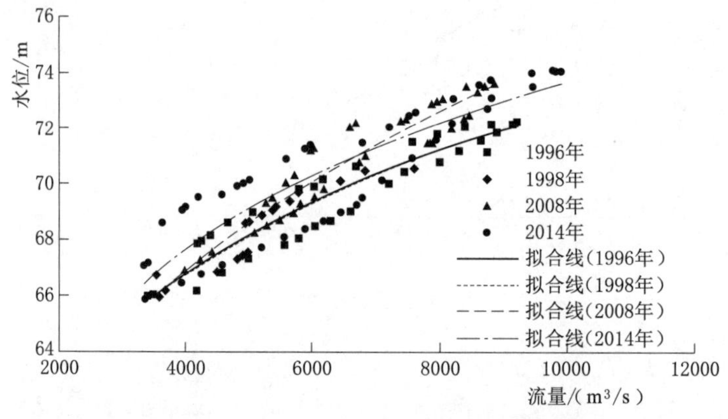

图 5-25　南宁水文站实测水位-流量关系图

5.5　黔江河段

5.5.1　防洪规划及现状防洪能力

5.5.1.1　防洪规划

西江干流黔江段的堤防分布情况如图 5-26 所示。《珠江流域防洪规划报告》对黔江段防洪规划为：黔江河段主要防洪规划对象为武宣县城和沿河的乡村与农田，武宣县城堤防采用 20 年一遇防洪标准，列为Ⅳ级堤防；位于大藤峡水利枢纽库区的乡村与农田的防护，需结合大藤峡水利枢纽的库区建设规划统筹考虑。根据《广西防洪体系规划报告》，黔江段武宣县为Ⅳ等一般城镇，河东区按50年一遇防洪标准设防，河西区近期按20年一遇防洪标准设防，远期按50年一遇防洪标准设防。因此，比较来看，《广西防洪体系规划报告》对黔江武宣堤防的规划等级及防洪标准均高于《珠江流域防洪规划》。

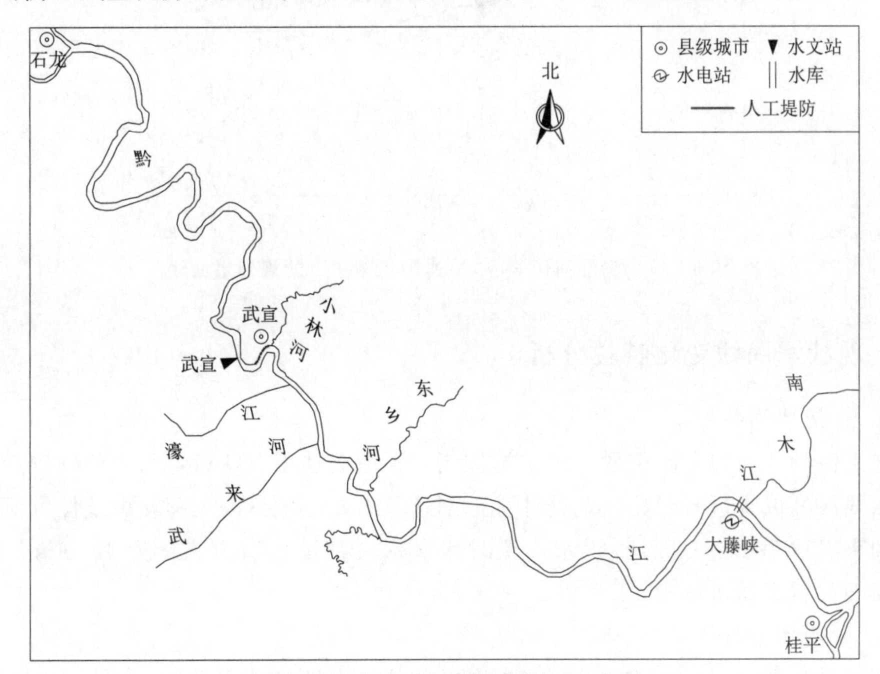

图5-26　西江干流黔江段堤防示意图

5.5.1.2　现状防洪能力

黔江段河道岸坡以自然岸坡为主，两岸崇山峻岭，岸坡陡峭，武宣城区河段建有人工堤防，即位于黔江左岸的崩冲口防洪堤，长0.35km，堤顶高程64.63m，防洪标准为20年一遇，现状堤防已达标。黔江区域以山地为主，切割深，山顶高程一般为100.00～1000.00m，切割深度一般为400～600m，因此黔江自然山坡高度远高于西江干流黔江段的洪水水面线，防洪能力强，一般不存在大的防洪问题。

5.5.2　现有防洪控制水面线

目前《珠江流域防洪规划》和《广西防洪体系规划报告》未给出西江干流黔江河段的水面线分布，但《大藤峡水利枢纽工程可行性研究报告》[55]（2012年7月）曾推导了黔江石龙三江口—大藤峡设计坝址处河段在20年一遇洪水频率下的天然洪水水面线及建库后水库回水水面线，如图5-27所示。该可研报告给出的黔江河段天然水面线总长度约112.5km，可见大藤峡建成后，大藤峡—武宣河段水位引起不同程度的抬升，以水利枢纽断面抬升幅度最大达到3.8m，往上游依次减小，其中位于红水河、柳江、黔江三江汇流下游的武宣断面在大藤峡建成前后的水位分别为63.318m和63.48m，武宣县城由于水利枢纽建设造成的壅水仅为0.16m，对武宣县城整体防洪形势影响不大。

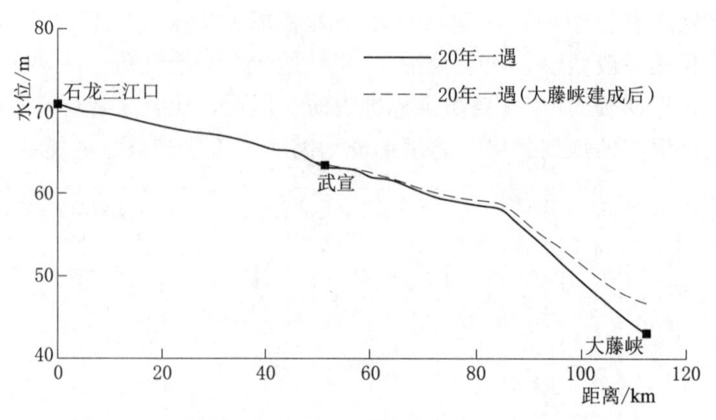

图 5-27 黔江河段20年一遇洪水频率下的规划水面线

5.5.3 现状水面线变化特性分析

5.5.3.1 计算边界条件

西江干流黔江河段上游有武宣水文站控制，下游为桂平三江口，与大藤峡较近，为与现有水面线研究成果进行对比，此处计算范围选取石龙三江口—大藤峡坝址位置河段，计算洪水频率选取20年一遇设计洪水，此时武宣水文站设计洪水流量为42100m^3/s[62,88]，大藤峡断面位置天然水位为42.848m。

5.5.3.2 水面线分析

计算结果如图5-28所示，图中同时给出了《大藤峡水利枢纽工程可行性研究报告》[55]推导的天然状态下的水面线成果。从总体上看，该河段水面线以武宣为界，武宣上游部分计算水面线高于已有水面线研究成果，最大水位差2.397m，位于石龙三江口；武宣下游河段计算水面线低于已有水面线研究成果，最大水位差2.132m，位于下高横附近。黔江河段周边由于以高山峡谷为主，人类活动影响很小，因此该河段的水面线变化主要是由于近些年河道演变所致，以武宣为界，黔江上游地势较为平坦，河道相对开阔，流速相对缓慢，近些年少量泥沙淤积也主要集中在上游河段，是武宣以上河段水位有显著抬

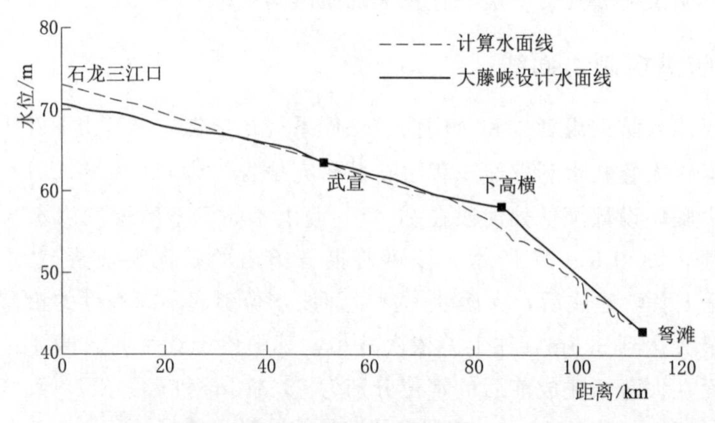

图5-28 黔江段洪水计算水面线（$p=5\%$）

升的一个重要因素，但从另一方面来看，上游梯级水库建成后的武宣站来沙量显著减少，与此河段呈现淤积态势矛盾，因此需开展进一步的调查分析；下游河道经过高山峡谷，水流湍急，河道容易冲刷，同时分析显示上游来沙量急剧减少，武宣站年均输沙量从1980—1999年的5949万t降为2000—2010年的1348万t[90]，进一步造成武宣下游黔江河段的地形下切，从而造成水面线下降。

结合黔江河段的实际地形地貌情况，黔江出武宣后，往下游段两岸山高谷深，水面线的变化不会对两岸防洪造成影响；但武宣以上河段两岸以平原为主，属于红水河、柳江、黔江三江主要防洪区，水位的显著抬升无疑会降低该区域堤岸的防洪能力；计算显示武宣县城近年水位基本无变化，因此基本能维持该县城的堤防防洪能力不变。

5.6 柳江河段

5.6.1 防洪规划及现状防洪能力

5.6.1.1 防洪规划

柳江河段堤防布置如图5-29所示。《珠江流域防洪规划报告》和《广西防洪体系规划报告》对有关柳江段的防洪规划大体一致。规划柳江河段柳州市城区堤防标准为50年一遇，列为Ⅱ级堤防，象州县城堤防标准采用20年一遇，列为Ⅳ级堤防。规划建设柳江干流洋溪水库、支流古宜河木洞水库和贝江落久水库，通过三库联合调度，将柳州市的防洪标准提高到100年一遇，其他县级城市的防洪标准提高到50年一遇。

5.6.1.2 现状防洪能力

柳江河道下游段两岸以自然岸坡为主，有低山、丘陵和平地，人工堤防分布在沿岸主要城镇附近，城镇之间河段主要为自然岸坡；重点防洪保护城市柳州市及主要防洪市县象州县建有人工堤防。调查显示，柳州市区河段堤防具有50年一遇防洪能力，象州县城区堤防基本达到20年一遇防洪能力，均达到规划防洪标准要求。根据2009年测绘的柳江水深地形图分析显示，按防御10年一遇洪水为标准，城镇之外的其他河道自然岸坡整体防洪达标率约为75.1%，未达标河段主要集中在柳州市以下至来宾市象州县之间的部分自然岸坡段。

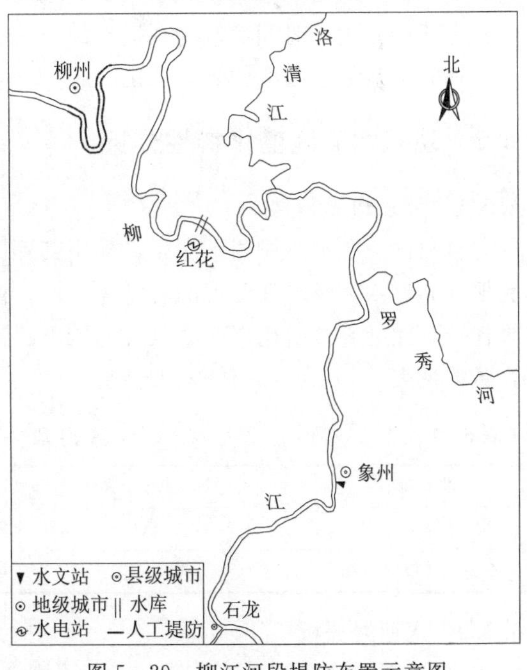

图5-29 柳江河段堤防布置示意图

5.6.2 现有防洪控制水面线

《广西防洪体系规划报告》给出了柳江下游河段10年一遇、20年一遇和50

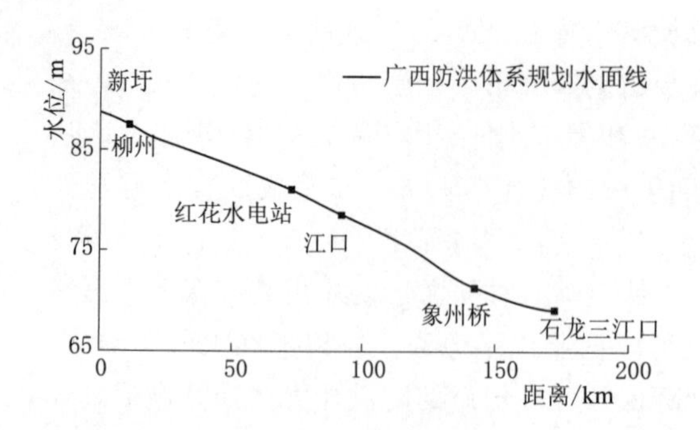

图5-30 柳江下游河段规划洪水水面线（$p=10\%$）

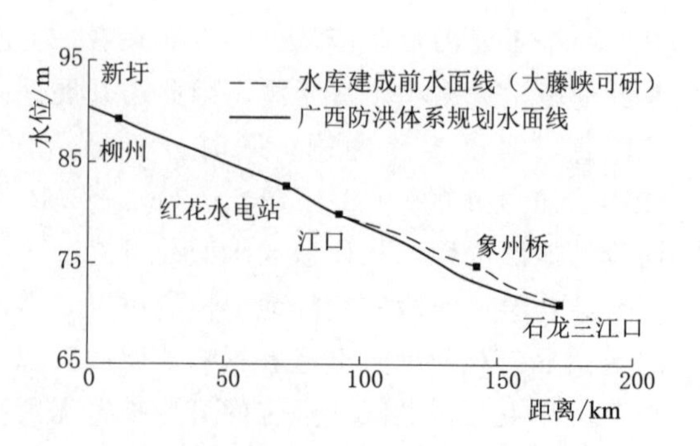

图5-31 柳江下游河段规划洪水水面线（$p=5\%$）

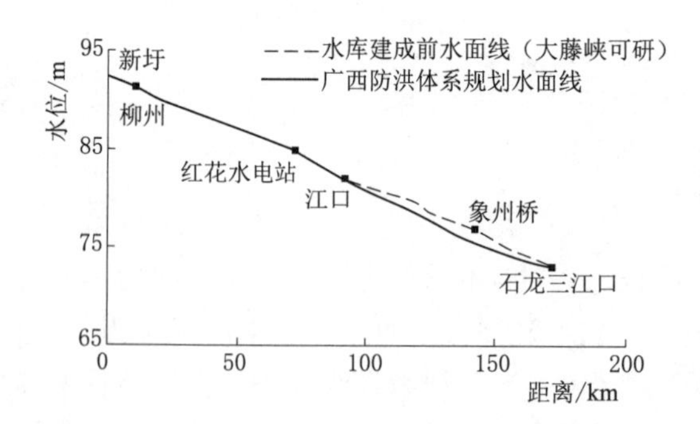

图5-32 柳江下游河段规划洪水水面线（$p=2\%$）

年一遇洪水控制水面线，如图5-30～图5-32所示；另外，《大藤峡水利枢纽工程可行性研究报告》也给出了柳江下游河段从江口（洛清江汇入柳江位置）至石龙三江口河段大藤峡水库建成前的20年一遇和50年一遇洪水水面线，尽管两者在上下游端水位基本一致，但中间河段由大藤峡可研报告推导的工程建设前的水面线明显高于广西防洪规划水面线，最大水位差约为1.5m，在象州桥附近，距离石龙三江口约为29.7km。其原因可能是两者推导采用的水文地形等基础资料和方法不一致造成的，由于时间都较为久远，缺乏一手资料，尚无法细究大藤峡可研报告水面线高出广西防洪规划水面线的具体原因。

5.6.3 现状水面线变化特性分析

5.6.3.1 计算边界条件

计算河段上游端为柳州水文站，采用其不同频率下的流量分析成果作为上边界；下游端为柳江与红水河及黔江交汇的石龙三江口，由于无控制水文站，为便于计算结果与规划成果比较，此处直接引用广西防洪规划给出的该位置不同洪水频率下的水位作为下边界条件，具体见表5-7。

表5-7 计算河段边界条件

洪水频率	10%	5%	2%
柳州流量/(m^3/s)	22500	25700	29700
石龙三江口水位/m	68.918	70.778	73.038

5.6.3.2 水面线分析

依据表5-7给出的边界条件，计算了柳江下游河段各洪水频率下的水面线，结果如

图 5-33～图 5-35 所示，图中同时给出了《广西防洪体系规划报告》以及大藤峡可研报告推算的水库建成前的控制水面线成果，比较可见：

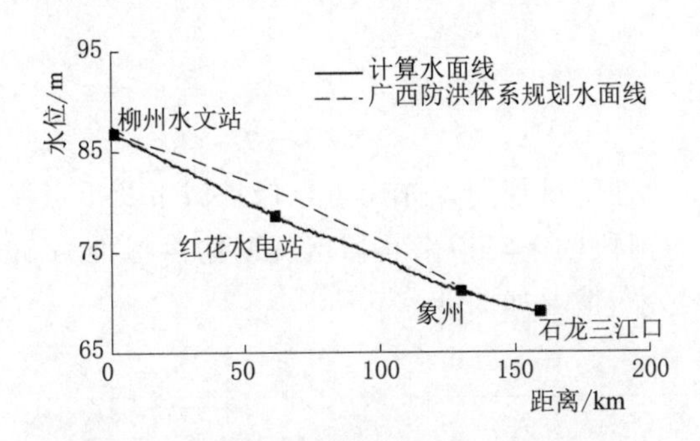

图 5-33 柳江段洪水水面线（$p=10\%$）

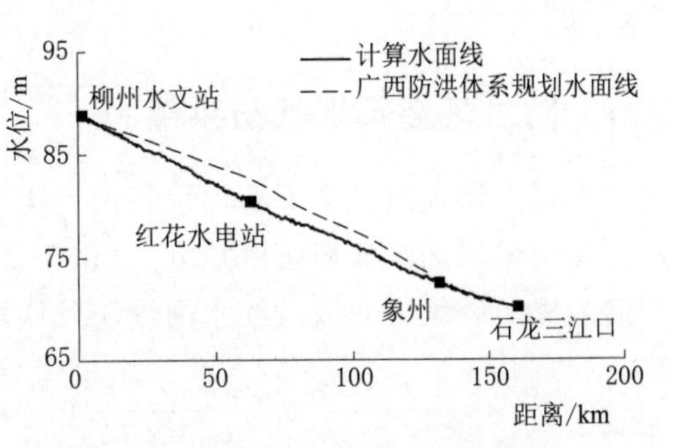

图 5-34 柳江段洪水水面线（$p=5\%$）

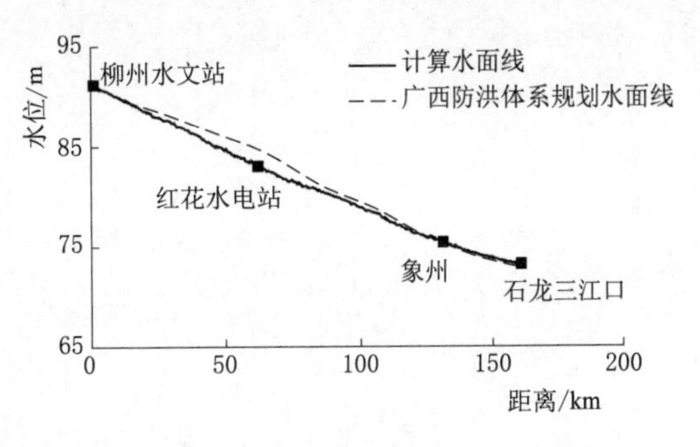

图 5-35 柳江段洪水水面线（$p=2\%$）

（1）10 年一遇、20 年一遇和 50 年一遇洪水频率下，柳州水文站—象州河段计算现状水面线均分别比广西防洪规划报告中的水面线平均低 1.516m、1.173m 和 0.762m，象州—石龙三江口河段计算现状水面线与广西规划水面线基本重合；另外，大藤峡可研报告推算出的石龙三江口—江口河段水面线均高于广西规划水面线，因此也高于此处计算到的 20 年一遇和 50 年一遇的洪水水面线成果。

（2）柳州水文站—象州河段计算到的现状水面线与规划成果水面线呈现弓型，即两端水位差异较小，如 10 年一遇、20 年一遇和 50 年一遇洪水频率下，上游端柳州水文站位置处计算水位比规划水位分别低 0.776m、0.625m 和 0.107m，下游端象州断面差异都在 0.1m 以内；最大水位差近似出现在弓型的中间位置红花水电站附近，计算水位分别比规划水面线低 2.579m、2.250m 和 1.880m。

柳江河道下游及重点城市柳州市堤防建设都是按《珠江流域防洪规划》和《广西防洪体系规划报告》规划防洪标准建设，计算显示柳州水文站—象州河段的各频率现状洪水水面线都要低于防洪规划公布的水面线成果，且洪水量级越小，水面线下降越显著，柳江下游河道主要以防御 10 年一遇洪水的自然岸坡的防洪能力则有一定程度的提升；重点防洪城市柳州市柳州水文站断面在 50 年一遇洪水频率下的水面线下降约为 0.1m，主要防洪城镇象州县 20 年一遇洪水水面线基本无变化，显示柳州市和象州县的堤防防洪能力基本维持不变。

柳江河道洪水水面线的下降与河道水沙变化及人类经济活动密切相关，研究显示[91]，20 世纪 80 年代之前，柳州站输沙量无显著改变，在 1990—1999 年年均达到 702 万 t，进入 21 世纪后显著减少，2002—2008 年年均为 419 万 t，降幅较大，河流挟沙能力加强，导致下游河槽冲刷；同时近些年柳江下游两岸社会经济快速发展，对河沙的大量开采引起的河床下切也是导致小量级洪水时水面线显著下降的主要原因。

5.7 红水河段

5.7.1 防洪规划及现状防洪能力

红水河上游及南盘江下游河段目前尚无针对性防洪规划，亦无重点保护城市及重点保护对象。根据《珠江流域防洪规划》：位于下游河段的来宾市来宾城区堤防防洪标准为50年一遇，堤防等级为Ⅱ级。红水河堤防及岸坡分布情况如图5-36所示。

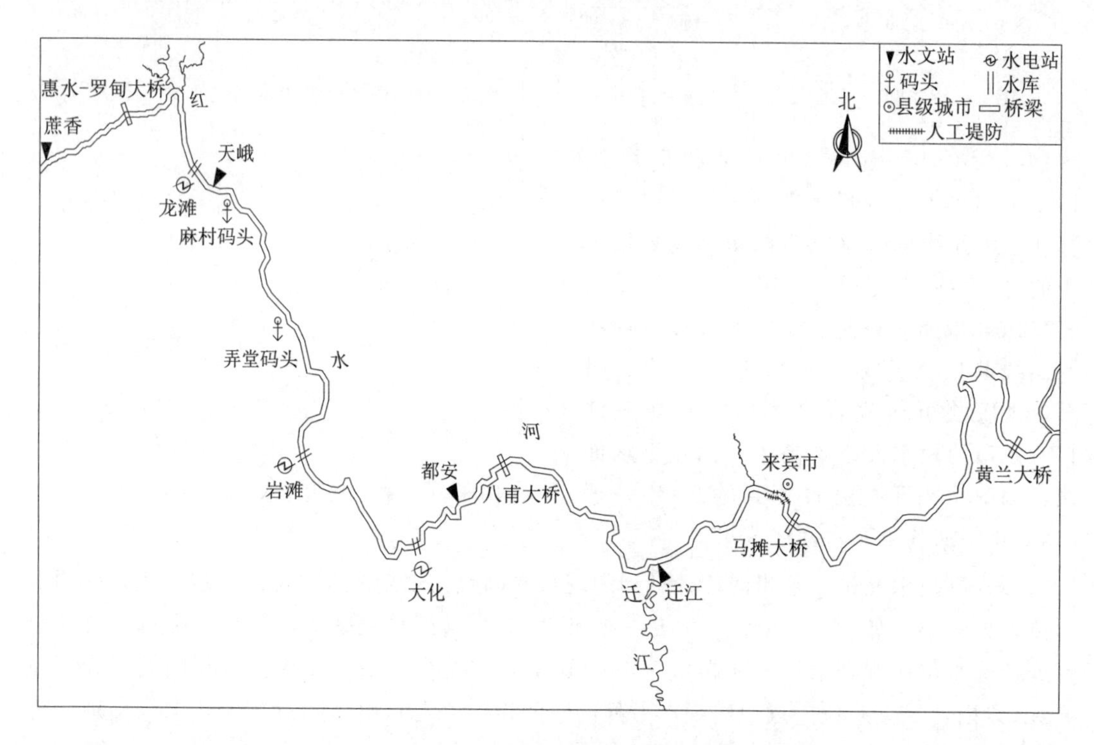

图5-36 红水河段堤防分布示意图

红水河河段以自然岸坡为主，两岸山坡高陡，河道内峡谷较多，河床深切，沿岸植被茂盛，下游来宾市区河段建有人工堤防。根据《大藤峡水利枢纽工程可行性研究报告》，红水河来宾市区河段水面线水位为80.96～79.27m，堤防堤顶高程为83.40m，满足50年一遇防洪标准，达到规划防洪标准。另外统计显示：红水河矮村—石龙江三江口河段岸坡整体防洪达标率为57.1%。来宾城区堤防已达到规划防洪等级要求；左岸自然岸坡达标率为47.4%，未达标河段主要集中在迁江镇矮村—来宾市兴宾区南五河段；右岸自然岸坡达标率为61.7%，未达标河段主要集中在矮村—来宾市兴宾区五香新村河段。

根据西南水运出海通道工程施工图将红水河龙滩大桥—都安红渡大桥河段两岸岸坡高程与该段水面线[92]对比显示，红水河天峨大桥—都安红渡大桥河段岸坡整体防洪达标率为97.8%。左岸自然岸坡达标率为98.4%，未达标河段主要集中在河池市大化瑶族自治县尚武村板甘—大化瑶族自治县四联村内背河段；右岸自然达标率为97.3%，未达标河段主要集中在大化瑶族自治县江南乡那关—大化瑶族自治县白马乡莫洋河段。

5.7.2 现有防洪控制水面线

《大藤峡水利枢纽工程可行性研究报告》[55]给出了红水河下游矮村—石龙三江口河段有 $p=5\%$、$p=20\%$的典型洪水水面线，如图5-37所示，水面线总长85.46km，其中重点断面来宾市 $p=5\%$时平均水位为78.58m，$p=20\%$时平均水位为75.79m。覃昌佩等[92]给出了红水河上游龙滩大桥—都安红渡大桥河段有 $p=10\%$的典型洪水水面线，如图5-38所示。

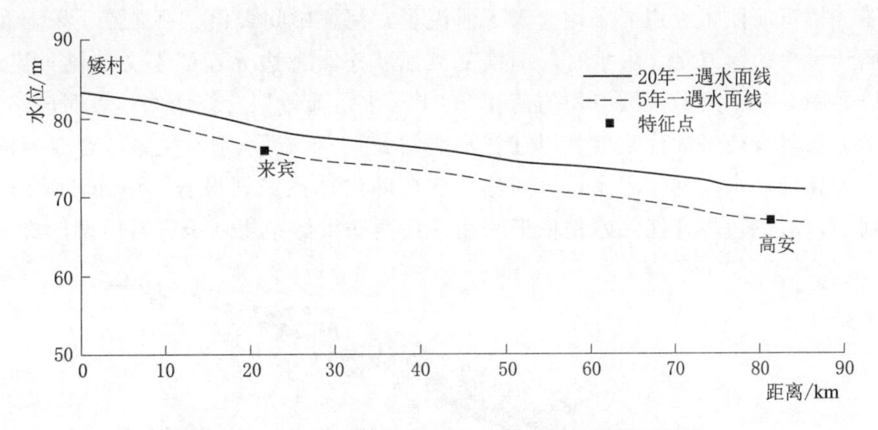

图5-37 红水河矮村—石龙三江口河段成果水面线

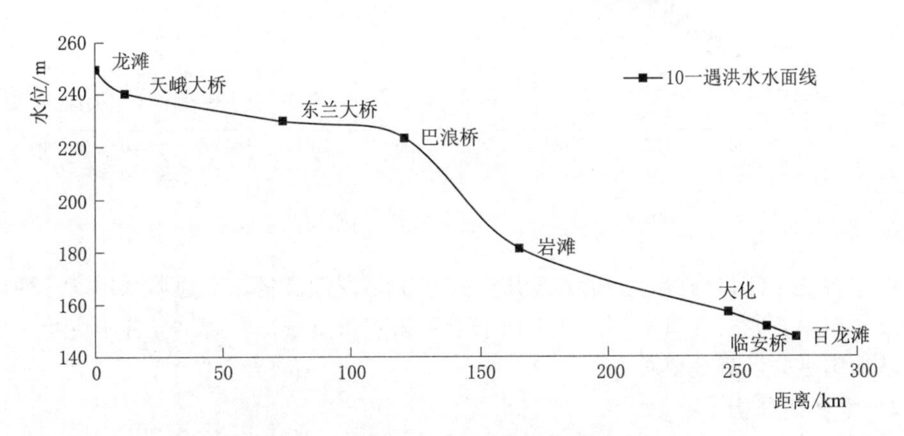

图5-38 红水河龙滩—都安河段成果水面线

5.7.3 现状水面线变化特性分析

5.7.3.1 计算边界条件

红水河段从天峨水文站至石龙三江口，分三段进行水面线计算，见表5-8。

表 5-8　　红水河水面线计算工况及边界条件

河段	边界控制点	$p=10\%$	$p=5\%$
天峨—岩滩	天峨流量/(m^3/s)	16300	18500
	岩滩水位/m	218.53	220.07
岩滩—桥巩	岩滩流量/(m^3/s)	17500	19600
	迁江站水位/m	87.27	88.83
桥巩—石龙三江口	迁江站流量/(m^3/s)	18800	21000
	石龙水位/m	68.92	70.78

天峨—岩滩河段，上边界下泄流量采用天峨水文站成果，下边界为岩滩坝前水位（水位由下泄流量与水库水位关系[93]确定）。

岩滩—桥巩河段，上边界采用岩滩下泄流量，河段中间大化、百龙滩、乐滩和桥巩等水电站遇到 $p=10\%$或以上洪水时，即恢复天然状态，下边界迁江水文站各年流量-水位关系曲线如图 5-39 所示，散点均匀落在 2001 年水位流量拟合线两侧，表明该站 2001 年水位流量关系具有较好的代表性。以迁江水文站 2001 年流量-水位关系拟合线为依据，采用插值法计算迁江水文站边界水位，对比《广西防洪体系规划报告》中迁江站设计水位，两者差别小，故下边界迁江站水位依旧采用《广西防洪体系规划报告》中设计成果水位。

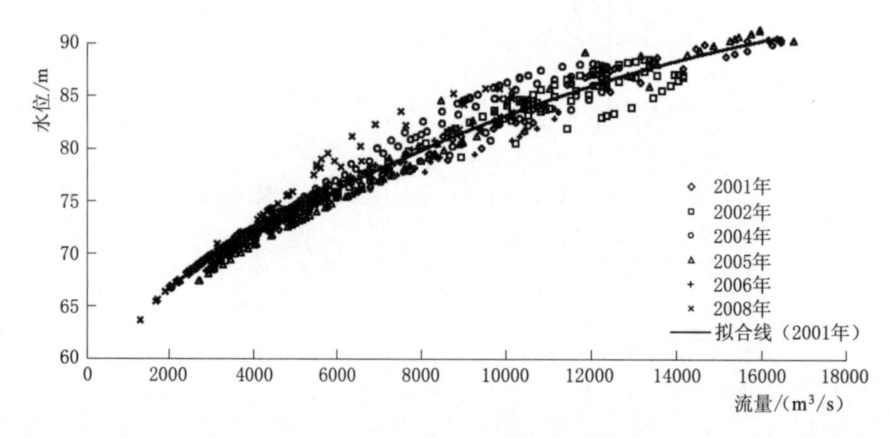

图 5-39　迁江站近年来流量-水位关系

桥巩—石龙三江口河段，上边界采用迁江水文站设计流量，下边界采用《广西防洪体系规划报告》中石龙三江口水位。红水河上游无重点防洪城市，防洪任务不突出，两岸自然岸坡基本满足防洪规划要求。

5.7.3.2　水面线分析

天峨水文站—石龙三江口水面线计算成果如图 5-40 和图 5-41 所示。比较显示：

(1) 10 年一遇洪水频率下，覃昌佩等[92]（2009）给出的岩滩建成天峨—都安的水面线成果，由于此处计算考虑了岩滩水库的蓄水作用，因此在岩滩库区从坝址往上游约 45km 范围内，水面线差距较大，之后计算水面线比覃昌佩等[92]给出的水面线平均高出 2.0m 左右；

(2) 20 年一遇洪水频率下，大藤峡可研报告给出了桥巩—石龙三江口河段的水面线，该水面线比计算水面线低 1.782m，从下游至上游水位差呈递增趋势，最大水位差为

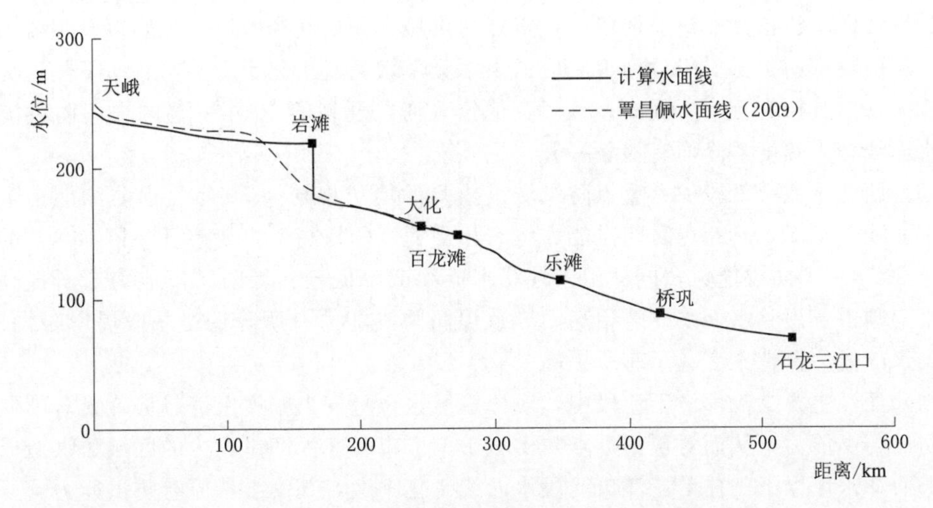

图 5-40　红水河洪水水面线对比（p=10%）

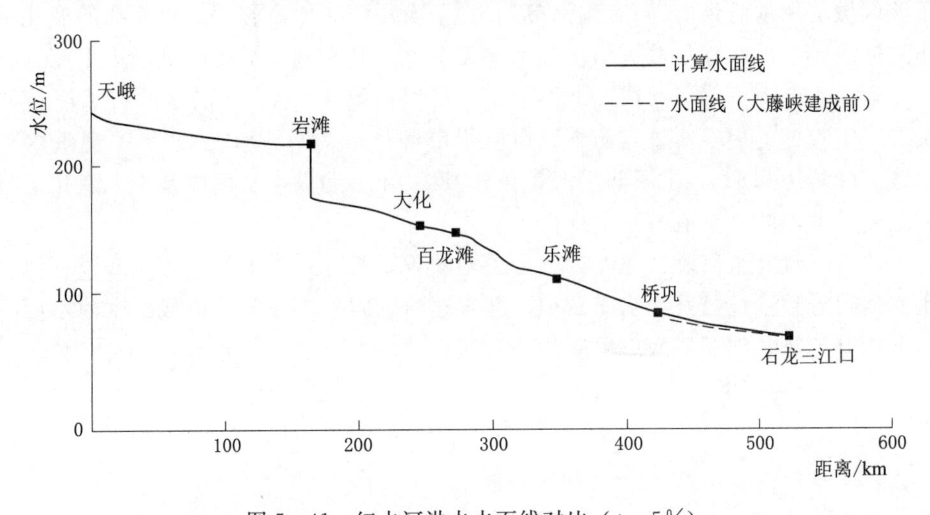

图 5-41　红水河洪水水面线对比（p=5%）

3.396m，位于迁江镇矮村附近。

本次计算采用的是最新实测水深地形，由于以往红水河水面线研究成果很少，但从现状计算水面线与以往局部河段位置水面线比较来看，由于梯级水库运行导致水位抬升、水库淤积、涉水建筑物阻水等原因，造成红水河水面线已经呈现显著抬升趋势，不可避免地会削弱两岸堤岸的防洪能力。

5.8　本章小结

（1）西江干流网河段中，高要—马口河段水位呈现逐渐抬高趋势，从马口以下河段，水面线总体呈现下降态势；西江干流网河段水沙条件复杂，前些年采砂造成河床严重下切，近年由于禁采有所恢复。但总体来看，干流段水面线有所下降。

(2) 西江干流梧州—高要河段中，重点防洪城市如梧州和肇庆、高要以及主要市县如封开、德庆、郁南、云安附近河道对应的洪水频率水面线变化不大甚至有所下降，堤防的防洪能力得以维持甚至有所提高；一般其他位置河段规划的10年一遇的堤岸防洪能力则由于水面线较大幅度下降而有显著提升。

(3) 西江干流浔江段中，重点防洪城市梧州的堤防规划为50年一遇防洪能力，由于实际水面线的下降，所在堤防防洪能力将有相当程度的提高；主要市县苍梧和藤县的堤防规划为20年一遇防洪能力，同样由于现状水面线的降低导致堤防防洪能力有所提高；桂平和平南则由于现状水面线显著抬高而导致堤防防洪能力有所降低；一般堤岸防御10年一遇洪水的能力保持不变甚至有所提高。

(4) 西江主要支流郁江干流段中，西津库区水位呈现大幅度上涨趋势，显著削弱了两岸堤防的防洪能力，从而对包括重点防洪城市南宁市和库区两岸在内的区域防洪造成显著压力；西津水库以下—桂平三江口河段水面线变化不大，基本维持原有防洪能力。

(5) 西江干流黔江河段中，武宣以上河段两岸以平原为主，该河段水位有显著抬升，降低了该区域堤岸的防洪能力；出武宣后，往下游段两岸山高谷深，水面线的变化不会对两岸防洪造成影响；武宣县城近年水位基本无变化，基本维持堤防防洪能力不变。

(6) 西江主要支流柳江河段，下游河道主要以防御10年一遇洪水的自然岸坡的防洪能力则有一定程度的提升；重点防洪城市柳州市柳州水文站断面在50年一遇洪水频率下的水面线下降约为0.1m，主要防洪城镇象州县20年一遇洪水水面线基本无变化，显示柳州市和象州县的堤防防洪能力基本维持不变。

(7) 西江干流红水河段，龙滩以上为深山峡谷，不存在防洪问题；龙滩以下河段由于梯级水库运行导致水位抬升、水库淤积、涉水建筑物阻水等原因，造成红水河水面线已经呈现显著抬升趋势，削弱了两岸堤岸的防洪能力。

第6章

西江中游河网及梯级水库防洪调度研究

西江中上游地区近年来气候变化造成洪水和干旱灾害频繁发生，沿河城镇经济快速发展和人口聚集，洪水灾害对沿岸经济社会造成的威胁和损失越来越大。因此，在大力开展水利工程基础设施建设应对灾害发生的同时，急需就灾害发生前后的预警预报等防灾减灾工作开展更多研究工作。本章利用西江中游河网及梯级水库水动力数学模型，选取中上游型洪水、全流域型洪水等典型洪水进行分析，研究西江中游河网及梯级水库不同防洪调度方案的效果。

6.1 模拟计算工况及梯级水库调度规则

6.1.1 典型洪水及计算工况

6.1.1.1 典型洪水

西江洪水具有暴雨分布不均、各子流域洪水来量不同、各干支流来水组合情况复杂等特性。为了充分利用西江流域已建水库调洪蓄水能力，根据洪水的地区组成及遭遇特性将洪水分为三种类型：中上游型洪水、中下游型洪水、全流域型洪水。三种类型洪水分别选取一典型年洪水进行调度分析计算，典型年洪水的选择根据以下原则：①干支流水文资料相对完整可靠，调度水库运营情况明确；②考虑洪水归槽的影响；③兼顾全流域型、中上游型、中下游型、前汛期、后汛期等多种类型洪水；④适当考虑骨干水库蓄水不利、洪水干支流遭遇及地区组合难以拦蓄的年份。基于以上原则，调度所选典型洪水如下：

(1) 中上游型：选取“96·7”为典型中上游型洪水研究，该场洪水为柳江局部发洪(100年一遇)，洪量占梧州站一半以上，梧州站为单峰型洪水，洪峰流量为39800m^3/s，略大于5年一遇，7d洪量为205.5亿m^3，略小于5年一遇。

（2）中下游型：选取“05·6”为典型中下游型洪水研究，该场洪水武宣、大湟江口、梧州的洪峰分别达到 38400m³/s、45100m³/s 和 52900m³/s，量级分别达到 10 年、20 年和 100 年一遇。

（3）全流域型：选取“94·6”为典型全流域型洪水进行研究，该场洪水梧州站为单峰型，洪峰流量 49200m³/s，近 50 年一遇，7d 洪量为 248 亿 m³，大于 10 年一遇。

6.1.1.2 计算工况

基于本次调度先取三种典型年洪水，计算分为以下三种工况：

（1）工况 1：选取 1996 年 7 月 15 日 8 时至 28 日 20 时共 324h 水文资料，红水河上游边界点布设在距离龙滩大坝上游 129km 处（回水湮灭点左右），入流流量采用天峨站并考虑相位差反推到上游端入口位置，柳江和郁江上游边界节点给定该时段柳州站和南宁站的流量条件，下游边界节点梧州站给定该时段水位边界条件。通过上、下游各水文站点水位、流量条件对该场次洪水进行拟合并将旁侧入流设于主要支流刁江、洛清江、桂江等处。

（2）工况 2：选取 2005 年 6 月 16 日 8 时至 28 日 8 时共 288h 水文资料，红水河上游边界点布设在距离龙滩大坝上游 129km 处（回水湮灭点左右），入流流量采用天峨站并考虑相位差，柳江和郁江上游边界节点给定该时段柳州站和南宁站的流量条件，下游边界节点梧州站给定该时段水位边界条件。通过上、下游各水文站点水位、流量条件对该场次洪水进行拟合并将旁侧入流设于主要支流漕渡河、武思江、刁江、洛清江、桂江等处。

（3）工况 3：选取 1994 年 6 月 13 日 8 时至 26 日 8 时共 312h 水文资料，红水河上游边界点布设在距离龙滩大坝上游 129km 处（回水湮灭点左右），入流流量采用天峨站并考虑相位差，柳江和郁江上游边界节点给定该时段柳州站和南宁站的流量条件，下游边界节点梧州站给定该时段水位边界条件。通过上、下游各水文站点水位、流量条件对该场次洪水进行拟合并将旁侧入流设于主要支流刁江、洛清江、桂江、武思江等处。

6.1.1.3 典型洪水放大

西江流域河流众多，洪水组成复杂，在典型年洪水放大过程中若各控制点采用各自的洪峰和洪量按同频率法放大，则由于控制时段不一致，某些典型年洪水过程变形会比较严重，区间洪水过程也会不合理，因此为避免该问题，此次洪水过程线放大各站均采用梧州站的放大系数，各典型年采用控制级别及放大系数见表 6-1。

表 6-1 各典型年采用控制级别及放大系数表

控制站	典型年型	项目	0.5%	1%	2%
梧州站	“96·7”	$K_{峰}$	1.399	1.324	1.266
	“05·6”	$K_{峰}$	1.037	0.981	0.939
	“94·6”	$K_{峰}$	1.132	1.071	1.024

6.1.2 水库调度规则

6.1.2.1 工况 1 调度方案

工况 1 选择的“96·7”洪水是以柳江洪水为主，主要是通过龙滩或岩滩调节红水河洪水，实现迁江洪水错柳江洪水。由于红水河洪水较小，龙滩 50 亿 m³ 防洪库容足以调节以柳江为主的洪水，且岩滩没有防洪任务，因此对该类型洪水主要考虑如何科学调度龙滩，调度规则参照珠江水利委员会《西江干流洪水实时调度方案》分为以下 4 个方案，具体见表 6-2。

（1）方案 1：龙滩初步设计调度规则，为基本方案。

（2）方案 2：龙滩根据梧州或柳州流量来判别启动拦洪，分析龙滩调度能否提前启动及其效果。

（3）方案 3：考虑该类型洪水龙滩来水较小，考虑龙滩在梧州涨水阶段按发电机组最大过机流量（3500m^3/s）控泄，目的是分析加大龙滩调洪力度效果。

（4）方案 4：综合考虑该类型洪水龙滩来水大小而加大龙滩调节洪水力度的需要，以及通过柳江流量判别来提前启动龙滩拦洪的双重作用。

表 6-2　　工况 1 调度方案

调度方案	龙滩调度规则			
	涨退水阶段	判断条件	坝前水位/m	控制泄流量
方案 1	涨水期	$Q_{梧州}<25000m^3/s$	<375	$6000m^3/s$
			⩾375	按入库流量下泄
		$Q_{梧州}\geqslant 25000m^3/s$	<375	$4000m^3/s$
			⩾375	按入库流量下泄
	退水期	$Q_{梧州}\geqslant 42000m^3/s$	<375	$4000m^3/s$
		$Q_{梧州}<42000m^3/s$		按入库流量下泄
方案 2	涨水期	$Q_{梧州}<25000m^3/s$ 且 $Q_{柳州}<12000m^3/s$	<375	$6000m^3/s$
			⩾375	按入库流量下泄
		$Q_{梧州}\geqslant 25000m^3/s$ 或 $Q_{柳州}\geqslant 12000m^3/s$	<375	$4000m^3/s$
			⩾375	按入库流量下泄
	退水期	$Q_{梧州}\geqslant 42000m^3/s$	<375	$4000m^3/s$
		$Q_{梧州}<42000m^3/s$		按入库流量下泄
方案 3	涨水期		<375	$3500m^3/s$
			⩾375	按入库流量下泄
	退水期	$Q_{梧州}\geqslant 42000m^3/s$	<375	$4000m^3/s$
		$Q_{梧州}<42000m^3/s$		按入库流量下泄
方案 4	涨水期	$Q_{梧州}<25000m^3/s$ 且 $Q_{柳州}<18000m^3/s$	<375	$4000m^3/s$
			⩾375	按入库流量下泄
		$Q_{梧州}\geqslant 25000m^3/s$ 或 $Q_{柳州}\geqslant 18000m^3/s$	<375	$2000m^3/s$
			⩾375	按入库流量下泄
	退水期	$Q_{梧州}\geqslant 42000m^3/s$	<375	$4000m^3/s$
		$Q_{梧州}<42000m^3/s$		按入库流量下泄

6.1.2.2　工况 2 调度方案

工况 2 选择的“05·6”洪水为典型中下游型洪水，对于此类型洪水，除利用中、上游的龙滩和岩滩等水利工程削峰外，还可以利用中、下游的长洲水库、西津水库及浔江两岸蓄滞洪区。由于浔江两岸蓄滞洪区运用非常敏感及复杂，且长洲水库在梧州流量出现多年不到的平均洪峰流量时已经无可调节库容，此处不研究浔江两岸蓄滞洪区及长洲水库的运用，重点研究如何调度龙滩、岩滩、西津水库来提高防洪效益。调度规则参照珠江水利委员会《西江干流洪水实时调度方案》分为以下 4 个方案，具体见表 6-3。

表6-3 工况2调度方案

方案		龙滩			西津			岩滩		
		判定条件	水位/m	控制下泄流量	判定条件	水位/m	控制下泄流量	判定条件	水位/m	控制下泄流量
1	涨水期	$Q_{梧州}<25000m^3/s$	<375	$6000m^3/s$	不调洪			不调洪		
			≥375	按入库下泄						
		$Q_{梧州}\geq25000m^3/s$	<375	$4000m^3/s$						
			≥375	按入库下泄						
	退水期	$Q_{梧州}\geq42000m^3/s$	<375	$4000m^3/s$						
		$Q_{梧州}<42000m^3/s$		按入库下泄						
2	涨水期	$Q_{梧州}<25000m^3/s$	<375	$4000m^3/s$	不调洪			不调洪		
			≥375	按入库下泄						
		$Q_{梧州}\geq25000m^3/s$	<375	$2000m^3/s$						
			≥375	按入库下泄						
	退水期	$Q_{梧州}\geq42000m^3/s$	<375	$2000m^3/s$						
		$Q_{梧州}<42000m^3/s$		按入库下泄						
3	涨水期	$Q_{梧州}<25000m^3/s$	<375	$4000m^3/s$	$Q_{梧州}<25000m^3/s$	<61.6	按入库下泄	不调洪		
			≥375	按入库下泄		≥61.6				
		$Q_{梧州}\geq25000m^3/s$	<375	$2000m^3/s$	$Q_{梧州}\geq25000m^3/s$	<61.6	$4000m^3/s$			
			≥375	按入库下泄		≥61.6	按入库下泄			
	退水期	$Q_{梧州}\geq42000m^3/s$	<375	$2000m^3/s$			按入库下泄			
		$Q_{梧州}<42000m^3/s$		按入库下泄						
4	涨水期	$Q_{梧州}<25000m^3/s$	<375	$4000m^3/s$	$Q_{梧州}<25000m^3/s$	<61.6	按入库下泄	$Q_{梧州}<25000m^3/s$	<223	按入库下泄
			≥375	按入库下泄		≥61.6			≥223	
		$Q_{梧州}\geq25000m^3/s$	<375	$2000m^3/s$	$Q_{梧州}\geq25000m^3/s$	<61.6	$4000m^3/s$	$Q_{梧州}\geq25000m^3/s$	<223	$4000m^3/s$
			≥375	按入库下泄		≥61.6	按入库下泄		≥223	按入库下泄
	退水期	$Q_{梧州}\geq42000m^3/s$	<375	$2000m^3/s$			按入库下泄			按入库下泄
		$Q_{梧州}<42000m^3/s$		按入库下泄						

（1）方案1：龙滩初步设计调度规则，为基本方案。

（2）方案2：以龙滩初步设计调度规则为基础，加大龙滩调控洪水力度。

（3）方案3：在加大龙滩调控洪水力度的基础上，启动西津拦蓄郁江洪水。

（4）方案4：在加大龙滩调控洪水力度的基础上，启动西津拦蓄郁江洪水、岩滩拦蓄红水河洪水。

6.1.2.3 工况3调度方案

工况3选择的“94·6”洪水是全流域型洪水，依据以往水文资料，当大气环流形式反常，使桂江暴雨延后而郁江暴雨提前，且雨量大、历时长，与柳江、红水河的洪水汇合，形成全流域发洪，而该场次洪水则为黔江与桂江洪水遭遇。当黔江与桂江均发洪水时，一方面因桂江离梧州近，桂江洪水快速传播至梧州导致梧州洪水快速，因此要求远离梧州的龙滩要提前启动且控泄量要小，才能对梧州现峰有消减作用；另一方面，黔江发洪时，红水河洪水一般也较大，如果龙滩启动过早或者蓄水过快导致防洪库容过早用尽同样也起不了很好的削峰作用。为了分析龙滩较好的启动时间及对洪水调控力度，本次调度参照珠江委《西江干流洪水实时调度方案》分为以下4个方案，具体见表6-4。

表6-4 黔江与桂江洪水为主调度方案

方案	龙滩调度规则			
	涨退水阶段	判断条件	坝前水位	控制泄流量
方案1	涨水期	$Q_{\text{梧州}}<25000\text{m}^3/\text{s}$	<375	$6000\text{m}^3/\text{s}$
			≥375	按入库流量下泄
		$Q_{\text{梧州}}\geq 25000\text{m}^3/\text{s}$	<375	$4000\text{m}^3/\text{s}$
			≥375	按入库流量下泄
	退水期	$Q_{\text{梧州}}\geq 42000\text{m}^3/\text{s}$	<375	$4000\text{m}^3/\text{s}$
		$Q_{\text{梧州}}<42000\text{m}^3/\text{s}$	/	按入库流量下泄
方案2	涨水期	$Q_{\text{梧州}}<25000\text{m}^3/\text{s}$ 且 $Q_{\text{柳州}}<12000\text{m}^3/\text{s}$	<375	$6000\text{m}^3/\text{s}$
			≥375	按入库流量下泄
		$Q_{\text{梧州}}\geq 25000\text{m}^3/\text{s}$ 或 $Q_{\text{柳州}}\geq 12000\text{m}^3/\text{s}$	<375	$4000\text{m}^3/\text{s}$
			≥375	按入库流量下泄
	退水期	$Q_{\text{梧州}}\geq 42000\text{m}^3/\text{s}$	<375	$4000\text{m}^3/\text{s}$
		$Q_{\text{梧州}}<42000\text{m}^3/\text{s}$	≥375	按入库流量下泄
方案3	涨水期	$Q_{\text{梧州}}<25000\text{m}^3/\text{s}$	<375	$4000\text{m}^3/\text{s}$
			≥375	按入库流量下泄
		$Q_{\text{梧州}}\geq 25000\text{m}^3/\text{s}$	<375	$2000\text{m}^3/\text{s}$
			≥375m	按入库流量下泄
	退水期	$Q_{\text{梧州}}\geq 42000\text{m}^3/\text{s}$	<375	$4000\text{m}^3/\text{s}$
		$Q_{\text{梧州}}<42000\text{m}^3/\text{s}$	/	按入库流量下泄

续表

方案	龙滩调度规则			
	涨退水阶段	判断条件	坝前水位	控制泄流量
方案 4	涨水期	$Q_{\text{梧州}}<25000\text{m}^3/\text{s}$ 且 $Q_{\text{柳州}}<12000\text{m}^3/\text{s}$	<375	$4000\text{m}^3/\text{s}$
			≥375	按入库流量下泄
		$Q_{\text{梧州}}\geqslant 25000\text{m}^3/\text{s}$ 或 $Q_{\text{柳州}}\geqslant 12000\text{m}^3/\text{s}$	<375	$2000\text{m}^3/\text{s}$
			≥375	按入库流量下泄
	退水期	$Q_{\text{梧州}}\geqslant 42000\text{m}^3/\text{s}$	<375	$4000\text{m}^3/\text{s}$
		$Q_{\text{梧州}}<42000\text{m}^3/\text{s}$	/	按入库流量下泄

(1) 方案 1：龙滩初步设计调度规则，为基本方案。

(2) 方案 2：龙滩根据梧州或柳州流量判别来启动拦洪，考虑柳江洪水略早于红水河特性，增加柳州站为判断条件，以提前启动龙滩拦蓄洪水。

(3) 方案 3：以龙滩初步设计调度规则为基础，加大龙滩调控洪水力度。

(4) 方案 4：以龙滩初步设计调度规则为基础，综合采用提早启动龙滩与加大龙滩调洪力度方法。

本次在防洪调度研究中采用如下步骤进行计算：①根据已有水文资料，将计算模型分段进行还原，每段上游给定流量边界条件下游给定水位边界条件，通过多次计算直到上、下游水文实测值与计算值差值控制在合理范围内，还原该段区间入流；②利用已建立的河网及梯级水库调度模型分 3 种工况进行调度计算，调度方案见表 6-2～表 6-4。计算中上游边界节点为流量边界条件，下游边界点为水位边界条件，除参与调度水库外其他水库均按内部节点处理不予考虑；③将计算结果整理汇总并分析各方案调洪效果。

6.2 中上游型洪水调洪效果分析

6.2.1 中上游型洪水过程还原和验证

中上游型洪水选用“96·7”场次洪水为代表，区间入流采用分段还原，将西江中游河网分为红水河上游端入口—桥巩；桥巩、柳州—武宣；武宣、南宁—梧州三段，通过上、下游洪量差值还原拟合区间入流，区间入流口分别设于刁江入流口、洛清江入流口、桂江入流口。三个区段的还原和验证结果分别如图 6-1～图 6-3 所示，可见上、下游水位和流量计算值与实测值均在一定误差范围内，可认为还原后的边界和区间入流值真实可信，可以用来作为进行后续调度的边界和区间条件使用。

6.2.2 中上游型洪水调度计算结果分析

中上游型洪水的调度采用的是表 6-2 中给出的 4 种调度方案，基于建立的西江中游河网及梯级水库水动力数学模型，分别对 4 种调度方案进行了模拟计算和分析。各方案下，龙滩按照调度规则进行调度，起调水位为其汛限水位 359.3m。

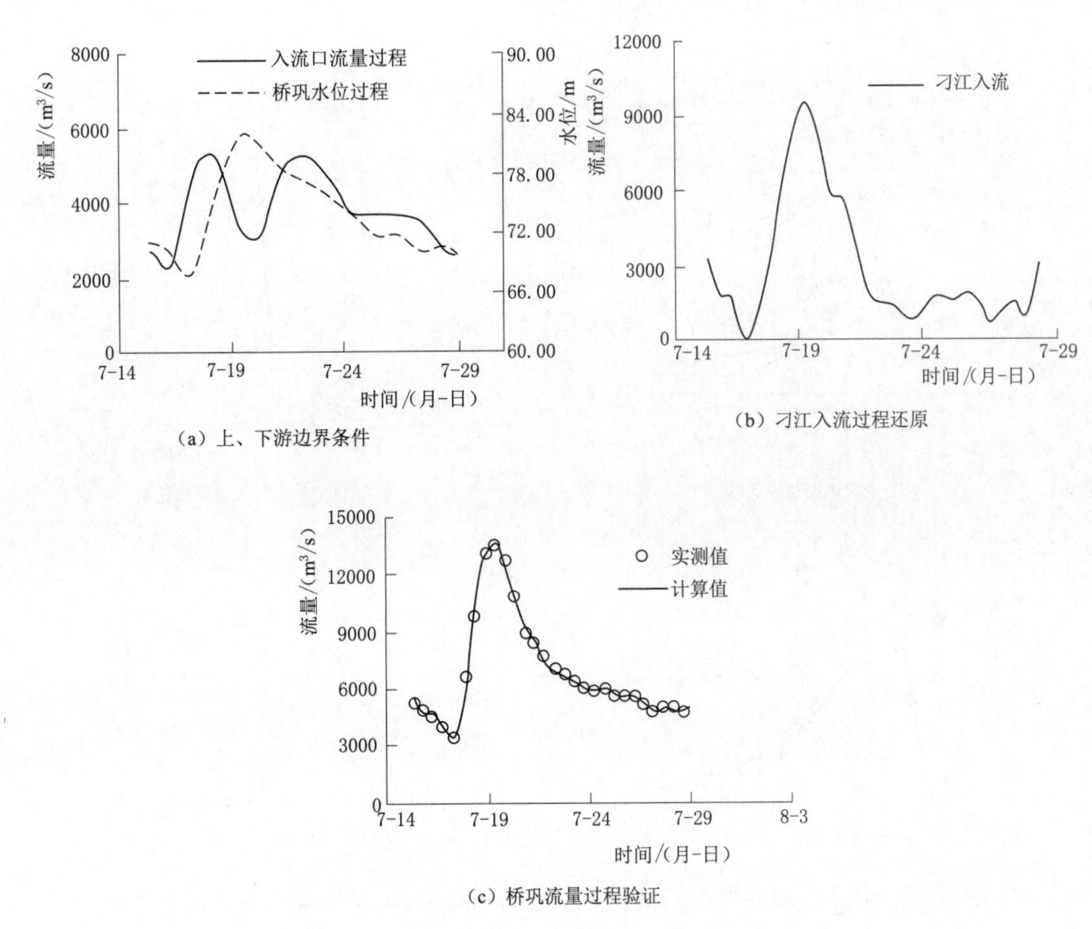

(a) 上、下游边界条件

(b) 刁江入流过程还原

(c) 桥巩流量过程验证

图 6-1 红水河入流口—桥巩段区间入流还原和验证

6.2.2.1 采用调度方案 1 的结果分析

调度方案 1 除调度龙滩外，其他电站均处理为河网内部节点，不参与调度。采用表 6-2中方案 1 龙滩单库基本调度规则进行计算，获得下游端点梧州水文站流量过程，同时给出龙滩入库流量、出库流量及坝前水位过程线如图 6-4 所示。分析可知：

(1) 7 月 15—22 日为涨水期。15—19 日梧州涨水期间，龙滩调度对梧州流量影响很小，梧州流量未超过涨水期设定值 25000m³/s，龙滩坝前水位始终小于正常蓄水位，因此根据调度规则，此时龙滩始终保持 6000m³/s 的下泄流量，由于入库流量小于出库流量坝前水位呈下降趋势，且梧州流量在此期间内调度后流量大于调度前流量值。19—21 日梧州流量继续上涨超过设定值 25000m³/s 且龙滩坝前水深小于正常蓄水位，此时龙滩保持 4000m³/s 的下泄流量，入库流量先小于出库流量后大于出库流量，坝前水位先降后升。

(2) 梧州洪峰出现在 22 日，由于调度前期龙滩下泄流量大于入库流量，导致该流量与梧州洪峰流量叠加，经涨水期调度后反而加大了梧州洪峰峰值。

(3) 从 22 日之后进入退水期，由于梧州流量小于设定流量值 42000m³/s，因此水库按入库流量下泄，入库流量等于出库流量，因此坝前水位维持不变。

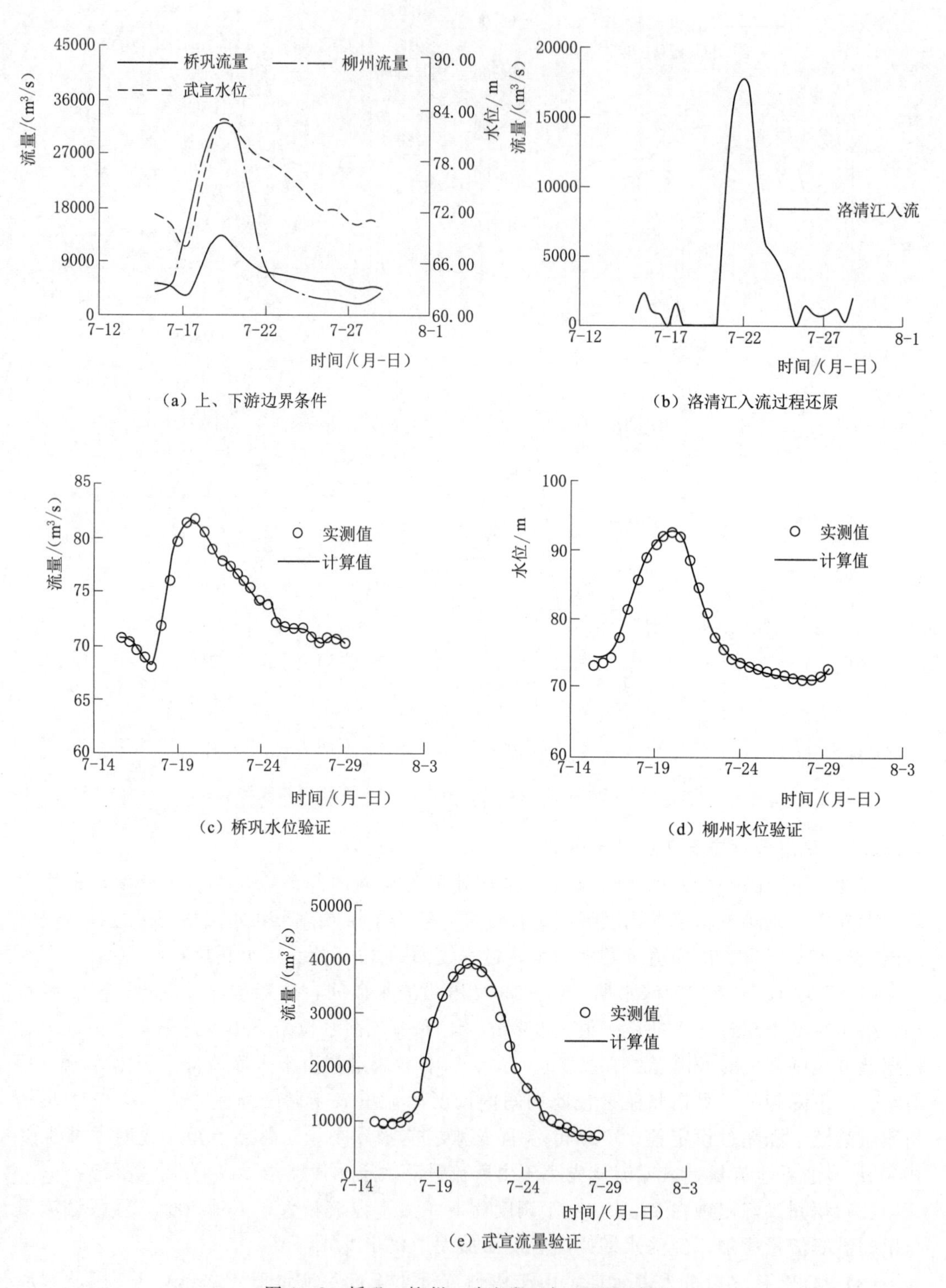

(a) 上、下游边界条件

(b) 洛清江入流过程还原

(c) 桥巩水位验证

(d) 柳州水位验证

(e) 武宣流量验证

图6-2 桥巩、柳州—武宣段区间还原和验证

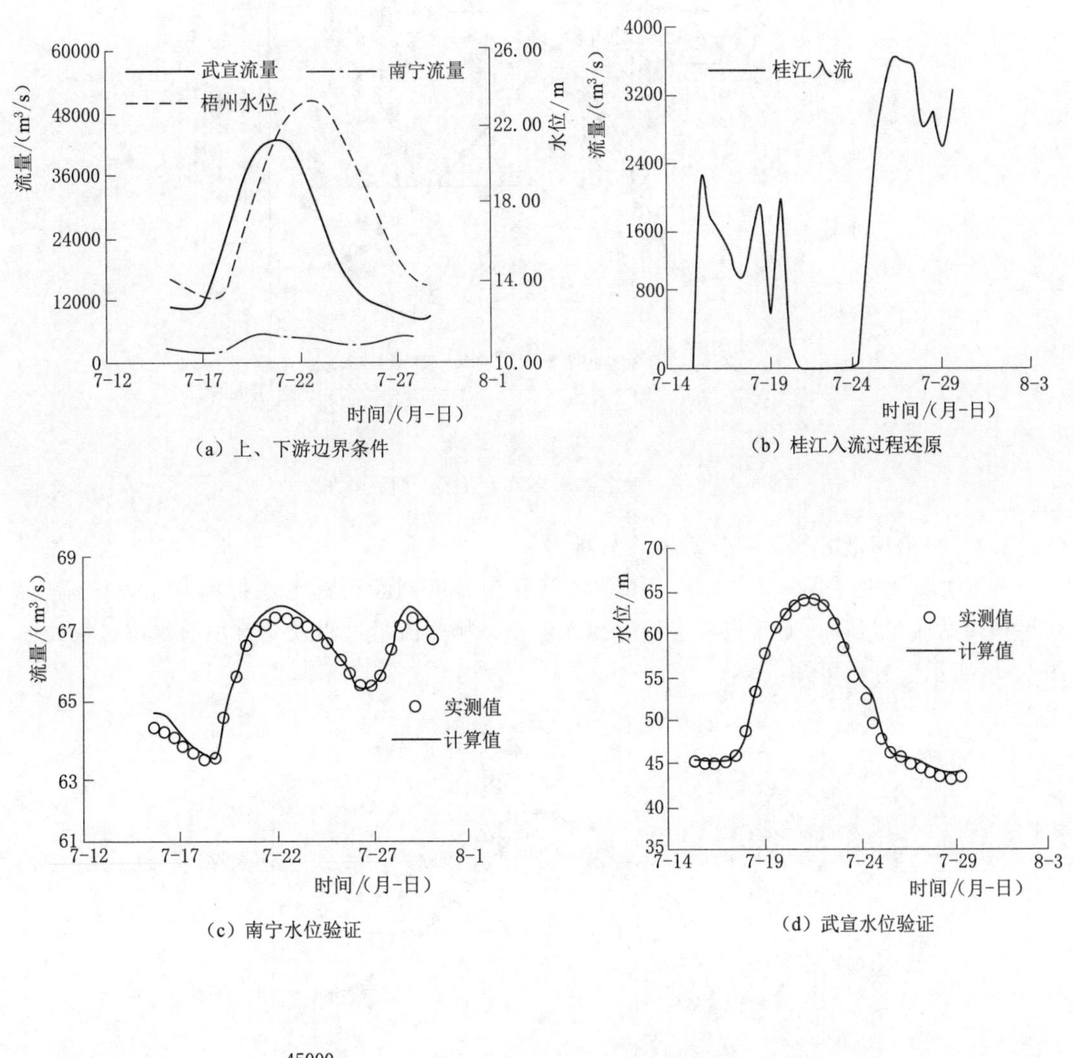

(a) 上、下游边界条件

(b) 桂江入流过程还原

(c) 南宁水位验证

(d) 武宣水位验证

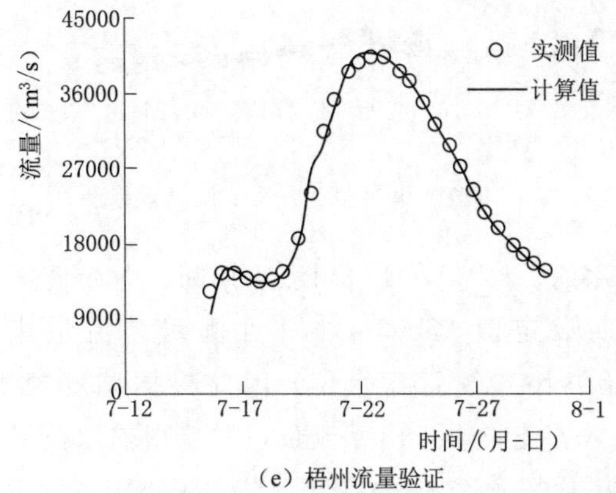

(e) 梧州流量验证

图 6-3 武宣、南宁—梧州段区间还原和验证

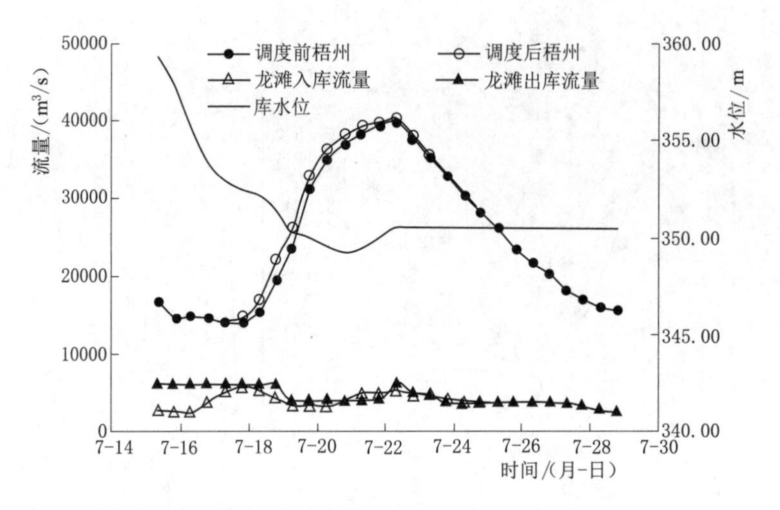

图6-4 中、上游洪水典型年方案1调洪效果图

6.2.2.2 采用调度方案2的计算结果分析

调度方案2见表6-2，加入了柳州流量作为调度判断指标考虑提前开始龙滩调度，获得梧州站流量过程、龙滩入库流量、出库流量，柳州流量过程及龙滩坝前水位过程线如图6-5所示。分析可知：

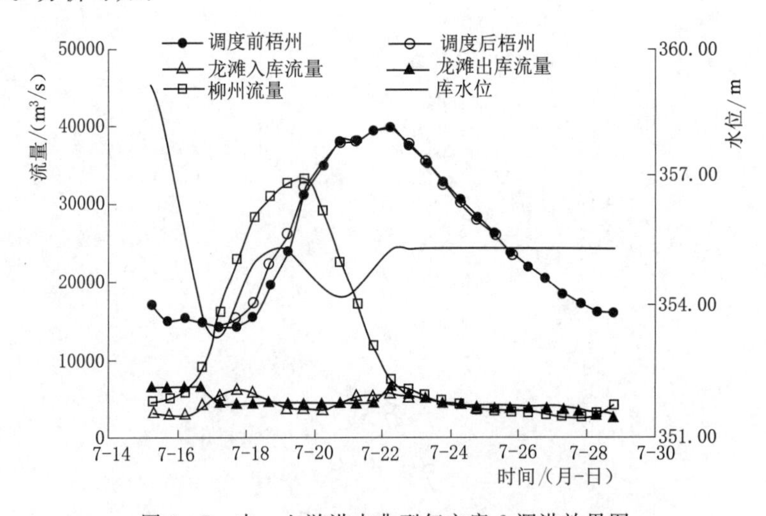

图6-5 中、上游洪水典型年方案2调洪效果图

(1) 7月15—22日为涨水期。15—17日梧州涨水期间，龙滩调度对梧州流量影响很小，梧州流量未超过涨水期设定值25000m³/s，且柳州站流量未超过其设定流量12000m³/s，龙滩坝前水位始终小于正常蓄水位，因此根据调度规则，此时龙滩保持6000m³/s的下泄流量，由于入库流量小于出库流量，龙滩坝前水位呈下降趋势。18—21日柳州站流量率先达到设定值12000m³/s，且龙滩坝前水深小于正常蓄水位，此时龙滩保持4000m³/s的下泄流量，相较于方案1龙滩提前加强拦洪力度，此段时间内龙滩入库流量先大于出库流量后略小于出库流量，坝前水位呈现先上涨后降的趋势。

(2) 梧州洪峰出现在 7 月 22 日，此时柳州站、梧州站流量均超过设定值，且龙滩坝前水位低于设定值 375m，因此 21—22 日龙滩按 4000m³/s 的流量下泄；经龙滩调节后，最大削峰达到 252m³/s，起到了一定的削峰作用。

(3) 从 7 月 22 日之后进入退水期，由于梧州流量小于设定流量值 42000m³/s，因此龙滩水库按入库流量下泄，入库流量等于出库流量坝前水位保持不变。

6.2.2.3 调度方案 3 计算结果分析

调度方案 3 见表 6-2，采用加大龙滩调节力度的调度方案，经计算获得梧州水文站、龙滩入库流量、出库流量及坝前水位过程线如图 6-6 所示。分析可知：

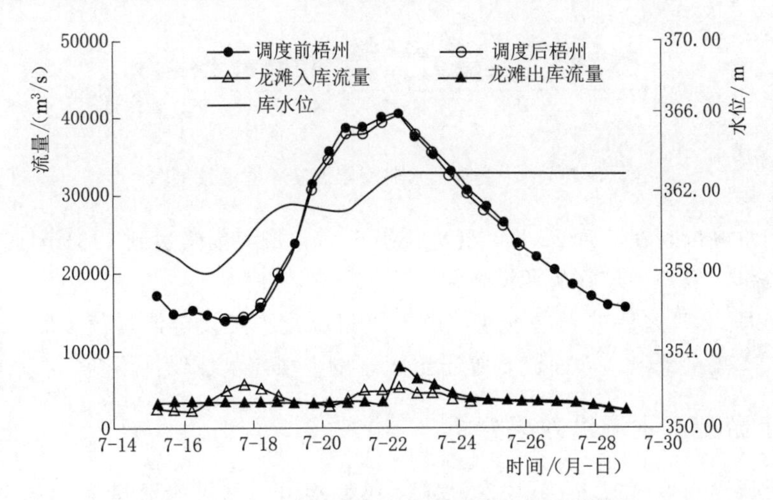

图 6-6 中、上游洪水典型年方案 3 调洪效果图

(1) 7 月 15—22 日为涨水期。涨水期间，龙滩坝前水位始终小于正常蓄水位，因此根据调度规则，龙滩始终保持 3500m³/s 的下泄流量，龙滩入库流量先小于出库流量后大于出库流量，坝前水位先降后增。

(2) 梧州洪峰出现在 7 月 22 日，经龙滩调度后，最大削峰达到 391m³/s，降低了梧州洪峰流量。

(3) 从 7 月 22 日之后进入退水期，由于梧州流量小于设定流量值 42000m³/s，因此龙滩水库按入库流量下泄，入库流量等于出库流量则坝前水位保持不变。

6.2.2.4 调度方案 4 计算结果分析

调度方案 4 见表 6-2，加大龙滩调节力度同时引入柳州站流量作为判断条件提前启动龙滩调度，经计算获得梧州水文站流量过程、龙滩入库流量、出库流量，柳州流量过程及龙滩坝前水位过程线如图 6-7 所示。分析可知：

(1) 7 月 15—22 日为涨水期。15—17 日由于梧州流量未超过涨水期设定的25000m³/s 且柳州流量未超过设定值 18000m³/s，龙滩坝前水位始终小于正常蓄水位，因此根据调度规则，此时龙滩始终保持 4000m³/s 的下泄流量，出库流量先大于入库流量后小于入库流量因此坝内水位呈现先下降后增长的趋势。17 日，柳州流量率先达到设定值 18000m³/s，相较于前三个方案龙滩拦洪作用提前启动且加强，此时按照调度规则龙滩保持下泄流量 2000m³/s，入库流量小于出库流量，坝前水位呈上升趋势。

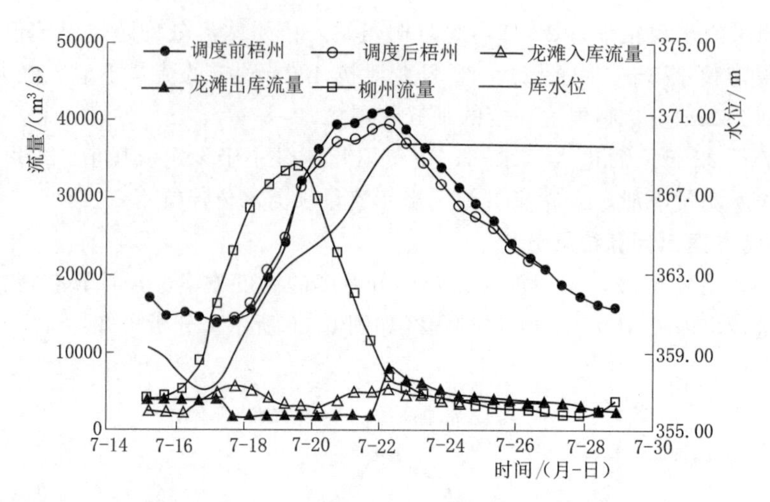

图 6-7 中、上游洪水典型年方案 4 调洪效果图

(2) 梧州洪峰出现在 7 月 22 日，经龙滩调节后，最大削峰达到 1431m^3/s，显著降低了梧州洪峰流量，取得了较好的调洪效果。

(3) 从 7 月 22 日之后进入退水期，由于梧州流量小于设定流量值 42000m^3/s，因此龙滩水库按入库流量下泄，入库流量等于出库流量则坝前水位保持不变。

6.2.3 中上游型洪水调洪效果分析

本次洪水调度选取"96・7"场次洪水。典型年梧州站洪峰流量为 40000m^3/s，为 8 年一遇洪水。以梧州站流量为基准，采用同倍比放大法放大上游典型站点水文资料，放大系数见表 6-1。经放大后对梧州 200 年一遇洪水、100 年一遇洪水、50 年一遇洪水进行调度计算，得到不同量级洪水在不同调度方案下梧州站的削峰值，见表 6-5。分析可见：

表 6-5 各重现期下 4 种调度方案的调洪效果统计表

年型	重现期/a	梧州削峰值/(m^3/s)				调节后梧州流量重现期/a			
		方案 1	方案 2	方案 3	方案 4	方案 1	方案 2	方案 3	方案 4
1996	典型	0	252	391	1473	6	6	6	5
	200	934	1339	1862	3218	158	140	121	94
	100	604	1038	1562	2929	76	70	65	46
	50	355	804	1329	2702	45	40	36	26

(1) 对 200 年一遇洪水、100 年一遇洪水、50 年一遇洪水，4 个调度方案均起到了较好的调洪效果，使得洪水有明显降级。

(2) 与龙滩初步设计调度规则方案 1 相比，方案 2、方案 3、方案 4 均优于初步调度规则方案 1。方案 2、方案 3、方案 4 对不同流量级的洪水削峰值值变化范围分别为 252～1339m^3/s、391～1862m^3/s、473～3218m^3/s，方案 4 优于其他方案。

(3) 流域规划梧州近期防洪标准为 100 年一遇，目前梧州河西堤防基本能预防 50 年一遇洪水。方案 4 将 100 年一遇洪水消减为 46 年一遇洪水。因此认为方案 4 调度效果基本实现了流域防洪目标的要求。

根据以上调洪分析成果，方案 4 梧州削峰作用明显优于其他 3 种方案。方案 4 可将 50 年一遇洪水降低至 26 年一遇，因此针对中上游型洪水，推荐采取龙滩单库调度规则方案 4。

6.3 中下游型洪水调洪分析

6.3.1 中下游型洪水过程还原和验证

中下游型洪水选用“05·6”场次洪水为代表，区间入流采用分段还原，将西江中游河网分为红水河入流口—大化段，大化—桥巩段，桥巩、柳州—武宣段，南宁—贵港水利枢纽，贵港、武宣—梧州段共计 5 部分。区间入流口分别设于曹渡河口入流口、刁江入流口、洛清江入流口、桂江入流口和武思江入流口。5 个区段的还原和验证结果分别如图 6-8～图 6-12 所示，上下游水位、流量计算值与实测值均在一定误差范围内，可认为还原后的边界和区间入流值真实可信，可以用来作为进行后续调度的边界和区间条件使用。

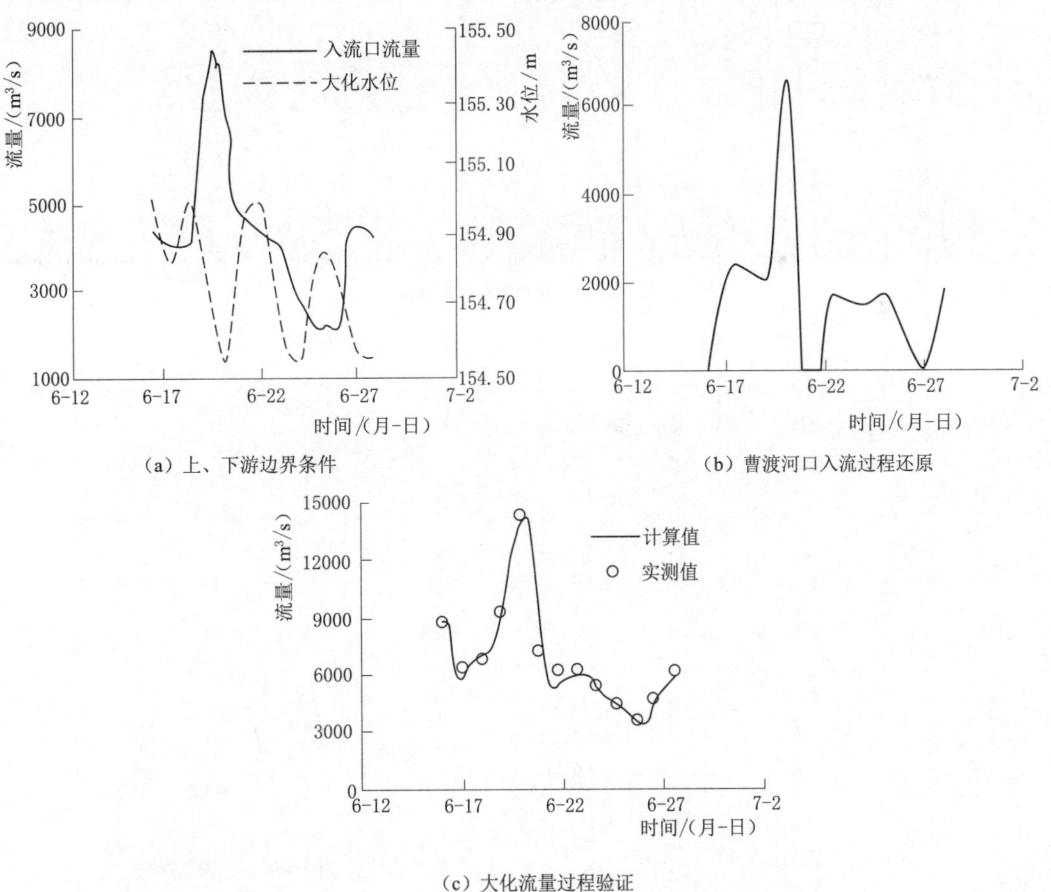

图 6-8 红水河入流口—大化段洪水还原和验证

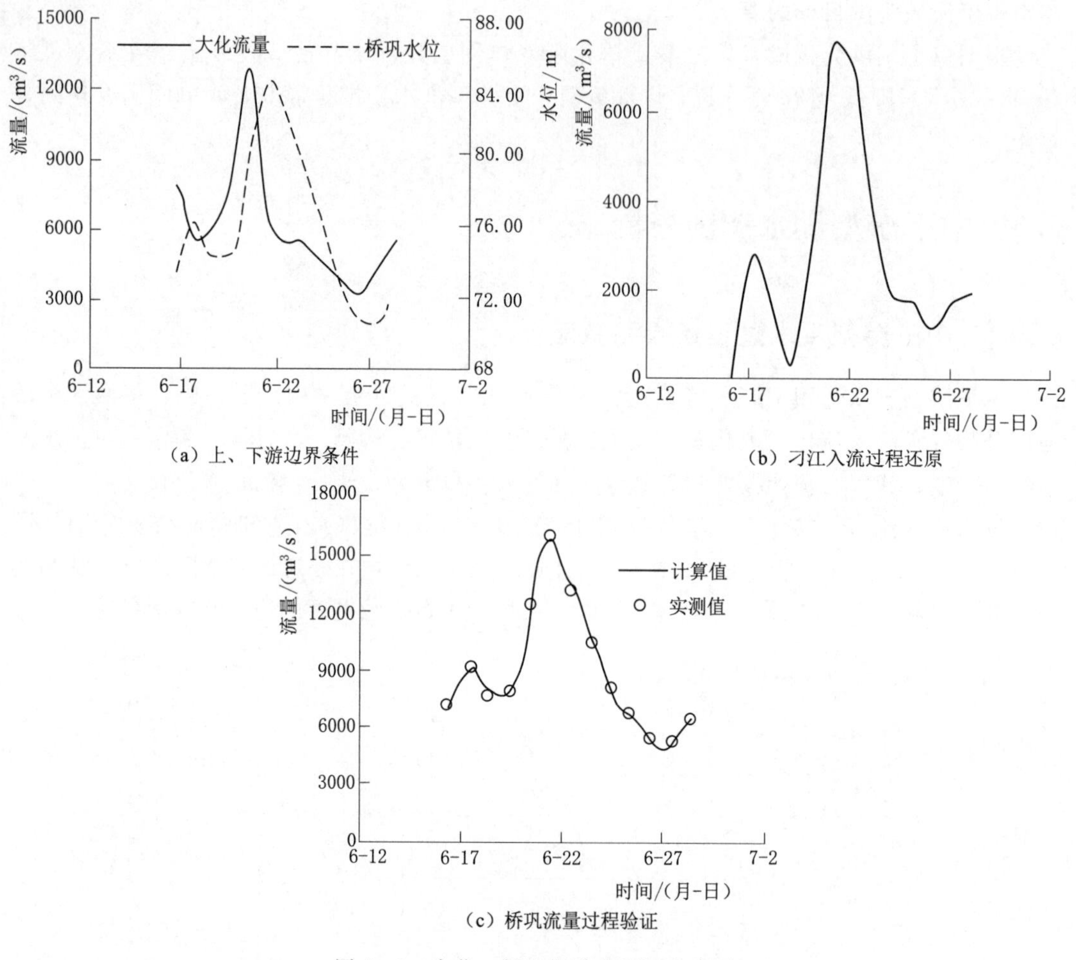

(a) 上、下游边界条件

(b) 刁江入流过程还原

(c) 桥巩流量过程验证

图6-9 大化—桥巩段洪水还原和验证

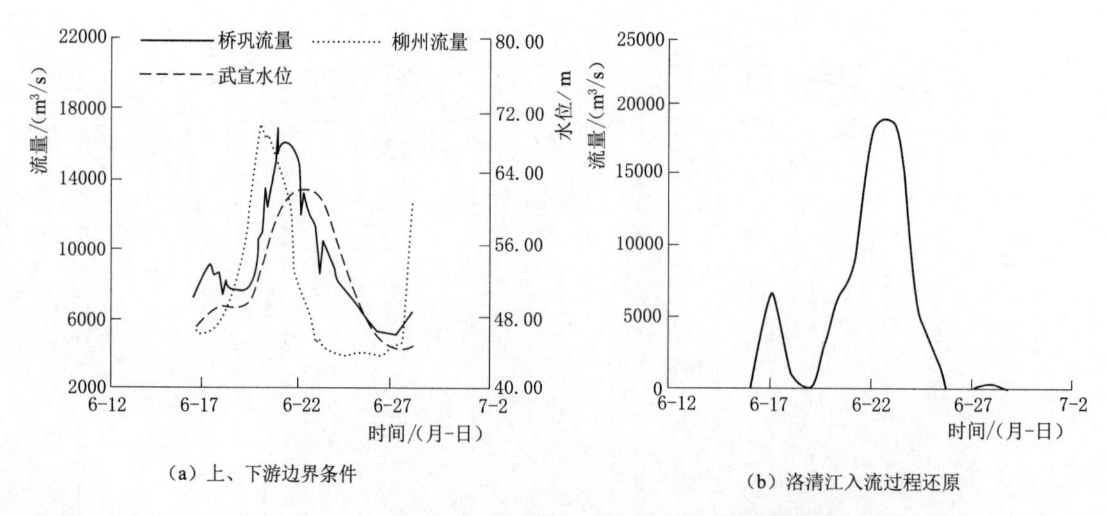

(a) 上、下游边界条件

(b) 洛清江入流过程还原

图6-10(一) 桥巩、柳州—武宣段洪水还原和验证

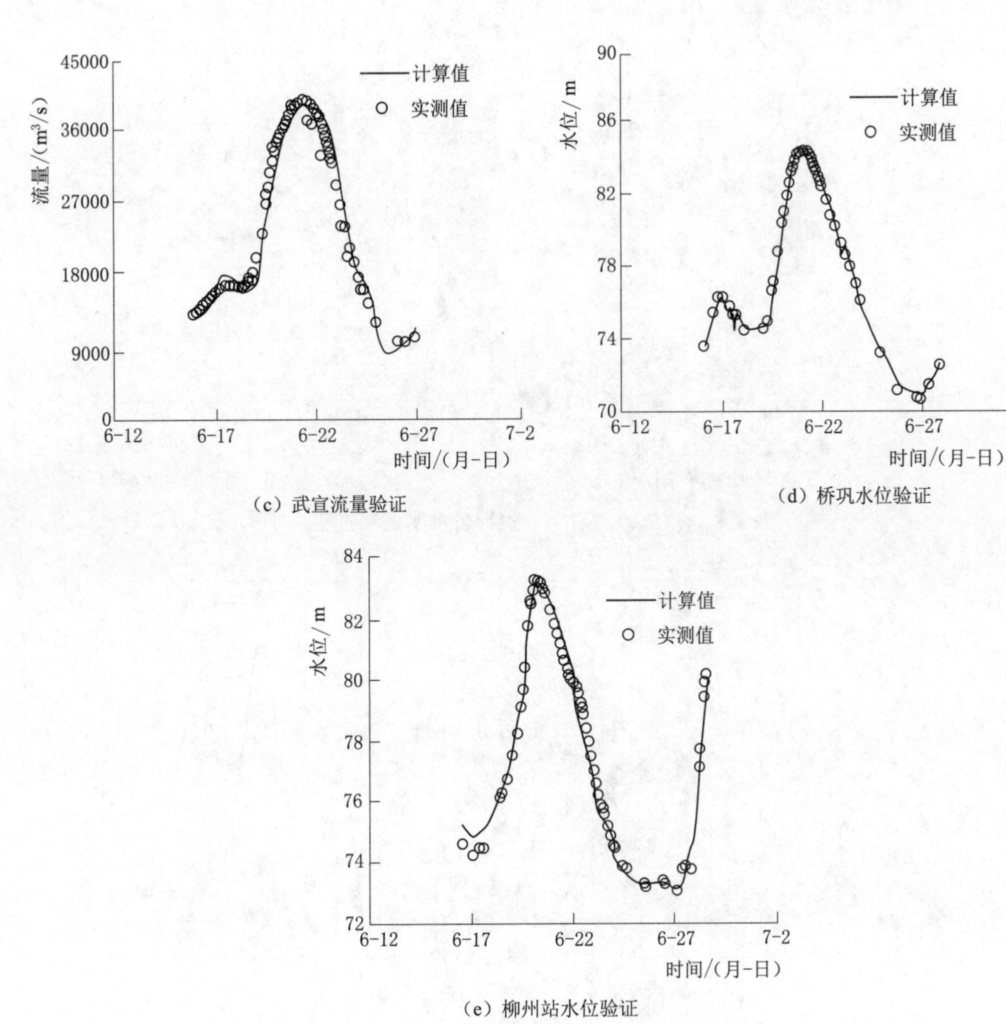

(c) 武宣流量验证

(d) 桥巩水位验证

(e) 柳州站水位验证

图 6-10(二) 桥巩、柳州—武宣段洪水还原和验证

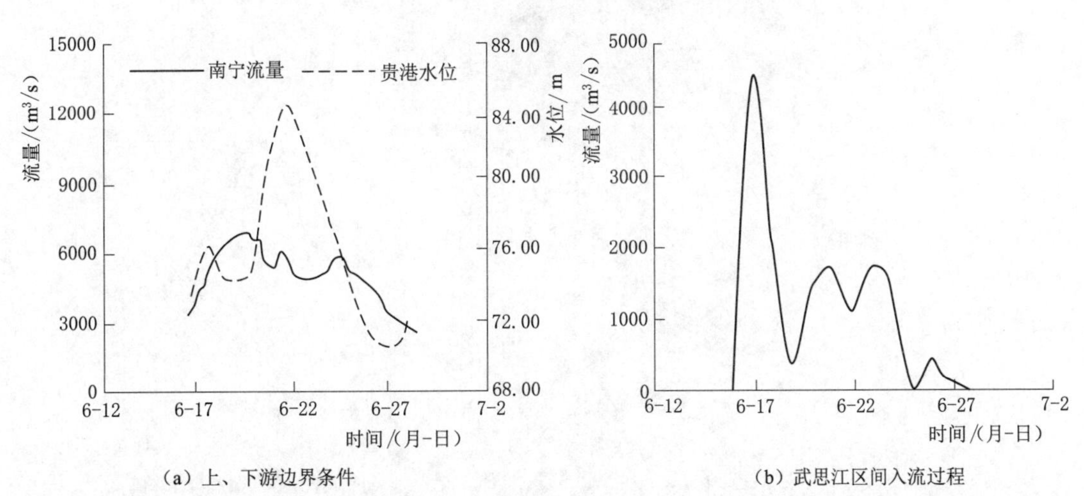

(a) 上、下游边界条件

(b) 武思江区间入流过程

图 6-11(一) 南宁—贵港段洪水还原过程

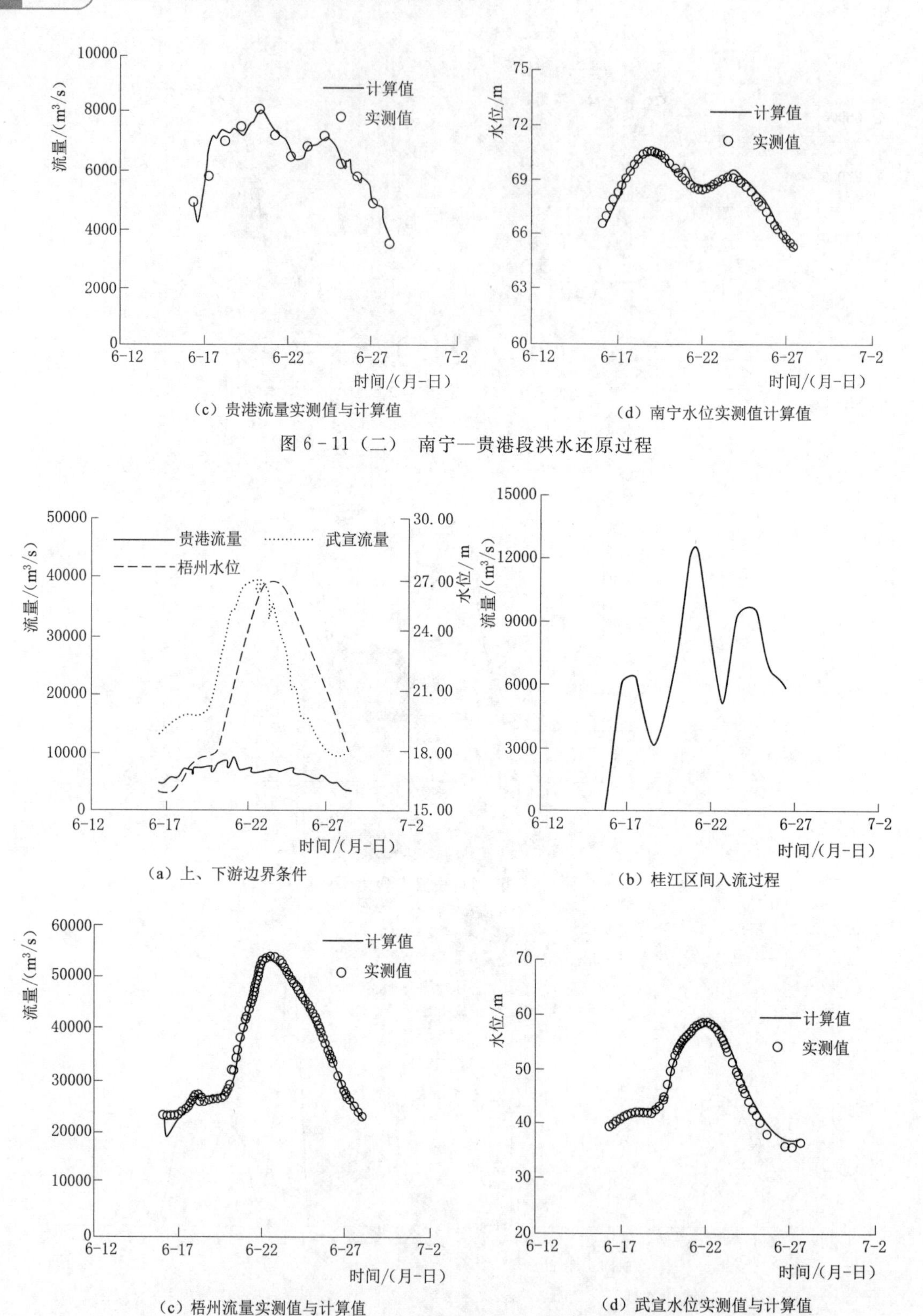

（c）贵港流量实测值与计算值

（d）南宁水位实测值计算值

图 6-11（二） 南宁—贵港段洪水还原过程

（a）上、下游边界条件

（b）桂江区间入流过程

（c）梧州流量实测值与计算值

（d）武宣水位实测值与计算值

图 6-12（一） 武宣、贵港—梧州段洪水还原过程

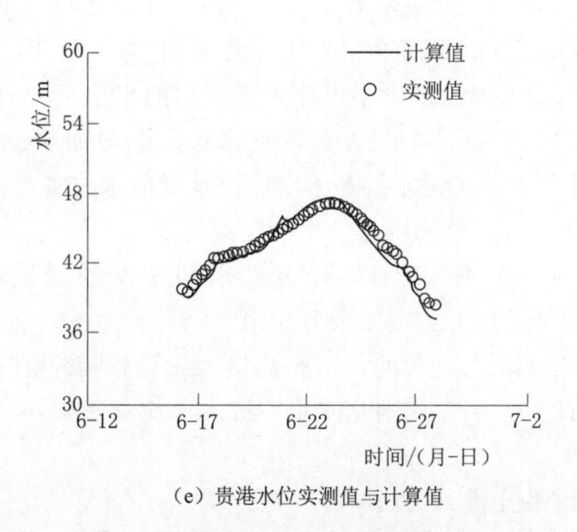

(e) 贵港水位实测值与计算值

图 6-12 (一) 武宣、贵港—梧州段洪水还原过程

6.3.2 中下游型洪水调度计算结果分析

中下游型洪水的调度采用的是表 6-3 中给出的 4 种调度方案，基于建立的西江中游河网及梯级水库水动力数学模型，分别对 4 种调度方案进行了模拟计算和分析。各方案下，龙滩按照调度规则进行调度，起调水位为其汛限水位 359.3m。

6.3.2.1 方案 1 计算结果分析

方案 1 采用龙滩单库调度的初步设计方案，梧州水文站流量过程、龙滩入库流量、龙滩出库流量及坝前水位过程线如图 6-13 所示。分析可知：

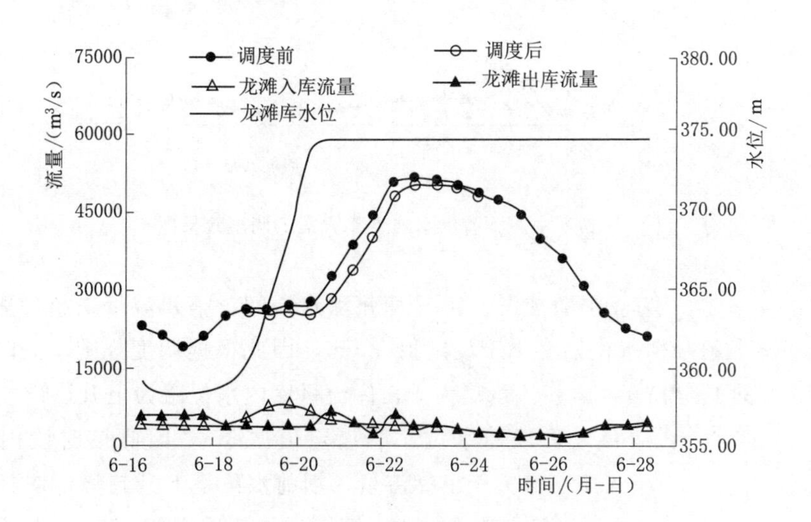

图 6-13 中、下游洪水典型年方案 1 调洪效果图

(1) 6 月 16—23 日为涨水期。16—18 日梧州涨水期间，梧州流量未超过涨水期设定值 25000m^3/s，龙滩坝前水位始终小于设定值 375m，因此根据调度规则，此时龙滩始终

保持 6000m³/s 的下泄流量，入库流量略小于出库流量库内水位略下降，18—21 日，梧州流量超过设定值 25000m³/s 且坝前水位小于设定值 375m，因此该时段内龙滩按照 4000m³/s 流量下泄，由于入库流量大于出库流量，坝前水位呈上升趋势。21—23 日，梧州流量继续超过设定值 25000m³/s，且龙滩坝前水位逐渐增加至设定值 375m，根据调度规则，龙滩按入库流量下泄，入库流量等于出库流量坝前水位维持不变。由于模型计算中 21 日龙滩迅速停止调洪，因此出库流量产生一定波动。

(2) 梧州洪峰出现在 6 月 23 日，经过涨水期龙滩的调度，梧州洪峰削峰值为 1434m³/s，对该场次洪水起到了一定的调节作用。

(3) 从 6 月 23 日之后进入退水期，梧州流量大于设定流量值 42000m³/s，坝前水位大于设定值 375m，因此根据调度规则龙滩水库按入库流量下泄，入库流量等于出库流量坝前水位保持不变。

6.3.2.2 方案 2 计算结果分析

方案 2 采用龙滩单库调度，在方案 1 的基础上加大龙滩调控力度，梧州水文站流量过程、龙滩入库流量、龙滩出库流量及坝前水位过程线如图 6-14 所示。分析可知：

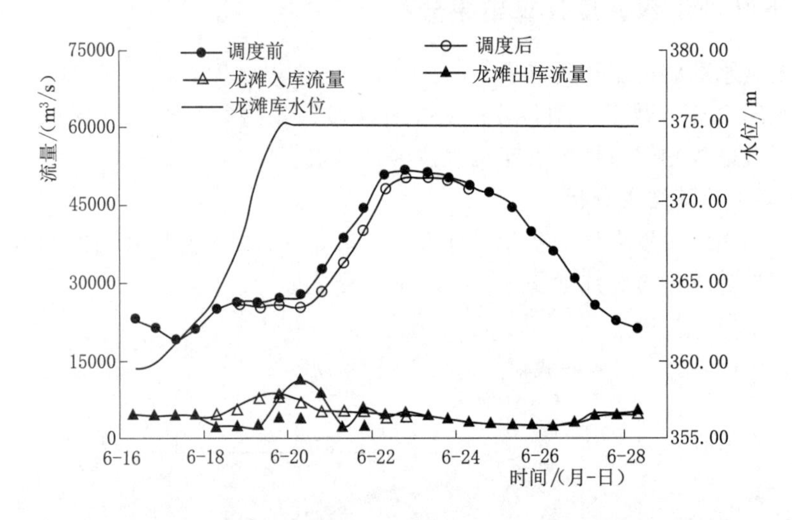

图 6-14 中、下游洪水典型年方案 2 调洪效果图

(1) 6 月 16—23 日为涨水期。16—18 日梧州涨水期间，梧州流量未超过涨水期设定值 25000m³/s，龙滩坝前水位始终小于设定值 375m，因此根据调度规则，此时龙滩始终保持 4000m³/s 的下泄流量，入库流量略大于出库流量库内水位略为上升，18—19 日，梧州流量超过设定值 25000m³/s 且坝前水位小于设定值 375m，因此该时段内龙滩按照 2000m³/s 流量下泄，由于入库流量大于出库流量，坝前水位呈上升趋势。19—23 日梧州流量继续超过设定值 25000m³/s 且龙滩坝前水位逐渐增加至设定值 375m，根据调度规则龙滩按入库流量下泄，入库流量等于出库流量，坝前水位维持不变。19 日龙滩调度停止导致出库流量产生一定波动。

(2) 梧州洪峰出现在 6 月 23 日，经过涨水期龙滩的调度，梧州洪峰削峰值为

1804m³/s。

（3）从6月23日之后进入退水期，梧州流量大于设定流量值42000m³/s，坝前水位大于设定值375m，因此根据调度规则龙滩水库按入库流量下泄，入库流量等于出库流量坝前水位保持不变。

6.3.2.3 方案3计算结果分析

方案3采用龙滩、西津双库调度方案，在加大龙滩调度的基础上再加入西津拦蓄郁江洪水，龙滩入库流量、出库流量、坝前水位；西津入库流量、出库流量、坝前水位过程线如图6-15所示。分析可知：

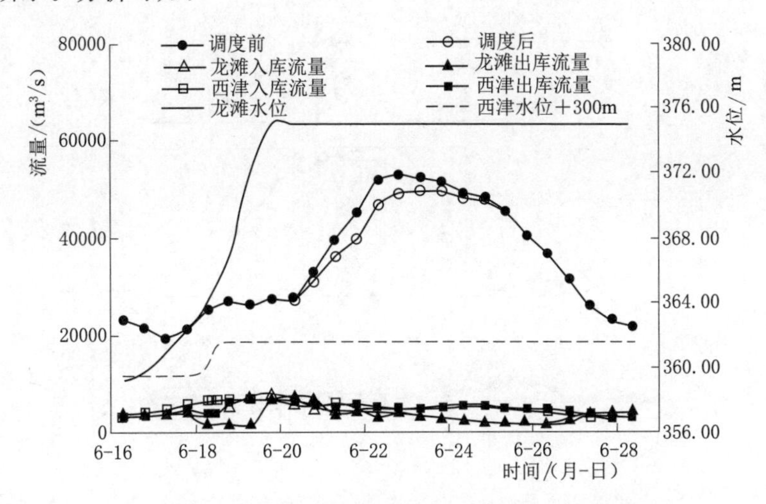

图6-15 中、下游洪水典型年方案3调洪效果图

（1）6月16—23日为涨水期。对龙滩水库：16—17日梧州涨水期间，梧州流量未超过涨水期设定值25000m³/s，龙滩坝前水位始终小于设定值375m，因此根据调度规则，此时龙滩始终保持4000m³/s的下泄流量，入库流量略大于出库流量库内水位略为上升，17—19日，梧州流量超过设定值25000m³/s且坝前水位小于设定值375m，因此该时段内龙滩按照2000m³/s流量下泄，由于入库流量大于出库流量坝前水位呈上升趋势。19—23日梧州流量继续超过设定值25000m³/s且龙滩坝前水位逐渐增加至375m，根据调度规则龙滩按入库流量下泄，入库流量等于出库流量，坝前水位维持不变。

对西津水库：16—17日梧州涨水期间，梧州流量未超过涨水期设定值25000m³/s，则西津水库按入库下泄，入库流量等于出库流量，坝前水位不变；17—18日，梧州流量超过设定值25000m³/s且坝前水位小于设定值61.6m，因此该时段内西津按照4000m³/s流量下泄，由于入库流量大于出库流量，坝前水位呈上升趋势。18—23日梧州流量继续超过设定值25000m³/s且西津坝前水位逐渐增加至设定值61.6m，根据调度规则，西津按入库流量下泄，入库流量等于出库流量，坝前水位维持不变。

（2）梧州洪峰出现在6月23日，经过涨水期龙滩、西津的调度，梧州洪峰削峰值为2643m³/s。

（3）从6月23日之后进入退水期，退水期西津水库均按入库流量下泄，又有梧州流量大于设定值42000m³/s，龙滩坝前水位大于设定值375m，因此根据调度规则龙滩水库按入库流量下泄，入库流量等于出库流量，两库坝前水位均保持不变。

6.3.2.4 方案4计算结果

方案4采用龙滩、西津、岩滩三库调度方案，在基本方案龙滩调度的基础上加入西津拦蓄郁江洪水，岩滩拦蓄红水河洪水。梧州水文站流量过程、龙滩入库流量、出库流量、坝前水位过程线；西津入库流量、出库流量、坝前水位过程线及岩滩入库流量、出库流量、坝前水位过程线如图6-16所示。分析可知：

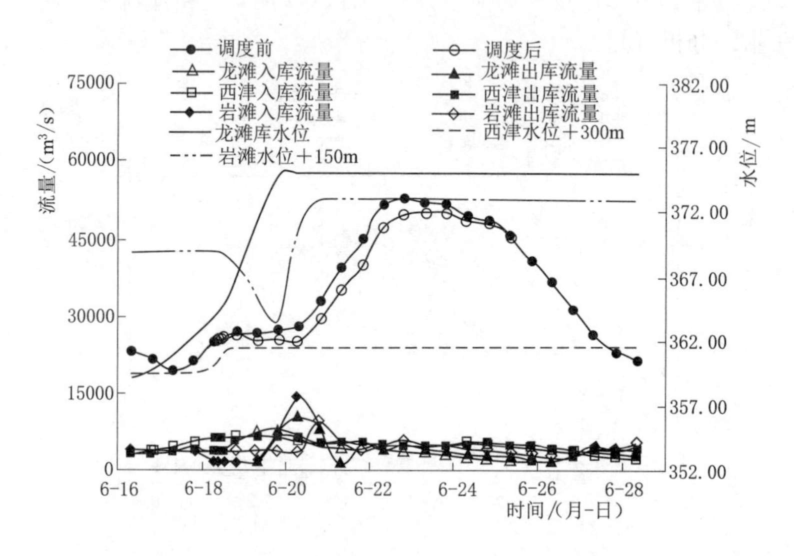

图6-16 中、下游洪水典型年方案4调洪效果图

(1) 6月16—23日为涨水期。对龙滩水库：16—17日梧州涨水期间，梧州流量未超过涨水期设定值25000m³/s，龙滩坝前水位始终小于设定值375m，因此根据调度规则，此时段龙滩始终保持4000m³/s的下泄流量，入库流量略大于出库流量，坝前水位略上升；17—19日，梧州流量超过设定值25000m³/s且坝前水位小于设定值375m，因此龙滩按照2000m³/s流量下泄，由于入库流量大于出库流量，坝前水位呈上升趋势。19—23日梧州流量继续超过设定值25000m³/s且龙滩坝前水位逐渐增加至设定值375m，根据调度规则龙滩按入库流量下泄，坝前水位维持不变。

对西津水库：16—17日梧州涨水期间，梧州流量未超过涨水期设定值25000m³/s，则西津水库按入库下泄，入库流量等于出库流量，坝前水位不变；17—18日，梧州流量超过设定值25000m³/s且坝前水位小于设定值61.6m，因此该时段内西津按照4000m³/s流量下泄，由于入库流量大于出库流量，坝前水位呈上升趋势。18—23日梧州流量继续超过设定值25000m³/s且西津坝前水位逐渐增加至大于设定值61.6m，根据调度规则西津按入库流量下泄，坝前水位维持不变。

对岩滩水库：16—17日梧州涨水期间，梧州流量未超过涨水期设定值25000m³/s，则岩滩水库按入库下泄，入库流量等于出库流量，坝前水位不变；17—20日，梧州流量超过设定值25000m³/s且坝前水位小于设定值223m，因此该时段内岩滩按照4000m³/s

流量下泄，由于入库流量先小于后大于出库流量，则坝前水位呈先下降后上升趋势。20—23日梧州流量继续超过设定值25000m³/s且岩滩坝前水位逐渐增加至设定值223m，根据调度规则岩滩按入库流量下泄，坝前水位维持不变。

(2) 梧州洪峰出现在6月23日，经过涨水期龙滩、岩滩、西津三库的联合调度，梧州洪峰削峰值为3216m³/s。

(3) 从6月23日之后进入退水期，西津水库、岩滩水库均不参与调度，由于梧州流量大于设定值42000m³/s，且龙滩坝前水位大于设定值375m，因此根据调度规则龙滩水库也不参与调度，三水库均按入库下泄。

6.3.3 中下游型洪水调洪效果分析

本次中下游洪水调度选取“05·6”场次洪水为典型洪水进行分析。典型年梧州站洪峰流量为52890m³/s，洪峰流量值接近100年一遇洪峰流量52700m³/s，因此本次仅研究典型年洪水、200年一遇洪水及50年一遇洪水调洪效果，以梧州站流量为基准，运用同倍比放大法放大，放大系数见表6-1。对梧州200年一遇洪水、50年一遇洪水进行调度计算后的削峰结果见表6-6，分析显示：

表6-6 各调度方案调洪效果统计分析表

年型	重现期/a	梧州削峰值/(m³/s)				调节后梧州流量重现期/a			
		方案1	方案2	方案3	方案4	方案1	方案2	方案3	方案4
2005	典型	1434	1804	2643	3216	91	84	66	54
	200	1661	2299	2916	3489	136	113	101	79
	50	1230	1628	2354	3052	37	34	31	27

(1) 根据调洪效果分析，4个方案均能对2005年6月该场次洪水产生一定的调洪削峰效果，但幅度有所差别。其中龙滩、岩滩、西津三库联合调度方案能将该场全流域型洪水梧州站200年一遇洪水削减至79年一遇，将梧州典型年100年一遇洪水消减至54年一遇，梧州50年一遇洪水削减至27年一遇。

(2) 与初步设计调度规则调洪效果相比，方案3及方案4调洪效果较为明显，比方案1和方案2中的单一调度龙滩水库削峰效果要好。

(3) 联合调度龙滩、岩滩和西津水库的方案4最好，各洪水量级下的梧州站削峰值为3052～3216m³/s。因此对黔江与桂江为主的中下游型洪水，推荐采用龙滩、岩滩、西津三库联合调度的方式进行调洪。

6.4 全流域型洪水调洪分析

6.4.1 全流域型洪水过程还原和验证

全流域型洪水选用“94·6”场次洪水为代表，鉴于年代久远搜集到水文资料较少，洪水还原过程仅将模型分为红水河入流口、柳州—武宣，武宣、南宁—梧州2段，结合上、下游洪量差值还原计算区间入流，区间入流分别设于洛清江汇合口、刁江汇合口、桂江汇合口和武思江汇合口。2 个区段还原和验证分别如图 6-17 和图 6-18 所示，水位、流量计算值与实测值均在误差范围内，可作为进行后续调度的边界和区间条件使用。

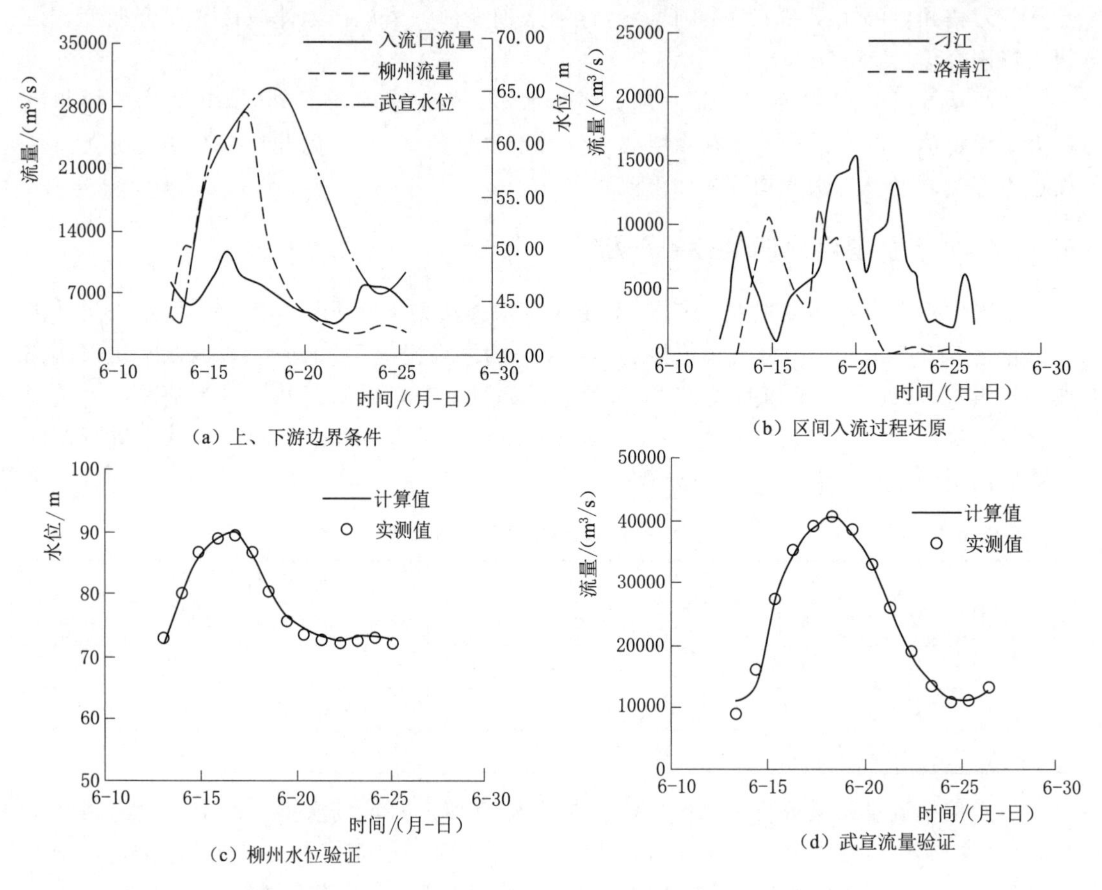

图 6-17　红水河入流口、柳州、武宣段区间段还原和验证

6.4.2　全流域型洪水调度计算结果分析

全流域型洪水的调度采用的是表 6-3 中给出的 4 种调度方案，基于建立的西江中游河网及梯级水库水动力数学模型，分别对 4 种调度方案进行了模拟计算和分析。各方案下，龙滩按照调度规则进行调度，起调水位为其汛限水位 359.3m。

6.4.2.1　方案 1 计算结果分析

方案 1 采用龙滩单库调度的初步设计方案，梧州水文站流量过程、龙滩入库流量、出库流量及坝前水位过程线如图 6-19 所示。分析可知：

(1) 6 月 13—20 日为涨水期。13—16 日梧州涨水期间，梧州流量未超过涨水期设定值 25000m^3/s，龙滩坝前水位始终小于设定值 375m，因此根据调度规则，此时龙滩始终保持 6000m^3/s 的下泄流量，入库流量与下泄流量大致不变，坝前水位变化幅度较小。16—18 日，梧州流量超过设定值 25000m^3/s 且坝前水位小于设定值 375m，此时段内龙滩

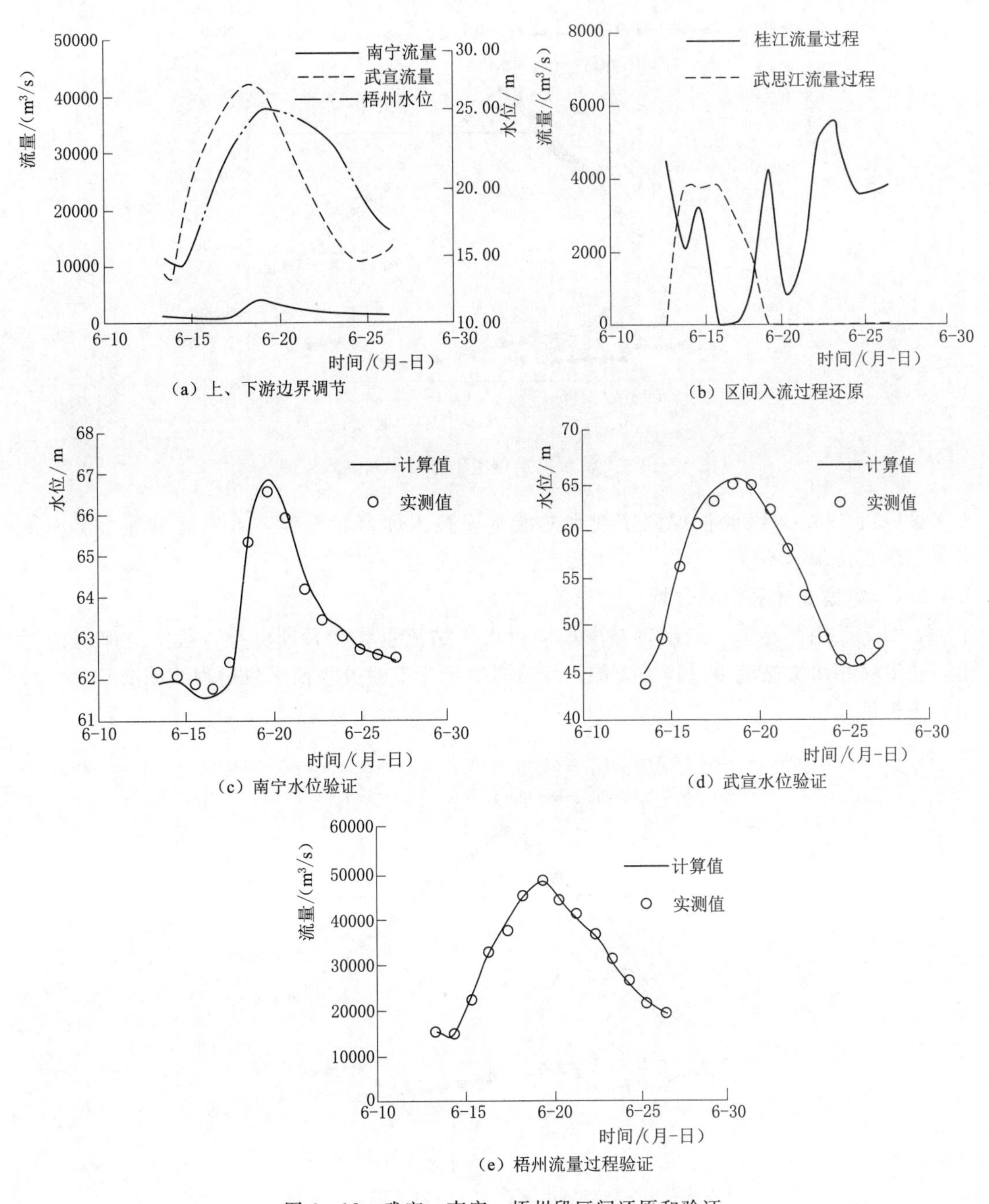

图 6-18 武宣、南宁—梧州段区间还原和验证

按照 4000m³/s 流量下泄，由于入库流量大于出库流量坝前水位呈上升趋势。18—20 日梧州流量继续超过设定值 25000m³/s 且龙滩坝前水位逐渐增加至设定值 375m，根据调度规则龙滩按入库流量下泄，坝前水位维持不变。

(2) 梧州洪峰出现在 7 月 20 日，经涨水期龙滩的调度梧州洪峰削峰值为 575m³/s。

(3) 从 7 月 20 日之后进入退水期，梧州流量大于设定流量值 42000m³/s，坝前水位

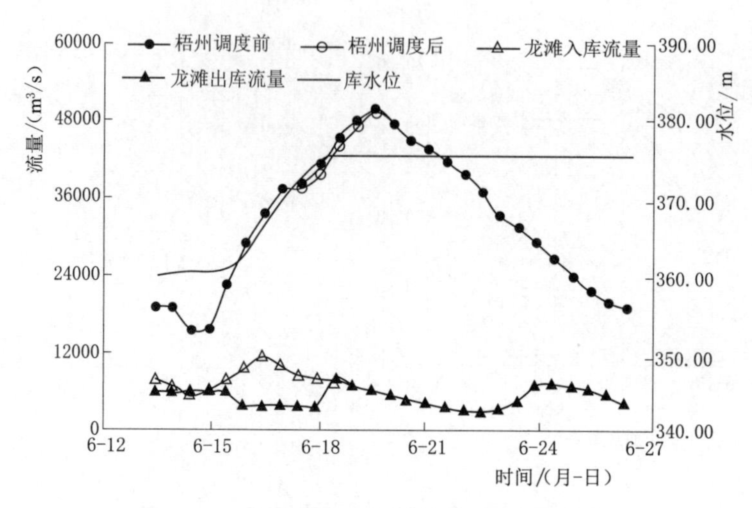

图 6-19 全流域洪水典型年方案 1 调洪效果图

大于设定值 375m，因此根据调度规则龙滩水库按入库流量下泄，入库流量等于出库流量，坝前水位保持不变。

6.4.2.2 方案 2 计算结果分析

方案 2 采用龙滩单库调度，并增加柳州水文站流量作为判断标准，假定龙滩提前拦蓄，获得梧州水文站流量过程、龙滩入库流量、出库流量及坝前水位过程线如图 6-20 所示。分析可知：

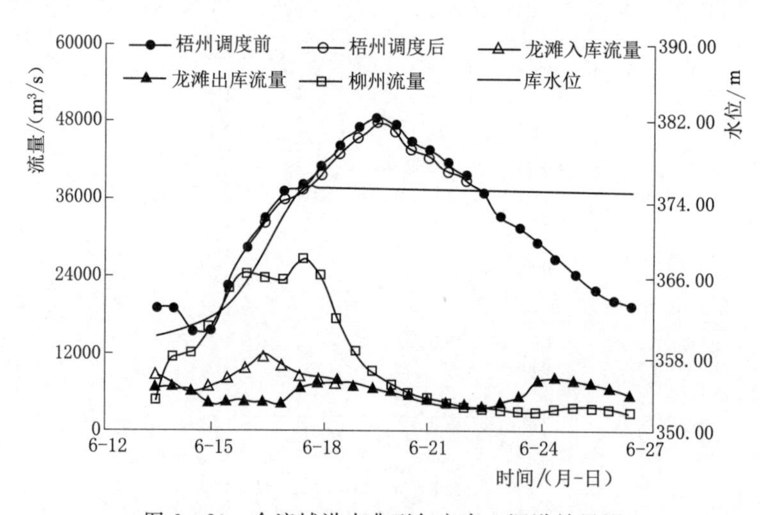

图 6-20 全流域洪水典型年方案 2 调洪效果图

(1) 6 月 13—20 日为涨水期。13—14 日梧州涨水期间，梧州流量，柳州流量始终未超过涨水期设定值 $25000m^3/s$ 及 $12000m^3/s$，且龙滩坝前水位小于设定值 375m，因此根据调度规则控制龙滩下泄流量 $6000m^3/s$。14 日柳州流量率先超过设定值 $12000m^3/s$，根据调度规则，龙滩开始调度，保持 $4000m^3/s$ 的下泄流量。以上两时段内由于入库流量大于出库流量，坝前水位呈上升趋势。17—20 日梧州，龙滩坝前水位逐渐增加至正常蓄水位 375m，根据调度规则龙滩按入库流量下泄，坝前水位维持不变。

(2) 梧州洪峰出现在 7 月 20 日，经过涨水期龙滩的调度梧州洪峰削峰值为 $1155m^3/s$。

(3) 从 7 月 20 日之后进入退水期，梧州流量大于设定流量值 $42000m^3/s$，龙滩坝前水位大于设定值 375m，因此根据调度规则龙滩水库按入库流量下泄，入库流量等于出库流量，坝前水位保持不变。

6.4.2.3 方案 3 计算结果分析

方案 3 为龙滩单库调度，考虑加大龙滩调控力度，获得梧州水文站流量过程、龙滩入库流量、出库流量及龙滩坝前水位过程线如图 6-21 所示。分析可知：

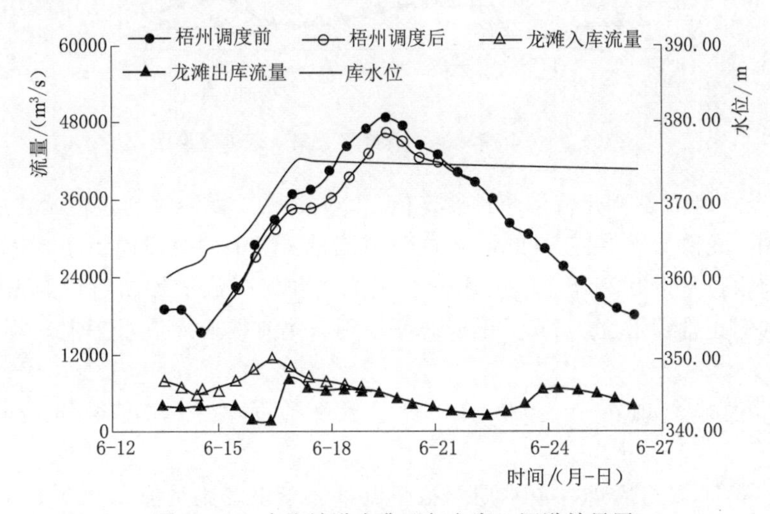

图 6-21 全流域洪水典型年方案 3 调洪效果图

(1) 6 月 13—20 日为涨水期。13—16 日梧州涨水期间，梧州流量未超过涨水期设定值 $25000m^3/s$，龙滩坝前水位小于正常蓄水位，因此根据调度规则，此时龙滩始终保持 $4000m^3/s$ 的下泄流量，由于入库流量大于出库流量，坝前水位呈上升趋势。16—20 日梧州流量继续上涨超过设定值 $25000m^3/s$ 且龙滩坝前水位逐渐增加至正常蓄水位 375m，根据调度规则，龙滩按入库流量下泄，坝前水位维持不变。

(2) 梧州洪峰出现在 7 月 20 日，经过涨水期龙滩的调度梧州洪峰削峰值为 $2103m^3/s$。

(3) 从 7 月 20 日之后进入退水期，梧州流量大于设定流量值 $42000m^3/s$，库前水位大于设定值 375m，因此龙滩水库按入库流量下泄，坝前水位保持不变。

6.4.2.4 方案 4 计算结果分析

方案 4 以方案 1 为基础，提早启动龙滩调度及加大调节力度，获得梧州水文站流量过程、龙滩入库流量、出库流量、柳州流量过程及龙滩坝前水位过程线如图 6-22 所示。分析可知：

(1) 6 月 16—20 日为涨水期。13—14 日梧州涨水期间，梧州流量未超过涨水期设定值 $25000m^3/s$，柳州流量未超过涨水期设定值 $12000m^3/s$，根据调度规则保持龙滩下泄流

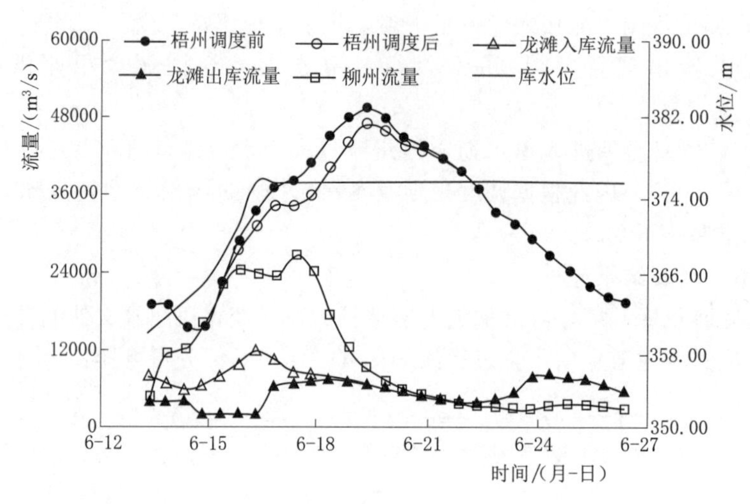

图 6-22　全流域洪水典型年方案 4 调洪效果图

量为 4000m^3/s。14 日起柳州流量超过设定值 12000m^3/s，龙滩坝前水位始终小于设定值，根据调度规则，龙滩始终保持 2000m^3/s 的下泄流量。以上两时段内由于入库流量大于出库流量，坝前水位呈上升趋势。15—20 日梧州流量和柳州流量均超过设定值且龙滩坝前水深逐渐增加至正常蓄水位 375m，根据调度规则，龙滩按入库流量下泄，坝前水位维持不变。

(2) 梧州洪峰出现在 7 月 20 日，经过涨水期龙滩的调度梧州洪峰削峰值为 2378m^3/s。

(3) 从 7 月 20 日之后进入退水期，梧州流量大于设定流量值 42000m^3/s，坝前水位大于设定值 375m，因此根据调度规则龙滩水库按入库流量下泄，入库流量等于出库流量，坝前水位保持不变。

6.4.3　全流域型洪水调洪效果分析

全流域型洪水调度选取“94・6”洪水为典型年洪水进行分析，梧州站洪峰流量为 48900m^3/s。以梧州站流量为基准，运用同倍比放大法，放大系数见表 6-1。经放大后对梧州 200 年一遇、100 年一遇、50 年一遇洪水进行调度削峰效果见表 6-7。

表 6-7　各调度方案调洪效果统计分析表

年型	重现期/a	梧州削峰值/(m^3/s)				调节后梧州流量重现期/a			
		方案 1	方案 2	方案 3	方案 4	方案 1	方案 2	方案 3	方案 4
1994	典型	575	1155	2103	2378	33	27	21	19
	200	2040	2699	3173	4176	116	106	96	75
	100	1658	1908	2305	2993	58	55	51	45
	50	1499	1886	2209	2409	34	31	29	27

(1) 根据调洪效果分析，龙滩各调度方案均能对 1994 年 6 月该场次洪水产生削减效果，其中方案 4 能将该场全流域型洪水梧州站 200 年一遇洪水削减至 75 年一遇，将梧州

100 年一遇洪水消减至 45 年一遇，梧州 50 年一遇洪水削减至 27 年一遇。

(2) 根据方案 2 和方案 3 调洪效果显示，提早起动龙滩水库或加大龙滩水库调洪力度，可以较为显著地削减梧州洪峰，其中方案 2 削峰值增加幅度为 250～659m^3/s，方案 3 削峰值增加幅度为 620～1555m^3/s。

(3) 相较于方案 1、方案 2、方案 3，方案 4 一方面加大龙滩调洪力度，同时根据柳州站流量提早起动龙滩水库调洪，该方案对削减梧州洪峰流量效果最佳，削峰值最大为 2378～4176m^3/s。因此比较来看，推荐采用方案 4 下的龙滩单库调度。

6.5 本章小结

洪水演进及梯级水库调度模型有水动力计算法及马斯京根法，此处采用的是西江中游树状河网及梯级水库联解的水动力计算方法。马斯京根演进模型计算是一种基于槽蓄方程和水量平衡方程的河道流量演算法。其中，中水珠江规划勘测设计有限公司编制的《西江干流洪水实时调度方案》[31]采用马斯京根演进模型详细研究了西江中游不同类型洪水下在不同调度方案下的梧州站削峰计算结果，此处将两种不同研究方案获得的梧州削峰成果进行了比较，见表 6-8。

表 6-8 两种计算模拟方法得到的梧州站削峰值比较

削峰值 /(m^3/s)	"96·7" 场次				"05·6" 场次			"94·6" 场次			
	典型年	50 年一遇	100 年一遇	200 年一遇	典型年	50 年一遇	200 年一遇	典型年	50 年一遇	100 年一遇	200 年一遇
水动力计算法	1473	2702	2929	3218	3216	3052	3489	2378	2409	2993	4176
马斯京根法	1100	1900	2000	2200	3000	2400	3400	2200	3200	3600	4000

(1) 从中上游型洪水削峰值比较来看（"96·7" 场次洪水），水动力计算法计算所得梧州站削峰值高于马斯京根法所得削峰值，且呈现随着洪水量级加大两者差别越明显。

(2) 从中下游型洪水梧州站削峰值比较来看（"05·6" 场次洪水），典型年及 200 年一遇洪水采用水动力法计算所得结果与马斯京根法计算所得结果相差不大，50 年一遇洪水采用水动力法计算结果大于马斯京根法计算结果。

(3) 从全流域型洪水梧州站削峰值比较来看（"94·6" 场次洪水），典型年及 200 年一遇洪水水动力法计算结果与马斯京根法计算结果相差不大，50 年一遇洪水、100 年一遇洪水水动力法计算结果略小于马斯京根法计算结果。

从对中上游型和中下游型洪水的调洪削峰结果比较来看，水动力学方法得到的梧州站削峰值总体是比采用马斯京根法的计算值大，而对全流域型洪水的调度来看，水动力学方法得到结果总体是比马斯京根法的计算结果偏小；计算结果产生差异的原因应该是多方面的，具体如下：

1) 如龙滩坝前水位达到限制水位的时间，水动力学方法主要取决于坝前瞬时动态的计算结果，而马斯京根法则取决于调度水库的可调节库容是否使用完毕，两者存在较大的差异。

2）两个模型中采用的当前河道和水库的实际地形的精确程度，此处建立的西江中游河网及梯级水库数学模型采用的主要是近5年来的最新水深地形资料，由于当前各梯级水库建成时间较早，若马斯京根法应用的水库库容仍然是水库的初始设计值，则会造成两种方法获得的调洪削峰效果的差异。

3）由于水动力学方法对水深地形条件、边界条件及区间入流还原过程要求较高，尤其是水动力学方法中对龙滩库区上游部分河段缺乏资料采用的概化处理，也会对调洪计算结果形成一定程度的影响，也是造成两种方法获得的削峰计算结果差异的原因。

河网及梯级水库生态调度研究

目前梯级电站的建立充分开发了流域水利资源，但流域梯级建设也从水文情势、理化参数、生物指标、形态结构等方面改变了水生态系统，破坏了由水生生物群落与水环境共同构成的具有特定结构和功能的动态平衡系统，对流域水生生态环境产生了重大影响。目前电站调度很少考虑水生生态需求，特别是鱼类产卵等敏感期对生态流量过程的需求，进而能够刺激鱼类产卵的小洪水过程大幅减少，现存产卵场的功能也受到较大影响。因此，对河网及梯级水库生态调度研究非常重要。本章通过对目标产卵场实测资料的分析，利用西江中游河网及梯级水库水动力数学模型还原目标产卵场水文过程，分析产卵场的水力因子，探讨生态调度方案的可行性。

7.1 梯级水库调度对枯季梧州生态和压咸流量的影响

7.1.1 西江中游生态调度目标

西江生态调度研究的内容主要是满足下游控制断面生态基流、抑制咸潮。梧州站作为西江进入河口地区的控制节点被选为本次研究的控制站点，方案编制主要为满足控制站点的流量目标：

(1) 生态流量目标。参考《西江干流龙滩等已建大型水库工程综合调度方案书》，梧州生态流量计算参照 Tennant 法，选取 45 年（1956—2000 年）的径流量资料，按汛期和非汛期分别设定河道生态环境需水的目标，计算控制断面的汛期和非汛期的河流生态环境需水量，计算确定西江梧州控制断面的非汛期生态环境流量为 $1800m^3/s$。本次调度计算采用 $1800m^3/s$ 为梧州站生态流量控制值。

(2) 抑咸流量目标。梧州水文站是珠江流域西江水系出境的主要控制站和国家重要水文站，也是抑咸调度的关键控制断面。参照珠江水利委员会往年水量统一调度及流域压咸补淡应急调水的压咸效果来看，梧州控制站点的下泄流量为 $2100m^3/s$，可满足澳门、珠海、中山、广州的供水要求，水环境容量也相应得到极大改善。因此本次生态调度研究梧州站抑咸流量控制值设定为 $2100m^3/s$。

7.1.2 西江中游生态调度典型年选取

枯水季节珠江河口能否满足对珠海、澳门地区的供水，能否增加河口径流以压制咸水上溯，能否满足河口地区补充淡水的需要均取决于梧州站的流量情况。梧州枯水季节为12月至次年3月，其中1月为枯水最为严重的一个月份，搜集1997—2014年共计18年梧州站实测水文数据，对1月平均流量进行粗略统计，如图7-1所示。

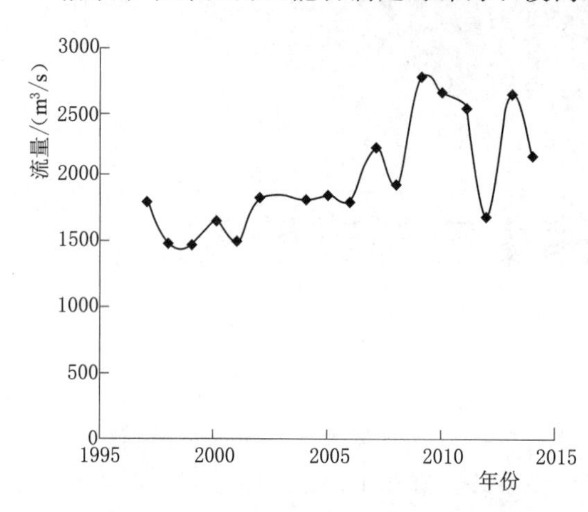

图7-1 梧州站1月历年平均流量值

通过分析可知，随着西江干流梯级电站的建立，1月梧州站平均流量呈现增长趋势，尤其在2009年龙滩水库投入运行后流量增加较为明显。2009年龙滩建成前在丰水年基本能满足 $1800m^3/s$ 的生态流量，难以满足 $2100m^3/s$ 的抑咸流量；2009年龙滩建成后在丰水年与平水年，梧州站基本能满足 $1800m^3/s$ 的生态流量及 $2100m^3/s$ 的抑咸流量。可推测上游龙滩水库的泄流量是枯水期梧州站流量的主要组成部分，对其流量的调节起到至关重要的作用。因此，本次调度以龙滩作为主要调节水库，考虑到龙滩下泄流量传递至梧州时间较长，此处增加岩滩水电站进行辅助调节；根据近5年来1月份的流量来看，2012年1月流量最小，仅为 $1703m^3/s$，因此选取枯水年份2012年1月1日0时至2月29日0时的共计1440h水文数据进行生态调度计算研究。

7.1.3 生态调度规则和步骤

考虑到枯季水库调度既需要满足防洪要求，也需要保证发电、航运、取水和生态等综合需求，此处调度主要利用汛前腾空库容时的水量作为可利用水量，因此引入汛限水位，当水库水位低于汛限水位时调度停止。调度规则设定如下：

(1) 方案1：龙滩单库调度规则，为龙滩调度基本方案。

(2) 方案2：龙滩单库调度规则，通过增加龙滩下泄流量加大龙滩调控。

(3) 方案3：岩滩单库调度规则，为岩滩调度基本方案。

(4) 方案4：岩滩单库调度规则，通过增加岩滩下泄流量加大岩滩调控。

(5) 方案5：龙滩，岩滩两库联合调度，综合使用提高调节力度。

2012年枯水季生态调度研究采用的计算步骤如下：

(1) 将计算模型分段进行水文还原。模型共分为 4 段，红水河入流口—桥巩水电站；柳州、桥巩—武宣水文站；南宁—贵港；贵港、武宣—梧州水文站段。

(2) 根据已有水文资料，每段上游给定流量边界条件，下游给定水位边界条件，通过计算拟合还原每段区间入流。

(3) 利用已建立的河网梯级水库调度模型分 5 种调度方式进行调度计算。计算上游给定流量边界条件，下游给定水位边界条件，调度水库以正常蓄水位作为起调水位，其他水库坝前水位均保持正常蓄水位不变。

表 7-1 生态调度方案列表

调度方案	龙滩		岩滩	
	判断水位/m	控制泄流量/(m^3/s)	判断水位/m	控制泄流量/(m^3/s)
方案 1	≥359.3	800	不参与调度	
	<359.3	按入库下泄		
方案 2	≥359.3	1000	不参与调度	
	<359.3	按入库下泄		
方案 3	不参与调度		≥220.5	800
			<220.5	按入库下泄
方案 4	不参与调度		≥220.5	1000
			<220.5	按入库下泄
方案 5	≥359.3	1000	≥220.5	1000
	<359.3	按入库下泄	<220.5	按入库下泄

7.1.4 洪水过程还原和验证

资料收集过程中，暂没有获得西江中游所有梯级电站的操作运行过程，因此在对 2012 年水文条件的还原中，除参与调度的龙滩和岩滩水电站，其他电站均按正常蓄水位运行考虑，不对中间水文站点的水位进行验证；同时鉴于此处重点针对的是梧州断面的流量开展调度，因此主要通过验证边界节点流量计算值与实测值，图 7-2～图 7-5 给出了将西江中游河网分为 4 段后的还原和验证结果，可认为此处还原出来的区间流量过程满足验证精度要求，成果可信并可用于调度。

7.1.5 调度计算结果

7.1.5.1 方案 1 调度计算成果分析

方案 1 采用龙滩单库调度，起调水位为正常蓄水位 375m，其他电站均保持正常蓄水位不变，获得梧州水文站流量过程。梧州水文站调度前后流量、龙滩入库流量、出库流量、坝前水位过程线如图 7-6 所示，分析可知：

(1) 2012 年 1 月 1 日至 2 月 29 日全程，龙滩水库始终保持 800m^3/s 的下泄流量，入库流量小于出库流量，坝前水位持续下降但并未低于设定值 359.3m。经过调度，调节后梧州流量明显大于调节前。

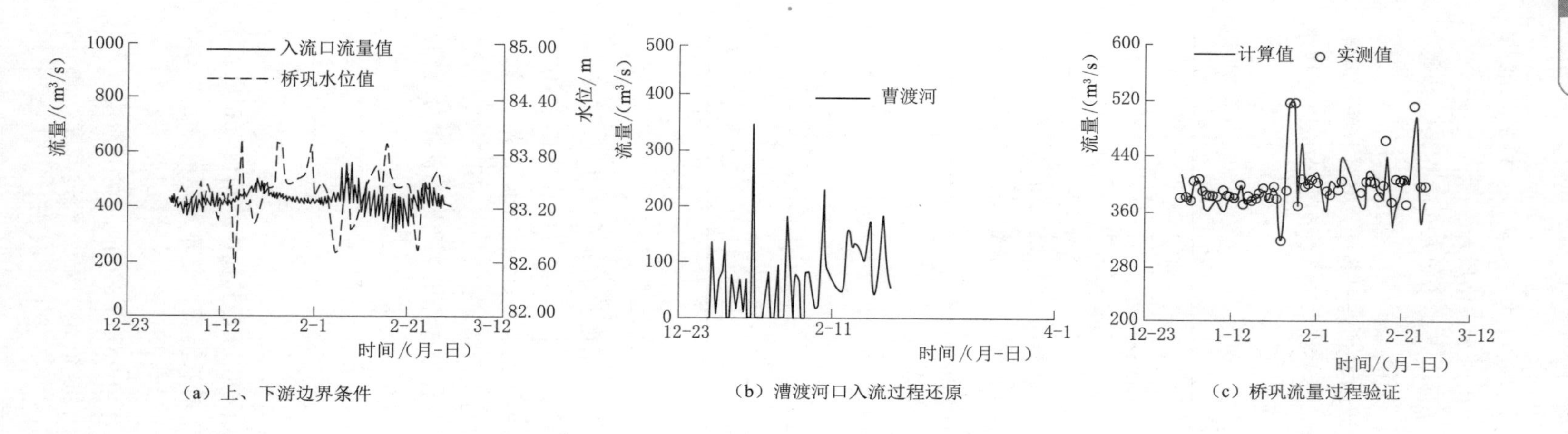

图 7-2 红河口入流口—桥巩段还原和验证

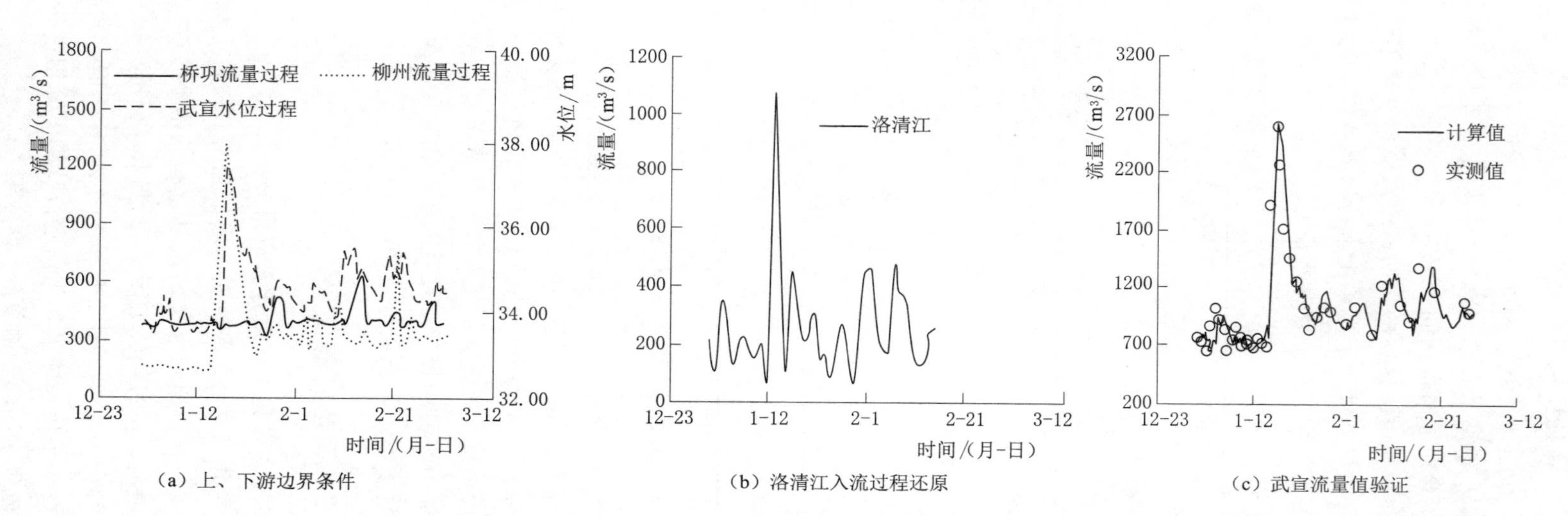

图 7-3 桥巩、柳州—武宣段还原和验证

(a) 上、下游边界条件　(b) 武思江入流过程还原　(c) 贵港流量过程验证

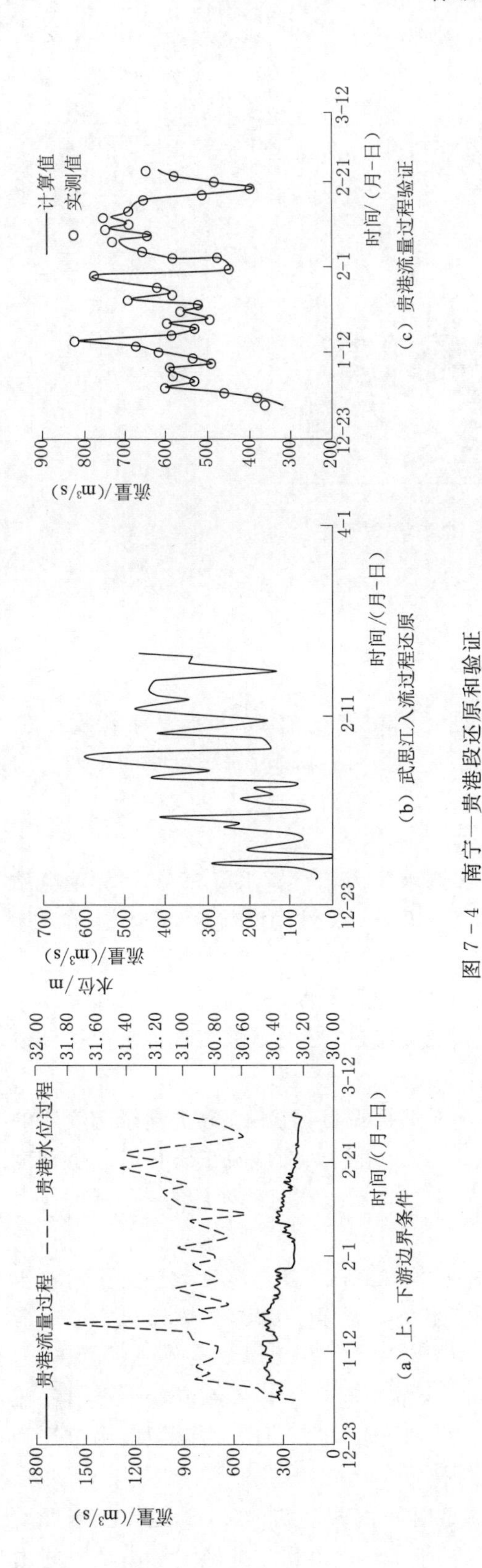

图 7-4　南宁—贵港段还原和验证

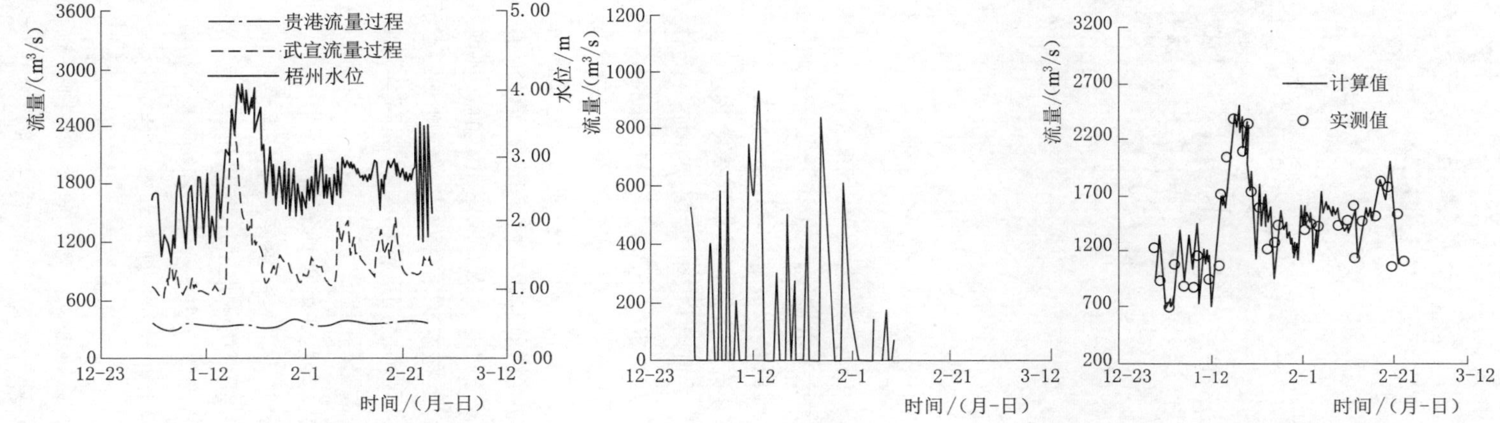

(a) 上、下游边界条件　(b) 桂江入流过程　(c) 梧州流量过程

图 7-5　贵港、武宣—梧州段还原和验证

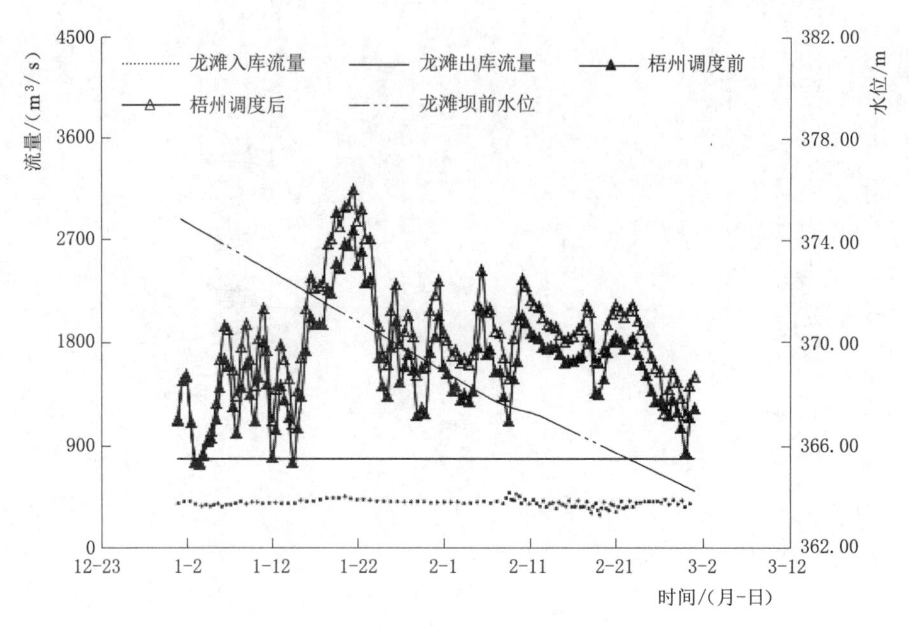

图7-6 调度方案1调节效果图

(2) 经过龙滩的调节，梧州站生态流量满足时间由调度前432h提高至调度后的766h，满足率由调度前的40%提高至调度后的79%；梧州站抑咸流量满足时间由调度前的175h提高至调度后的418h，满足率由调度前的16.2%提高至调度后的38.7%。

7.1.5.2 方案2调度计算成果分析

方案2采用龙滩单库调度并加大调节力度，起调水位为正常蓄水位375m，其他电站均保持正常蓄水位不变，获得梧州水文站流量过程，梧州水文站调度前后流量、龙滩入库流量、出库流量、坝前水位过程线如图7-7所示。分析可知：

(1) 1月1日至2月21日，龙滩水库始终保持1000m³/s的下泄流量，入库流量小于出库流量，坝前水位持续下降直到设定值359.3m。2月21—29日，龙滩坝前水位达到设定值，停止调度，按入库流量下泄，坝前水位保持不变。

(2) 通过本次龙滩调节，梧州站生态流量满足时间由调度前的432h提高至调度后的664h，满足率由调度前的40%提高至调度后的89.7%；梧州站抑咸流量满足时间由调度前的175h提高至调度后的418h，满足率由调度前的16.2%提高至调度后的61.5%。

7.1.5.3 方案3调度计算结果分析

方案3采用岩滩单库调度，起调水位为正常蓄水位223m，其他电站均保持正常蓄水位不变，获得梧州水文站流量过程。梧州水文站调度前后流量、岩滩入库流量、出库流量、坝前水位过程线如图7-8所示。分析可知：

(1) 1月1—10日，岩滩水库始终保持800m³/s的下泄流量，入库流量小于出库流量，坝前水位持续下降直到设定值220.5m。1月11日至2月29日，岩滩坝前水位达到设定值，停止调度，按入库流量下泄，坝前水位保持不变。

(2) 经过岩滩单库调度，梧州站生态流量满足时间由调度前的432h提高至调度后的438h，满足率由调度前的40%提高至调度后的40.5%；梧州站抑咸流量满足时间由

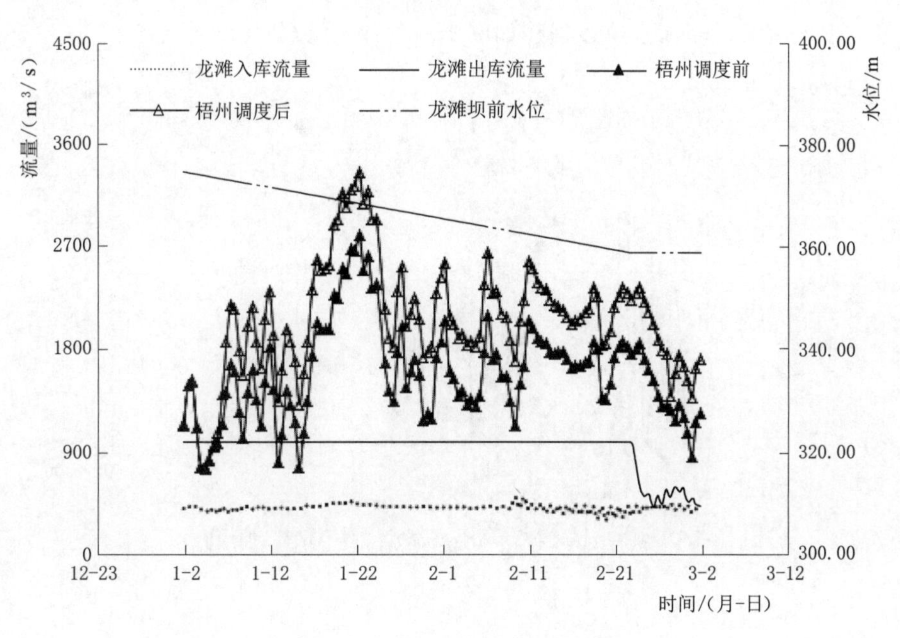

图 7-7　调度方案 2 调节效果图

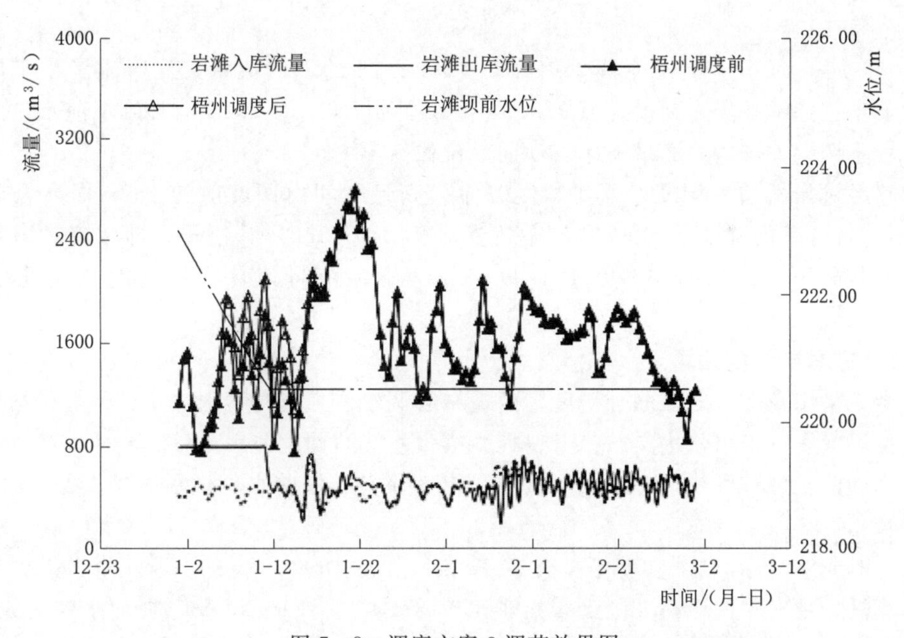

图 7-8　调度方案 3 调节效果图

调度前的 175h 提高至调度后的 194h，满足率由调度前的 16.2%提高至调度后的 17.9%。

7.1.5.4　方案 4 调度计算结果分析

方案 4 采用岩滩单库调度并加大岩滩调节力度，起调水位为正常蓄水位 223m，其他电站均保持正常蓄水位不变，获得梧州水文站流量过程。梧州水文站调度前后流量、岩滩入库流量、出库流量、坝前水位过程线如图7-9所示。分析可知：

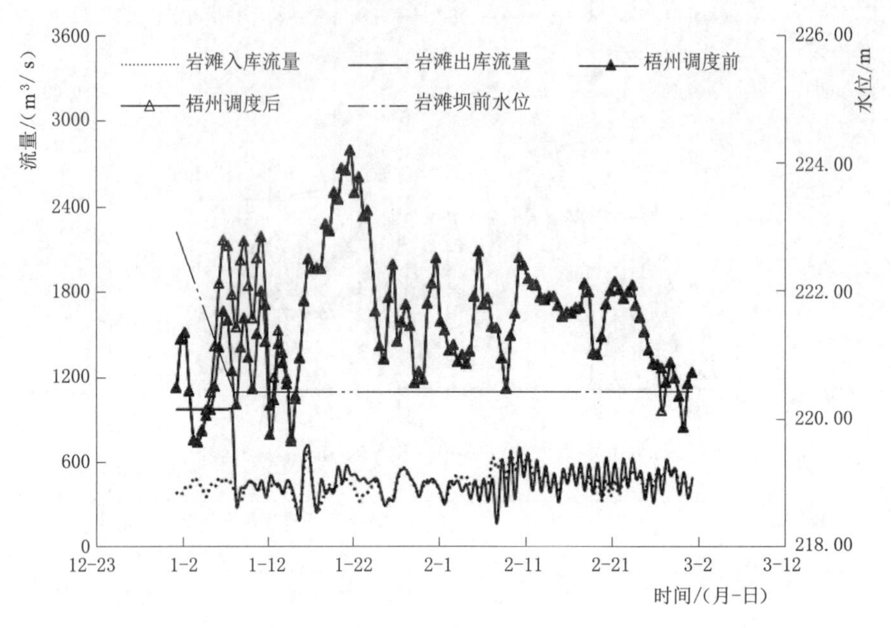

图7-9 调度方案4调节效果图

(1) 1月1—7日，岩滩水库始终保持1000m³/s的下泄流量，入库流量小于出库流量，坝前水位持续下降直到设定值220.5m。1月8日至2月29日，岩滩坝前水位达到设定值，停止调度，按入库流量下泄，坝前水位保持不变。

(2) 经过岩滩单库调度，梧州站生态流量满足时间由调度前的432h提高至调度后的436h，满足率由调度前的39.4%提高至调度后的40.5%；梧州站抑咸流量满足时间及满足率维持不变。岩滩单库调度，设定较大下泄流量值，此种调度方式几乎没有效果。

7.1.5.5 方案5调度计算

方案5采用龙滩、岩滩联合调度，两电站起调水位为正常蓄水位，其他电站均保持正常蓄水位不变，获得梧州水文站流量过程。梧州水文站调度前后流量、岩滩入库流量、出库流量、坝前水位过程线，龙滩入库流量、出库流量、坝前水位过程线如图7-10所示。分析可知：

(1) 对龙滩水库，1月1日至2月21日始终保持1000m³/s的下泄流量，入库流量小于出库流量，坝前水位逐渐下降至设定值359.3m。2月21—29日，坝前水位为设定值，龙滩停止调度，入库流量等于出库流量，坝前水位维持不变。

(2) 对岩滩水库，1月1日至2月21日，岩滩水库始终保持1000m³/s的下泄流量，入库流量为龙滩出库流量1000m³/s，入库流量等于出库流量坝前水位维持不变。2月21—28日，龙滩停止调度，岩滩继续以1000m³/s为下泄流量，入库流量小于出库流量，坝前水位下降至设定值220.5m。2月29日岩滩由于水位达到设定值也停止调度，入库流量等于出库流量，坝前水位维持不变

(3) 经过龙滩、岩滩双库联合调度，梧州站生态流量满足时间由调度前的432h提高

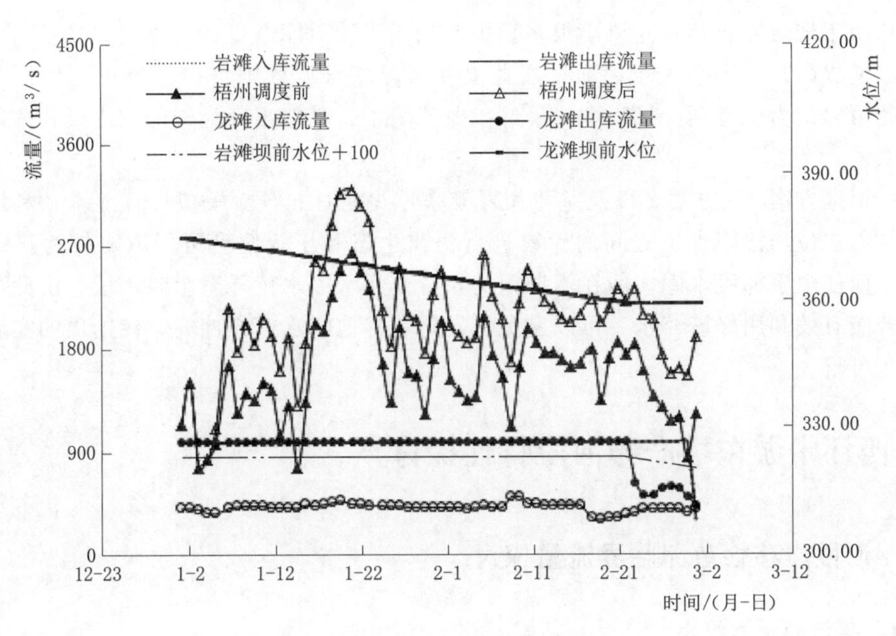

图 7-10 调度方案 5 调节效果图

至调度后的 997h，满足率由调度前的 40%提高至调度后的 92.3%；梧州站压咸流量满足时间由调度前的 175h 提高至调度后的 708h；满足率由调度前的 16.2%提高至调度后的 65.6%。

7.1.6 各生态调度方案比较

此处以 2012 年 1 月 1 日至 2 月 29 日枯季水文过程为基础，分别采用了龙滩和岩滩组合情况下的 5 种调度方案进行了模拟计算和分析，表 7-2 汇总了 5 个生态调度方案实施前后梧州断面流量达标情况，分析可见：

表 7-2 各方案调度结果汇总表

时间	方案	梧州控制流量合格时间 (h)/合格时间占总时间百分比			
		$1800m^3/s$		$2100m^3/s$	
		调度前	调度后	调度前	调度后
2012 年 1 月至 2012 年 3 月	方案 1	432/40%	766/70.9%	175/16.2%	418/38.7%
	方案 2		969/89.7%		664/61.5%
	方案 3		438/40.5%		194/17.9%
	方案 4		426/39.4%		175/16.2%
	方案 5		997/92.3%		708/65.6%

(1) 由于龙滩库容大，采用龙滩单库调度方案 1、方案 2 以及龙滩和岩滩联合调度的方案五都能取得较为明显的效果，可以使梧州断面的生态流量由调度前仅 40%的保证时间比例提高到 70.9%～92.3%的比例，将压咸流量由调度前仅 16.2%的保证时间比例提高到 38.7%～65.6%的比例。

（2）由于岩滩库容相对龙滩小很多，因此采用岩滩单库调度的方案3和方案4，对梧州断面流量提高几乎影响很小；而采用龙滩和岩滩联合调度则可以有效提高梧州断面流量，因此可以认为生态调度过程中，最好以龙滩为主、其他水库为辅的调度模式才能取得较好效果。

（3）根据方案1、方案2以及龙滩和岩滩联合调度的方案5模拟计算显示，利用梯级电站正常蓄水位与汛限水位之间的库容进行梧州生态和压咸调度可以取得较为显著的成果；由于西江中游梯级水库一般在汛期前的4月要将水库水位降至汛限水位，由此会产生弃水，若能有效利用好该弃水，可以避免与发电等其他需水造成冲突，使给出的实施方案更为切实可行。

7.2 西江中游东塔产卵河段特性探讨

7.2.1 河段漂移性鱼卵临界流量探讨

7.2.1.1 采用的水文组合

流速是四大家鱼自然繁殖的关键水动力因子之一。流速对四大家鱼的繁殖作用主要体现在两个方面：一是适宜的流速范围及其变化过程会刺激成熟家鱼，促使家鱼产卵排精；二是一定的流速能维持家鱼所产的漂流性卵随水漂流而不下沉，保证鱼卵的受精和正常孵化，最低断面平均流速在0.25m/s以上可达到该要求。为此，采用还原后的长序列水文资料，分析调度期4—7月武宣、大湟江口、梧州水文站的洪水组成。根据调度期4—7月武宣、大湟江口、梧州水文站的洪水组成情况，模拟以大湟江口站为控制的不同流量级的不同水文组合，见表7-3～表7-5。

表7-3 大湟江口不同流量级时的主要断面流量（组合1）

主要断面	流量比率	大湟江口站不同流量级下各主要断面流量/(m^3/s)					
		3000	5000	8000	10000	12000	15000
迁江（定子滩产卵场）	0.22	660	1100	1760	2200	2640	3300
武宣	0.82	2460	4100	6560	8200	9840	12300
大湟江口（东塔产卵场）	1	3000	5000	8000	10000	12000	15000
梧州	1.47	4410	7350	11760	14700	17640	22050

表7-4 大湟江口不同流量级下的主要断面流量（组合2）

主要断面	流量比率	大湟江口站不同流量级下各主要断面流量/(m^3/s)					
		3000	5000	8000	10000	12000	15000
迁江（定子滩产卵场）	0.47	1410	2350	3760	4700	5640	7050
武宣	0.82	2460	4100	6560	8200	9840	12300
大湟江口（东塔产卵场）	1	3000	5000	8000	10000	12000	15000
梧州	1.11	3330	5550	8880	11100	13320	16650

表 7-5　　大湟江口不同流量级下的主要断面流量（组合 3）

主要断面	流量比率	大湟江口站不同流量级下各主要断面流量/(m^3/s)					
		3000	5000	8000	10000	12000	15000
迁江（定子滩产卵场）	0.34	1020	1700	2720	3400	4080	5100
武宣	0.82	2460	4100	6560	8200	9840	12300
大湟江口（东塔产卵场）	1	3000	5000	8000	10000	12000	15000
梧州	1.22	3660	6100	9760	12200	14640	18300

7.2.1.2　大湟江口不同流量级水文组合的下游河段断面流速计算结果

以大湟江口站为控制的不同流量级下，调度河段沿程流速变化如图 7-11～图 7-13 所示。可见流量为 3000m^3/s 时，长洲水利枢纽往上约 32km 河段内断面平均流速小于 0.25m/s，其他河段基本上均大于 0.25m/s；在 5000～15000m^3/s 不同流量下，产卵场下游河段的沿程流速基本上均大于 0.25m/s。

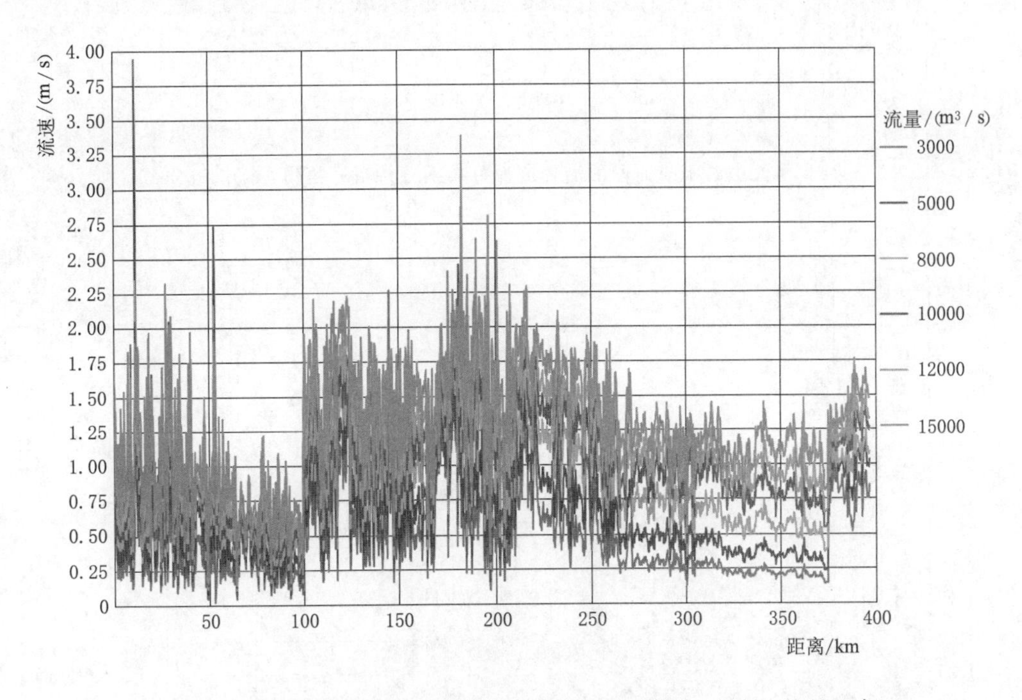

图 7-11　西江中游干流河段的沿程流速分布图（桥巩—梧州，流量组合 1）

7.2.1.3　不同流量级下定子滩和大湟江口产卵场断面水力特性

在定子滩和东塔产卵场的布置断面数量分别为 19 个和 28 个，如图 7-14 和图 7-15 所示。根据表 7-6 计算结果可知，由于不同水文组合下的水位不一致，因此产卵场通过相同流量下的特征断面流速和水深都不一致。比较来看，定子滩产卵场平均水深大于东塔产卵场，而平均流速则小于东塔，不同流量组合工况下，东塔产卵场平均水深和流速变化很小，而定子滩产卵场平均水深和流速变化相对较大。

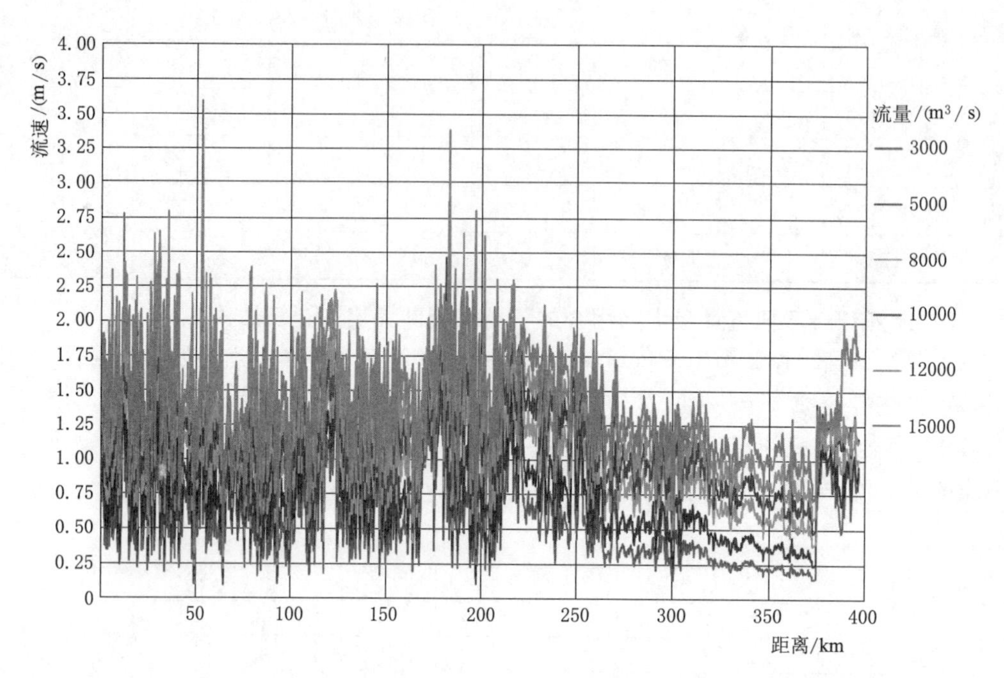

图7-12 西江中游干流河段的沿程流速分布图（桥巩—梧州，流量组合2）

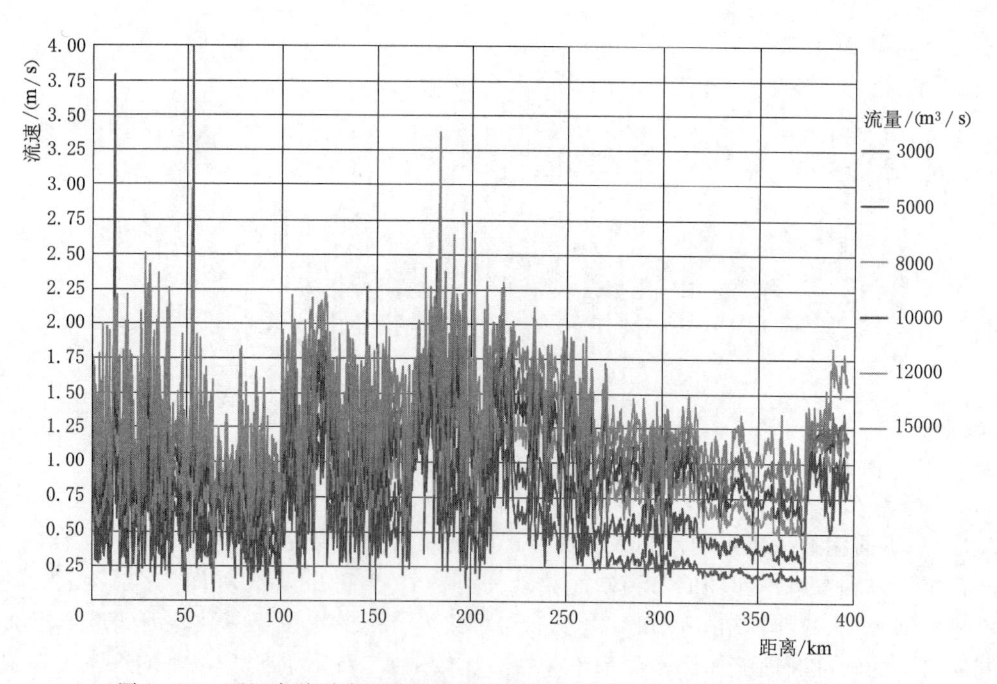

图7-13 西江中游干流河段的沿程流速分布图（桥巩—梧州，流量组合3）

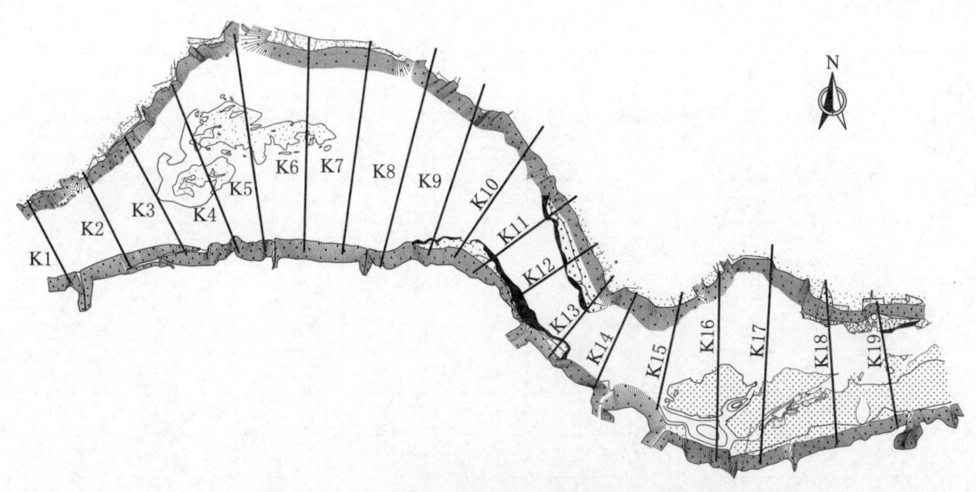

图 7-14 定子滩产卵场一维模型断面布置图

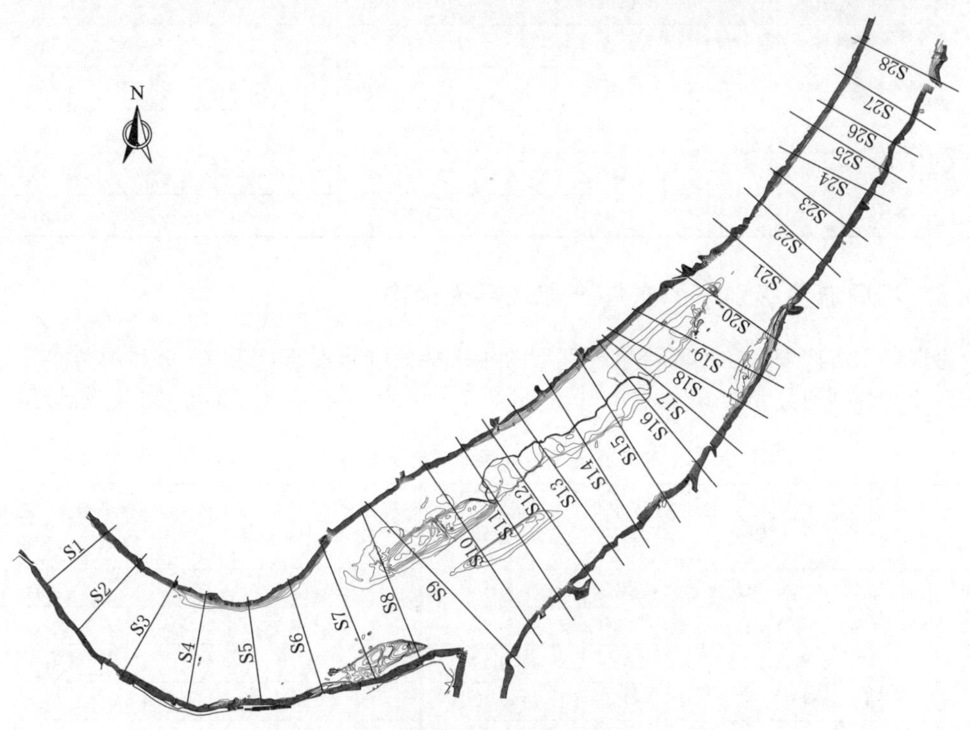

图 7-15 东塔产卵场一维模型断面布置图

表 7-6 产卵场断面水力计算成果表

水文组合	产卵场通过流量/(m^3/s)	定子滩		东塔	
		平均流速/(m/s)	平均水深/m	平均流速/(m/s)	平均水深/m
1	3000	0.53	9.37	0.90	8.22
	5000	0.65	10.16	1.14	8.89
	8000	0.72	11.39	1.39	9.64

续表

水文组合	产卵场通过流量/(m^3/s)	定子滩		东塔	
		平均流速/(m/s)	平均水深/m	平均流速/(m/s)	平均水深/m
1	10000	0.76	12.17	1.54	10.12
	12000	0.79	12.82	1.65	10.76
	15000	0.88	13.5	1.79	11.83
2	3000	0.68	11.00	0.94	8.11
	5000	0.77	12.68	1.17	8.86
	8000	0.95	14.10	1.41	9.59
	10000	1.04	14.98	1.55	10.11
	12000	1.13	15.80	1.66	10.75
	15000	1.26	16.95	1.80	11.81
3	3000	0.62	10.28	0.94	8.11
	5000	0.70	11.57	1.15	8.89
	8000	0.80	13.23	1.4	9.62
	10000	0.89	13.89	1.54	10.14
	12000	0.99	14.42	1.66	10.75
	15000	1.08	15.43	1.80	11.81

7.2.2　不同流量级别下的东塔产卵场平面形态

为探讨东塔产卵场在不同流量级别下的滩槽平面分布形态，表 7-7 和图 7-16 给出了该产卵场分别通过 4000m^3/s、8000m^3/s 和 12000m^3/s 流量级下的滩槽形态统计结果。

表 7-7　　不同流量计下各滩地几何参数对比

流量级/(m^3/s)	几何参数	近左岸江心洲	近右岸江心洲	黔江与郁江汇合口上游右岸的滩地	桂平三江口下游约 2.3km 的滩地
4000	长度/m	3066.9	724.3	719.8	817.6
	最大宽度/m	444.1	123.6	156.2	137.5
	平均宽度/m	270.0	90.0	85.0	65.0
	面积/万 m^2	83.2	6.7	6.1	5.2
8000	长度/m	2762.9	329.3	516.0	—
	最大宽度/m	264.2	58.4	112.7	—
	平均宽度/m	140.0	40.0	62.5	—
	面积/万 m^2	40.2	1.3	3.2	—
12000	长度/m	739.6	—	305.0	—
	最大宽度/m	125.8	—	76.5	—
	平均宽度/m	110.0	—	32.5	—
	面积/万 m^2	8.1	—	1.0	—

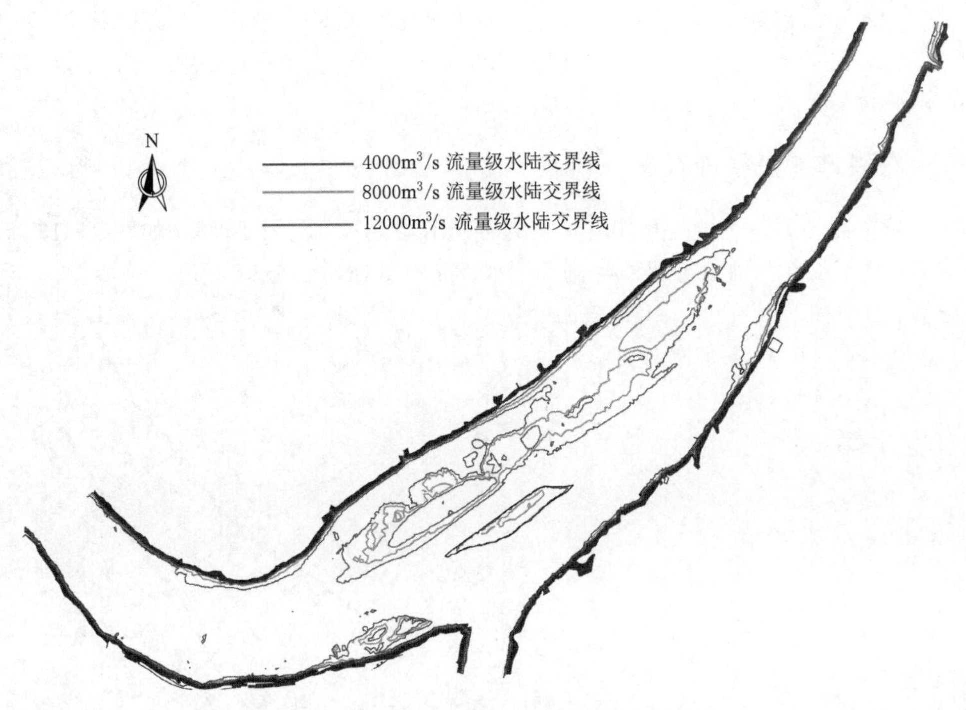

图 7-16 不同流量级下的东塔水陆交界线图

(1) 4000m^3/s 流量级。该流量级下的东塔产卵场平均水位约为 25m，露滩面积较大，左槽河床裸露，水流从中槽和右槽经过，形成两滩两槽的格局。左侧边滩呈狭长型，长 3066.9m，最大宽度为 444.1m，平均宽度约为 270m，面积达 83.2 万 m^2；河道江心滩也呈狭长型，长 724.3m，最大宽度为 123.6m，平均宽度约为 90m，面积达 6.7 万 m^2；江心滩与江心洲两者相距约 140m。黔江与郁江汇合口上游右岸露滩明显，长 719.8m，最大宽度为 156.2m，平均宽度约为 85m，面积达 6.1 万 m^2，桂平三江口下游约 2.3km 的右侧滩地裸露，长 817.6m，最大宽度为 137.5m，平均宽度约为 65m，面积达 5.2 万 m^2。

(2) 8000m^3/s 流量级。该流量级下的东塔产卵场平均水位约为 27.5m，此时左槽过流，形成两滩三槽的格局。近左岸江心滩靠下游 1/3 的位置被横流截断，靠上游部分浅滩长 2058.7m，最大宽度为 264.2m，平均宽度约为 152m，面积达 31.3 万 m^2，靠下游部分浅滩长 704.2m，最大宽度为 174.9m，平均宽度约为 125m，面积达 8.9 万 m^2；靠右岸江心滩部分长 329.3m，最大宽度为 58.4m，平均宽度约为 40m，面积达 1.3 万 m^2；两个浅滩相距约 216m。该流量级下，黔江与郁江汇合口上游右岸滩地大部分被淹没，仅余两个局部浅滩，靠上游部分浅滩长 245.9m，最大宽度为 105.6m，平均宽度约为 60m，面积达 1.5 万 m^2，下游部分长 270.1m，最大宽度为 112.7m，平均宽度约为 65m，面积达 1.7 万 m^2。桂平三江口下游约 2.3km 的滩地基本被淹没。

(3) 12000m^3/s 流量级。该流量级下的东塔产卵场平均水位约为 30m，露滩面积进一步减小，靠右岸江心滩全部被淹没，仅余靠左岸江心滩部分露滩，形成一滩两槽的格局。靠左岸江心滩下游方向 1/2 的部分被淹没，并局部有小部分出露，其中主要部分长 739.6m，最大宽度为 126m，平均宽度约为 110m，面积达 8.0 万 m^2；黔江与郁江汇合口上游右岸的滩地面积进一步减小，仅余上、下游两部出露，上游部分长 122.3m，最大宽度为 38.3m，平均宽度约为 25m，面积达 0.3 万 m^2，下游部分长 182.7m，最大宽度为 76.5m，平均宽度约为 40m，面积达 0.7 万 m^2。

7.2.3 东塔产卵场横断面形态特征

为分析产卵场上、下游变化形态，从上游至下游选取了 6 个断面，如图 7－17 所示，以 24.00m 高程线作为滩槽分界线，剖面图如图 7－18 所示。分析如下：

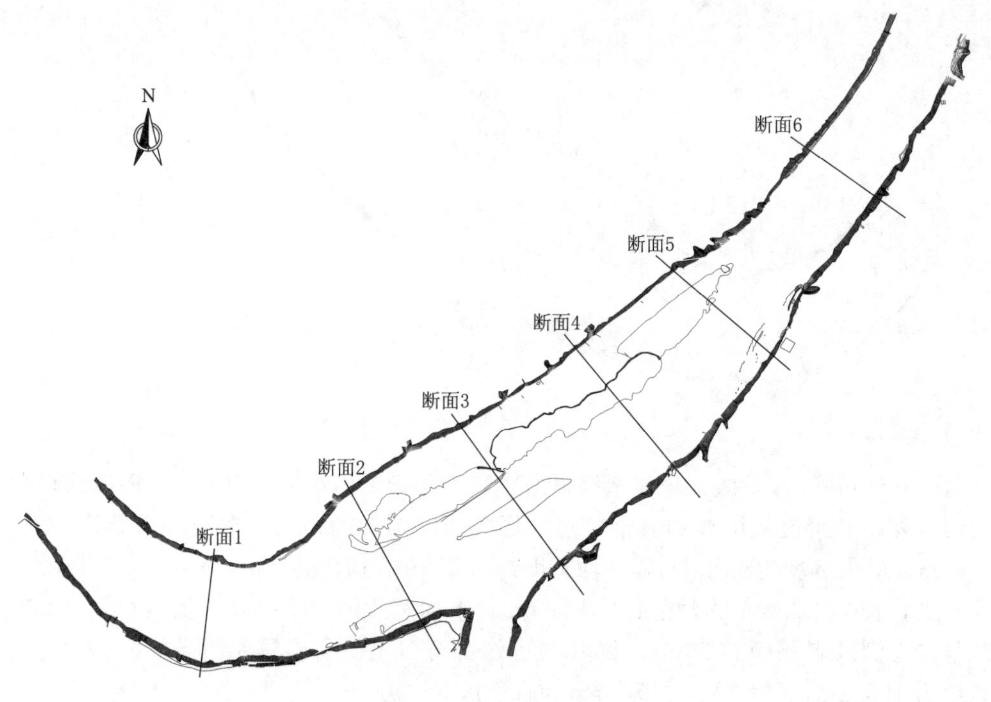

图 7－17 断面布置图

断面 1：该断面位于桂平三江口上游约 1.6km 处，右岸为桂平市政府和桂平市第一中学，呈 V 型槽，深槽较居中，距离左岸约 350m，底部高程为 1.96m，左右岸滩地不发育。

断面 2：该断面位于桂平三江口上游约 0.5km 处，呈三槽两滩格局；左槽距离左岸约 80m，底部高程为 22.20m；右槽距离右岸约 120m，底部高程为 22.82m；中槽距离左岸约 670m，底部高程为 16.57m，中槽为主槽，其过流面积和深度均大于左槽和右槽；左侧滩地距左岸约 300m，宽度约 120m，平均高程约为 22.92m；右侧滩地距右岸约 230m，宽度约 90m，平均高程约为 28.21m。

断面 3：该断面位于桂平三江口下游约 0.4km 处，呈三槽两滩格局，分别称为左槽、江心滩、中槽、江心洲、右槽；左槽距离左岸约 110m，底部高程为 21.76m；中槽距离左岸约 540m，底部高程为 19.40m；右槽距离右岸约 120m，底部高程为 15.11m，右槽面积和深度均大于左槽和中槽；江心滩距左岸约 300m，宽度约 260m，平均高程为 27.00m，江心洲距左岸约 620m，宽度约 140m，平均高程约为 26.50m。

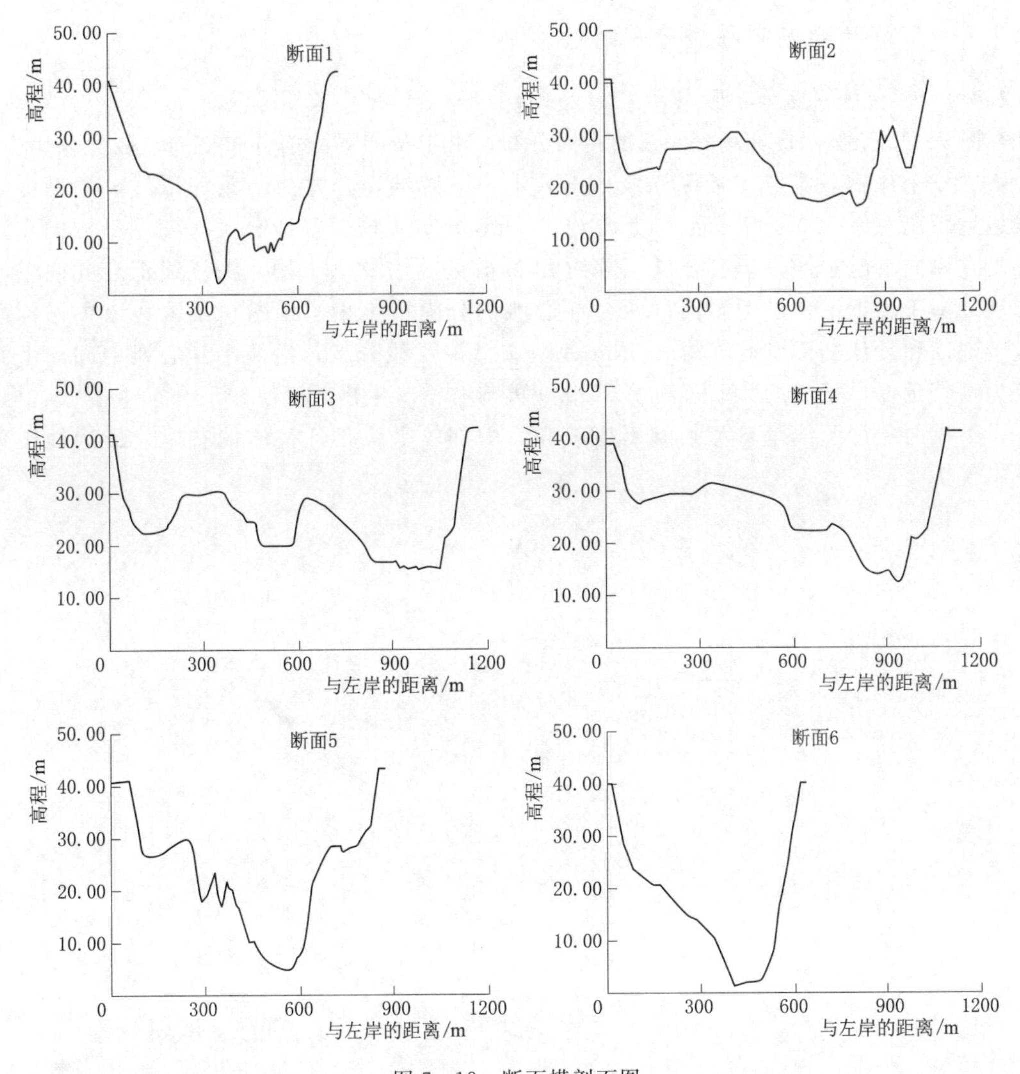

图 7-18 断面横剖面图

断面 4：该断面位于桂平三江口下游约 1.5km 处，呈一滩一槽格局，左侧滩地发育，滩地宽度约为 430m，占断面宽度的近 1/2，平均高程为 27.10m；深槽靠右侧，距离右岸约 200m，底部高程为 8.32m。

断面 5：该断面位于桂平三江口下游约 2.4km 处，右岸为东塔村，呈两滩一槽的格局，左岸和右岸滩地发育，左岸滩地宽约 130m，平均高程约为 25.60m，右岸滩地宽约 150m，平均高程为 26.70m；深槽较居中，底部高程为 1.86m，距离左岸约 540m。

断面 6：该断面位于桂平三江口下游约 3.2km 处，呈 V 型槽，深槽偏右侧，距离右岸约 220m，底部高程为 2.84m，左右岸滩地不发育。

总体来看，该产卵场上、下游端的河段呈 V 型，滩地不发育，且主槽底部都很深，过流断面宽度相对都较窄；郁江汇合口以下主要产卵河道断面都呈现显著滩槽分布格局，主槽水深均小于上、下游端断面。

7.2.4 东塔产卵场深泓线分布特性

7.2.4.1 深泓线平面分布形态

图7-19给出了产卵场深泓线的平面分布。由于产卵场滩槽分布格局，因此分为左、中、右三个深槽并对应三条深泓线，进入上、下游端又合并为一条深泓线。左槽深泓线最近距离左岸50m，于交汇口上游约1.7km处与主槽深泓线分叉，朝左岸方向靠近并沿左岸向下游延伸，于汇合口下游约2.9km处与右槽（主槽）深泓线汇合并向下游伸展；由于临近汇合口下游河段两个江心滩的分隔衍生出了中槽深泓线，该中槽深泓线于郁江和黔江交汇口上游约0.6km处从右槽深泓线分叉，沿两个江心滩中间向下游较为顺直延伸，于交汇口下游约1.8km处再与右槽（主槽）深泓线汇合；主槽（右槽）上、下游两端深泓线呈S型，蜿蜒度较高，中部较平缓，且整体偏右岸，最近处距离右岸仅100m。

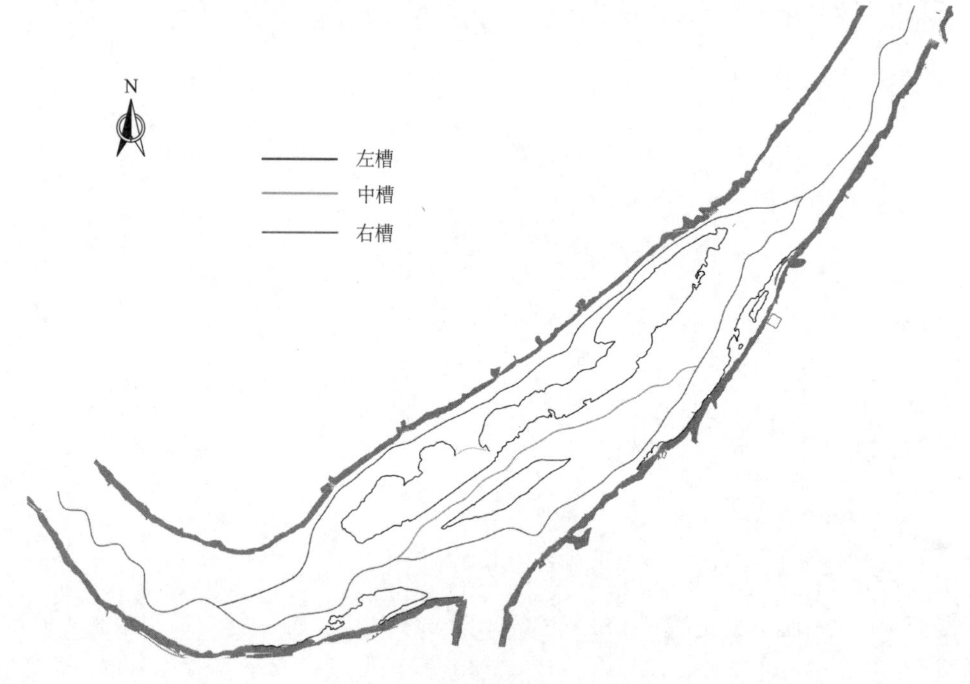

图7-19 深泓线平面分布形态

7.2.4.2 深泓线垂向分布形态

图7-20给出了深泓线高程沿程变化，可见：

(1) 产卵场主槽（右槽）深泓线底部高程由上游端的12.13m变化到下游端的−2.34m，沿程比降为2.2‰，深泓线形态从上游向下游呈现波浪形下降，最高处出现在距离上游端1.7km处，为17.91m。

(2) 左槽深泓线由与主槽分叉位置的高程9.14m变化到下游端与主槽汇合口位置的1.07m，总体比降为1.9‰，略小于主槽，该深泓线变化形态呈现靠近左岸迅速抬升至23.37m，然后沿左岸向下游顺岸延伸约3.2km，高程总体变化不大，之后由24.10m高

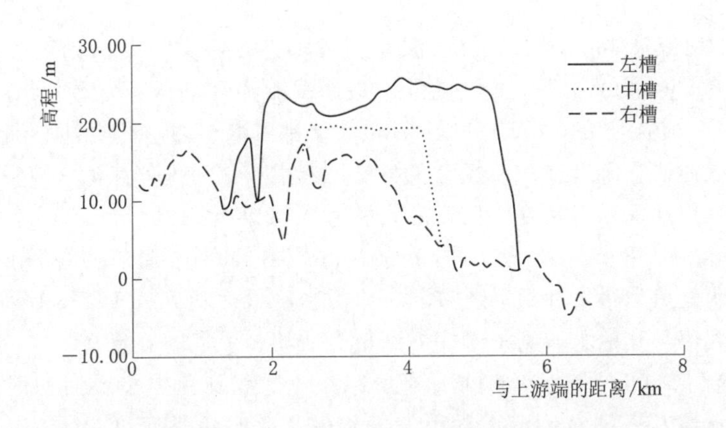

图 7-20　深泓线高程沿程分布

程迅速汇向主槽深泓线至 1.07m。总体来看，左槽深泓线高程在上、下游两端变化剧烈，沿左岸岸线走向的深泓线段变化较为平缓，由左槽深泓线最大高程来看，只有在水位达到或超过 25.6m 后，左槽才能全部过流。

(3) 中槽主要是由产卵场中部两个江心滩的分隔造成，由与主槽分叉位置的 17.19m 变化到下游端与主槽汇合口位置的 4.35m，沿程比降约 6.8‰，明显大于左槽和主槽比降。深泓线高程沿程变化形态也呈现从主槽分叉后迅速抬升到 19.82m，沿江心洲岸线向下游延伸约 1.6km，高程总体变化不大，然后由 19.02m 迅速汇向主槽汇，高程也下降至 4.35m。中槽相对于主槽和左槽来看，总体较短，主槽高程也介于主槽和左槽之间。

7.3　东塔产卵场 2017 年鱼类初步调查及与水力要素相关性

7.3.1　走航路线

本研究对整个东塔产卵场区域进行鱼类资源密度的探测，产卵场上游延伸至干流黔江 2km，支流郁江 1km 处，下游至石咀镇塘铺码头断面，整个探测河段长约 12km，每次探测以石咀镇为起点，在探测路线的布置上选择了“之”字形路线，尽可能探测到各区域的水体鱼类密度，出于安全问题，对于近岸区水体未进行探测，在鱼类密度探测中使用 GPS 记录船行路线，尽量保证探测路线的一致性。

7.3.2　5 月走航调查及分析

7.3.2.1　鱼类空间分布密度

2017 年 5 月 8—15 日对东塔产卵场进行了第一次走航，探测到的鱼类密度分布如下：

(1) 8 日大湟江口平均流量 3820m^3/s，探测到的鱼类主要聚集在紧邻桂平三江口下游江心洲右侧主槽河段中间局部水域，最大密度达到 0.13869 尾/m^3，其他水域基本未探测到鱼类聚集。

(2) 9日平均流量3880m³/s，江心洲右侧河段仍为鱼类主要活动区，但密度明显减小，最大才0.0355尾/m³，往下游一定距离近岸浅滩区分布有零星聚集点。

(3) 10日平均流量4840m³/s，较9日显著上涨960m³/s，此时江心洲两侧水域基本无鱼类活动，同样往下游近岸浅滩区有鱼类零星聚集点，另外郁江汇合口段探测到了一定的鱼类活动和聚集现象，但密度较低，最大仅为0.0238尾/m³。

(4) 11日流量5580m³/s，较10日上涨740m³/s，此时在紧邻江心洲上游端和右侧主槽水域探测到明显鱼类聚集和活动的迹象，鱼类密度最大达到0.16233尾/m³，为本次走航探测到的最大值，其他水域则都未探测到鱼类活动和聚集的迹象。

(5) 12日流量5060m³/s，较11日有所减小，探测到鱼类主要活动区域分布在紧邻江心洲上游端水域及该洲右侧河段靠下游的水域，此时鱼类密度最大为0.0793尾/m³，相较前一日有所减小；下游距离桂平三江口约7km位置的大拐弯凸岸区域也探测到鱼类聚集活动的迹象，但不如江心洲周边水域明显。

(6) 13日流量6000m³/s，较12日上涨940m³/s，此时鱼类聚集活动由12日的江心洲上游端水域转移到江心洲右侧主槽河段，最大鱼类密度达到0.12087尾/m³，其他水域未见鱼类明显活动迹象。

(7) 14日流量6660m³/s，较13日进一步上涨660m³/s，此时探测到的鱼类活动聚集区域出现扩散，除江心洲上游端水域及右侧主槽水域仍未明显鱼类聚集区外，距离三江口下游约2.3km位置的浅滩区河段及下游5km位置的左岸水域都探测到鱼类活动聚集现象，本日探测到最大鱼类密度0.0339尾/m³，总体较上一日明显减小。

(8) 15日流量6380m³/s，较14日相差不大，此时探测到鱼类活动区域进一步扩散，江心洲上游端水域及右侧水域仍是鱼类活动聚集区，另外紧邻江心洲下游端水域及本次探测的江心洲下游水域两岸区域局部都探测到鱼类活动聚集的迹象，本日探测到最大鱼类密度为0.02669尾/m³，较上一日进一步减小。

总结来看，紧邻江心洲上、下游侧及右侧主槽水域是鱼类聚集活动的核心水域，鱼类聚集活动随流量变化而变化，如8—11日，流量呈现连续3d上涨趋势，11日即在江心洲周边水域探测到本次最大密度的鱼类聚集活动，11—13日，流量呈现先下降再上升的趋势，此时探测到的鱼群密度也呈现由11日的最大值0.16233尾/m³下降至12日的0.0793尾/m³，13日再上升至0.12087尾/m³；14日和15日流量相较前几日尽管要大，但江心洲周边水域鱼群密度开始下降，而下游其他水域则陆续出现多个鱼群聚集点，显示江心洲周边水域鱼群开始向下游分群扩散。

7.3.2.2 鱼群密度与流量变化的关系

表7-8和图7-21分别统计5月走航日流量及变化情况以及流量与通过回波探测到的亲鱼比例的关系，根据大湟江口流量变化情况及探测到的鱼类密度变化情况，总体可分为两个涨水阶段：第一个涨水阶段为5月6—11日，该阶段大湟江口总体流量级别较小，流量由3530m³/s变化到5620m³/s，流量日平均涨幅418m³/(s·d)，鱼群聚集在江心洲周边水域，鱼群密度总体呈现增加趋势；第二个阶段为5月12—17日，流量日涨幅迅速增大到880m³/(s·d)，江心洲周边水域鱼群密度总体呈减小的趋势，下游多个位置均出

现鱼群聚集点。据此推测，鱼群聚集行为除与日流量涨幅有关外，还与流量大小相关，产卵场流量较小时，适宜鱼类聚集和产卵的水域主要集中在江心洲周边水域，因此较小流量时鱼群聚集在江心洲周边水域，流量越来越大时，水位上涨，江心洲下游河段水域适宜鱼群聚集活动产卵的水域面积增加，之前聚集在江心洲周边水域的鱼群有向下游其他水域扩散的趋势。

表 7-8　　5月大湟江口日平均流量变化统计表

阶段	日　期	流量 /(m^3/s)	流量变幅 ΔQ/(m^3/s)	最大鱼群密度 /(尾/m^3)	备　注
第一阶段	5月6日	3530	170	0.0	流量总涨幅 ΔQ：2090m^3/s 流量日平均涨率 $\Delta Q/\Delta t$：418$m^3/(s\cdot d)$ 涨水历时 TR：5d
	5月7日	3630	100	0.0	
	5月8日	3820	190	0.13869	
	5月9日	4040	220	0.0355	
	5月10日	4840	800	0.0238	
	5月11日	5620	780	0.16233	
第二阶段	5月12日	5120	−500	0.0793	流量涨幅 ΔQ：5280m^3/s 流量日平均涨率 $\Delta Q/\Delta t$：880$m^3/(s\cdot d)$ 涨水历时 TR：6d
	5月13日	6060	940	0.12087	
	5月14日	6780	720	0.0339	
	5月15日	7180	400	0.02669	
	5月16日	7780	600	0.0	
	5月17日	10400	2620	0.0	

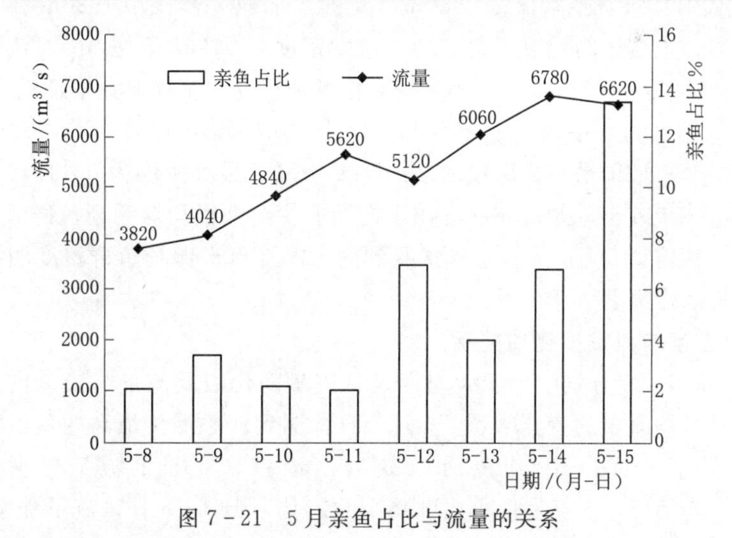

图 7-21　5月亲鱼占比与流量的关系

7.3.3　6月走航调查及分析

7.3.3.1　鱼类空间分布密度

2017年6月5—11日对东塔产卵场进行了第一次走航，探测到的鱼类密度分布如下：

(1) 5日大湟江口日平均流量4840m^3/s，在紧邻江心洲上游端水域探测到较为显著的鱼类聚集，最大密度达到0.60744尾/m^3，江心洲右侧主槽水域、下游端水域均探测到鱼类活动迹象。

(2) 6日大湟江口日平均流量5300m^3/s，较5日上涨460m^3/s，此时紧邻江心洲上游端水域、右侧主槽水域探测到显著鱼类聚集活动，最大密度为0.58532尾/m^3，尽管密度较上一日减少，但江心洲右侧主槽的鱼群面积显著扩大，江心洲下游水域探测到有鱼类活动，但不明显。

(3) 7日大湟江口日平均流量6120m^3/s，较6日上涨820m^3/s，在紧邻江心洲上游端水域探测到鱼群聚集活动，最大密度为0.43682尾/m^3，鱼群密度较上一日进一步减小，但江心洲洲头水域鱼群聚集活动面积明显大于前2天，此时江心洲右侧主槽鱼群聚集活动迹象不明显，下游端水域有鱼群聚集活动。

(4) 8日大湟江口日平均流量12100m^3/s，较7日大幅上涨5980m^3/s，在紧邻江心洲上下游端洲头和洲尾水域探测到显著鱼群聚集，最大密度为0.56181尾/m^3，江心洲右侧主槽水域及下游约5km范围内均探测到较为显著的鱼群活动，相较前一日，鱼群密度和探测到的鱼群聚集范围也显著扩大。

(5) 9日大湟江口日平均流量11800m^3/s，较8日减小300m^3/s，江心洲洲头和洲尾水域仍是鱼群分布密度最大的区域，最大密度为0.43223尾/m^3，鱼群密度较上一日有所减小，此时鱼群活动范围有进一步向江心洲下游移动的趋势，在江心洲下游7km范围内都探测到了鱼群聚集活动，江心洲下游约2km位置的左岸也探测到了较大密度的鱼群聚集区。

(6) 10日大湟江口日平均流量9880m^3/s，较9日进一步减小1920m^3/s，此时主要在江心洲洲头探测到了显著的鱼群聚集活动，最大密度为0.39336尾/m^3，鱼群密度较上一日减小，江心洲下游约2.5km、5km和7km位置河段左岸都探测鱼群活动。

(7) 11日大湟江口日平均流量8680m^3/s，较10日减小1200m^3/s，此时江心洲洲头及左侧靠下游局部水域仍是鱼群聚集活动的主要水域，最大密度为0.11519尾/m^3，鱼群密度较上一日进一步减小，此时在江心洲下游所有探测河段均探测到鱼群活动。

总体来看，相较于5月，6月总体探测到的大湟江口产卵场鱼群密度明显增大，探测到的鱼群活动范围也显著大于5月。

7.3.3.2 鱼群密度与流量变化的关系

表7-9和图7-22分别给出了大湟江口日流量变化值及流量与亲鱼占比分布图。从鱼群与产卵场日平均流量的变化来看，6月5日探测到江心洲头最高的鱼群密度，但鱼群的活动范围明显小于后几日，根据水文资料，6月2—4日的流量分别是4600m^3/s、4420m^3/s和4100m^3/s，一直呈现小幅度减小的趋势，但4—5日，流量涨幅达740m^3/s，较大流量涨幅可能是5日江心洲头开始聚集较大密度鱼群的诱因。根据本次走航得到的产卵场鱼群活动情况及大湟江口日平均流量情况，同样可大致分为两个阶段：

第一阶段为6月5—8日，期间尽管大湟江口日平均流量仍呈现上涨趋势，探测到的鱼群密度却有所减小，只是在7—8日流量日涨幅突然达到5980时m^3/s，鱼群密度才从0.43682升高到0.56181尾/m^3，但探测到的鱼群活动范围则由5日的江心洲头明显扩大到江心洲右侧主槽水域及下游较远水域。

表 7-9　　6月大湟江口日平均流量变化统计表

阶　段	日　期	日平均流量/(m^3/s)	流量变幅/(m^3/s)	最大鱼群密度/(尾/m^3)
第一阶段	6月3日	4420	−180	—
	6月4日	4100	−320	—
	6月5日	4840	740	0.60744
	6月6日	5300	460	0.58532
	6月7日	6120	820	0.43682
	6月8日	12100	5980	0.56181
第二阶段	6月9日	11800	−300	0.43223
	6月10日	9880	−1920	0.39336
	6月11日	8680	−1200	0.11519
	6月12日	8560	−120	—
	6月13日	8160	−400	—
	6月14日	7800	−360	—

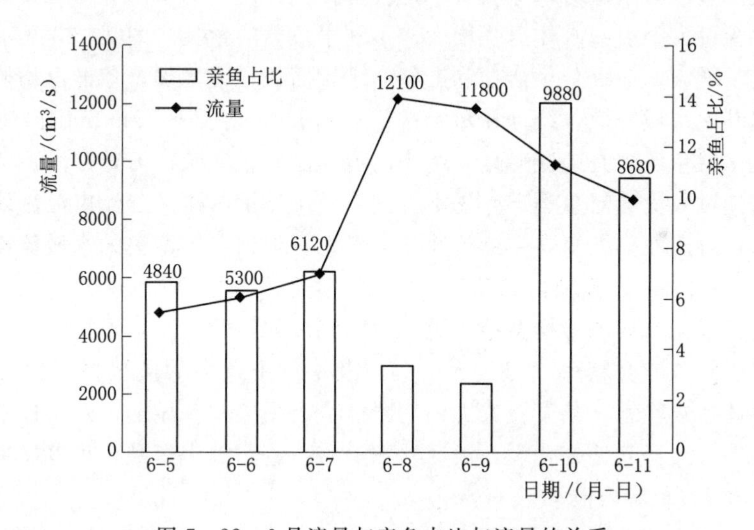

图 7-22　6月流量与亲鱼占比与流量的关系

第二阶段为6月8—11日，此时大湟江口日平均流量不断减小，鱼群密度也由8日的0.56181尾/m^3 减小到11日的0.11519尾/m^3，此时鱼群活动范围有向下游河道更远距离进一步扩散开的趋势。

从6月走航探测到的鱼群变化分析鱼群活动路线为：从5日流量开始较大幅度上涨，鱼群在江心洲头水域迅速聚集，鱼群密度最大，到8日大湟江口日平均流量达到最大，鱼群活动范围扩大到江心洲右侧主槽、洲尾及紧邻江心洲下游水域，鱼群密度有所减小，但幅度很小；8—11日，大湟江口日平均流量逐渐减小，此时鱼群密度逐渐减小，鱼群逐渐散开到江心洲下游更远的河道范围内。6月7d的走航实测显示，江心洲头水域及右侧主槽靠近下游水域始终是鱼群聚集活动的主要水域。

由此推测，在6月，大湟江口产卵场初始流量的较大幅度上涨，会给产卵季节的鱼类较强烈的信号，使鱼群迅速向江心洲头聚集，随后几天，随着流量进一步上涨，一方面汇聚到产卵场的鱼群越来越多，另一方面由于水位上涨使适宜鱼群产卵活动的水域范围增大，江心洲下游河道也都出现较为明显的鱼群聚集活动。

7.3.4 产卵场不同水力因子下的鱼群密度分布

根据2017年5月和6月两次对东塔产卵场走航来看，6月份走航探测到明显的鱼群聚集活动，同时走航期间大湟江口站经历了一场典型的洪水过程，洪水流量由3000m^3/s变化到12000m^3/s。为初步探讨产卵场鱼群活动与水力要素的相关性，此处建立了大湟江口产卵场二维水动力数学模型，并采用6月份实测水文资料对模型进行了率定验证，在此基础上提取了产卵场流量分别为4000m^3/s、6000m^3/s、8000m^3/s、10000m^3/s和12000m^3/s五个级别下对应的4个水力要素：水深、流速、涡量和Froude数分布图，并将不同流量级别下走航探测到的鱼群密度以散点形式点绘在水力要素分布图上，结果如图7-23～图7-26所示。初步统计显示：

(1) 四大家鱼产卵繁殖对水深具有一定的选择性，适当的水深会为鱼类提供适当的生存空间，但水深过大会引起水体压强增大，不利于鱼类的生长。图7-23显示，随着大湟江口产卵场流量增大，适宜鱼类活动和产卵的水域面积相应增加，鱼群由初始在江心洲头和主槽聚集向其他水域分散，统计显示，这些水域水深多在5～15m范围内波动。

(2) 绝大多数鱼类都有趋流特性，适当的流速能刺激家鱼产卵，并满足鱼卵的安全漂流流速，但流速过大又会对鱼类产生伤害。图7-24显示，桂平三江口汇流处，黔江洪水进入汇合口后，过流断面缩窄，主槽流速显著增大，根据鱼类聚集的水域流速来看，此水域流速多在0.5～2.5m/s范围内波动。

(3) 涡量是量化产卵场等栖息地水流的空间特征的因子之一，涡量的存在可加强精卵的混掺程度，提高鱼卵受精率，但过大的涡量及水体中过多的漩涡将产生较大的水流应力，对鱼类身体造成伤害，甚至丧失方向判断能力。图7-25显示，由于桂平产卵场多股来流汇合，产卵场地形起伏变化大，浅滩沙洲遍布，流态极为紊乱，鱼群聚集区水域涡量多在0.02～0.04s^{-1}范围内波动。

(4) Froude数是能够较好地描述水流流态的单因子之一，李建等[94]研究显示家鱼产卵场的河段内大部分位置的Froude数都集中分布在0.1左右。图7-26显示，鱼群聚集水域Froude数多在0.1～0.3范围内波动。

7.3.5 产卵场水力因子适宜性曲线分析

在2017年6月东塔产卵场的鱼类资源走航式探测中，空间鱼类密度基于鱼类采样单元给出（以100m分段统计），每个采样单位的坐标即为该段探测路径的中点。通过鱼类密度单元的点坐标信息提取模拟流场中相应点的水动力要素，建立相关关系。以主要水动力因子（水深、流速、涡量以及弗劳德数）为横坐标，以敏感因子对应的鱼类密度除以该因子下最大鱼类密度的值作为纵坐标，总坐标的值为0～1，形成适宜性指数（SI）的形式，从而建立上述水动力因子的产卵适宜性曲线。

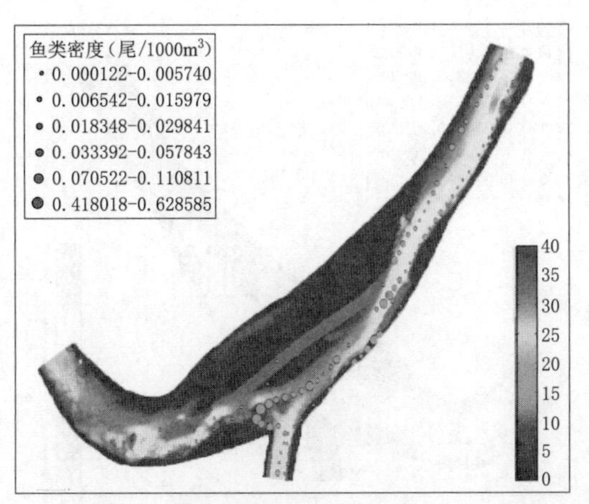

(a) 4000m³/s流量级

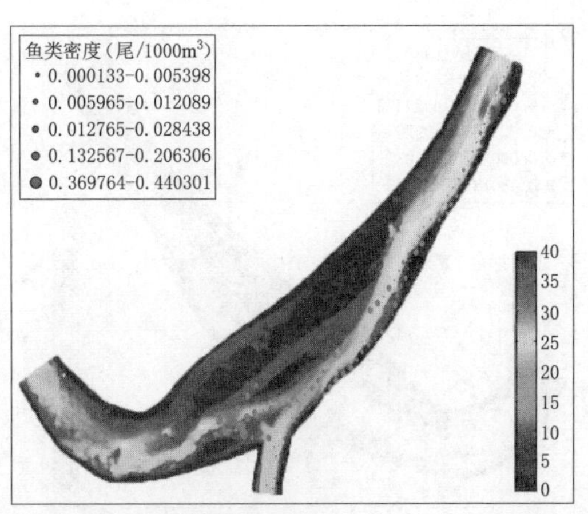

(b) 6000m³/s流量级

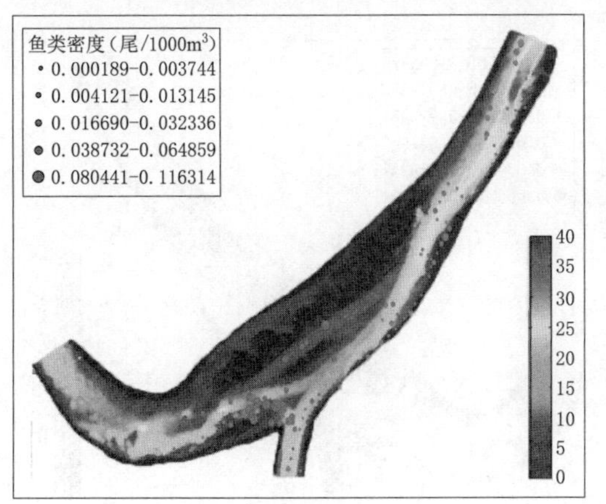

(c) 8000m³/s流量级

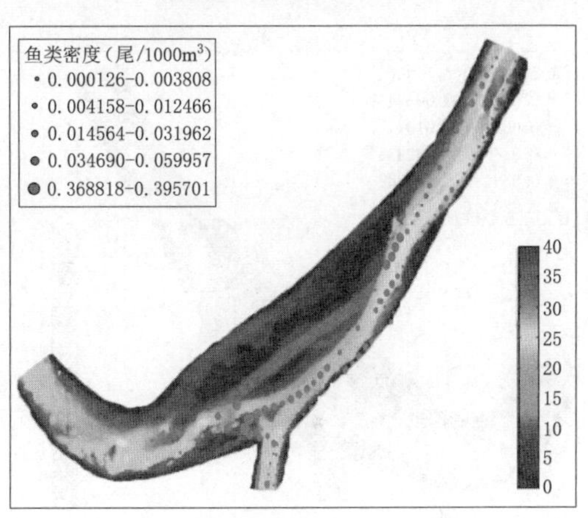

(d) 10000m³/s流量级

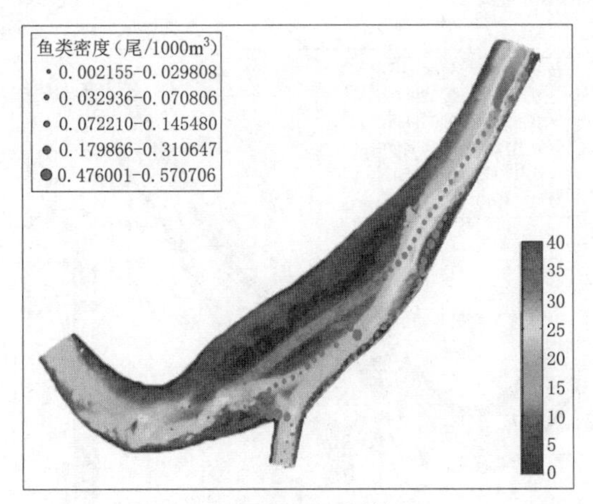

(e) 12000m³/s流量级

图 7-23　鱼类空间分布水深图

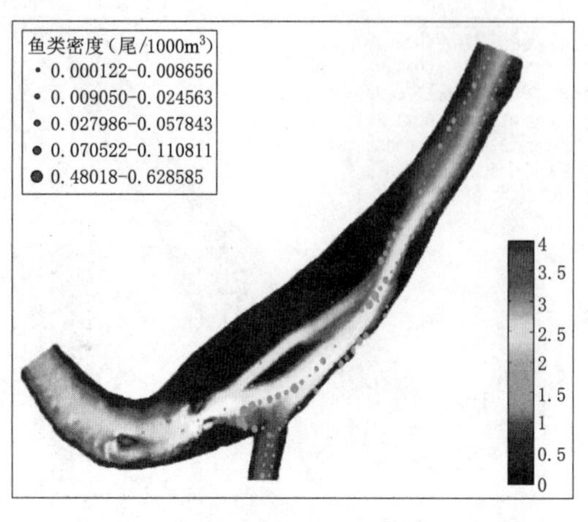

(a) 4000m³/s流量级

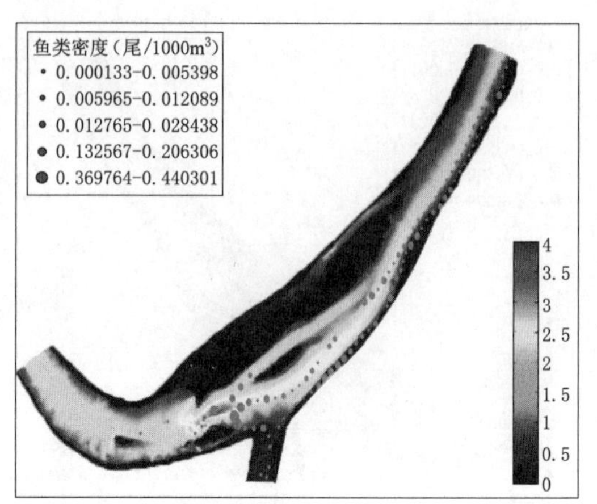

(b) 6000m³/s流量级

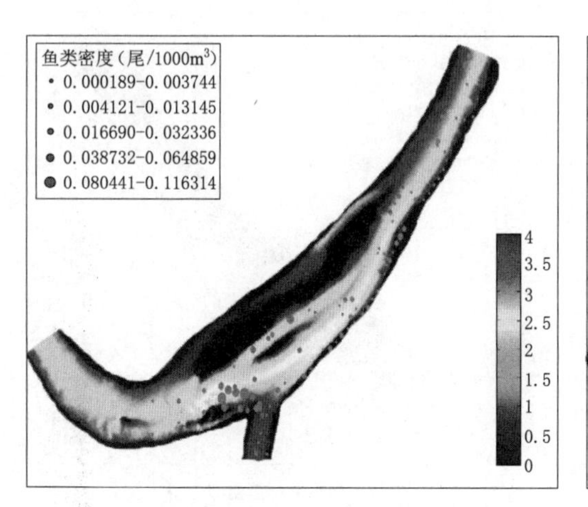

(c) 8000m³/s流量级

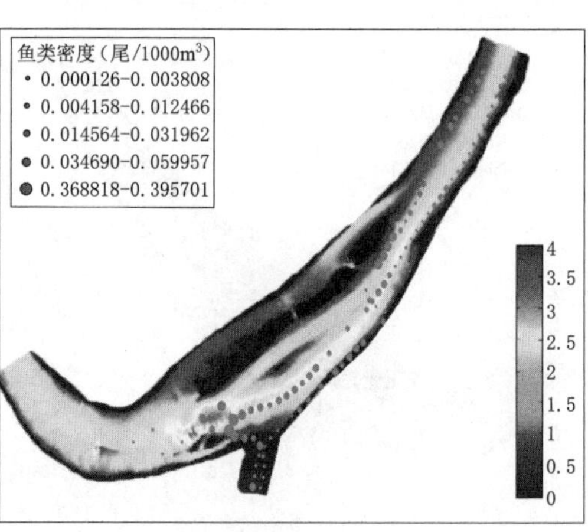

(d) 10000m³/s流量级

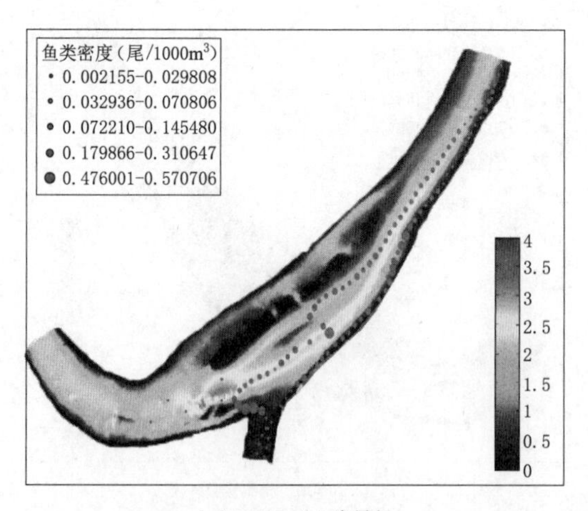

(e) 12000m³/s流量级

图7-24 鱼类空间分布流速图

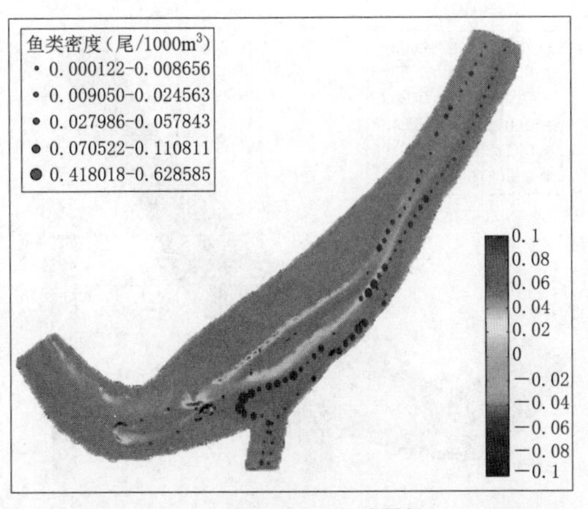

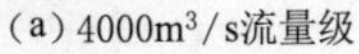
(a) 4000m³/s流量级

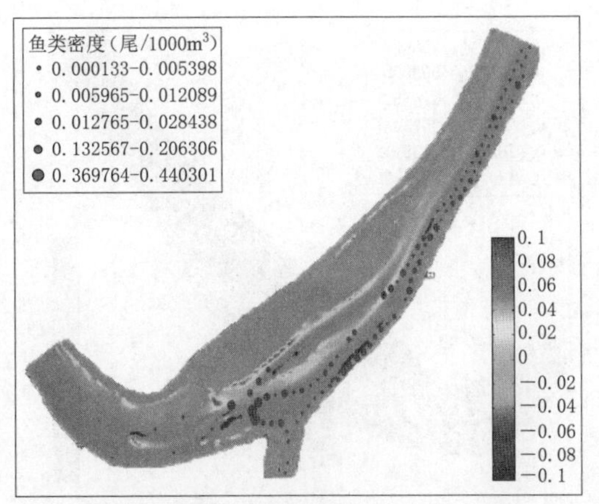

(b) 6000m³/s流量级

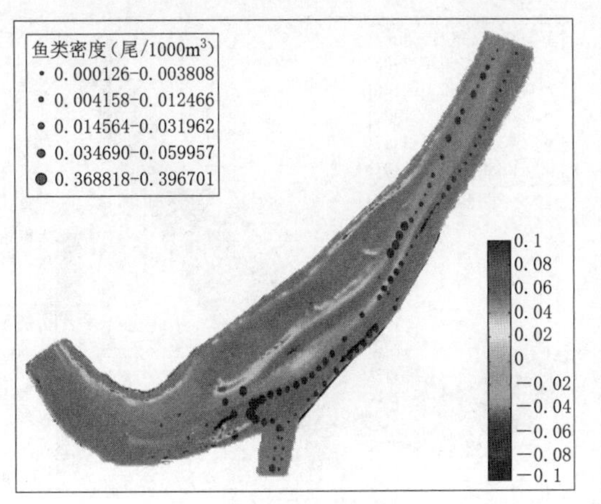

(c) 8000m³/s流量级

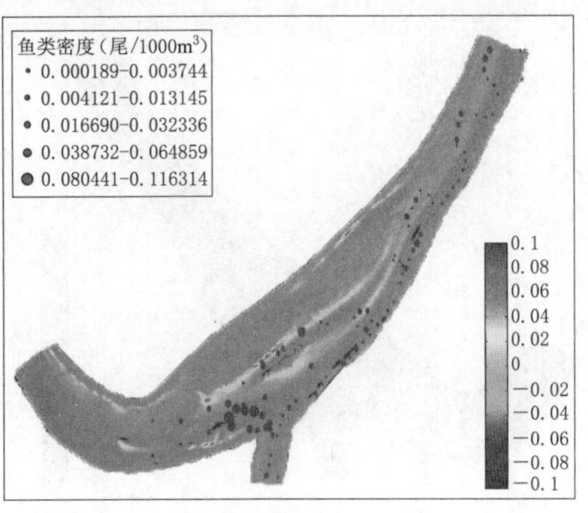

(d) 10000m³/s流量级

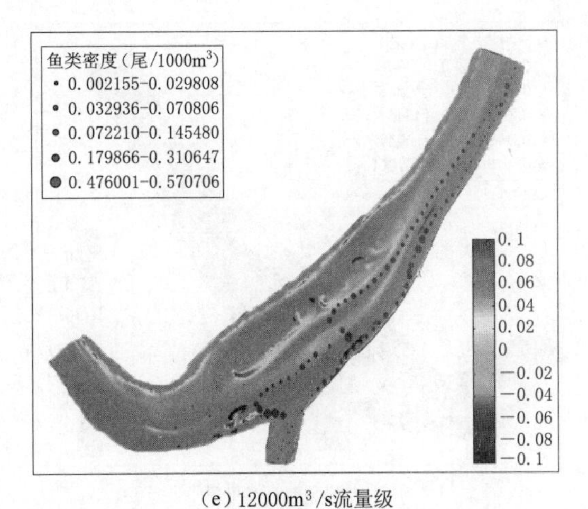

(e) 12000m³/s流量级

图 7-25 鱼类空间分布涡量图

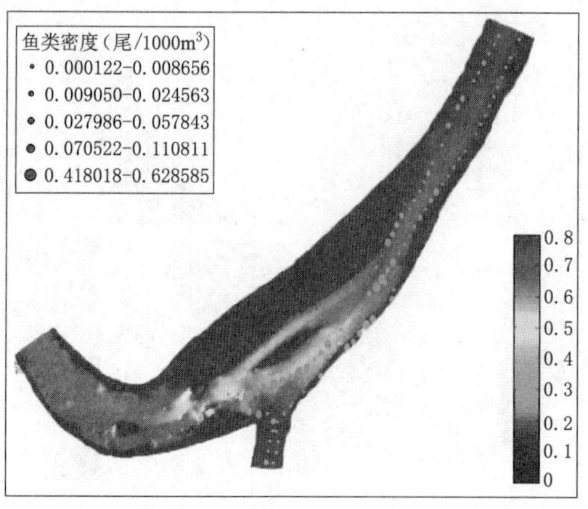

(a) 4000m³/s流量级

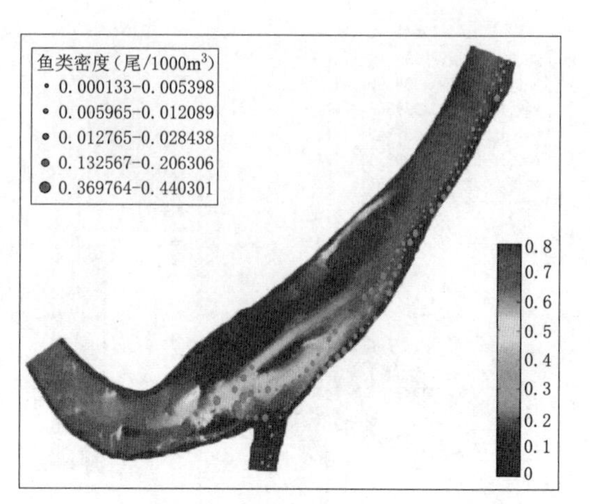

(b) 6000m³/s流量级

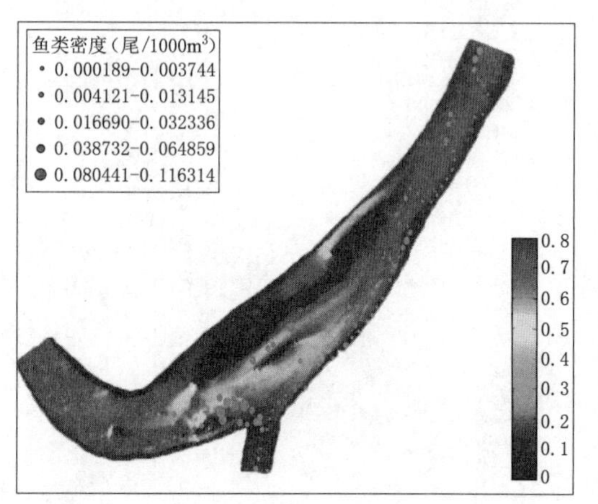

(c) 8000m³/s流量级

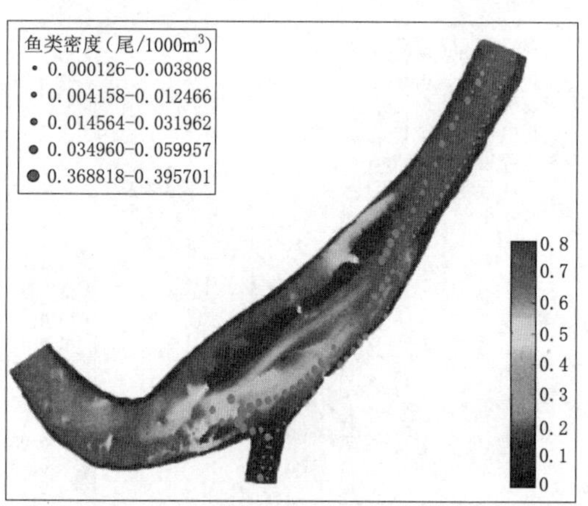

(d) 10000m³/s流量级

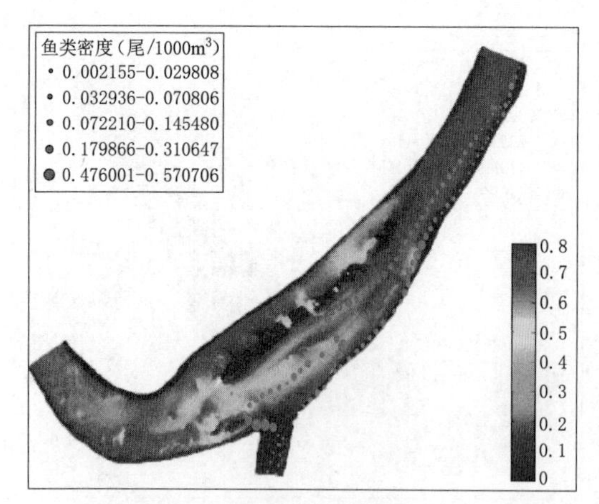

(e) 12000m³/s流量级

图7-26 鱼类空间分布Froude数图

7.3.5.1 水深适宜性曲线

对水深与鱼类密度的数据在Excel 2010中根据水深升序排列后作出直方图，如图7-27（a）所示。根据直方图特点对原始数据进行分类处理，将数据以2m间隔进行分组，有2～4m、4～6m、…、34～36m组别，根据适宜性曲线建立方法在Origin 9.0中作图，并以LogNormal函数拟合出水深适宜性曲线，如图7-27（b）所示。

由图可见，水深适宜性曲线呈偏态分布，最适合鱼类产卵的水深值约为8m，水深为2～9m适宜度逐渐增加，水深为9～14m间适宜度逐步减小，当水深超过14m，适宜性指数较低，均在0.2以下。可见，以四大家鱼为主的东塔产卵场较为理想的产卵或聚集地点水深为6～10m。

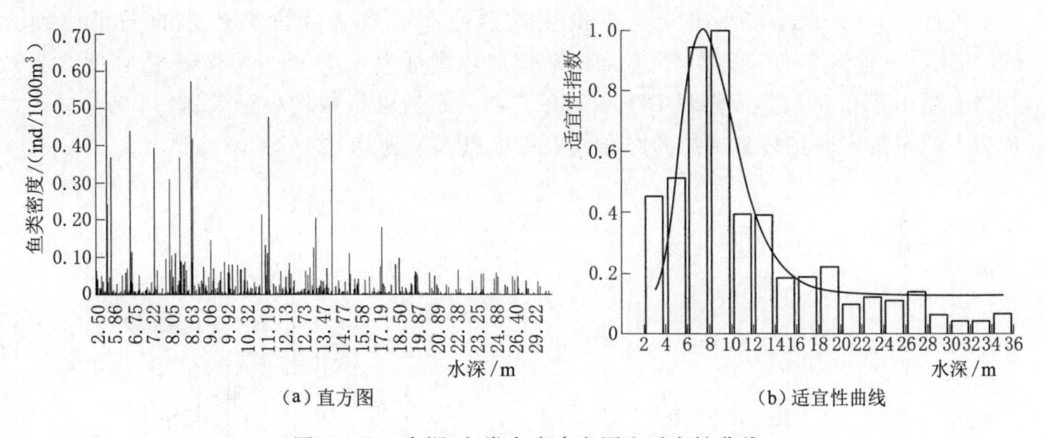

(a) 直方图　　(b) 适宜性曲线

图7-27　水深-鱼类密度直方图和适宜性曲线

7.3.5.2 流速适宜性曲线

对流速与鱼类密度的数据在Excel 2010中根据流速升序排列后作出直方图，如图7-28（a）所示。根据直方图特点对原始数据进行分类处理，将数据以0.2m/s间隔进行分组，有0～0.2、0.2～0.4、…、2.8～3.0m/s组别，拟合出流速适宜性曲线，如图7-28（b）所示。

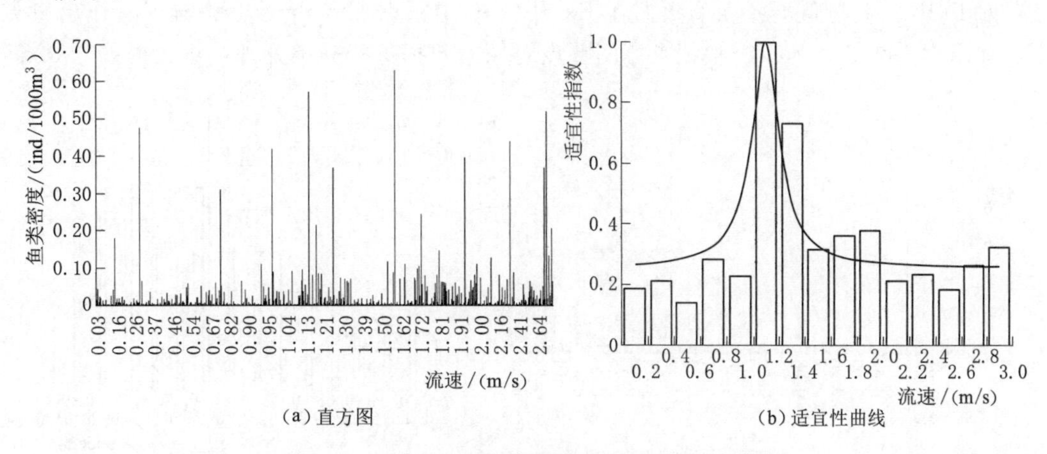

(a) 直方图　　(b) 适宜性曲线

图7-28　流速-鱼类密度直方图处理和适宜性曲线

由图可见，最适合鱼类产卵的流速值约为 1.1m/s，流速为 0.0～1.1m/s 适宜度逐渐增加，流速为 1.1～3.0m/s 适宜度逐步减小。可见，以四大家鱼为主的东塔产卵场较为理想的产卵或聚集地点流速 1.0～1.4m/s。

7.3.5.3 涡量适宜性曲线

涡量是描述漩涡运动常用的物理量，用来表征有旋运动的强度，在北半球，逆时针为正涡度，顺时针为负涡度，正负仅表示方向。对涡量取绝对值后，将涡量与鱼类密度的数据在 Excel 2010 中根据其绝对值升序排列后作出直方图，如图 7-29 (a) 所示。根据直方图特点对原始数据进行分类处理，将数据以 0.005s^{-1} 间隔进行分组，有 0～0.005、0.005～0.010、…、0.060～0.065s^{-1} 组别，拟合出涡量适宜性曲线，如图 7-29 (b) 所示。

由图可见，涡量适宜性曲线呈洛伦兹函数分布，最适合鱼类产卵的涡量值约为 0.0225s^{-1}，涡量为 0～0.025s^{-1} 适宜度逐渐增加，涡量为 0.025～0.065s^{-1} 适宜度逐步减小，当涡量小于 0.005s^{-1} 或涡量大于 0.050s^{-1} 时，适宜性指数均小于 0.2。可见，以四大家鱼为主的东塔产卵场较为理想的产卵或聚集地点涡量为 0.020～0.030s^{-1}。

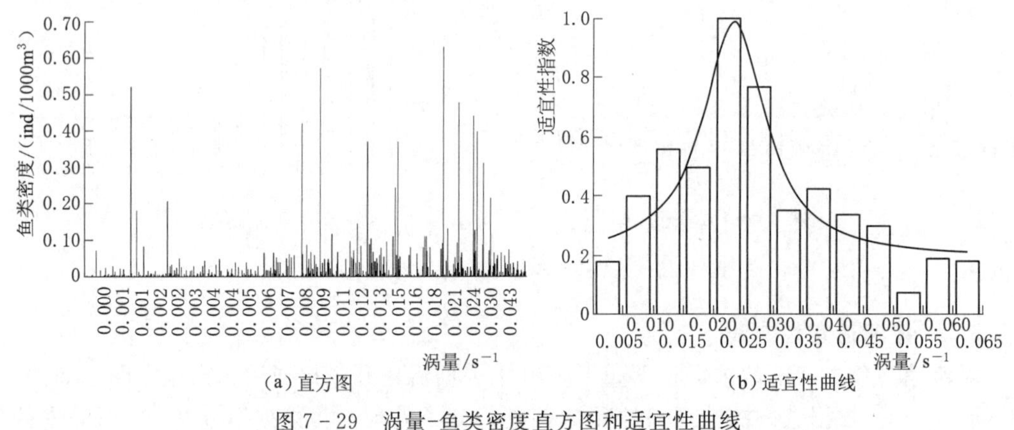

(a) 直方图 (b) 适宜性曲线

图 7-29 涡量-鱼类密度直方图和适宜性曲线

7.3.5.4 Froude 数适宜性曲线

对 Froude 数与鱼类密度的数据在 Excel 2010 中根据 Froude 数升序排列后作出直方图，如图 7-30 (a) 所示。根据直方图特点对原始数据进行分类处理，将数据以 0.02 间

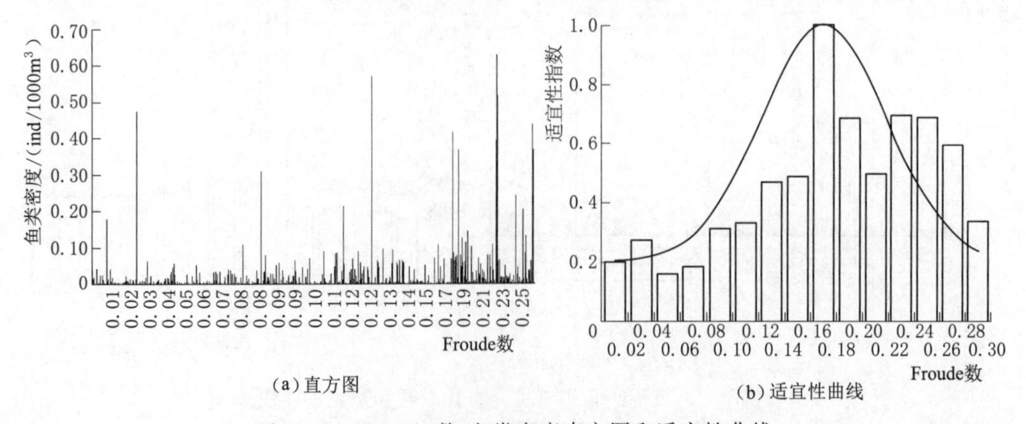

(a) 直方图 (b) 适宜性曲线

图 7-30 Froude 数-鱼类密度直方图和适宜性曲线

隔进行分组，有0～0.02、0.02～0.04、…、0.28～0.30组别，拟合出Froude数适宜性曲线，如图7-30（b）所示。

由图可见，Froude数适宜性曲线呈高斯函数分布，最适合鱼类产卵的Froude数值约为0.17，Froude数为0～0.18适宜度逐渐增加，Froude数为0.18～0.30适宜度逐步减小。可见，以四大家鱼为主的东塔产卵场较为理想的产卵或聚集地点Froude数为0.16～0.18。

7.4 定子滩产卵场2018年鱼类初步调查及与水力要素相关性

7.4.1 观测时间

2018年对定子滩产卵场主要在白天进行了监测，6月1—8日，每天一次；6月4日增加了一次夜间探测。

7.4.2 调查区域及方法

定子滩产卵场研究区域如图7-31所示。观测方法为走航探测，根据《内陆渔业资源调查规范》鱼类资源声学探测覆盖水体应占调查水体的80%以上，因此采用“之”字形走航方式。定子滩以上滩村为起点，走航经定子滩至下三门，航程约30km，每天进行一次观测。测量时将EY60换能器固定于船前舷水面下约1m，波束发射方向为垂直向下，线缆沿固定杆绑定，并连接到船舱内的电脑终端。探测时采用全球卫星定位仪GPS在线同步记录航迹航线，并自动存储记录每个探测单元的中心坐标位置，鱼探仪功率设置为200W，脉冲间隔64μs。

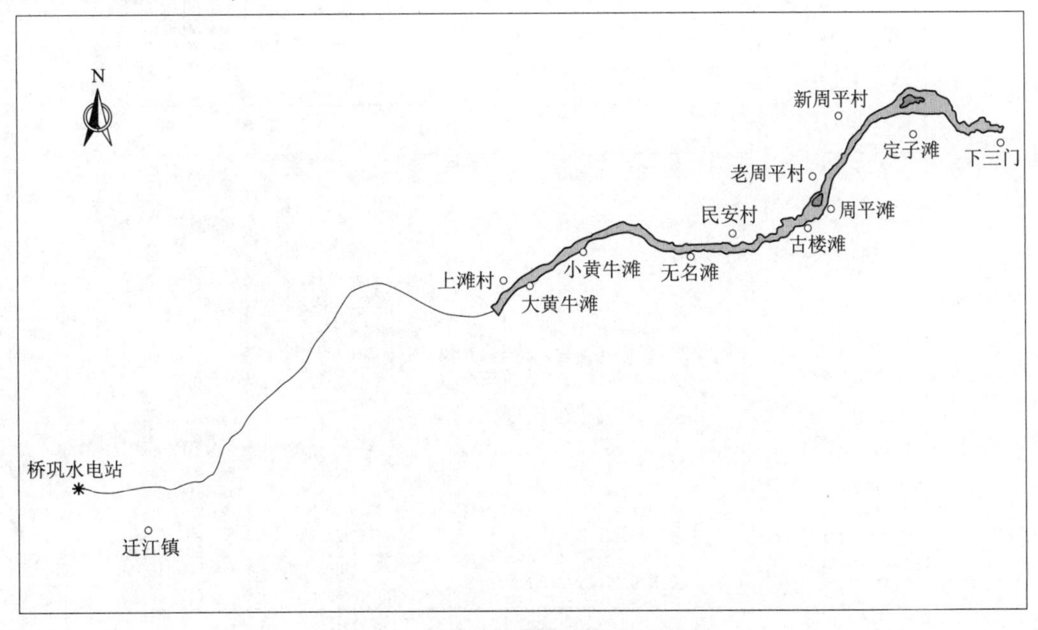

图7-31 定子滩产卵场研究区域

7.4.3 6月观测结果

2018年6月1—8日，首次对定子滩产卵场展开了鱼类声学探测，探测江段有大黄牛滩、小黄牛滩、无名滩、古楼滩、周平滩及定子滩6个滩地。结果显示，各日采样单元鱼类最大密度分别为51.68 ind/1000m³、82.89 ind/1000m³、103.95 ind/1000m³、34.83 ind/1000m³、71.27 ind/1000m³、69.21 ind/1000m³、25.64 ind/1000m³ 和 51.59 ind/1000m³，最大鱼类密度采样单位分布在3日大黄牛滩水域，各日鱼类回波总数分别为15049 ind、1584 ind、4056 ind、912 ind、11849 ind、3258 ind、2506 ind 和 1383 ind，1日回波总数达到最大值。本次探测时段，桥巩电站出站流量为升-降-升-降-升过程，3日达到峰值，鱼类回波数为减-增-减-增-减，呈现相反趋势。而在空间分布上，1—6日鱼类密度空间分布差异性显著，大黄牛滩—小黄牛滩和古楼滩—周平滩两江段是鱼类的主要聚集水域，7日、8日鱼类密度空间分布较为均匀，无明显集中水域。本次探测发现，传统产卵江段定子滩附近水域鱼类资源较为匮乏，未发现鱼类聚集现象。

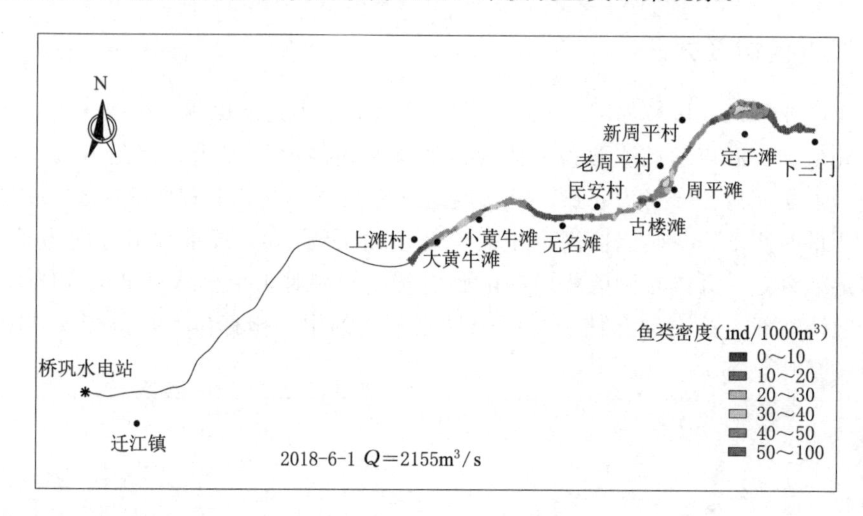

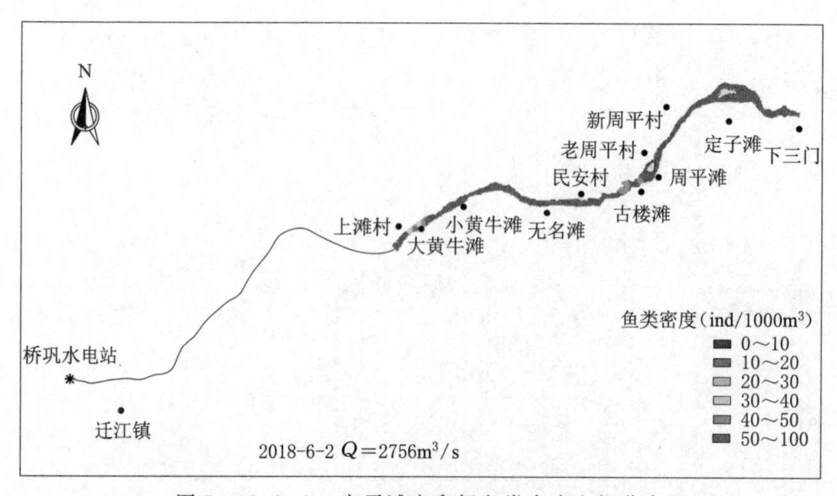

图7-32（一） 定子滩产卵场鱼类密度空间分布

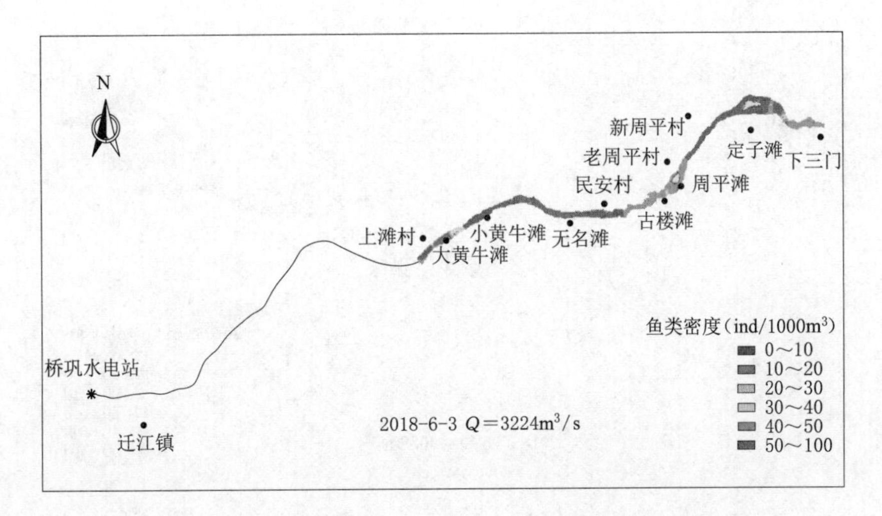

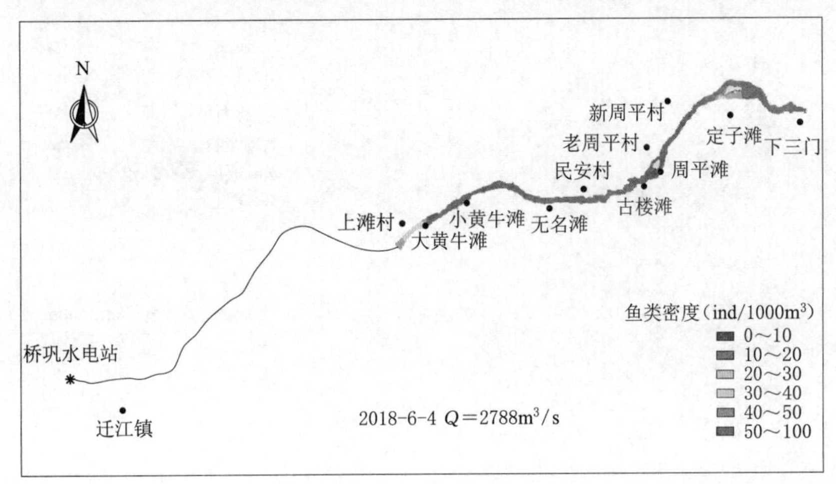

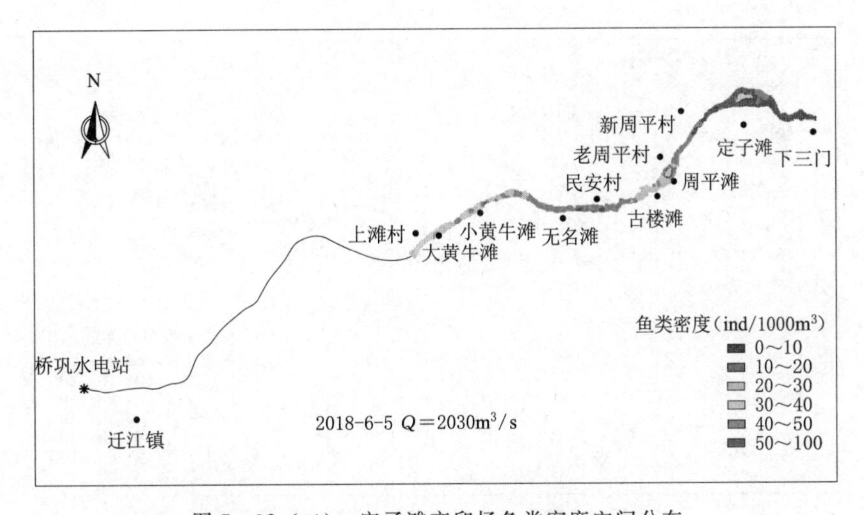

图7-32(二) 定子滩产卵场鱼类密度空间分布

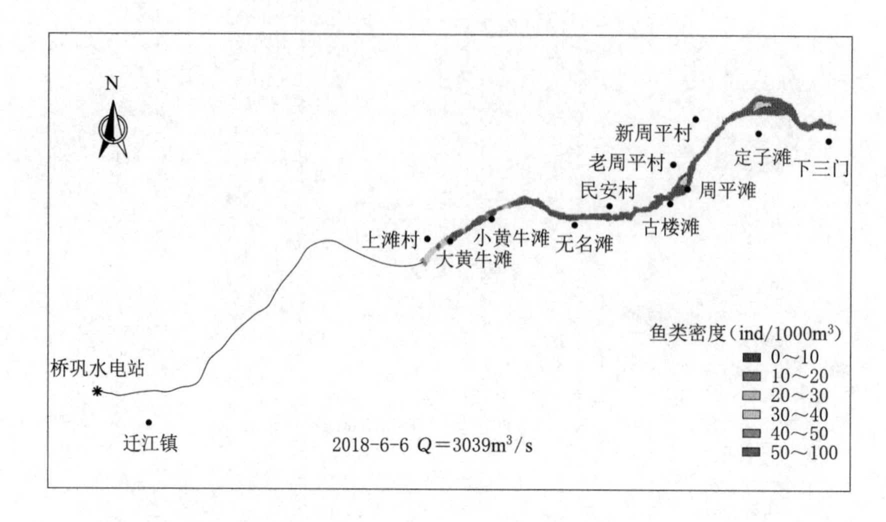

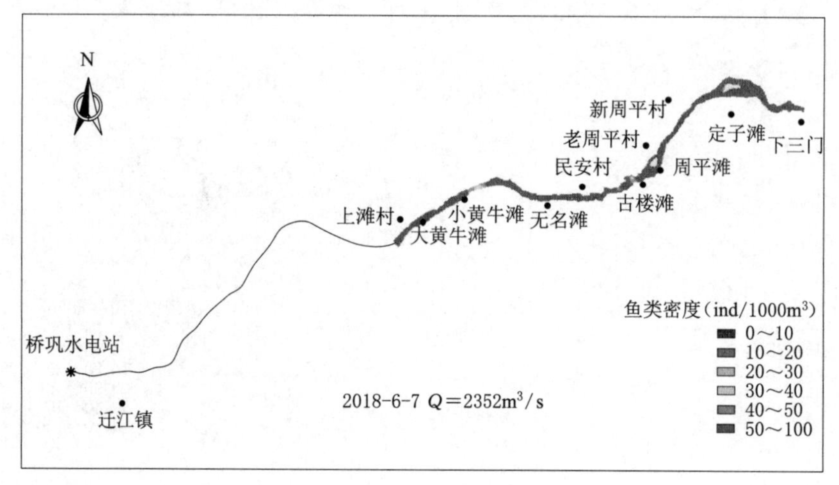

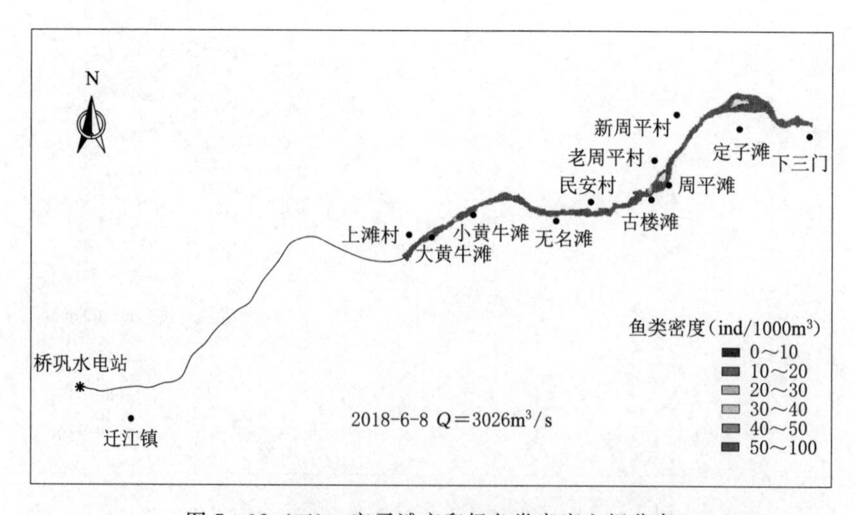

图7-32(三) 定子滩产卵场鱼类密度空间分布

7.4.4 昼夜鱼类分布差异

为了解定子滩产卵场昼夜鱼类分布差异，本次探测于 6 月 4 日对目标江段进行了两次走航，分别安排在白天和夜间进行，走航期间桥巩水电站出库流量分别为 $2788m^3/s$ 和 $2780m^3/s$。采样单元最大鱼类密度分别为 34.83 ind/1000m^3 和 65.4634.83 ind/1000m^3，白天鱼类主要聚集在大黄牛滩水域和定子滩附近水域，夜间鱼类主要聚集在古楼滩水域，夜间定子滩水域鱼类密度要大于白天。白天和夜间的鱼类回波总数分别为 912 ind 和 2075 ind，总体而言，定子滩产卵场夜间的鱼类资源较为丰富。

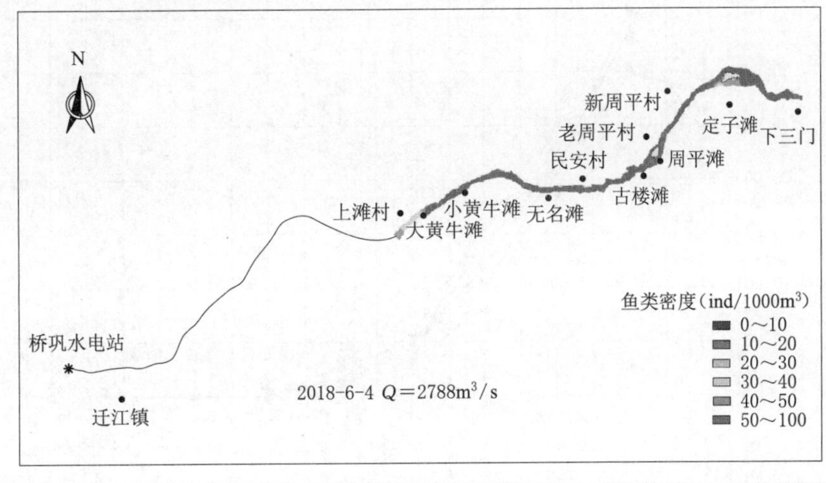

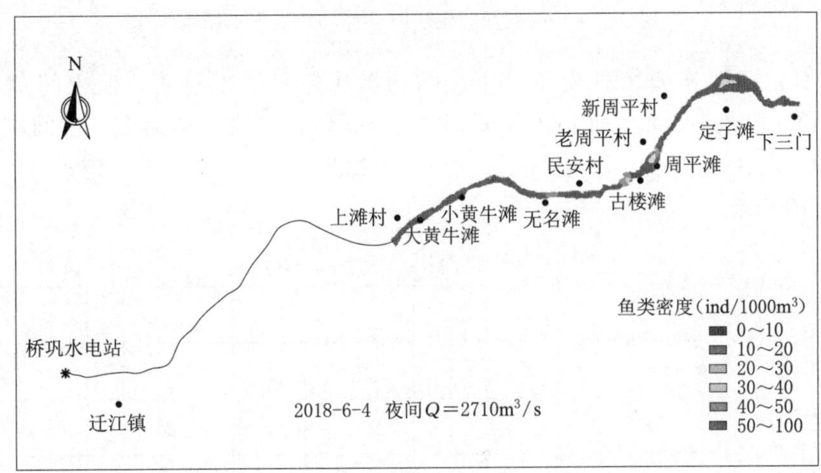

图 7-33 定子滩产卵场昼夜鱼类密度空间分布

7.4.5 定子滩产卵场鱼类生长结构特点

定子滩产卵场与东塔产卵场相比，其鱼类种类组成更为丰富，除了产漂流性卵的四大家鱼，同样存在不少产黏沉性卵的小型鱼类，如斑鳠、鲮、卷口鱼等，此外产漂流性卵的银鲴和黄尾鲴等鱼种体型同样较小，因此定子滩产卵场未使用体长定义产卵亲鱼的方法进行相关研究。

从图7-34可以看出定子滩产卵场的鱼类体长主要分布在3.94～9.89cm区间范围，尤以3.94cm区段的鱼类居多，总体呈现小型化特点，24.83～156.68cm体长段的鱼类十分稀少，其中62.37cm以上鱼类数量趋近于0，这可能与分布在该水域的鱼种有关。探测期间，随着流量的变化，其生长结构组成较为稳定，无明显变化。

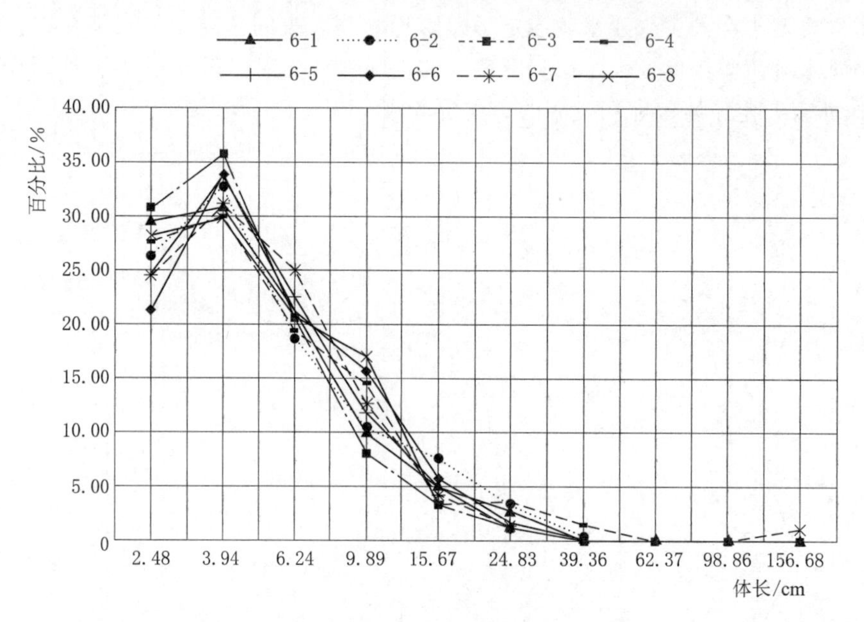

图7-34 调度期间定子滩产卵场鱼类生长结构

6月4日定子滩产卵场昼夜鱼类生长结构组成差异性不显著，但夜间鱼类主要以6.24cm体长区段鱼类为主，而白天主要以3.94cm体长区段鱼类为主，夜间相对而言鱼类个体稍大，但在大于62.37cm体长区段上昼夜都趋近0，再次表明了定子滩产卵场鱼类个体小型化的特点。

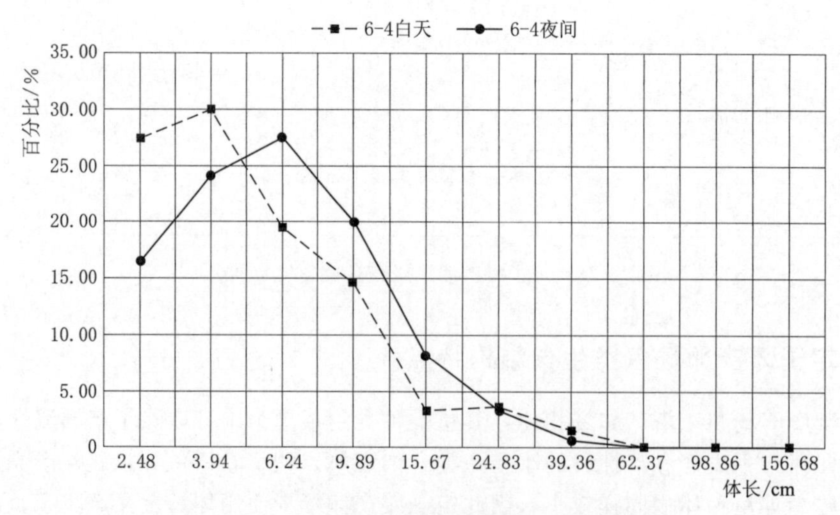

图7-35 定子滩产卵场昼夜鱼类生长结构对比

7.4.6 产卵场不同水力因子下的鱼群密度分布

根据2018年6月对定子滩产卵场走航来看，6月走航探测到明显的鱼群聚集活动，定子滩产卵场探测水域位于桥巩水电站下游12km处，受电站发电出库尾水影响较大，电站出库流量变化频率快，且变幅大，探测时段最大流量差达$2741m^3/s$，无连续涨水过程，但定子滩产卵场以产黏沉性鱼类为主，其产卵水文条件未见相关研究。为初步探讨产卵场鱼群活动与水力要素的相关性，此处建立了定子滩产卵场三维水动力数学模型，并采用6月份实测水文资料对模型进行了率定验证，在此基础上提取了产卵场流量分别为$1000m^3/s$、$2000m^3/s$、$2500m^3/s$、$3000m^3/s$和$3500m^3/s$五个级别下对应的4个水力要素：水深、流速、涡量和Froude数分布图，并将不同流量级别下走航探测到的鱼群密度以散点形式点绘在水力要素分布图上，结果如图7-36～图7-39所示。初步统计显示：

（1）定子滩左右槽水深的变化幅度较大，鱼类密度较大处多分布在定子滩左右槽水域，而此右槽水深在2～15m范围内波动，左槽水深在5～25m范围波动。

（2）定子滩产卵场中游河段由于左右槽水流交汇以及河道宽度缩窄，束流作用导致流速增大，而定子滩右槽流速大于左槽流速，鱼类密度较大处多分布在江心洲上游洲头及右侧水域，而此水域流速多在0.5～2.5m/s范围内波动。

（3）定子滩下游由于束流作用以及深泓线高程沿程变化大、比降大，地形极为复杂，因此此处同时存在正涡量和负涡量，流态极为紊乱；鱼类密度较大处多分布在江心洲上游洲头及右侧水域，而此处水域涡量多在$0.02\sim0.04s^{-1}$范围内波动。

（4）定子滩鱼类密度较大处多分布在江心洲上游洲头及右侧水域，而此水域Froud数多在0.1～0.3范围内波动。

7.4.7 产卵场水力因子适宜性曲线分析

在定子滩产卵场的鱼类资源走航式探测中，空间鱼类密度基于鱼类采样单元给出（以100m分段统计），而每个采样单位的坐标即为该段探测路径的中点。通过鱼类密度单元的点坐标信息提取模拟流场中相应点的水动力要素，建立相关关系。以主要水动力因子（水深、流速、涡量以及弗劳德数）为横坐标，以敏感因子对应的鱼类密度除以该因子下最大鱼类密度的值作为纵坐标，显然总坐标的值位于0～1之间，形成适宜性指数（SI）的形式，从而建立上述水动力因子的产卵适宜性曲线。

7.4.7.1 水深适宜性曲线

对水深与鱼类密度作出直方图，如图7-40（a）所示。由于数据波动较大，根据直方图特点对原始数据进行分类处理，将数据以2m间隔进行分组，有4～6、6～8、…、34～36m组别，根据适宜性曲线建立方法在Origin 9.0中作图，并以LogNormal函数拟合出水深适宜性曲线，如图7-40（a）所示。

由图可见，水深适宜性曲线呈正态分布特点，最适合鱼类产卵的水深值约为27m，水深为21～27m适宜度逐渐增加，水深为27～35m适宜度逐步减小，水深在14～23m之间，适宜性指数较低，均在0.2以下。可见，以四大家鱼为主的子滩卵场较为理想的产卵或聚集地点水深为21～35m。最终得到定子滩产卵场鱼类产卵的水深适宜性曲线方程为

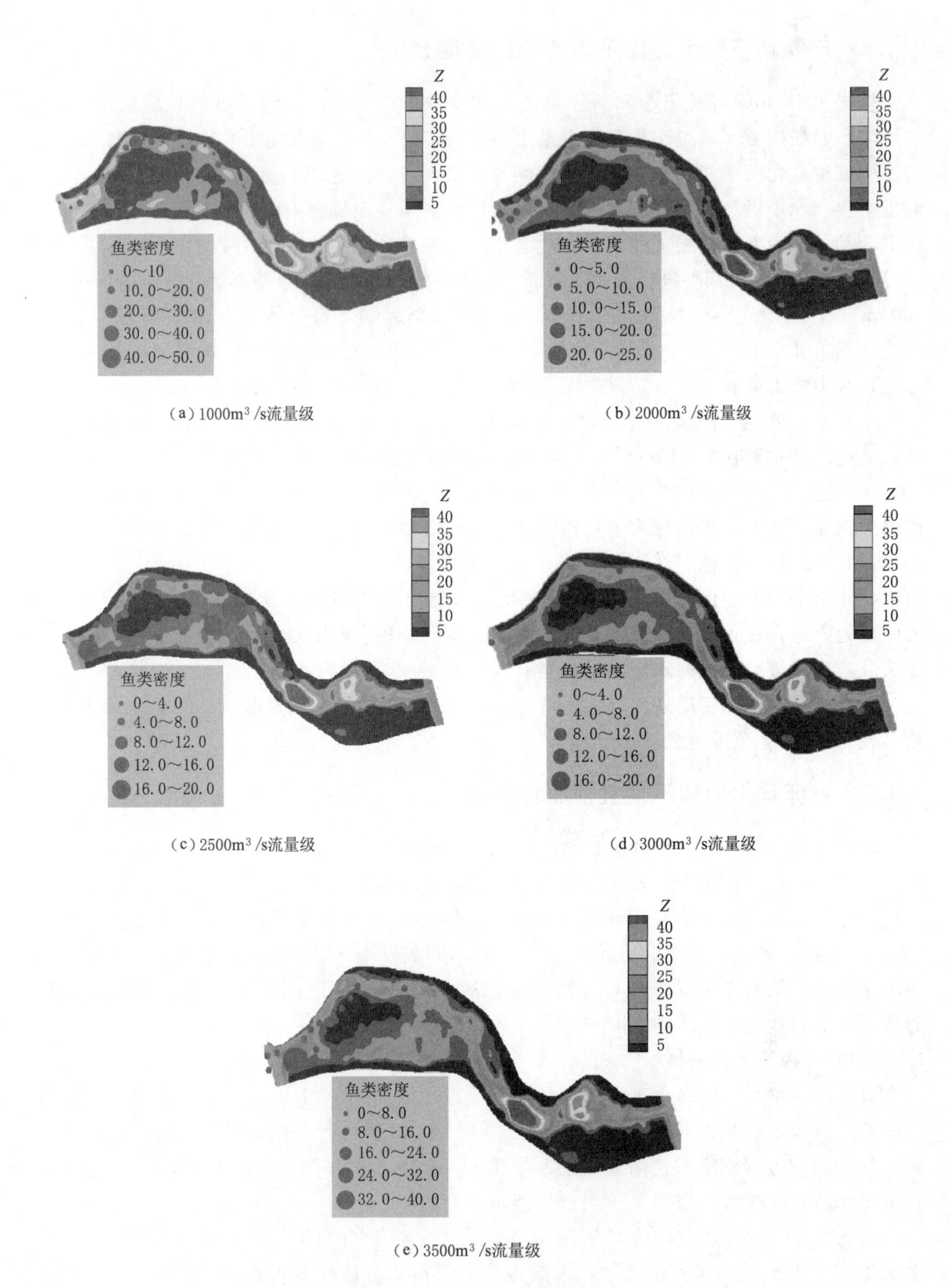

(a) 1000m³/s流量级

(b) 2000m³/s流量级

(c) 2500m³/s流量级

(d) 3000m³/s流量级

(e) 3500m³/s流量级

图 7-36 鱼类空间分布水深图

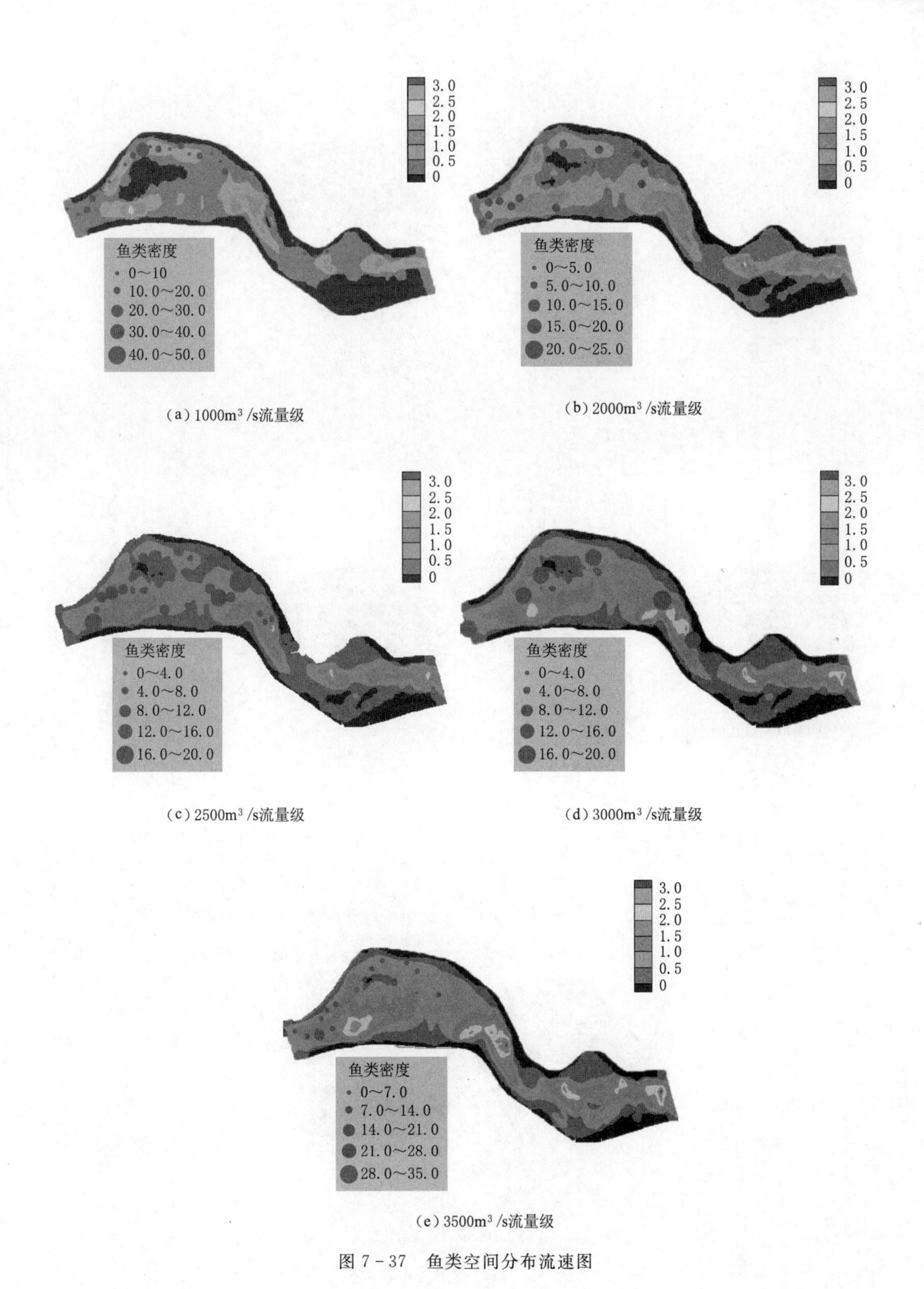

(a) 1000m³/s流量级　(b) 2000m³/s流量级

(c) 2500m³/s流量级　(d) 3000m³/s流量级

(e) 3500m³/s流量级

图 7-37　鱼类空间分布流速图

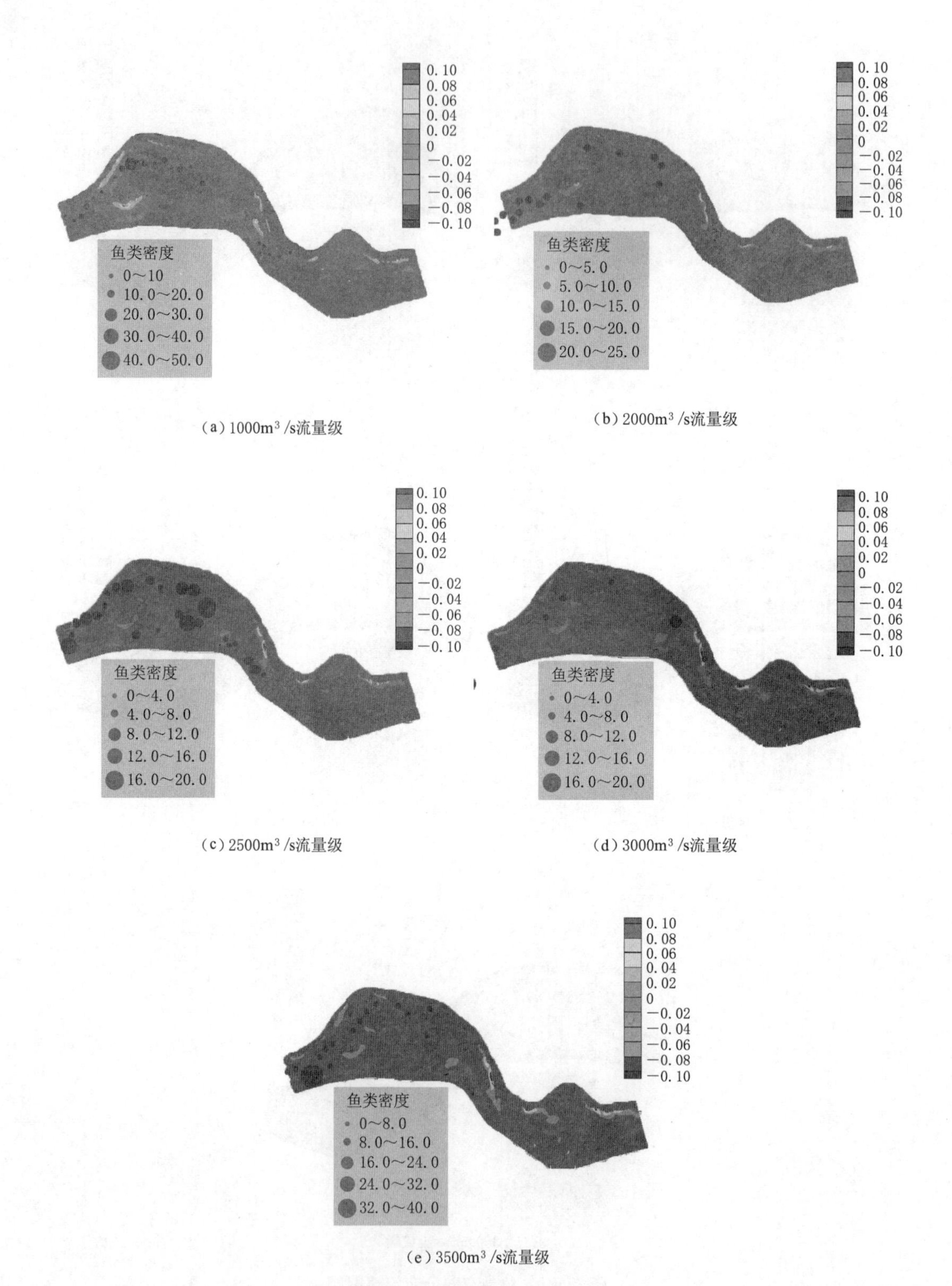

(a) 1000m³/s流量级

(b) 2000m³/s流量级

(c) 2500m³/s流量级

(d) 3000m³/s流量级

(e) 3500m³/s流量级

图 7-38 鱼类空间分布涡量图

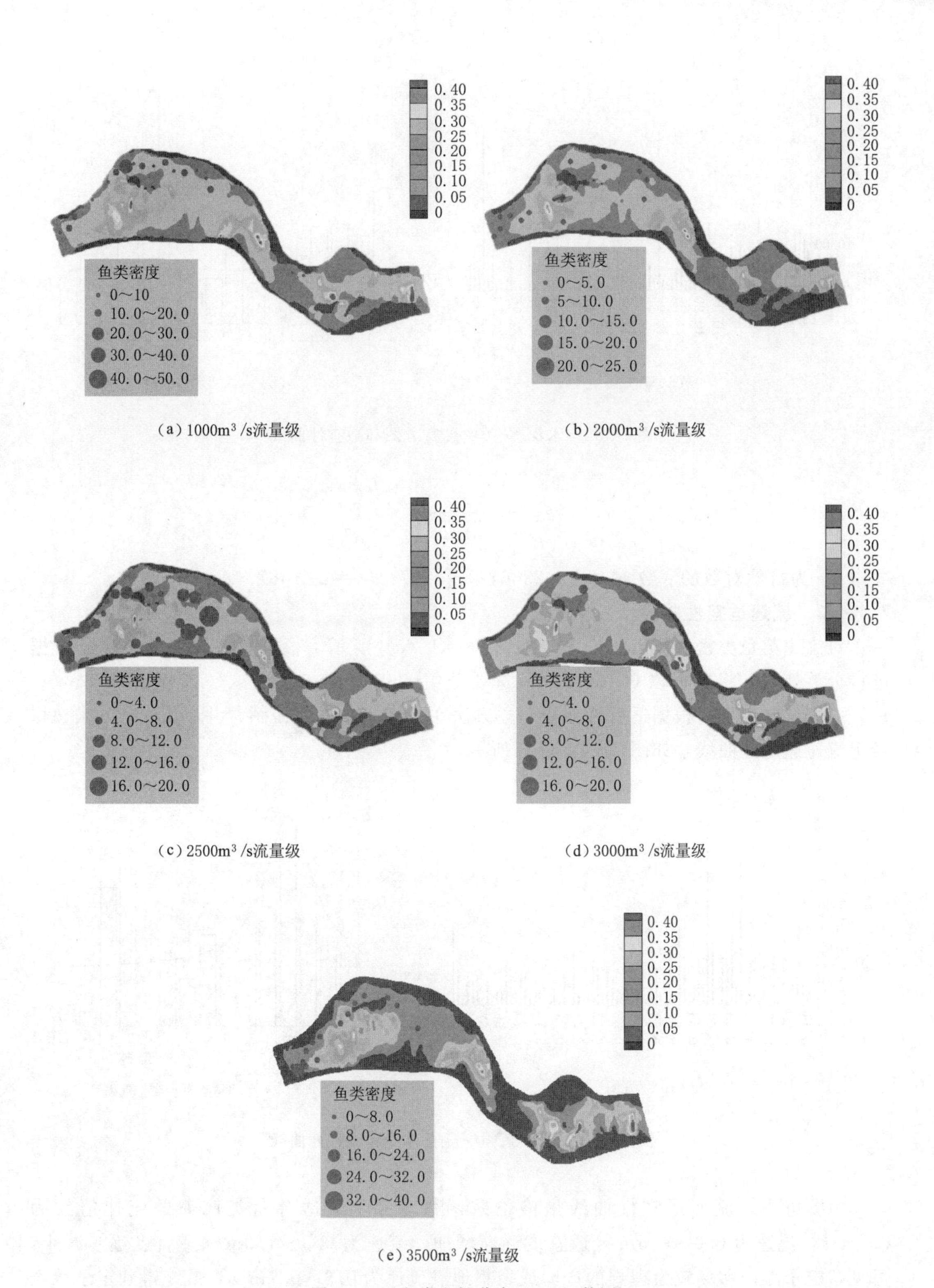

(a) 1000m³/s流量级

(b) 2000m³/s流量级

(c) 2500m³/s流量级

(d) 3000m³/s流量级

(e) 3500m³/s流量级

图7-39 鱼类空间分布Froude数图

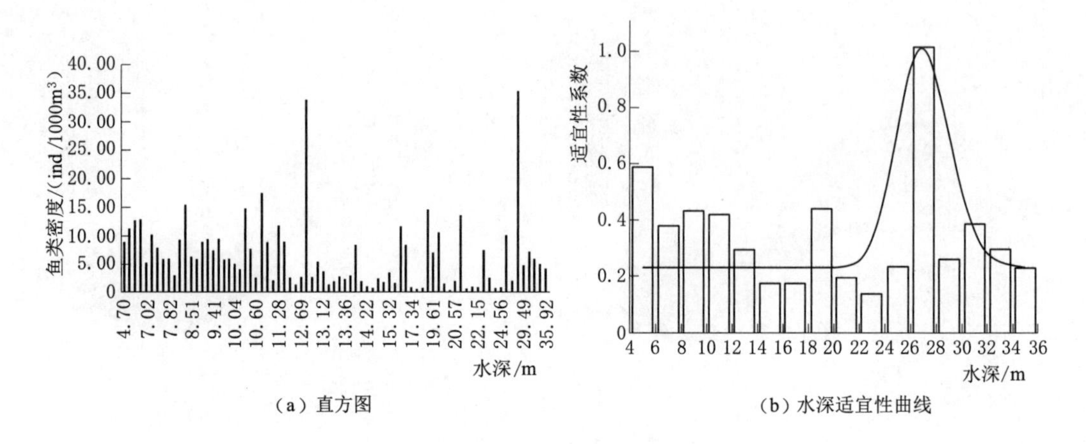

图 7-40 水深-鱼类密度直方图和适宜性曲线

$$y=y_0+\frac{A}{\sqrt{2\pi}wx}e^{\frac{-\left(\ln\frac{x}{x_c}\right)^2}{2w^2}}$$

式中：e为自然对数的底数，$y_0=0.23064$；$x_c=27$；$w=0.07567$；$A=3.92869$。

7.4.7.2 流速适宜性曲线

对流速与鱼类密度作出直方图，如图 7-41 (a) 所示。根据直方图特点对原始数据进行分类处理，将数据以 0.1m/s 间隔进行分组，有 0.0～0.1m/s、0.1～0.2m/s、…、1.5～1.6m/s 组别，根据适宜性曲线建立方法在 Origin 9.0 中作图，并以 Lorentz 函数拟合出流速适宜性曲线，如图 7-41 (b) 所示。

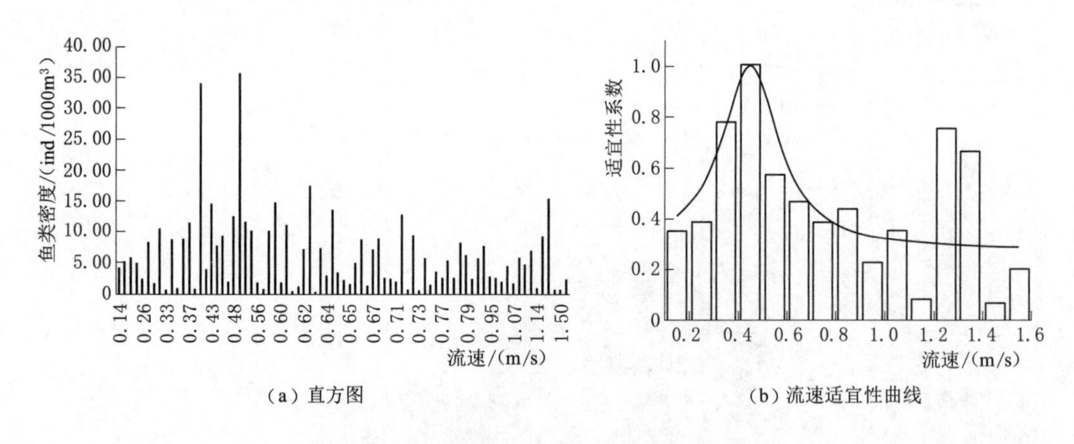

图 7-41 流速-鱼类密度直方图和适宜性曲线

由图可见，流速适宜性曲线呈洛伦兹函数分布，最适合鱼类产卵的流速值约为 0.5m/s，流速为 0.0～0.5m/s 适宜度逐渐增加，流速为 0.5～1.6m/s 适宜度逐步减小。可见，定子滩产卵场较为理想的产卵或聚集地点流速为 0.3～0.7m/s。最终得到定子滩产卵场鱼类产卵的流速适宜性曲线方程为：

$$y=y_0+\frac{2A}{\pi}\frac{w}{4(x-x_c)^2+w^2}$$

式中：$y_0=0.27562$；$x_c=0.45$；$w=0.28589$；$A=0.32514$。

7.4.7.3 涡量适宜性曲线

对涡量与鱼类密度的数据在 Excel 2010 中根据涡量绝对值升序排列后作出直方图，如图 7-42（a）所示。涡量是描述漩涡运动常量的物理量，用来表征直旋运动的强度，在北半球，逆时针为正漩涡度，顺时针为负涡度，正负仅表示方向。对其取绝对值后，根据直方图特点对原始数据进行分类处理，将数据以 $0.002s^{-1}$ 间隔进行分组，有 $0\sim0.002s^{-1}$、$0.002\sim0.004s^{-1}$、…、$0.034\sim0.036s^{-1}$ 组别，根据适宜性曲线建立方法在 Origin 9.0 中作图，并以 Lorentz 函数拟合出水深适宜性曲线，如图 7-42（b）所示。

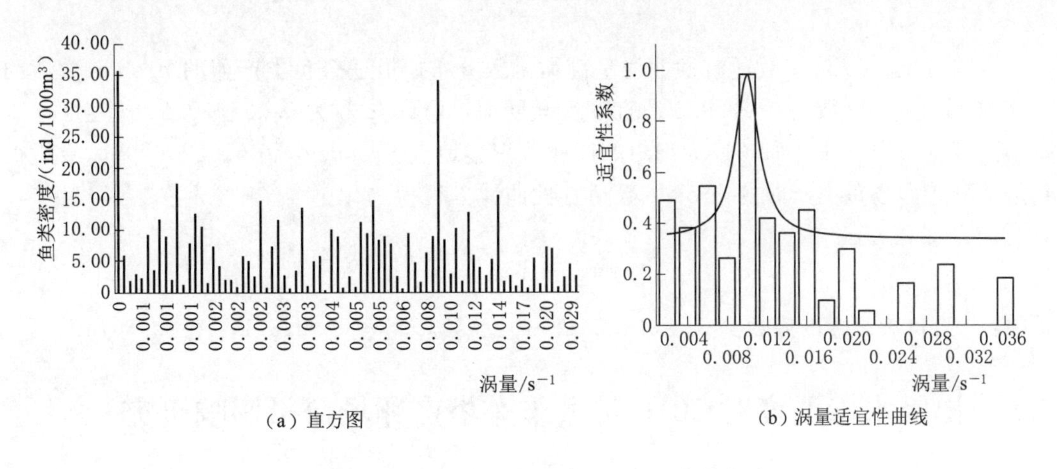

（a）直方图　（b）涡量适宜性曲线

图 7-42　涡量-鱼类密度直方图和适宜性曲线

由图可见，涡量适宜性曲线呈洛伦兹函数分布，最适合鱼类产卵的涡量值约为 $0.010s^{-1}$，涡量 $0\sim0.010s^{-1}$ 是适宜度逐渐增加，涡量为 $0.010\sim0.06536s^{-1}$ 适宜度逐步减小，当涡量大于 $0.018s^{-1}$ 时，适宜性指数较小。可见，定子滩产卵场较为理想的产卵或聚集地点涡量为 $0.000\sim0.016s^{-1}$。最终得到定子滩产卵场鱼类产卵的涡量适宜性曲线方程为：

$$y=y_0+\frac{2A}{\pi}\frac{w}{4(x-x_c)^2+w^2}$$

式中：$y_0=0.34421$；$x_c=0.01$；$w=0.00284$；$A=0.00292$。

7.4.7.4 Froude 数适宜性曲线

对 Froude 数与鱼类密度作出直方图，如图 7-43（a）所示。根据直方图特点对原始数据进行分类处理，将数据以 0.01 间隔进行分组，有 0～0.01、0.01～0.02、…、0.13～0.14 组别，根据适宜性曲线建立方法在 Origin 9.0 中作图，并以 GaussAmp 函数拟合出 Froude 数适宜性曲线，如图 7-43（b）所示。

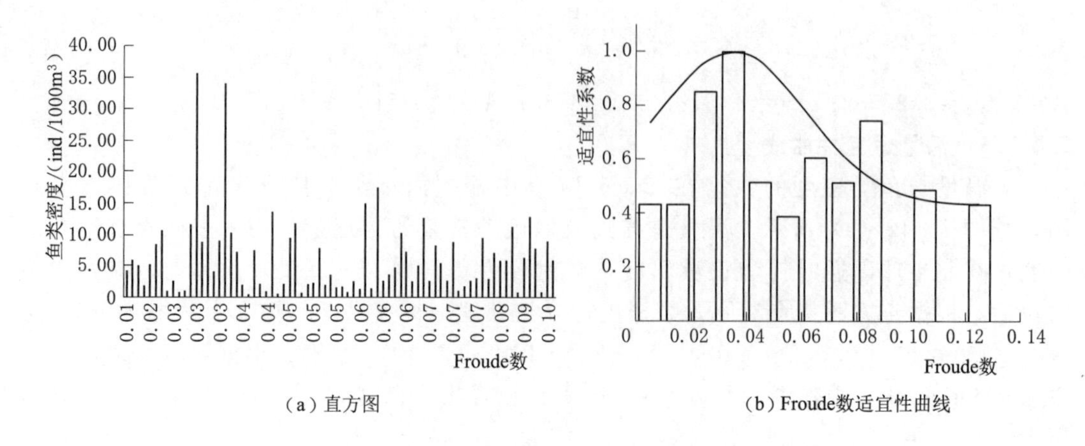

(a) 直方图

(b) Froude数适宜性曲线

图 7-43 Froude 数-鱼类密度直方图和适宜性曲线

由图可见，Froude 数适宜性曲线呈高斯函数分布，最适合鱼类产卵的 Froude 数值约为 0.035，Froude 数为 0～0.035 适宜度逐渐增加，Froude 数为 0.035～0.14 适宜度逐步减小。可见，定子滩产卵场较为理想的产卵或聚集地点 Froude 数为 0.02～0.09。最终得到定子滩产卵场鱼类产卵的 Froude 数适宜性曲线方程为

$$y=y_0+A\mathrm{e}^{-\frac{(x-x_c)^2}{2w^2}}$$

式中：e 为自然对数的底数，$y_0=0.43251$；$x_c=0.035$；$w=0.02671$；$A=0.56749$。

7.5 梯级水库调度对 2016 年洪季东塔产卵场流量影响研究

7.5.1 调度条件及水文过程还原

7.5.1.1 调度条件

2013 年，国务院批复的《珠江流域综合规划（2012—2030 年）》中明确提出“需实施水库水量调度，提供鱼类繁殖期所需要的流速和水环境”。2015 年 2 月水利部批复了珠江水利委员会的《西江干流生态调度方案制定项目任务书》，工作内容包括基础调查和干流断面的测验监测、生态调度主要控制指标分析、特征鱼类敏感期生态调度模型建立、特征鱼类敏感期生态调度方案编制以及西江干流生态调度方案研究等，随后珠江水利委员会开展了鱼类繁殖期水量调度相关监测和技术基础工作，得到西江干流四大家鱼繁殖期对东塔产卵场流量过程的特殊需求：大湟江口流量达到 4000m³/s 以上，涨水阶段刺激产卵所需的涨水天数至少为 4d，流量日均涨率需达到 1000m³/s 以上，鱼卵漂程范围内流速大于 0.25m/s，退水天数至少为 3d，且退水过程流量始终保持在 4000m³/s 以上。因此，某一不满足鱼类产卵条件的水文过程可能存在以下 1 个或多个原因：

（1）涨水期或退水期要求的持续时间内最小流量没有达到 4000m³/s。

（2）涨水期或退水期的持续时间不够。

(3) 日涨水幅度没有达到最小要求的 $1000m^3/s$。

当流量过程不满足鱼类繁殖期需求时，拟通过梯级水库调度来实现鱼类需要的水文过程。当前西江主要干支流建设的梯级水库大多数以防洪和发电为主，因此在开展生态调度时，首先需确保流域防洪安全，充分利用天然洪水过程，统筹各方需求，优化水库调度，满足代表性鱼类繁殖的要求，发挥水资源综合效益。考虑到当前可用于生态调度的水库，确定红水河优先选择岩滩水电站进行调度，柳江以红花水电站调度为主，郁江选择西津水电站进行调度。根据产卵场面临的水文过程不满足鱼类产卵需求的情况，水库调度的基本规则如下：

(1) 当天然洪水过程涨水历时较长，满足涨水历时要求时，参与调度的水库不调度或拦蓄部分洪水作为后续调度使用；反之，若涨水历时不足，则通过水库加大泄量适当补水。

(2) 当天然洪水起涨流量或日涨幅达不到流量要求时，适当加大出库流量进行补水；当天然洪水退水过快不满足生态需求时，适当加大出库流量进行补水。

(3) 为保证汛期安全，水库在调度过程中水位需控制在汛限水位（或正常蓄水位）和死水位之间。

根据岩滩、红花和西津水电站实际情况，确定岩滩起调水位为220.23m，红花起调水位为77.5m，西津起调水位为61.6m。

7.5.1.2 调度期的选取

西江干流鱼类主要繁殖期为每年的4—9月，其中以四大家鱼为代表的产漂流性卵鱼类繁殖期为4—7月，考虑试验调度主要针对产漂流性卵鱼类繁殖的需求，而4月水温不一定满足鱼类繁殖要求，8月汛末骨干水库需回蓄以满足枯水期水量调度的要求，因而调度时间确定在每年5—7月。

本次调度以东塔产卵场流量过程为对象，根据东塔产卵场附近大湟江口汛期实测洪水过程，选取2016年6月1日8时至28日8时共648h的水文数据进行调度，流量过程如图7-44所示。该过程由两场次洪水组成，具体如下：

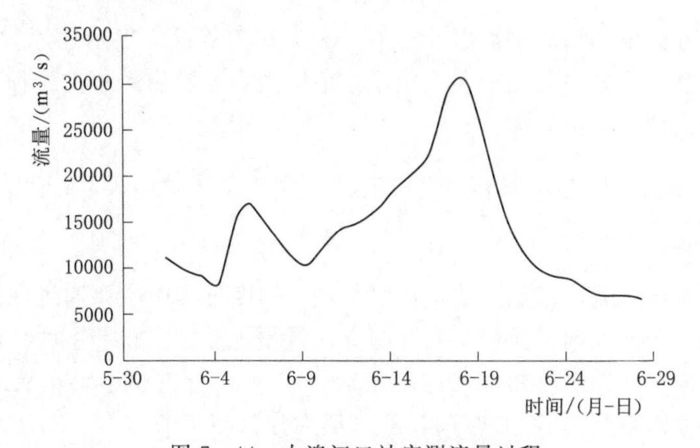

图7-44 大湟江口站实测流量过程

第一场洪水量级较小，洪水起涨流量为 $8180m^3/s$，4—6日为涨水期，洪峰流量为

$16900m^3/s$，涨水历时不足 4d，6—9 日为退水期，退水期流量过程满足生态流量要求，无需调度；3—6 日日涨率分别为 $-820m^3/s$、$-600m^3/s$、$6960m^3/s$ 和 $1100m^3/s$，3 日和 4 日不满足日涨率要求，生态调度主要针对本场洪水涨水期展开。

第二场大洪水量级较大，与第一场洪水的分界点在 9 日 9 时，此时第一场洪水退水期结束，进入第二场洪水的涨水期，起涨流量为 $10200m^3/s$，9—18 日为涨水期，18 日大湟江口洪峰流量达到 $30600m^3/s$，需由第一场洪水期的生态调度转入防洪调度。

7.5.1.3 洪水过程还原

选取的调度期间主要站点流量过程如图 7-45 所示，该场次洪水大湟江口流量以柳州站流量占比较高，迁江站、南宁站流量占比较低，为中上游型洪水。区间入流采用分段还原，将西江干流河网分为：蔗香—龙滩；龙滩—岩滩；岩滩—迁江；迁江、柳州—武宣；南宁—贵港；武宣、贵港—梧州；梧州—高要，通过上、下游流量差值还原拟合区间入流，将区间入流分别设于刁江、清水河、洛清江、蒙江等大型支流入流口。

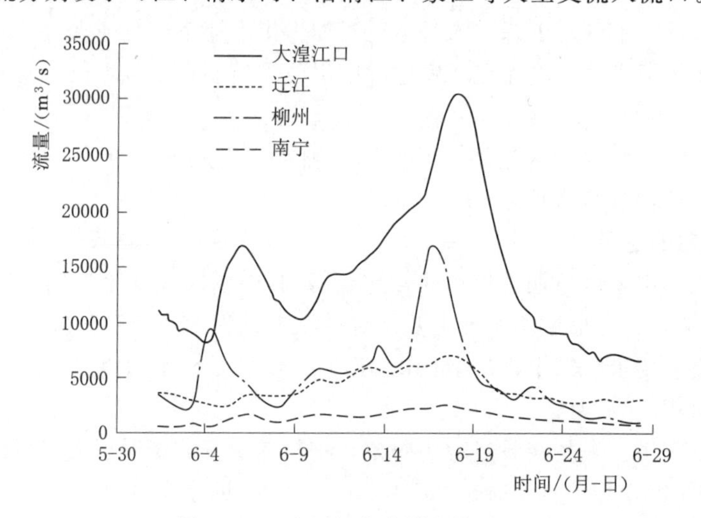

图 7-45 主要站点实测流量过程

各区段还原和验证结果分别如图 7-46～图 7-52 所示，显示还原拟合的区间入流，能保证水位、流量计算值与实测值在一定误差范围内，还原后的水文过程基本能反映真实情况，可以应用到调度模拟计算。

7.5.2 红花水电站单库生态调度分析

7.5.2.1 调度规则

调度初期大湟江口流量偏低，涨水历时不足，调度过程中主要通过红花预泄加大起涨流量，根据系统平台计算调试显示，当红花下泄量增加至 $4000m^3/s$ 时，对大湟江口涨水期日涨率有明显提升，因而控制红花起调流量为 $4000m^3/s$；由于洪水从红花演进至大湟江口所需的时间大约需要 1d 左右时间，涨水期大湟江口 6 月 3 日、4 日流量偏低，确定红花起调时间为 2 日 4 时，停止调度时间为 3 日 20 时，之后水位就维持在停止调度的时刻。拟定了表 7-10 的三种调度方案。

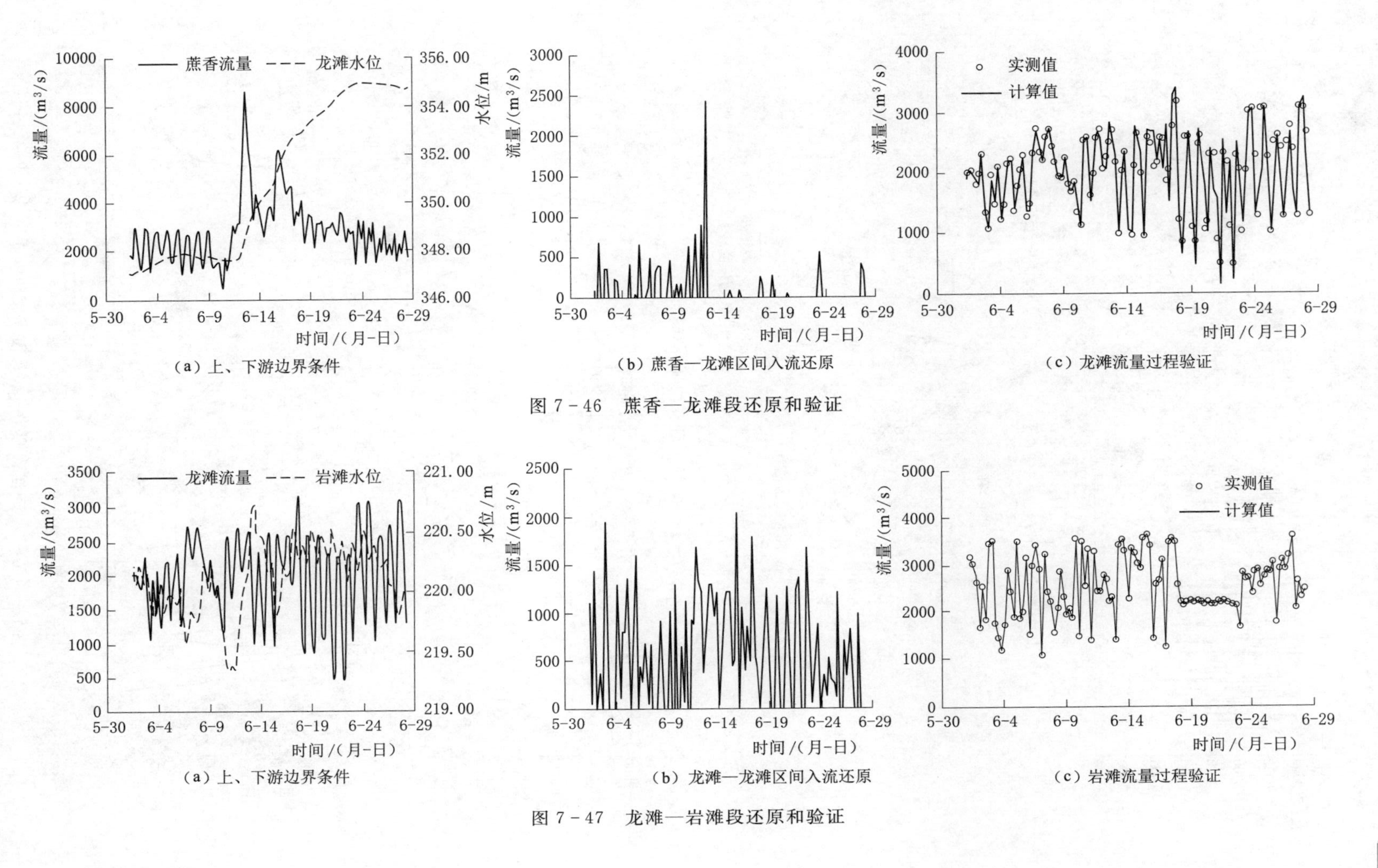

（a）上、下游边界条件

（b）蔗香—龙滩区间入流还原

（c）龙滩流量过程验证

图 7-46 蔗香—龙滩段还原和验证

（a）上、下游边界条件

（b）龙滩—龙滩区间入流还原

（c）岩滩流量过程验证

图 7-47 龙滩—岩滩段还原和验证

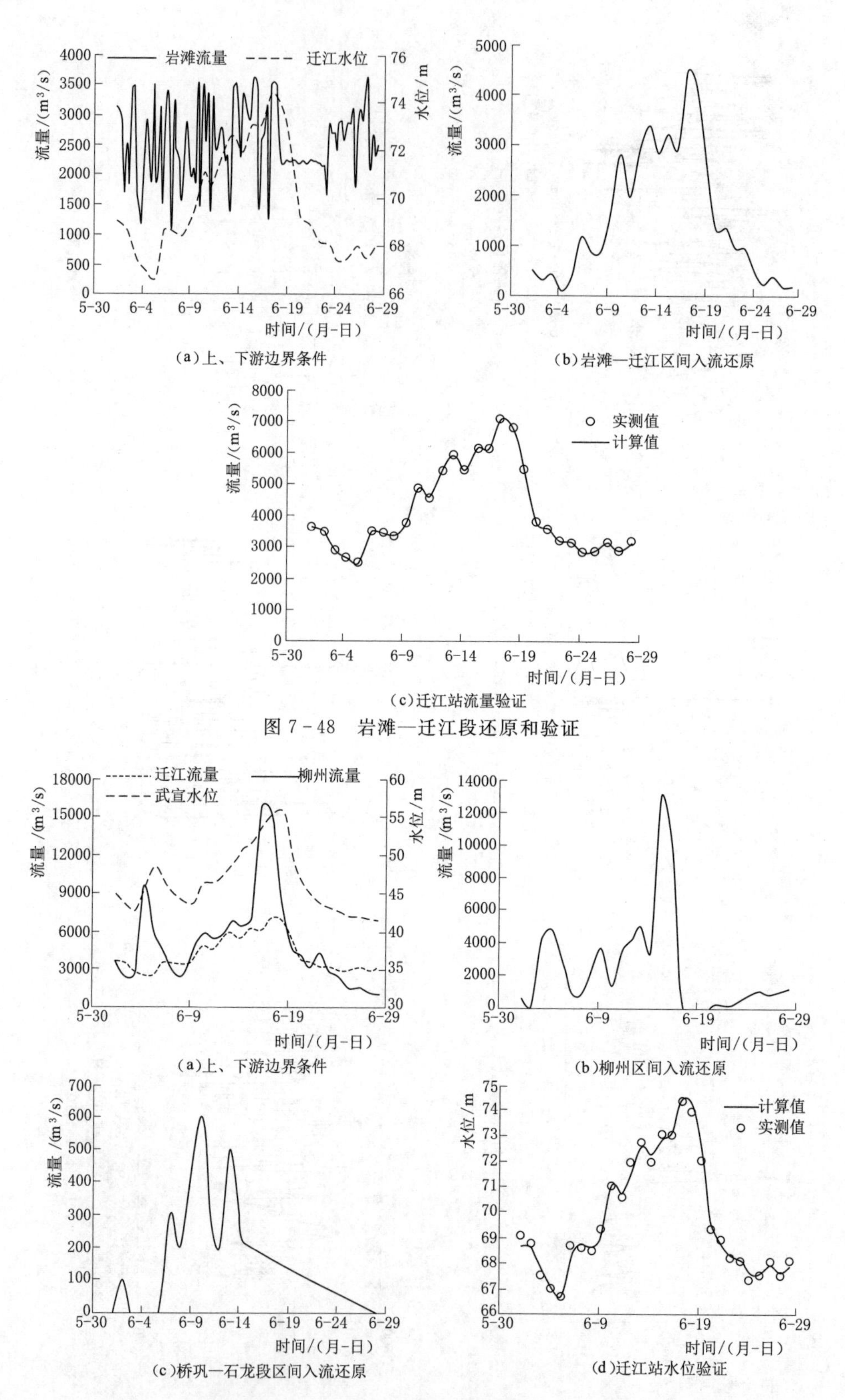

图7-48 岩滩—迁江段还原和验证

图7-49(一) 迁江、柳州—武宣段还原和验证

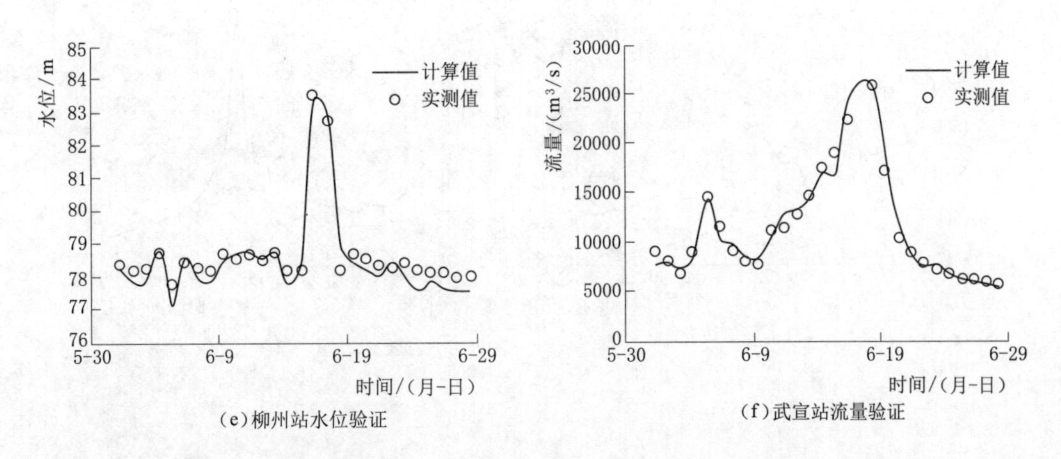

(e)柳州站水位验证

(f)武宣站流量验证

图7-49(二) 迁江、柳州—武宣段还原和验证

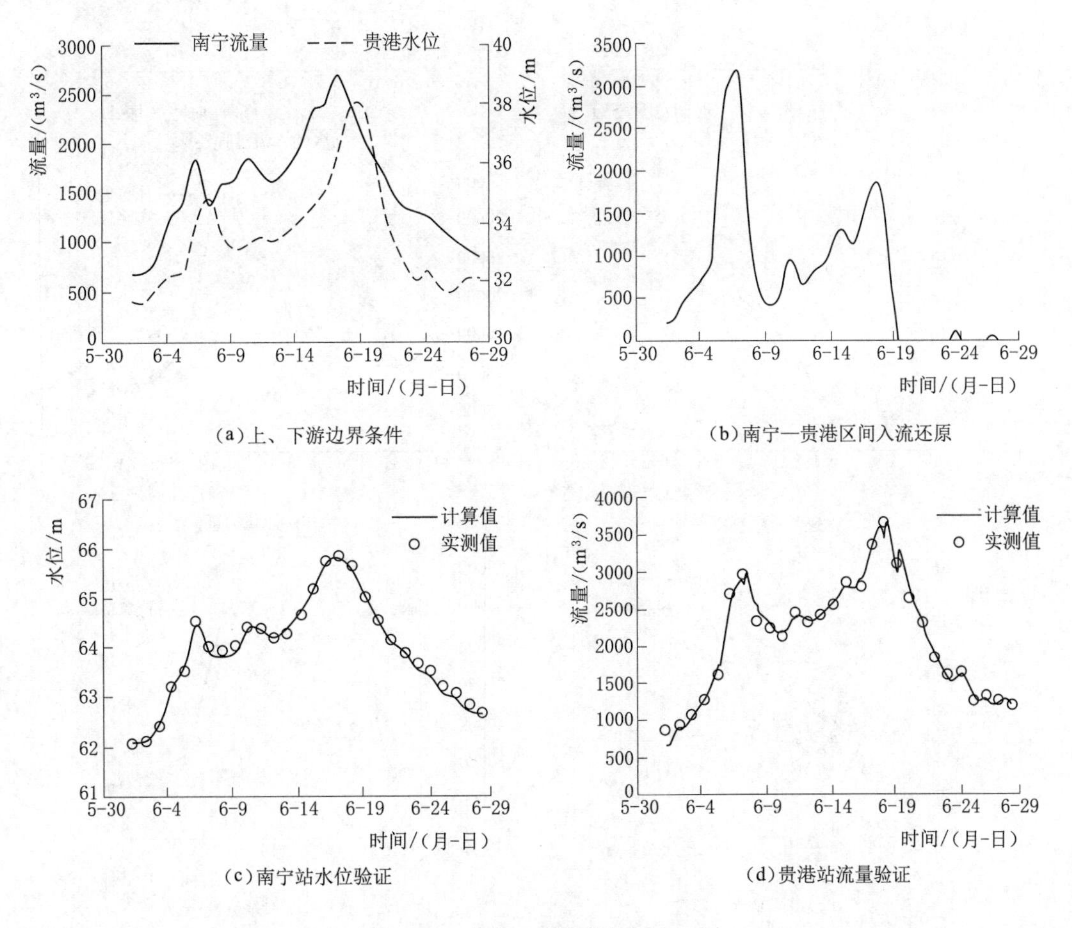

(a)上、下游边界条件

(b)南宁—贵港区间入流还原

(c)南宁站水位验证

(d)贵港站流量验证

图7-50 南宁—贵港段还原和验证

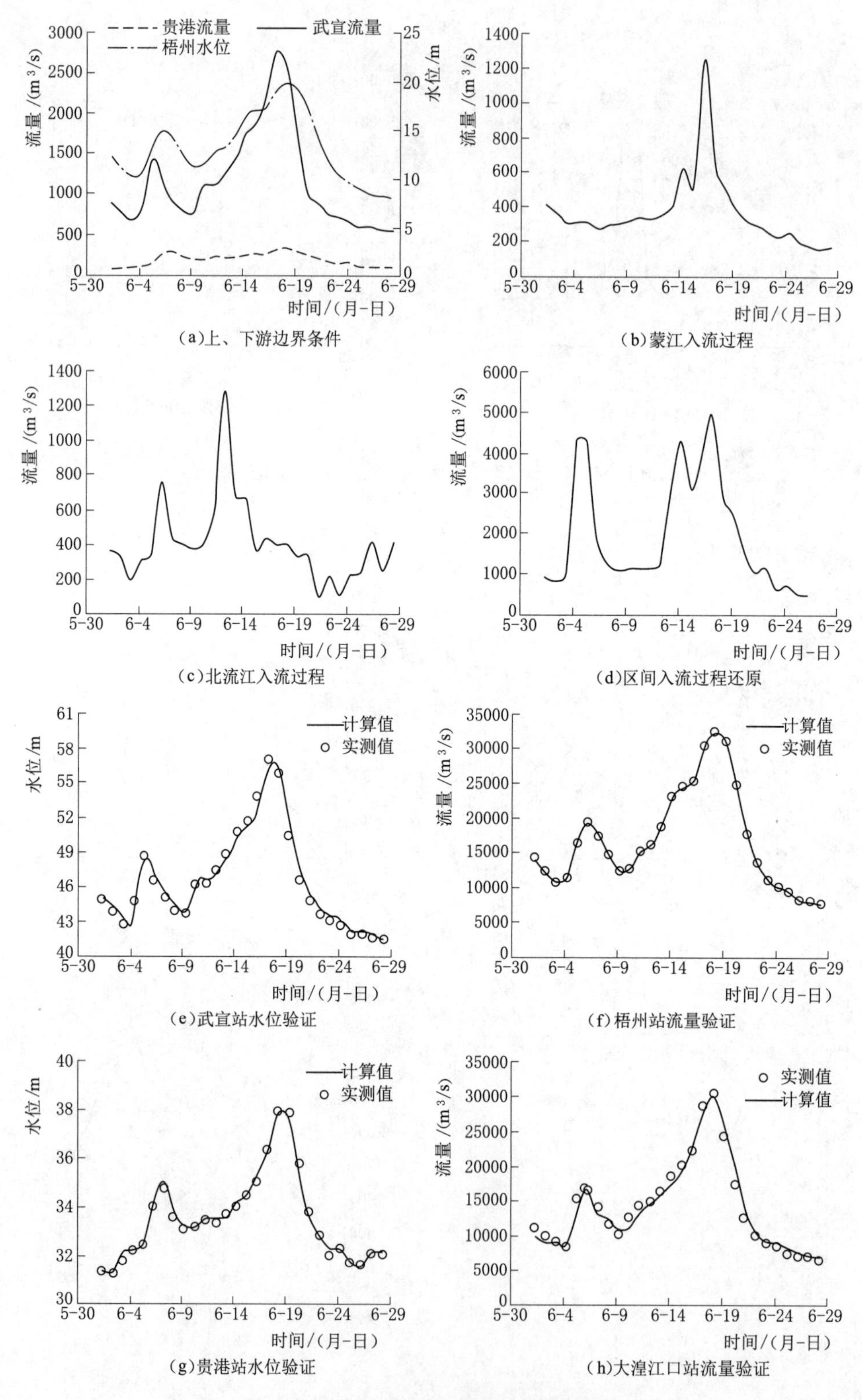

(a)上、下游边界条件

(b)蒙江入流过程

(c)北流江入流过程

(d)区间入流过程还原

(e)武宜站水位验证

(f)梧州站流量验证

(g)贵港站水位验证

(h)大湟江口站流量验证

图 7-51　武宜、贵港-梧州段还原和验证

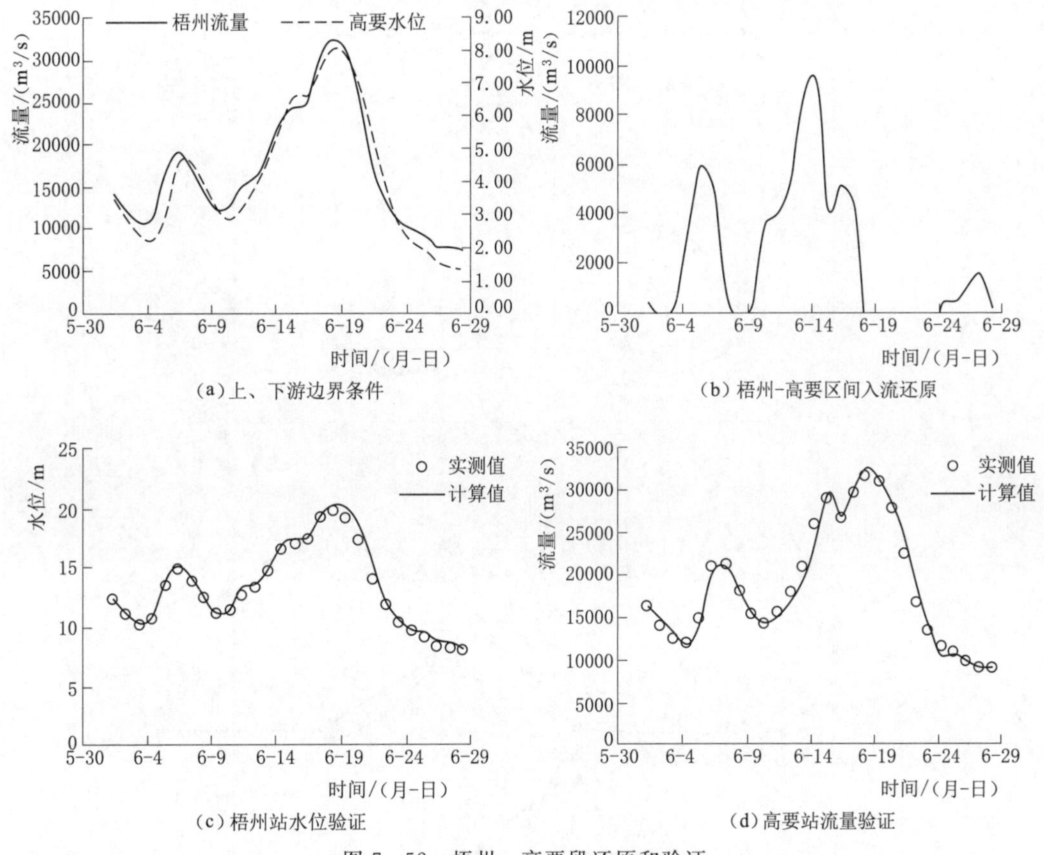

图 7-52 梧州—高要段还原和验证

表 7-10 红花水电站单库调度方案

调度方案	判断条件	控制下泄量/(m^3/s)
方案1	72.5m≤坝前水位≤77.5m	4000
	坝前水位>77.5m或坝前水位<72.5m	停止调度
方案2	72.5m≤坝前水位≤77.5m	4500
	坝前水位>77.5m或坝前水位<72.5m	停止调度
方案3	72.5m≤坝前水位≤77.5m	5000
	坝前水位>77.5m或坝前水位<72.5m	停止调度

7.5.2.2 调度效果分析

对表7-10给出的红花水电站单库调度三种方案进行模拟计算，结果如图7-53和表7-11，分析可见：

方案1：从6月2日4时开始，红花起调水位77.5m，控制下泄量4000m^3/s，至3日20时停止调度为止，期间柳州站进入红花的入库流量小于出库流量，因此坝前水位从77.5m持续下降至74.92m，停止调度后维持该水位不变；经红花调度后，3—6日大湟江口流量日涨率分别为1470.32m^3/s、94.76m^3/s、2789.62m^3/s和1932.93m^3/s，涨水历时达到4d，其中3日和4日日涨率较调度前的$-820m^3/s$和$-600m^3/s$显著提升，5日和6日日涨率较调度前略有减小；采用该调度方案后，涨水期达到了生态需求的4d，但4日

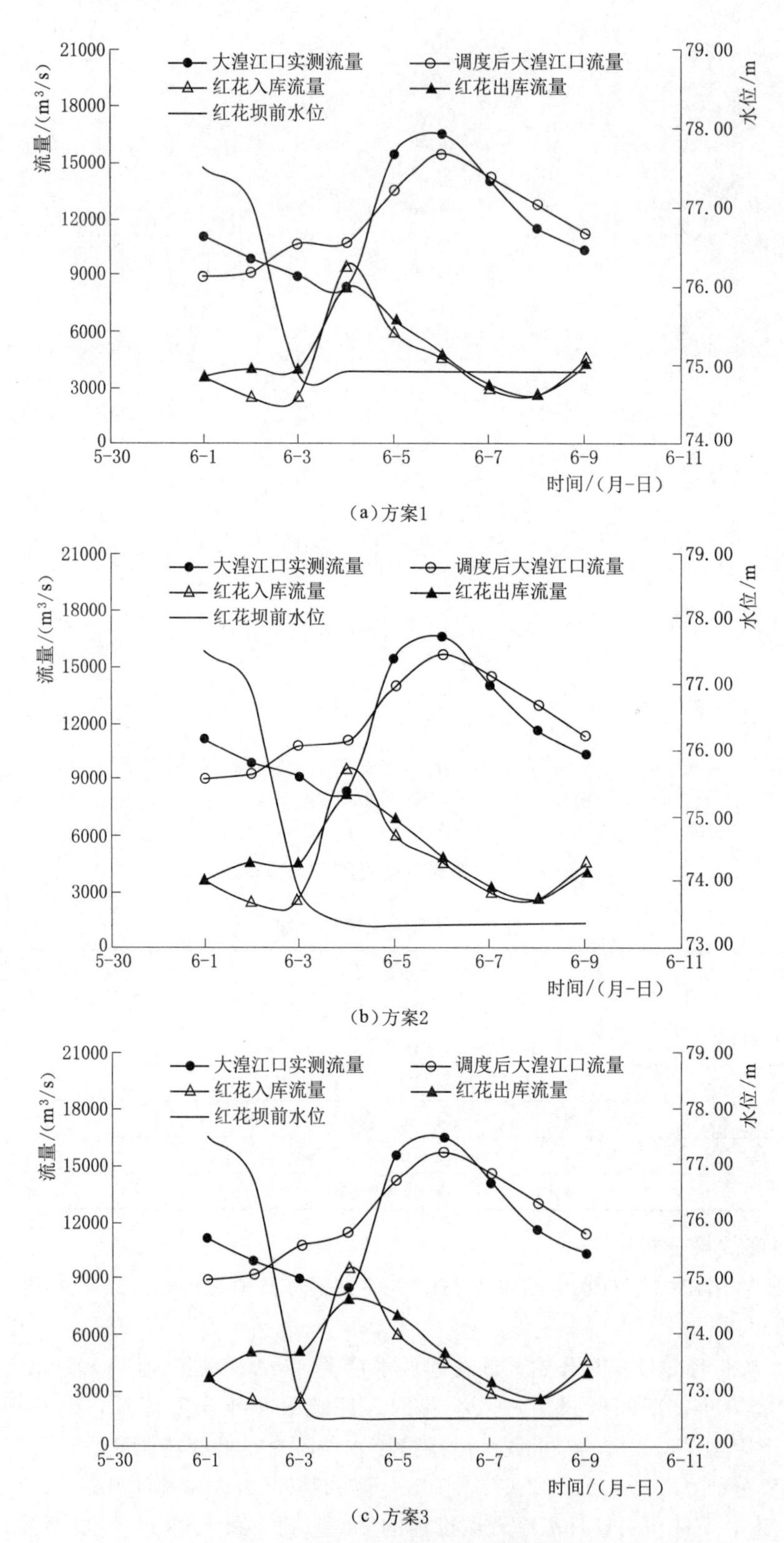

(a)方案1

(b)方案2

(c)方案3

图7-53 红花水电站单库调度效果

的日涨率仍小于1000m^3/s，不满足连续日涨率的要求。

方案2：从6月2日4时开始，红花起调水位77.5m，控制下泄量4500m^3/s，至3日20时停止调度为止，期间入库流量小于出库流量，坝前水位从77.5m持续下降至73.35m，停止调度后维持该水位不变；经红花调度后，3—6日大湟江口流量日涨率分别为1497.41m^3/s、362.59m^3/s、2797.94m^3/s和1708.16m^3/s，涨水历时达到4d；采用该调度方案后，涨水期达到了生态需求的4d，但4日的日涨率仍小于1000m^3/s，不满足连续日涨率的要求。

方案3：从6月2日4时开始，红花起调水位77.5m，控制下泄量5000m^3/s，至3日20时停止调度前，入库流量小于出库流量，坝前水位从77.5m持续下降至死水位72.5m，需提前停止调度；经红花调度后，3—6日大湟江口流量日涨率分别为1518.3m^3/s、659.97m^3/s、2760.26m^3/s和1495.09m^3/s，涨水历时达到4d；采用该调度方案后，涨水期达到了生态需求的4d，但4日的日涨率仍小于1000m^3/s，不满足连续日涨率的要求。

表7-11　　红花水电站单库调度后大湟江口流量　　单位：m^3/s

日期	无调度	方案1	方案2	方案3
6-3	−820	1470.32	1497.41	1518.3
6-4	−600	94.76	362.59	659.97
6-5	6960	2789.62	2797.94	2760.26
6-6	1100	1932.93	1708.16	1495.09

7.5.3 岩滩水电站单库生态调度分析

7.5.3.1 调度规则

调试显示，当岩滩水电站下泄量增大至6500m^3/s时，对大湟江口涨水期日涨率有明显提升，因此确定岩滩起调流量为6500m^3/s；针对大湟江口涨水期6月3日和4日日涨率不满足生态要求的情况，考虑岩滩洪水演进到大湟江口需要的时间大概需要近2d时间，确定岩滩起调时间为6月1日8时，停止调度时间为2日14时。拟定了表7-12的3种调度方案。

表7-12　　岩滩水电站单库调度方案

调度方案	判断条件	控制下泄量/(m^3/s)
方案1	212m≤坝前水位≤219m	6500
	坝前水位＞219m或坝前水位＜212m	停止调度
方案2	212m≤坝前水位≤219m	7000
	坝前水位＞219m或坝前水位＜212m	停止调度
方案3	212m≤坝前水位≤219m	8000
	坝前水位＞219m或坝前水位＜212m	停止调度

7.5.3.2 调度效果分析

岩滩水电站单库调度各方案效果如图7-54所示，调度后大湟江口流量见表7-13，分析可见：

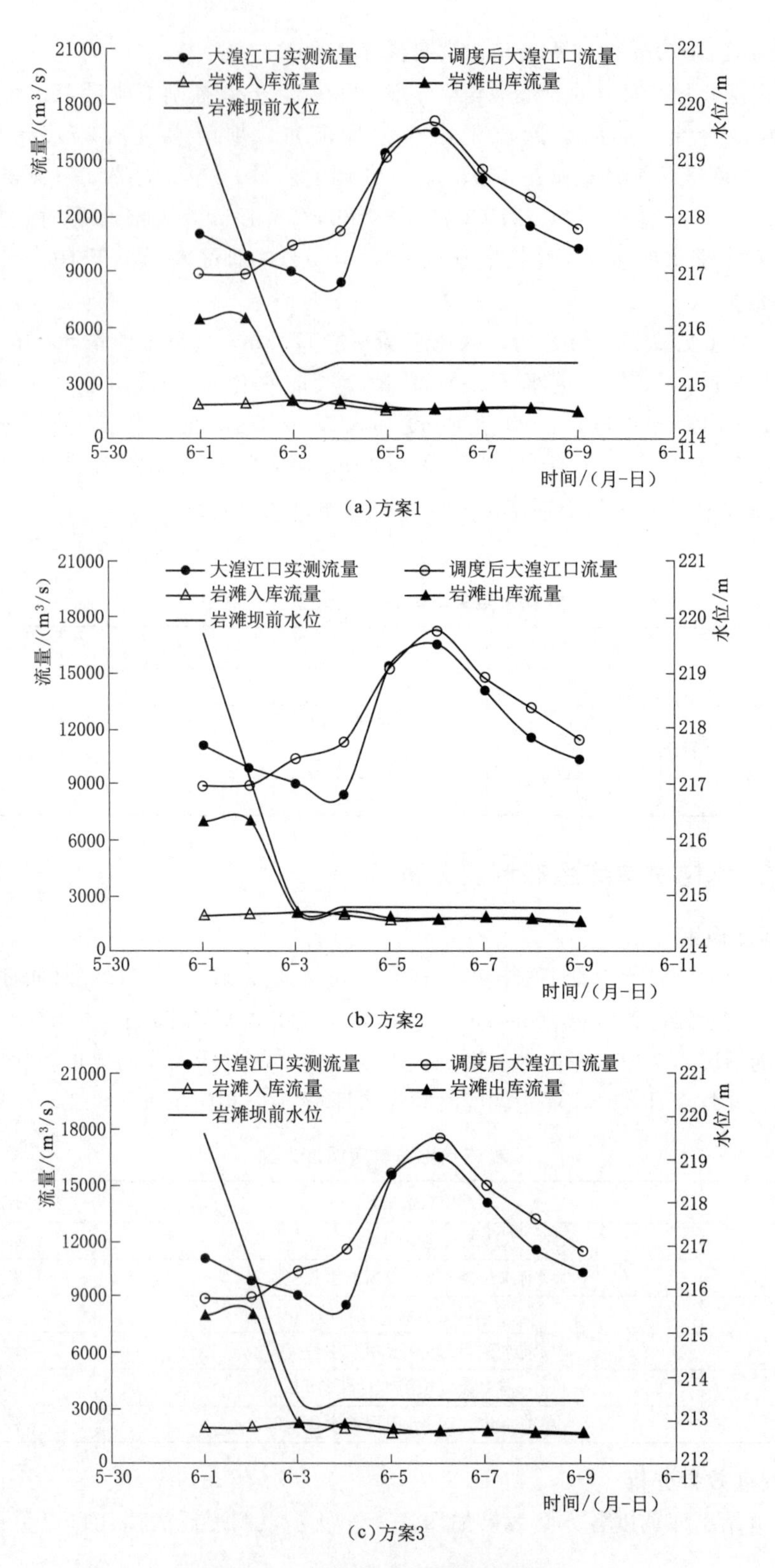

(a)方案1

(b)方案2

(c)方案3

图7-54 岩滩水电站单库调度效果

方案1：从6月1日8时进入调度后，岩滩起调水位为220.23m，控泄流量为6500m³/s，调度过程中岩滩入库流量小于出库流量，坝前水位从220.23m持续下降至215.38m，2日14时岩滩停止调度，之后水位维持恒定；调度后3—6日日涨率分别为1490.75m³/s、769.66m³/s、3966.26m³/s和1926.37m³/s，调度后涨水历时达到4d，3日和4日的日涨率较调度前有明显提升，5日和6日变化不明显，但4日的日涨率仍小于1000m³/s的日涨幅要求。

方案2：从6月1日8时进入调度后，岩滩起调水位为220.23m，控制泄量7000m³/s，坝前水位从220.23m下降至214.78m，2日14时岩滩停止调度，之后水位维持恒定；调度后3—6日日涨率分别为1456.96m³/s、867.02m³/s、3946.45m³/s和2043.53m³/s，涨水历时达到4d，4日的日涨率较方案1有所增加，但仍低于1000m³/s的要求。

方案3：从6月1日8时进入调度后，岩滩控制下泄量为8000m³/s，坝前水位从220.23m下降至213.46m，2日14时岩滩停止调度，之后水位维持恒定；调度后3—6日日涨率分别为1459.1m³/s、1150.29m³/s、4045.39m³/s和1932.74m³/s，涨水历时达到4d，4天日涨率均在1000m³/s以上，调度后的流量过程满足鱼类产卵的需求。

表7-13　岩滩水电站单库调度后大湟江口流量　单位：m³/s

日　期	无调度	方案1	方案2	方案3
6月3日	−820	1490.75	1456.96	1459.1
6月4日	−600	769.66	867.02	1150.29
6月5日	6960	3966.26	3946.45	4045.39
6月6日	1100	1926.37	2043.53	1932.74

7.5.4 岩滩和红花水电站联合生态调度分析

7.5.4.1 调度规则拟定

采用岩滩和红花两库联合调度时，考虑到两库位置洪水演进到大湟江口时间不同，两库起调时间仍分别设定为2016年6月1日8时和2日4时，调节计算显示，由于两库流量叠加作用，当岩滩、红花下泄量分别达到4000m³/s和3000m³/s时，对大湟江口涨水期日涨率有明显提升，因此确定岩滩和红花的起调流量分别为4000m³/s和3000m³/s；为保障调度效果，红花和岩滩停止调度时间分别设定为6月3日10时和0时。岩滩库容大于红花，设置岩滩控泄流量大于红花。岩滩和红花水电站联合调度方案见表7-14。

表7-14　岩滩和红花水电站联合调度方案

调度方案	红花判断条件	控制红花下泄量/(m³/s)	岩滩判断条件	控制岩滩下泄量/(m³/s)
方案1	72.5m≤坝前水位≤77.5m	3000	212m≤坝前水位≤219m	4000
	坝前水位>77.5m或坝前水位<72.5m	停止调度	坝前水位>219m或坝前水位<212m	停止调度

续表

调度方案	红花判断条件	控制红花下泄量/(m³/s)	岩滩判断条件	控制岩滩下泄量/(m³/s)
方案2	72.5m≤坝前水位≤77.5m	4000	212m≤坝前水位≤219m	4000
	坝前水位>77.5m或坝前水位<72.5m	停止调度	坝前水位>219m或坝前水位<212m	停止调度
方案3	72.5m≤坝前水位≤77.5m	4000	212m≤坝前水位≤219m	5000
	坝前水位>77.5m或坝前水位<72.5m	停止调度	坝前水位>219m或坝前水位<212m	停止调度

7.5.4.2 调度效果分析

岩滩和红花两库联合调度各方案效果如图7-55所示，调度后大湟江口流量见表7-15，分析可见：

方案1：6月1日8时，岩滩起调水位为220.23m，控制下泄量为4000m³/s，期间岩滩入库流量小于出库流量，坝前水位从220.23m下降至216.8m，3日0时停止调度，之后水位维持恒定；2日4时，红花起调水位为77.5m，控制下泄量为3000m³/s，期间红花入库流量小于出库流量，坝前水位从77.5m下降至76.9m，3日10时停止调度，之后水位维持恒定。调度后3—6日的日涨率分别为1449.36m³/s、397.98m³/s、3467.71m³/s和1810.89m³/s，调度后涨水历时达到4d，但4日的日涨率仍小于1000m³/s的生态流量要求。

方案2：6月1日8时，岩滩起调水位为220.23m，控制下泄量为4000m³/s，期间入库流量小于出库流量，坝前水位从220.23m下降至216.8m，3日0时岩滩停止调度，之后水位维持恒定；2日4时，红花起调水位为77.5m，控制下泄量4000m³/s，期间入库流量小于出库流量，坝前水位从77.5m下降至75.61m，3日10时红花停止调度，之后水位维持恒定。调度后3—5日的日涨率分别为1558.97m³/s、741.88m³/s、3155.97m³/s和1700.95m³/s，调度后涨水历时达到4d，但4日的日涨率仍小于1000m³/s。

方案3：6月1日8时，岩滩起调水位为220.23m，控泄量5000m³/s，期间入库流量小于出库流量，坝前水位从220.23m下降至214.91m，3日0时岩滩停止调度，之后水位维持恒定；2日4时，红花起调水位为77.5m，控制下泄量为4000m³/s，期间入库流量小于出库流量，坝前水位从77.5m下降至75.61m，3日10时红花停止调度，之后维持恒定。调度后3—6日的日涨率分别为1577.09m³/s、1084m³/s、3256.44m³/s和1749.06m³/s，调度后涨水历时达到4d，4d日涨率均在1000m³/s以上，满足鱼类产卵的生态流量需求。

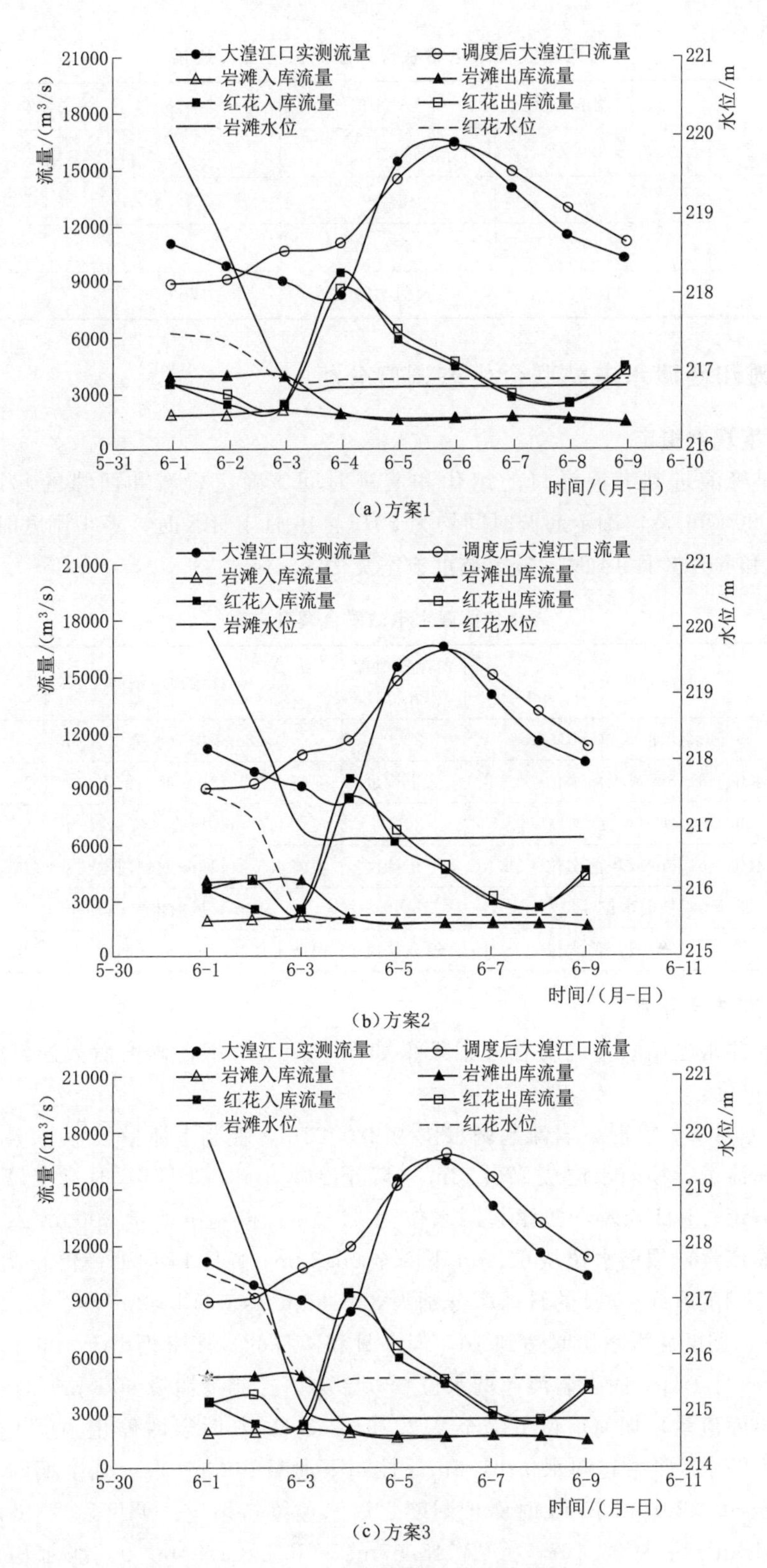

图 7-55 岩滩和红花联合调度效果

表 7-15　岩滩和红花水电站联合调度后大湟江口流量　单位：m^3/s

日期	无调度	方案 1	方案 2	方案 3
6 月 3 日	−820	1449.36	1558.97	1577.09
6 月 4 日	−600	397.98	741.88	1084
6 月 5 日	6960	3467.71	3155.97	3256.44
6 月 6 日	1100	1810.89	1700.95	1749.06

7.5.5 岩滩和西津水电站联合生态调度分析

7.5.5.1 调度规则拟定

考虑到洪峰演进到大湟江口的坦化和演进时间，确定岩滩和西津的起调流量定为 5000m³/s 和 2000m³/s，确定起调时间均为 2016 年 6 月 1 日 8 时，停止调度时间分别为 6 月 3 日 10 时和 6 月 2 日 14 时，拟定调度方案见表 7-16。

表 7-16　岩滩和西津水电站联合调度方案

调度方案	西津判断条件	西津控泄量/(m³/s)	岩滩判断条件	岩滩控泄量/(m³/s)
方案 1	59.6m≤坝前水位≤61.6m	2000	212m≤坝前水位≤219m	5000
	坝前水位>61.6m 或坝前水位<59.6m	停止调度	坝前水位>219m 或坝前水位<212m	停止调度
方案 2	59.6m≤坝前水位≤61.6m	2000	212m≤坝前水位≤219m	6000
	坝前水位>61.6m 或坝前水位<59.6m	停止调度	坝前水位>219m 或坝前水位<212m	停止调度
方案 3	59.6m≤坝前水位≤61.6m	2500	212m≤坝前水位≤219m	6000
	坝前水位>61.6m 或坝前水位<59.6m	停止调度	坝前水位>219m 或坝前水位<212m	停止调度

7.5.5.2 调度结果分析

岩滩和西津水电站联合调度各方案效果如图 7-56 所示，调度后大湟江口流量见表 7-17，分析可见：

方案 1：6 月 1 日 8 时，岩滩起调水位为 220.23m，控制下泄量 5000m³/s，期间入库流量小于出库流量，坝前水位从 220.23m 下降至 214.91m，3 日 10 时岩滩停止调度，之后水位维持恒定；1 日 8 时，西津起调水位为 61.6m，控制下泄量 2000m³/s，期间入库流量小于出库流量，坝前水位从 61.6m 下降至 60.33m，2 日 14 时西津停止调度，之后水位维持恒定。调度后 3—6 日的日涨率分别为 828.86m³/s、616.62m³/s、4886.41m³/s 和 2168.87m³/s，调度后涨水历时达到 4d，但 3 日和 4 日的日涨率仍小于 1000m³/s。

方案 2：6 月 1 日 8 时，岩滩起调水位 220.23m，控制下泄量 6000m³/s，调度期间入库流量小于出库流量，坝前水位下降至 212.79m，3 日 10 时岩滩停止调度，水位维持恒定；6 月 1 日 8 时，西津起调水位 61.6m，控制下泄量 2000m³/s，调度期间坝前水位从 61.6m 下降至 60.32m，2 日 14 时停止调度之后水位维持恒定。调度后 3—6 日的日涨率分别为 843.15m³/s、1005.19m³/s、4945.67m³/s 和 2202.94m³/s，涨水历时达到 4d，但 3 日的日涨率小于 1000m³/s 的生态流量要求。

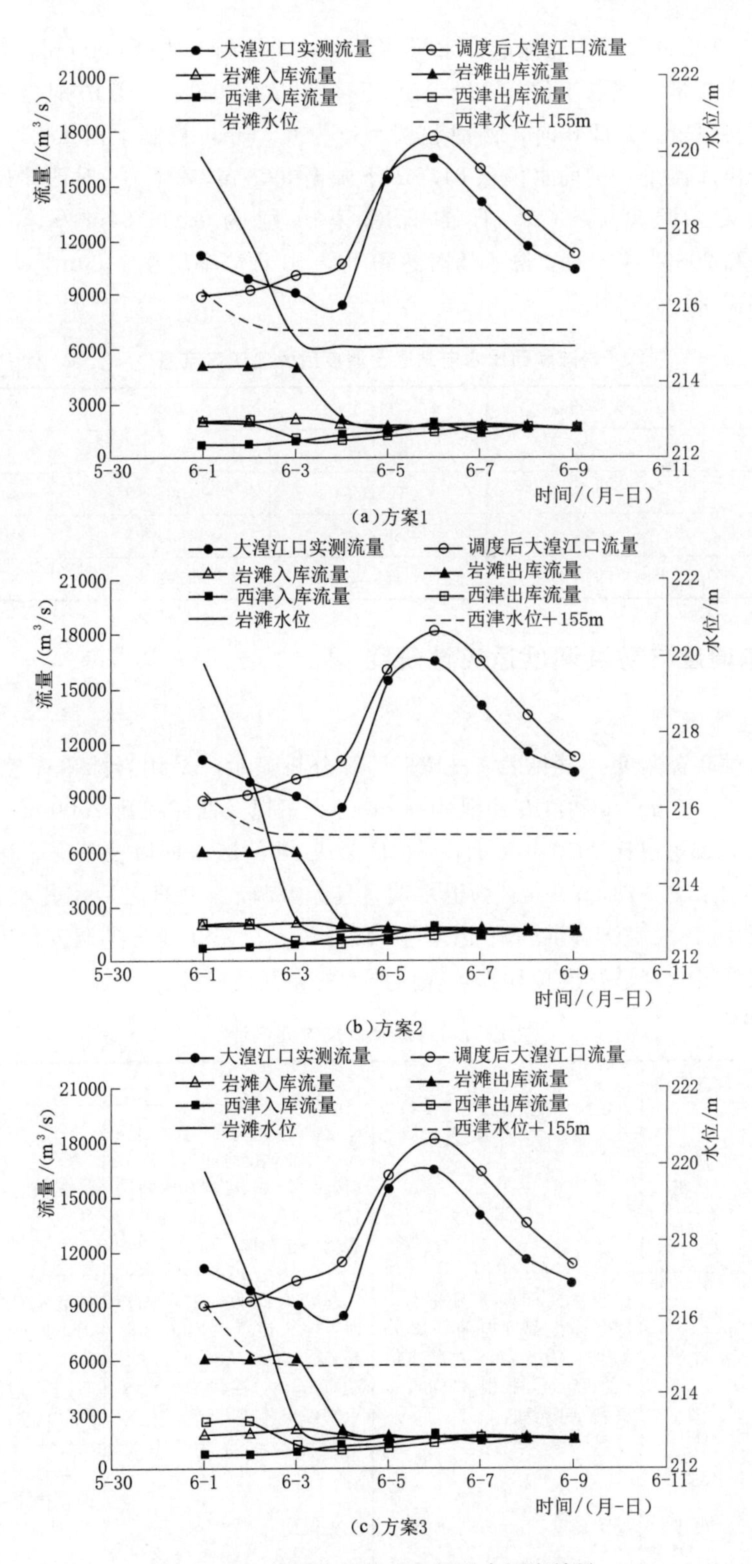

(a)方案1

(b)方案2

(c)方案3

图 7-56 岩滩和西津水电站联合调度效果

方案3：6月1日8时，岩滩起调水位220.23m，控制下泄量6000m³/s，调度期间入库流量小于出库流量，坝前水位从220.23m下降至212.79m，3日10时之后岩滩停止调度之后水位维持恒定；1日8时，西津起调水位为61.6m，控制下泄量2500m³/s，期间入库流量小于出库流量，坝前水位从61.6m下降至59.7m，2日14时西津停止调度之后水位维持恒定。调度后3—6日的日涨率分别为1096.34m³/s、1035.86m³/s、4767.58m³/s和2083.31m³/s，涨水历时达到4d，4d日涨率均在1000m³/s以上，满足鱼类产卵的水文需求。

表7-17　岩滩和西津水电站联合调度后大湟江口流量　单位：m³/s

日　期	无调度	方案1	方案2	方案3
6月3日	−820	828.86	843.15	1096.34
6月4日	−600	616.62	1005.19	1035.86
6月5日	6960	4886.41	4945.67	4767.58
6月6日	1100	2168.87	2202.94	2083.31

7.5.6 生态调度与防洪调度适应性研究

7.5.6.1 调度方案

生态与防洪联合调度方案见表7-18。计算分析显示，采用岩滩单库控泄8000m³/s方案、岩滩控泄5000m³/s和红花控泄4000m³/s方案以及西津控泄2500m³/s和岩滩控泄6000m³/s方案，都可以让2016年6月3—6日形成4d的涨水期以及日涨率达到1000m³/s的鱼类产卵需求水文条件，7—9日为退水期，且无需调节；9日之后，进入下一个洪水期涨水过程，到18日大湟江口洪峰流量达到30600m³/s，需开展防洪调度，因此此处将生态调度与防洪调度联合进行模拟计算，探讨两者的相互适应性。

表7-18　生态与防洪联合调度方案设计

调度日期	调度水库	方　案　1	方　案　2	方　案　3
生态调度（6月1—9日）	红花	无调度	起调时间为6月2日4时，停止调度时间为3日10时，当72.5m≤坝前水位≤77.5m时，控泄4000m³/s，否则停止调度	无调度
	岩滩	起调时间为6月1日8时，停止调度时间为2日14时，当212m≤坝前水位≤219m时，控泄8000m³/s，否则停止调度	起调时间为6月1日8时，停止调度时间为2日14时，当212m≤坝前水位≤219m时，控泄5000m³/s，否则停止调度	起调时间为6月1日8时，停止调度时间为3日10时，当212m≤坝前水位≤219m时，控泄6000m³/s，否则停止调度
	西津	无调度	无调度	起调时间为6月1日8时，停止调度时间为2日14时，当59.6m≤坝前水位≤61.6m时，控泄2500m³/s，否则停止调度

续表

<table>
<tr><th>调度日期</th><th>调度水库</th><th>方 案 1</th><th>方 案 2</th><th>方 案 3</th></tr>
<tr><td rowspan="3">防洪调度
（6月9—30日）</td><td>红花</td><td colspan="3">（1）24h预报入库 Q 小于4800m^3/s时，水库按防洪限制水位77.5m运行；
（2）24h预报入库 Q 为4800～9000m^3/s时，水库按坝前水位、预报流量及面临流量进行蓄泄调度，保证柳江大桥处水位不超过78.5m；
（3）24h预报入库 Q 大于9000m^3/s时，水库坝前水位降至72.5m，18孔泄水闸全部开启敞泄，恢复河道天然状态</td></tr>
<tr><td>岩滩</td><td colspan="3">涨水期：$Q_{梧州}$ 小于25000m^3/s时，按入库流量下泄，$Q_{梧州}$ 不小于25000m^3/s时，若坝前水位小于223m，控泄4000m^3/s，若坝前水位不小于223m，按入库流量下泄。
退水期：按入库流量下泄</td></tr>
<tr><td>西津</td><td colspan="3">涨水期：$Q_{梧州}$ 小于25000m^3/s时，按入库流量下泄，$Q_{梧州}$ 不小于25000m^3/s时，若坝前水位小于61.6m，控泄4000m^3/s，若坝前水位不小于61.6m，按入库流量下泄。
退水期：按入库流量下泄</td></tr>
</table>

7.5.6.2 模拟计算结果分析

3种联合调度方案模拟计算结果如图7-57所示。分析可见：

（1）调度方案1分析。该方案为岩滩水库单库调度，从6月1日8时至2日14时内控制下泄量为8000m^3/s；9日转入防洪调度，岩滩防洪调度规则为：当梧州流量小于25000m^3/s，岩滩水电站坝前水位小于223m时，控制岩滩下泄量为4000m^3/s。

1）生态调度期：从6月1日8时开始，岩滩控泄量8000m^3/s，期间入库流量小于出库流量，坝前水位由调度初期的220.23m降至213.46m，2日14时，岩滩水电站退出调度，按入库流量下泄，水位维持在213.46m不变。

2）从6月9日9时进入下一个洪水过程的涨水期，岩滩水电站开始转入防洪调度，9—18日为涨水期，9—16日梧州涨水期间，梧州流量未超过25000m^3/s，岩滩按入库流量下泄，坝前水位保持不变；16—18日，梧州流量大于设定值25000m^3/s，岩滩坝前水位小于223m，根据调度规则，岩滩按4000m^3/s的流量下泄，防洪调度初期岩滩入库流量大于出库流量，坝前水位呈上升趋势，此后入库流量小于出库流量，坝前水位呈下降趋势。

3）6月18日之后梧州流量进入退水期，根据调度规则岩滩按入库流量下泄，入库流量等于出库流量，坝前水位保持在213.67m。

4）生态和防洪联合调度后，梧州洪峰值为32937m^3/s，仅开展防洪调度后梧州洪峰值为33039m^3/s，生态防洪联合调度较仅开展防洪调度的梧州削峰值增大了103m^3/s。

（2）调度方案2分析。该方案为岩滩和红花水库联合调度，红花在6月2日4时至3日0时控制下泄量为4000m^3/s；岩滩在1日8时至3日10时控制下泄量为5000m^3/s；9日开始转入防洪调度，调度过程采用岩滩、红花防洪调度规则。分析可知：

1）生态调度期，岩滩入库流量小于出库流量，坝前水位由调度初期的220.23m下降至214.91m，6月3日10时岩滩水电站退出调度，之后维持该水位不变；红花生态调度期间入库流量小于出库流量，坝前水位由调度初期的77.5m下降至75.61m，3日0时红花退出调度，维持该水位不变。

2）从6月9日9时进入大洪水过程的涨水期，岩滩和红花水电站开始转入防洪调度。

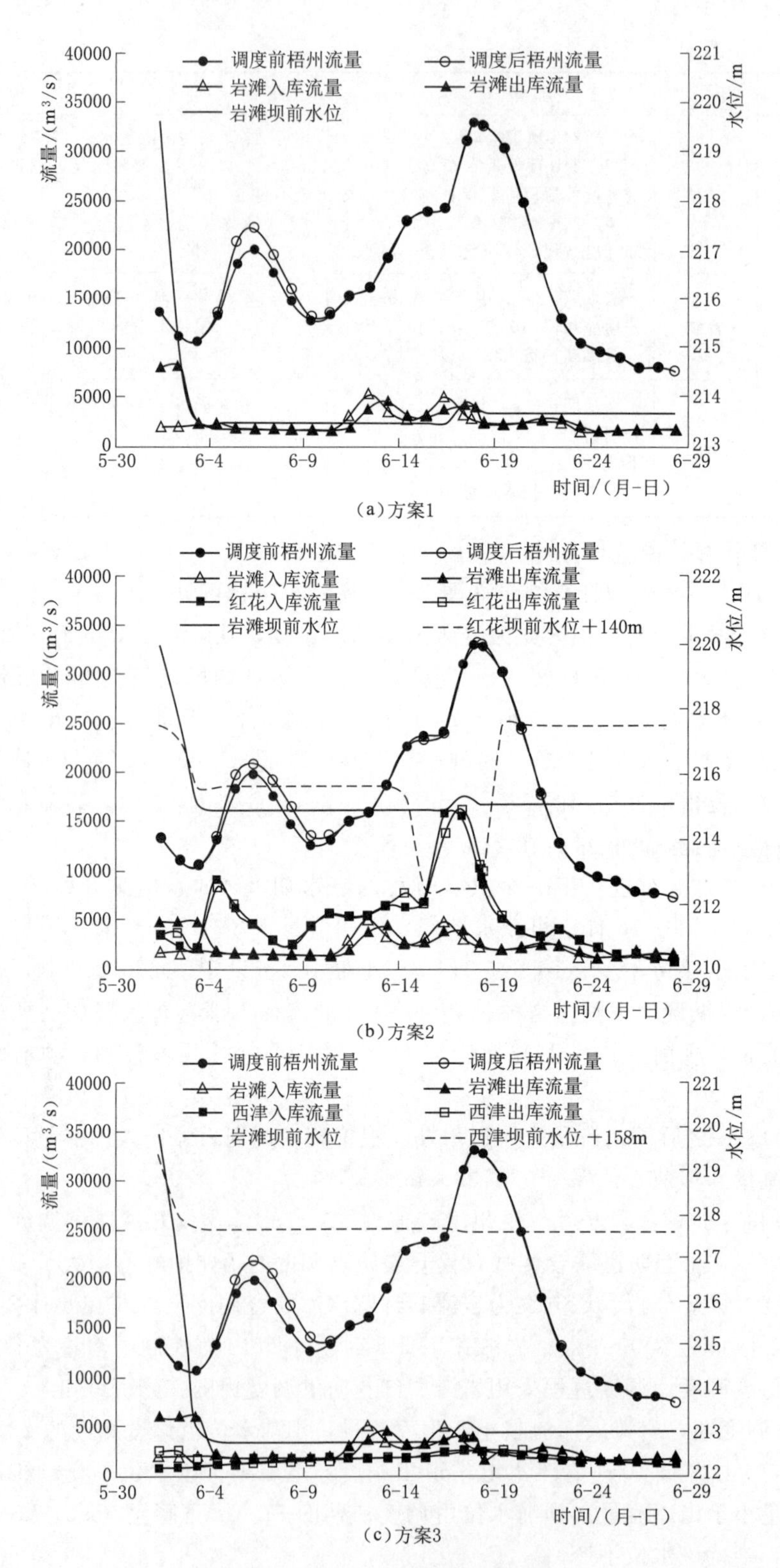

图7-57 生态与防洪联合调度效果

岩滩水库：9—18日为涨水期，9—16日梧州涨水期间，梧州流量未超过25000m³/s，岩滩按入库流量下泄，坝前水位保持不变；16—18日，梧州流量大于设定值25000m³/s，岩滩坝前水位小于223m，根据调度规则，岩滩按4000m³/s的流量下泄，调度初期岩滩入库流量大于出库流量，坝前水位呈上升趋势，此后入库流量小于出库流量，坝前水位呈下降趋势。

红花水库：红花在转入防洪调度时水位为75.61m，15—18日，红花24h预报入库流量大于9000m³/s，根据调度规则，红花水库坝前水位控制在72.5m，水位由75.61m下降至72.5m，18日以后，红花24h预报入库流量小于4800m³/s，坝前水位由72.5m回蓄至77.5m。

3）6月18日之后梧州流量进入退水期，根据调度规则，岩滩按入库流量下泄，入库流量等于出库流量，坝前水位保持在215.08m；根据调度规则，红花按入库流量下泄，入库流量等于出库流量坝前水位保持在77.5m。

4）岩滩和红花水库联合生态防洪调度后梧州洪峰值为33142m³/s，岩滩和红花水库联合仅开展防洪调度梧州洪峰值为33293m³/s，进一步提高了梧州削峰值151m³/s。

（3）调度方案3分析。该方案为岩滩和西津水库联合调度，西津在6月1日8时至2日14时控制下泄量为2500m³/s；岩滩在1日8时至3日10时控制下泄量为6000m³/s；9日开始转入防洪调度。分析可知：

1）生态调度初期，岩滩、西津下泄量分别控制在6000m³/s和2500m³/s，岩滩坝前水位由调度初期的220.23m下降至212.79m，3日10时岩滩退出调度后维持该水位不变；西津坝前水位由调度初期的61.6m下降至59.7m，2日14时西津退出调度，维持水位不变。

2）从6月9日9时进入大洪水过程的涨水期，岩滩和西津开始转入防洪调度。

岩滩水库：9—18日为涨水期，9—16日梧州涨水期间，梧州流量未超过25000m³/s，岩滩水电站按入库流量下泄，坝前水位保持不变；16—18日，梧州流量大于设定值25000m³/s，岩滩水电站坝前水位小于223m，根据调度规则，按4000m³/s的流量下泄，调度初期岩滩水电站入库流量大于出库流量，坝前水位呈上升趋势，此后入库流量小于出库流量，坝前水位呈下降趋势。

西津水库：9—18日为涨水期，9—16日梧州涨水期间，梧州流量未超过25000m³/s，按入库流量下泄，坝前水位保持不变；16—18日，梧州流量大于25000m³/s，此时西津坝前水位已经在死水位59.6m时，且由于入库流量小于设定的防洪控制下泄流量4000m³/s，因此经过生态调度后，西津不参与防洪调度。

3）6月18日之后梧州流量进入退水期，岩滩按入库流量下泄，坝前水位保持在213.02m；西津按入库流量下泄，水位保持在59.6m。

4）岩滩和西津水库联合生态防洪调度后梧州洪峰值为33073m³/s，岩滩和西津水库联合仅开展防洪调度梧州洪峰值33305m³/s，进一步提高了梧州削峰值232m³/s。

7.5.6.3 生态调度对防洪调度的影响分析

图7-58和表7-19给出了三种调度方案实施后的梧州削峰效果，可见，岩滩水电站单库调度，岩滩和红花水电站联合调度，岩滩和西津水电站联合调度生态防洪调度较仅开

展防洪调度对梧州的削峰值分别增大了 $102m^3/s$、$51m^3/s$ 和 $132m^3/s$，可见，生态调度的开展对后期防洪调度的影响不大。

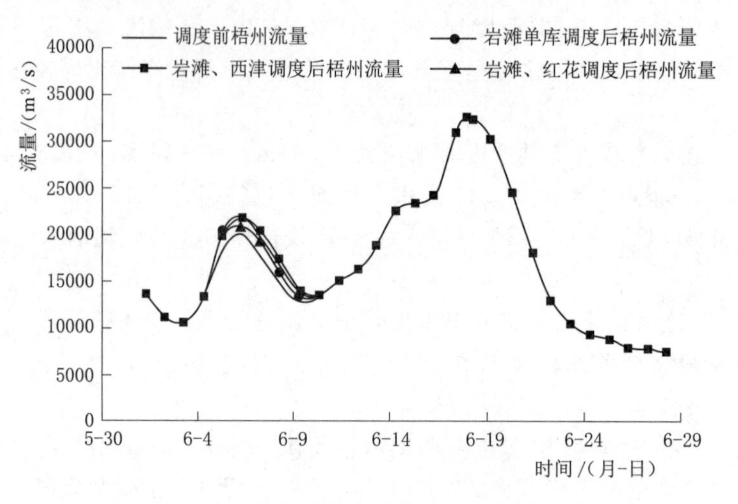

图7-58 各调度方案下大湟江口流量过程

表7-19　　各调度方案下的梧州削峰效果　　单位：m^3/s

调度方案	生态、防洪调度后梧州削峰值	仅防洪调度后梧州削峰值
岩滩单库调度	402	300
岩滩、红花联合调度	197	146
岩滩、西津联合调度	266	134

7.6 本章小结

（1）利用梯级水库正常蓄水位与汛限水位之间的库容作为生态和压咸流量调度是可行的。

（2）利用龙滩单库或龙滩与岩滩水库联合调度可以对梧州流量过程起到明显的调节改善作用，单独启用岩滩水库作用不大，因此推荐以龙滩为主、其他水库为辅的联合调度模式最有利。

（3）利用龙滩和岩滩两库对梧州流量进行调节，由于枯水期流量较小流速较慢，调节效果传递至梧州站大致需要15d，因此应密切关注梧州流量及降雨过程，做好流量预报工作提前规划电站调度工作。

（4）红花水电站由于库容小，单库调度难以满足大湟江口鱼类产卵所需的生态水文过程，但采用岩滩单库、岩滩与红花联合及岩滩与西津联合调度在合适的控泄流量及时间下，可满足生态水文需求。

（5）基于岩滩单库、岩滩与红花联合及岩滩与西津联合三个满足生态水文过程的调度方案，由生态调度转入防洪调度后，不会对防洪调度造成不利影响。

第8章 河网及梯级水库突发性水污染调度研究

随着近些年珠江流域中上游社会经济的快速发展，产业向中上游转移，大量工农业企业厂房、桥梁、管道等沿河流或跨河流布置，并且诸如黔江、红水河、柳江等河流已规划为西部地区重要的通航河道，导致河道及修建的水库区域出现突发性水质污染事故的概率大为增加，由于突发性水质污染具有不确定性、高危害性、难以处理以及紧急性，若不及时采取相应的应急管理措施，将对水库水质及下游珠三角地区的供水造成严重影响。本章将对不同水文条件下，不同位置发生突发性水污染采取的一些调度方案进行分析。

8.1 红水河段突发水质污染物输移传播特性初探

8.1.1 西江中游突发性水质污染研究概述

西江是珠江流域主干河道和中下游地区工农业的供水水源，随着近些年西江中游地区工业化和城市化的不断推进以及社会经济的迅速发展，大量工农业企业厂房、桥梁、管道等沿河流或跨河流布置以及黔江、红水河、柳江等河流已规划为西部地区重要的通航河道，由此可能引发的突发性水质污染越来越受到关注。突发性水污染事故是指各种因素引发固定或移动的潜在污染源突然地大量排放污染物，进入水体从而造成水环境污染的事故[95]；由于突发性水质污染具有不确定性、高危害性、难以处理以及紧急性，若不及时采取相应的应急管理措施，将对河道水质及珠三角地区供水造成严重影响。如2011年8月12日报道的云南曲靖市麒麟区越州镇化工废渣铬渣污染事故，部分有毒污水被直接排入珠江源头南盘江，给中下游地区社会的生产和生活造成了相当程度的震动和影响。徐小钰等[96]从风险分析、预警预报及应急管理三个方面综述了突发性水污染事件国内外研究现状，并提出灾害风险评估、信息系统和应急预案、赔偿机制及应对保障体系为今后的重点研究方向；张珂等[97]结合环境风险评价常用方法，细化模型评价要素的量化过程，纳入水质模型和 GIS 空间分析技术，提出突发性水污染事故风险的流域相对风险评价方法；钱树芹等[98]提出珠江流域突发性水质污染时可以采取的应对措施和方向。

为防洪兴利，西江中游干支流同时还建有一系列梯级水库，梯级水库的调度运行在对洪水动力特性产生显著影响的同时[74][70]，还会影响到河道水生态环境。徐丽媛等[99]针对单库水质评价缺乏对库区水质的总体判断且水质影响评价缺乏累积性影响分析等问题，提出了“单库判别＋整体分析”的评价方法来评价乌江水电梯级开发对水环境的影响；程永隆等[100]研究显示，闽江梯级水库在相当程度上减轻了下游与河口地区的污染物总量，但过量污染物长期排放，沉积的底泥对水库水质将产生深远的影响；陈建发等[101]分析了九龙江北溪干流梯级电站的建设运行对水生态环境的影响，显示梯级水库建成后，流速变缓，大气复氧能力降低，水中溶解氧下降，导致水体自净能力减弱，使水环境容量降低，对污染物的稀释、混合和降解能力减弱；周彦辰等[102]则采用建立二维数值模型的方式，模拟和分析了某内陆核电站受纳水库的流场和事故情况下不同半衰期核素的迁移扩散特性。此处依据建立的西江中游河网及梯级水库整体数学模型[103]，对西江中游红水河某河段发生突发性水质污染事故后的污染物输移传播特性进行了模拟计算和分析，该研究成果为后续开展的突发水污染预警预报和应急处置提供了科学依据。

8.1.2 污染物输移传播数学模型及验证

污染物进入河流后，一般分为初始稀释、扩散及断面均匀混合三个阶段，一维水质对流扩散方程主要针对的是断面均匀混合后的随流输移扩散阶段，其对流扩散方程为

$$\frac{\partial(AC)}{\partial t}+\frac{\partial(QC)}{\partial x}=\frac{\partial}{\partial x}\left(DA\,\frac{\partial C}{\partial t}\right)+c_l q \tag{8-1}$$

式中：A 为河床断面，m^2；Q 为流量，m^3/s；D 为扩散系数，m^2/s；C 为某断面 t 时刻的浓度，mg/m^3；q 为网格单位长度上的源或汇，$m^3/s/m$；c_l 是源项或汇项的污染物浓度。为保障数学模型的迎风特性，方程（8－1）中对流项进行离散和计算的过程中，需要判断每个网格节点位置的流向。由于西江中游水系属于树状河网，流向确定，污染物浓度特性主要取决于随流输移，紊动扩散影响微小，因此在计算过程中进行了忽略处理。

为验证此污染物输移扩散数学模型的准确性和可靠性，设置一个长 10km，底宽 67.5m，边坡 1∶2.5，底坡为 0.15‰的棱柱形梯形河道，河道糙率系数取 0.027，上边界条件为保持恒定流量 2000m^3/s，下边界根据明渠均匀流公式推算到的水深确定水位并保持恒定不变。假定在河道上游某断面突然泄漏了 1t 的可溶性难降解污染物，估算下游 5km、10km 断面处污染物浓度的变化过程以及 0.5h、1h 后河道的污染物浓度分布[104]。此类问题可给出输移扩散方程的解析解如下：

$$C=\frac{M_0}{\sqrt{4\pi Dt}}\exp\left(-\frac{(x-ut)^2}{4Dt}-kt\right) \tag{8-2}$$

式中：$u=Q/A$ 为断面平均流速，m/s；M_0 为进入水体污染初始面源强度，为总污染物质沿点源所在断面的平均，g/m^2；D 为离散系数；k 为污染物的衰减系数。

忽略污染物在垂向和横向的扩散，推算断面摩阻流速 0.11m/s；初始面源强度 934.929g/m，纵向扩散系数 $D=6.01hu^*=7.4m^2/s$。图 8-1 给出了下游不同控制断面位置污染物浓度随时间的变化以及不同时刻污染物浓度沿程分布的模型解和解析解比较，验证了建立的污染物输移扩散数学模型的准确性和可靠性。

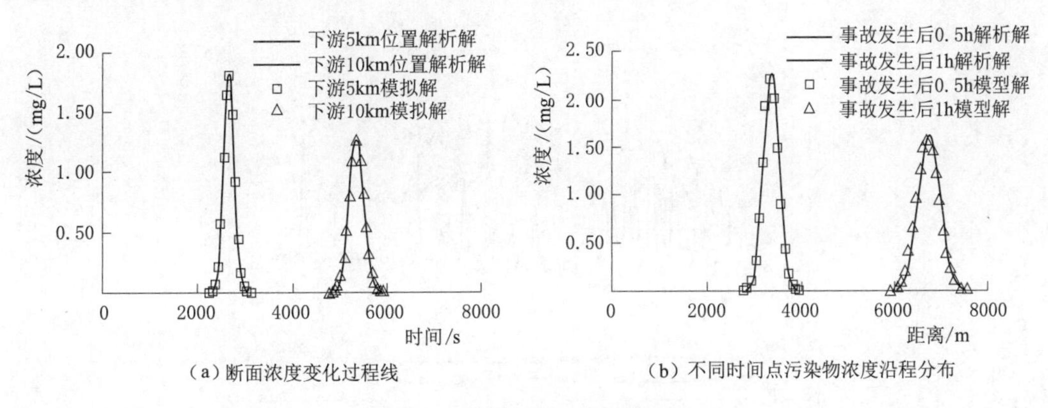

图 8-1　模拟解与解析解的对比

8.1.3　选用的计算工况

8.1.3.1　选用的水文计算工况

突发性水质污染事故出现后，污染物经各种渠道进入河道水体，一方面随水流向下游输移且扩散稀释，另一方面根据污染物自身物理化学特性沿程衰减；此处暂不考虑污染物自身的降解作用，重点探讨突发性水质污染事故发生后的下游各典型位置的污染物浓度变化特征及影响范围。一般来讲，污染物只有聚集到一定浓度后才会对供水及水生态环境造成影响，因此对不易降解的污染物，自然界的物理稀释作用极为重要，河道的天然来水量对污染物的稀释影响巨大；西江流域洪季为 4—9 月，枯季为 10 月至次年 3 月，洪水季节由于来水峰高量大，污染物能迅速在小范围内被稀释至无害浓度，枯季则由于天然来流量小而极容易造成下游影响范围大。因此，此处选取了 2014 年最枯月 2 月 8—28 日共 21d 的水文条件，干流红水河上游天峨站、支流柳江上的柳州站、郁江上的南宁站的流量过程及西江上的梧州站流量和水位实测过程，如图 8-2 所示。期间天峨、柳州、南宁和梧州站点的平均流量分别仅为 $1245m^3/s$、$207m^3/s$、$328m^3/s$ 和 $1688m^3/s$，梧州站流量大部分时间尚未达到抑咸所需的 $1800m^3/s$ 的最小流量[66]。

8.1.3.2　突发污染事故拟定

此处选取红水河中游大化水电站与百龙滩水电站之间的某一断面作为突发污染物事故点，该断面位置上距大化约 17.8km，下距百龙滩约 9km；假设污水在 2 月 8 日 0 时开始进入红水河，在 2 时达到 $50m^3/s$ 的最大流量，该流量一直维持到 10 时，到 12 时污水流量逐渐减小为 0；污水所含污染物浓度始终设为 1.0 个单位，计算范围内河网污染物本底浓度值为 0。进入红水河污水最大流量占该时段红水河平均流量的 4%，从 2 月 8 日 0 时污水泄入红水河至 12 时停止期间，总共泄入红水河的污水总量有 180 万 m^3。

2 月 8—28 日期间，西江中游河网上边界天峨、柳州和南宁采用水文站点实测流量过程，下游边界梧州采用实测水位过程，如图 8-2 所示；河网中的梯级电站坝前水位始终维持在正常运行水位，即各梯级电站运行方式采用上游来多少流量及下泄多少的模式。

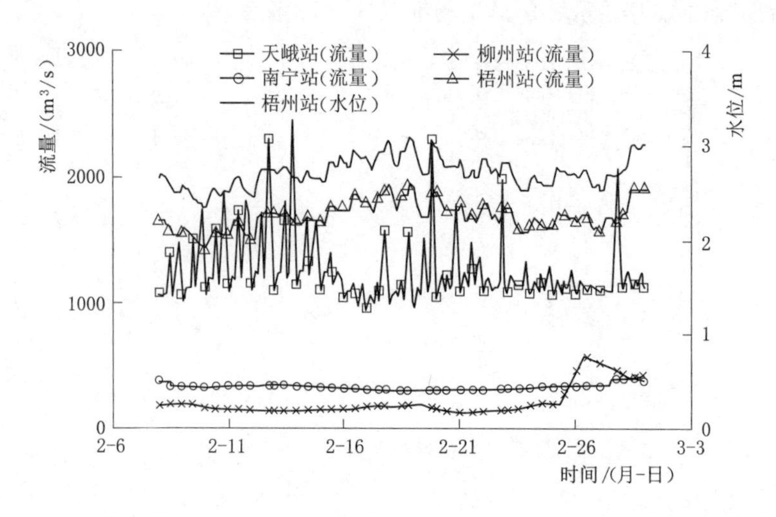

图 8-2 控制站点流量和水位过程线

8.1.4 典型断面位置污染物浓度特性

图 8-3 给出了事故断面下游百龙滩、乐滩、桥巩、石龙三江口、武宣、桂平三江口和大湟江口水文站点位置污染物浓度变化过程线。若以自然水体中污染物浓度超过 0.001

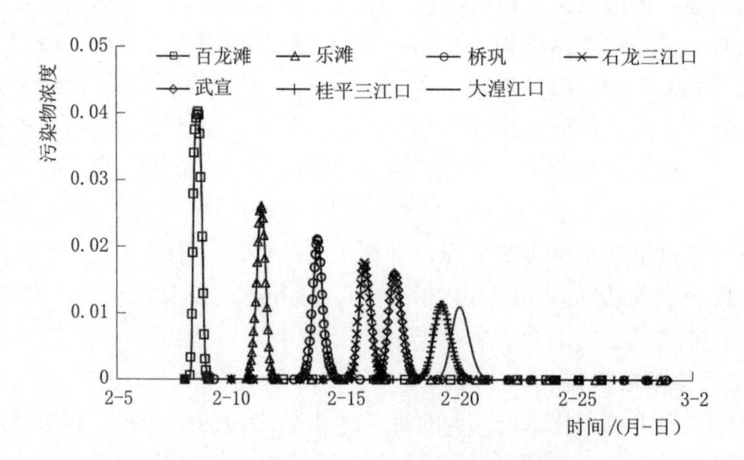

图 8-3 控制站点污染物浓度变化过程线

作为衡量是否有害的特征值，紧邻事故位置下游的百龙滩坝址污染物浓度从2月8日6时开始超标，在14时达到最大值0.04，至22时影响消失，总共超标历时约16h；乐滩坝址位置污染物浓度从2月10日19时开始超标，在11日8时达到最大值0.026，至11日19时影响消失，总共超标历时约24h；桥巩位置污染物浓度从2月13日6时开始超标，在19时达到最大值0.021，至14日10时影响消失，总共超标历时约28h；石龙三江口污染物浓度从2月15日7时开始超标，在20时达到最大值0.018，至16日12时影响消失，总共超标历时约29h；武宣污染物浓度从2月16日13时开始超标，在17日3时达到最大值0.016，至17日21时影响消失，总共超标历时约32h；桂平三江口污染物浓度从2月18日10时开始超标，在19日3时达到最大值0.011，至19日23时影响消失，总共超标历时约37h；大湟江口污染物浓度从2月19日4时开始超标，在19日22时达到最大值0.011，至20日19时影响消失，总共超标历时约39h；污染物浓度在长洲枢纽站点都小于0.001，显示其影响已消失。分析突发污染事故下主要控制站点污染物浓度变化过程可见：

（1）各控制断面位置污染物浓度变化呈抛物线状，抛物线从上游向下游呈现由尖瘦型向矮胖型过渡，显示各控制站点污染物浓度都呈现某个时间段逐渐增大，达到最大值后逐渐减小直至消失，即污水团通过了该站点；以上7个控制站点位置的最大污染物浓度值从上游向下游由0.04依次减小到0.011。

（2）各控制断面位置污染物浓度超标时间从上游百龙滩站点的16h逐渐增大到大湟江口的39h；因此，若以影响取用水时间来作为突发事故出现后的危害程度来判断，事故发生后对下游的影响时间和影响范围将逐步扩大，直至整个污水团的浓度都降低到有害浓度以下为止。

（3）污水团抵达下游各控制断面的时间显然取决于突发事故发生时的实际水流条件，污水团从进入红水河开始，抵达石龙三江口用时7天1h，平均运动速度仅为0.42m/s；从石龙三江口抵达桂平三江口用时3天3h，平均运动速度0.44m/s；从桂平三江口抵达大湟江口用时18h，平均运动速度0.39m/s；显然，相较于西江中游洪水期流量大和流速快，能快速稀释污染物且能将污染物迅速携带往下游的有利条件，枯水期流量小且流速慢，造成污染物滞留在中游河段时间过长，从而对工农业取水和水生态环境造成严重影响。

8.1.5 污水团影响范围变化特性分析

以污染物浓度值0.001作为影响界限，图8-4给出了污水团的影响范围随时间变化的过程，表8-1相应给出了典型站点最大污染物浓度出现时刻下，污水团出现河段的位置及范围。从污水团影响范围随时间变化的曲线来看，总体可以分为影响范围先迅速增加后逐渐缩小并消失的两个阶段，但中间由于支流的汇入起到稀释作用，

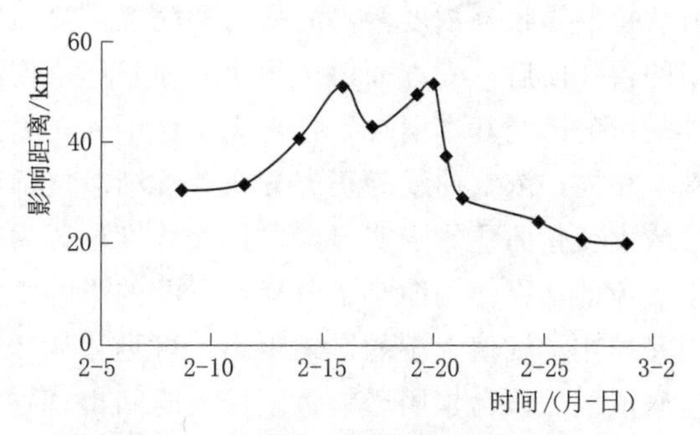

图8-4 污水团影响范围随时间变化的过程

会造成前一阶段部分时段影响范围的缩小。

表 8-1 2 月份不同时刻污水团位置及影响范围 单位：km

时　间	所 在 河 段	最大污染物浓度位置	位置上游	位置下游	影响距离
8 日 14 时	红水河大化—乐滩水电站	百龙滩电站	6.5	23.9	30.4
11 日 8 时	红水河百龙滩—桥巩水电站	乐滩电站	8.7	23.1	31.8
13 日 19 时	红水河乐滩—石龙三江口	桥巩电站	10.9	29.6	40.5
15 日 20 时	红水河桥巩—黔江武宣水文站	石龙三江口	28.1	22.9	51.0
17 日 3 时	黔江石龙三江口—桂平三江口	武宣站	22.9	19.9	42.8
19 日 3 时	黔江武宣—浔江大湟江口	桂平三江口	25.1	24.2	49.3
19 日 22 时	浔江桂平三江口—长洲枢纽	大湟江站	32.1	19.9	52.0
20 日 12 时	浔江桂平三江口—长洲枢纽	大湟江站下游 15.3km	22.5	14.7	37.2
21 日 8 时	浔江大湟江口—长洲枢纽	大湟江站下游 29.3km	16.1	13.0	29.1
24 日 16 时	浔江大湟江口—长洲枢纽	长洲枢纽上游 55.6km	13.6	10.6	24.2
26 日 18 时	浔江大湟江口—长洲枢纽	长洲枢纽上游 34km	10.8	10.0	20.8
28 日 20 时	浔江大湟江口—长洲枢纽	长洲枢纽上游 15.7km	10.0	10.1	20.1

第一阶段为：从 2 月 8 日 0 时污水开始泄漏至 12 时停止，紧邻下游百龙滩 14 时出现最大污水浓度值时，污水团影响范围已达 30.4km，从 2 月 11 日 8 时乐滩出现最大浓度值至 13 日 19 时石龙三江口出现最大浓度值，污水团影响范围迅速从 30.4km 增加至 51.0km；之后至 17 日 3 时浓度峰值到达武宣时，由于支流柳江汇入产生的稀释作用，污水团影响范围缩小至 42.8km；之后至大湟江口 19 日 22 时出现浓度峰值，污水团影响范围再次膨胀到 52km。

第二阶段为：污水团峰值在 19 日 22 时通过大湟江口进入浔江大湟江口—长洲枢纽之间的河段后，到 21 日 8 时污水团影响范围迅速缩小至 29.1km，之后至 28 日 20 时，污水团影响范围由 29.1km 逐渐缓慢缩小至 20.1km；根据本次模拟显示长洲枢纽污染物浓度未超标，因此污水团在进入大湟江口—长洲枢纽之间的河段后，会逐渐缓慢稀释直至影响消失。

根据污水团的影响范围变化规律来看，第一阶段污水团的膨胀过程总体上是由于对流剪切扩散导致高浓度污水的稀释和分散；第二阶段则是在污水团进入大湟江口—长洲枢纽间的浔江段后，一方面由于污水团内整体浓度已经很小且分布较为均匀，另一方面初始条件的影响已经基本消失，且再无支流汇入，因此以最大浓度值为界限，上、下游影响距离基本相同，浓度曲线为正态分布并逐渐缓慢稀释至 0.001 限值以下。支流的存在对两个阶段浓度变化曲线影响明显，以最大浓度位置为界限，浓度最大值未到达支流汇合口时，由于支流的稀释作用缩小了分界点下游的影响距离；浓度峰值通过汇合口后，支流的稀释作用又缩小了峰值上游的影响距离。可见，从 2 月 8 日 0 时在大化—百龙滩之间某位置发生污水泄漏后，污水团影响范围最大时间出现在 15—19 日之间，期间主要影响河段为石龙三江口—大湟江站，时间相差 7～11d；污水团从 20 日以后进入浔江段，影响范围逐渐缩小直至消失。

8.2 长距离河道突发性水体污染下的水库调度分析

8.2.1 模拟河道及梯级水库设置

选取一条1000km长的矩形断面河道，河道底宽设为100m，底坡坡降0.15‰，河道糙率系数取0.056；在该河道设置3座梯级水库，概化为如图8-5所示。根据此处河道及梯级水库布置拓扑结构，可将计算河段划分为4条河段、4个子河网和8个节点，通过设置上下边界节点及水库上下游端节点边界条件来控制整个河段的外边界条件及水库的调度方案。

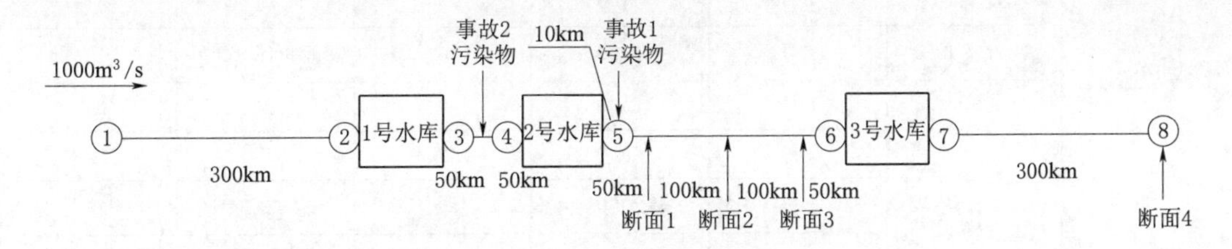

图8-5 河道水库及节点分布示意图

8.2.2 突发性事故拟定

(1) 污染事故1：拟定污染物从2号水库和3号水库之间的某处进入河道，该断面距离上游2号水库10km。

(2) 污染事故2：拟定污染物从1号水库和2号水库之间的位置进入河道，该断面距离上、下游1号水库和5号水库都是50km。

模拟时间从0时刻开始，600h后结束。假设污染从0时刻开始进入河道，在2时流量达到$50m^3/s$的最大流量，一直以该流量维持到10时，然后在12时降为0。污水所含的污染物浓度值设为1.0，河道内污染物浓度本底值是0，设河道内的污染物浓度值超过0.0001时，视为超标。河网上边界流量1号节点设为$1000m^3/s$的恒定流，下游边界采用平均水位7.80m，河网中除参与调度的水库外，其他水库的坝前水位始终保持着正常运行水位，即上游来多少流量下泄多少流量，并设置4个污染物浓度监测断面。

8.2.3 水库调度方案拟定

(1) 针对突发性污染物事故1，在水库下游发生突发性水体污染事故的情形下，采用1号水库开展单库调度的方案拟定6种（方案编号分别按顺序1～6，见表8-2），探讨不同调度流量和调度时长对污染物输移扩散的影响；采用1号和2号水库联合调度的方案3种（编号按顺序7～9），探讨联合应对的效果。

(2) 针对突发性污染物事故2，突发性水污染事故发生在1号水库与2号水库之间，采用1号和2号水库联合调度，拟定调度方案10，初步探讨两水库之间突发性水污染的联合调度效果。

表8-2 突发性污染物事故应对方案

突发性污染事故	调度方案	调度水库	调度流量/(m^3/s)	起始时刻	结束时刻	调度时长/h
事故1	方案1	1号	2000	0	24	24
	方案2	1号	2000	0	48	48
	方案3	1号	2000	0	72	72
	方案4	1号	3000	0	12	12
	方案5	1号	3000	0	24	24
	方案6	1号	4000	0	12	12
	方案7	1号	2000	0	24	24
		2号	2900	20	28	8
	方案8	1号	2000	0	24	24
		2号	2000	63	71	8
	方案9	1号	2000	0	12	12
		2号	2000	0	40	40
事故2	方案10	1号	2000	0	32	32
		2号	3000	18	30	12

8.2.4 水污染事故1下的水库调度结果分析

(1) 断面1～断面4与污染源的距离由近至远，由图8-6给出的无调度下的断面污染物浓度变化过程线可见，由断面1的尖瘦型过渡到断面4的矮胖型，污染物浓度峰值依次减小，污染物超标时长依次增加。

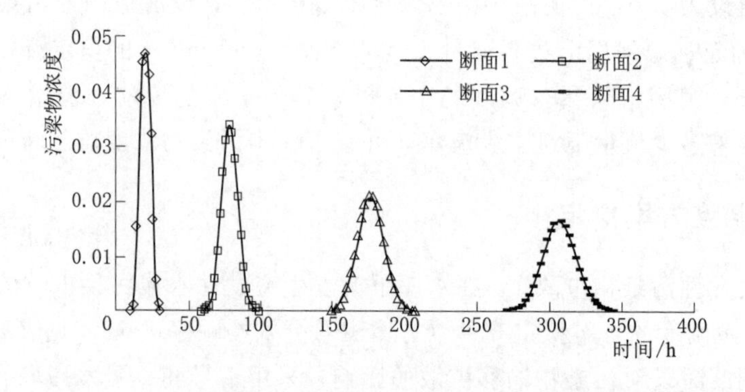

图8-6 无调度下的监测断面污染物浓度随时间变化的过程

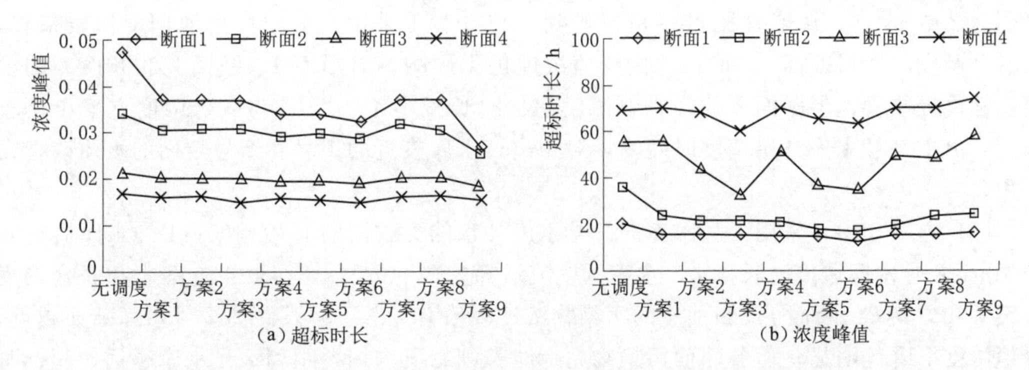

图 8-7　污染事故 1 下不同调度方案的监测断面污染物特征值

(2) 根据方案 1、方案 2 和方案 3 模拟结果显示，上游 1 号水库相同调度下泄流量下，水库调度时长对下游监测断面污染物浓度的峰值影响微小，如断面 1、断面 2 和断面 3 的峰值浓度维持 0.0371 不变，断面 4 仅略微减小到 0.0339；但水库调度时长对下游不同距离监测断面污染物超标时长存在一定的影响，距离越远，影响越明显，如断面 1 的污染物浓度超标时长维持在 16.5h 不变，但在断面 4，污染物超标时长由无调度方案的 71.5h 减小到 62h。

(3) 根据方案 1 和方案 5、方案 4 和方案 6 模拟结果显示，水库相同调度时长条件下，下泄流量越大，下游监测断面污染物浓度峰值下降幅度也越大，且该下降幅度随向下游方向逐渐递减；针对下泄流量对下游断面污染物超标时长的影响来看，显示加大水库下泄流量，下游各监测断面污染物超标时长有明显减小，但根据离污染源距离不同呈现不同变化趋势，如 1 号水库下泄流量从 $2000m^3/s$ 增加到 $3000m^3/s$ 时，断面 1～断面 3 的污染物超标时长缩减幅度由 1.5h 迅速增加至 19.5h，该缩减幅度至断面 4 时又减小为 5.0h，显示水库下泄流量的增加对距离污染源下游某一断面位置的效果最好。

(4) 比较方案 3 和方案 6，方案 3 代表较小流量、水库调度时间较长的调度模式，方案 6 代表较大流量、水库调度时间较短的调度模式，可以看到，对距离污染源较近的断面 1 和断面 2，调度水库采用短时大流量的调度模式得到的断面峰值浓度和污染物超标时长都要小于小流量、长时间的调度方式，但对距离较远的断面 3 和断面 4，两种调度方式下的污染物峰值浓度差别不大，而小流量、长时间的调度方式在缩小断面的污染物滞留时长方面反而占优。

(5) 方案 7 中，首先调度 1 号水库，在 1 号水库形成的洪峰（接近 $1900m^3/s$）演进到 2 号水库断面时，开始 2 号水库调度，使 2 号水库出库流量加大到 $2900m^3/s$，1 号水库总共调度时长 24h，2 号水库总共调度时长 8h，两个水库联合调度在 28h 停止。与方案 1 比较来看，该联合调度方案对断面 1～断面 4 的污染物浓度峰值基本无影响，对断面 1 和断面 4 的污染物浓度超标时长也无改善，但断面 2 和断面 3 的污染物浓度超标时长分别减小了 4.5h 和 6.5h。可见，相较于单库调度的方案 1，在确定下游调度目标河段的因子下，需选取合适距离位置的水库联合调度才能达到调度目标。

(6) 方案 8 中，采用接力调度模式，即 1 号水库先开始调度，调度流量 $2000m^3/s$，调度时长 24h，在形成的洪水波于 63h 完全通过 2 号水库断面后，调度 2 号水库，调度流量仍为2000m³/s，调度时长8h。可以看到，与方案1采用1号水库单库调度比较来看，该联合调度方案对断面1～断面4的峰值浓度仍无影响，对断面1、断面2和断面4的浓度超标也无改善，但断面3的污染物浓度超标时长减小了7.5h；与联合调度方案1比较来看，由于2号水库开始调度时间晚，对距离该水库较近的1号和2号断面的水质改善无作用。

(7) 方案9中，采用1号水库向2号水库补水的方式同时开始调度，1号水库调度时长12h，2号水库调度时长40h，水库调度流量都为2000m³/s，相较于方案1和联合调度方案7和方案8，断面1～断面4的污染物浓度峰值有显著下降，距离2号水库断面越近，峰值浓度下降越明显；但各断面污染物超标时长则有所增加，距离2号水库越远，超标时长增加的越明显。显然，由于2号水库比方案1及联合调度方案7和方案8提前投入调度，对削减下游断面污染物浓度明显，但由于污染源距离2号水库很近，2号水库提前投入调度使进入河道的污水团更快的离散，污水团以更快的速度扩散开来，致使下游断面的污染物浓度超标时长增加。

8.2.5 水污染事故2下的水库调度结果分析

水污染事故2初步探讨突发性污染出现在两个水库之间时的水库联合调度模式，在2号水库库区出现突发性水体污染事故时，率先调度1号水库，下泄流量为2000m³/s，调度时长32h，将污水团向下游推进，当污水团于18h抵达2号水库断面时（以浓度超标计算），开启2号水库，下泄流量为3000m³/s，调度时长12h，图8-8中给出了各断面调度模拟结果，分析显示：

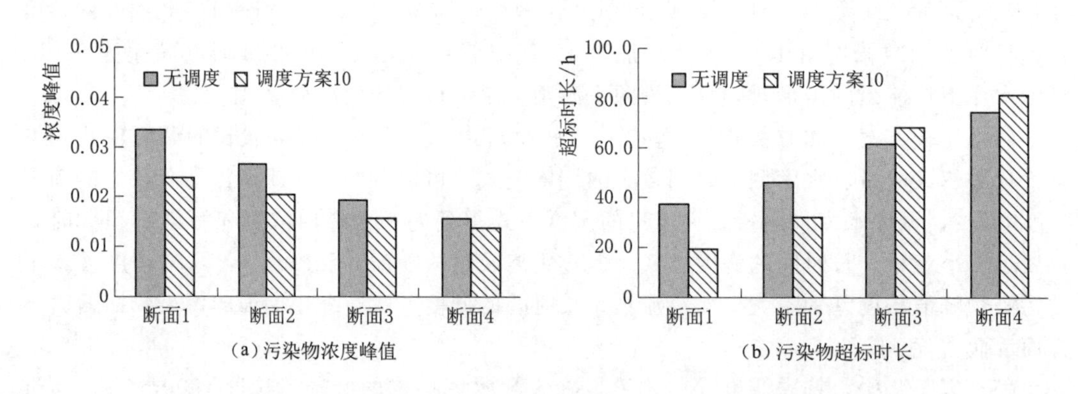

图8-8 污染事故2下不同调度方案的监测断面污染物特征值

(1) 从断面1～断面4的污染物浓度峰值来看，与不采取任何调度措施比较，该联合调度方案显著削减了下游各断面的浓度峰值，距离污染源越近，削减幅度越大，如断面1峰值削减了28.3%，断面4浓度峰值削减了12.2%。

(2) 从各断面污染物超标时长来看，与无任何调度措施比较，断面1和断面2的污染物浓度超标时长分别减小了17.5h和14h，但断面3和断面4的污染物浓度超标时长则分别增加了6.5h和7.5h。显然，在开展水库联合调度时，需要明确目标河段的主要影响因子，才能据此选取合适的调度水库和联合调度模式。

8.2.6 突发性水污染事故下的水库调度分析

河道突发性水体污染具有很大的随机性，其影响时间长，涉及范围广，对社会经济的稳定和安全会造成很大的震动和负面影响，需要提前做好应急方案。针对建设有水库的河道，其调度模式也要根据突发性污染源发生的地点、河道水功能需求及对下游沿线城镇生产生活的影响程度等方面来制定针对性的调度措施。在现实条件下，水库可利用库容都有一定的限度，需利用水库有限的库容采用合理的调度方式尽量减少突发性水污染事故造成的损失，具体分析如下：

(1) 当突发性水体污染事故出现在某一水库下游时：

1) 若下游河道水功能区对污染物的浓度更为敏感，则需尽可能选择距离污染源最近的上游水库作为调度水库，水库调度可采取短时大流量下泄的调度方式，制造尖瘦型洪水波，一方面可迅速大幅度削减污染物峰值浓度，另一方面可将污水团向下游快速推移；但若开展调度的水库距离下游敏感性河段较远，则选用该水库来应对该突发性污染事故不太合适。

2) 若下游河道对污染物的滞留时间长短更为敏感，在有限的水库库容条件下，可将水库下泄流量控制在适中水平，以尽量延长水库下泄流量时间，可以有效缩短污染物在河道某位置段的滞留时长；另外从前面分析可见，调度水库距离污染源发生的位置对污染物滞留时间也存在较大的影响，选择开展调度的水库距离污染源太远或太近都会影响调度效果，因此对存在梯级水库的河道，启动与污染源适当距离的上游水库开展调度，可以更好地缩减下游河道某敏感河段位置的污染物滞留时间长度。

(2) 当突发性水体污染事故出现在水库库区时，则需根据水库上、下游河段的功能需求来对该水库制定调度方案。比如该水库为重要的水源保护区，是附近城镇生产生活的重要供水水源，则在污染事故发生的第一时间内，尽早开启水库泄水设施，可快速降低水库库区水体污染物的浓度并缩减污染物在库区的滞留时间；但该水库功能较为简单，而水库下游河段水功能较为重要，则需尽量延迟水库开启时间，减少下泄流量，以控制污染物对水库下游河道水功能区的影响。

(3) 针对梯级水库的联合调度：

1) 对发生在梯级水库下游的突发性污染事故，若确定下游调度目标河段的污染物浓度为敏感因子，则最好采用距离污染源最近的水库尽快开始调度，上游的其他梯级水库可以适当给该水库进行逐级补水，可迅速降低下游河段的污水浓度；但若污染物超标时长为敏感因子，则需根据污染源距离上游水库的位置来确定开始调度的水库，若开始调度的水库距离污染源太近，则反而会延长目标河段的污染物浓度超标时长，在确定开始调度水库的前提下，同样可采取逐级补水、下泄适中流量的方式，延长调度时间，将污水团尽快推离目标河段。

2) 对发生在梯级水库之间的突发性污染事故，若水库为重要的功能区或下游目标河段敏感因子为污染物浓度，则可同时采取上、下游水库加大下泄流量的方式将污水团尽快排出水库，削减污水浓度；若下游目标河段敏感因子为污染物浓度超标时长，需要根据调度目标河段与水库的距离来确定梯级水库的调度模式，若目标河段距离梯级水库较近，可尽快开启上、下游梯级水库将污水团尽快向下游推移；若距离较远，则要么在污水团移动到目标河段前尽可能地稀释到有害浓度以下，缩减污水团的范围，要么尽可能维持稳定的下泄流量，减少污水团由于水流的剪切离散作用而逐渐扩大的影响范围。

8.3 红水河突发性水污染事故下的水库调度分析

8.3.1 突发性水体污染地点及调度水库的选定

大化瑶族自治县位于广西壮族自治区中部偏西北的红水河中游，隶属于河池市。大化镇是全县的政治、经济、文化、交通中心，是集建材、冶炼、建筑、加工等产业为一体的工业城镇。大化工业集中区是由原来的大化县城南工业园区和岩滩工业区合并而成，在园内集中着以金属硅、硅锰合金冶炼，电解锰等为主的企业，给当地的生态环境带来巨大的隐患。

选取参与调度的水库有岩滩、红花、大藤峡，这些水库在枯水期调度的规则如见8-3，在不影响水库运行的前提条件下调度一定的水量去稀释及加快污染物的输移，让其危害程度降到最低。

表8-3 突发性污染物事故应对方案

调度水库	岩　滩	红　花	大　藤　峡	西　津
调度方案	按照日负荷要求运行 $219m \leqslant Z \leqslant 223m$	$Z=77.5m$	按正常发电运行 $53.6m \leqslant Z \leqslant 57.6m$	$Z_{max}=61.5m$

注：Z为水库坝前水位。

8.3.2 选取的水文条件及还原

枯季天然来流小，断面流速小，污染物停留在河道中的时间变长，影响距离增大。因此，选择了2014年2月1日至3月13日的流量、水位实测资料作为水文边界条件。

区间入流采用分段还原，将西江中游河网分为天峨—桥巩段，桥巩、柳州—武宣段，武宣、南宁—大湟江口段、大湟江口—梧州段，梧州—高要段共计5部分。结合上下游洪量差值还原区间入流，区间入流分别设于刁江、洛清江、蒙江、桂江和贺江入流口。

天峨—桥巩分段还原时，上、下边界条件分别由天峨、桥巩实测资料确定，岩滩、大化、百龙滩、乐滩坝前水库都采用实测资料值，区间入流设在刁江口。

桥巩、柳州—武宣分段还原时，上、下游边界条件分别由迁江、柳州和武宣实测资料确定，红花坝前水位为正常蓄水位，区间入流设在洛清江口。

武宣、南宁—梧州分段还原时，上、下游边界条件分别由武宣、南宁和梧州实测资料确定，西津、贵港、桂平长洲枢纽坝前水位由实测资料确定，区间入流分别设在蒙江口和桂江口。

梧州—高要分段还原时，上、下游边界条件根据梧州和高要实测资料确定，区间入流设在贺江口。

4 个区段的还原和验证结果如图 8-9～图 8-13 所示，获得的水位、流量计算值与实测值在允许误差范围内。

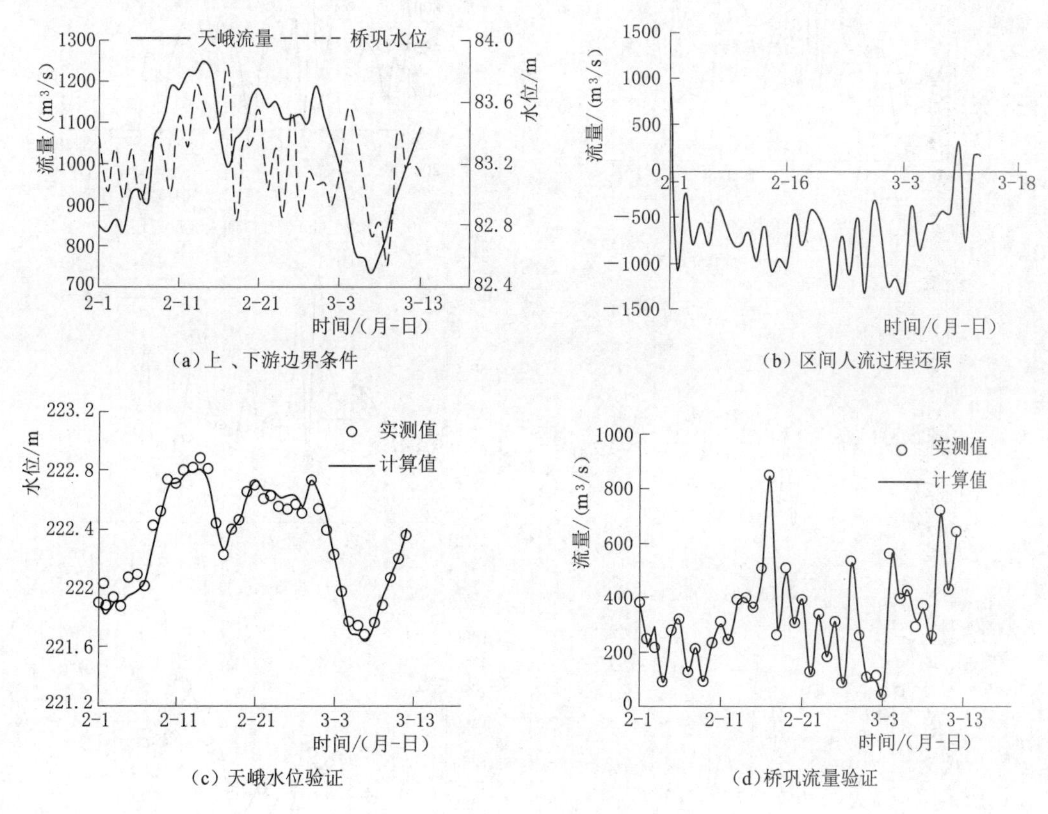

(a)上、下游边界条件　(b)区间入流过程还原

(c)天峨水位验证　(d)桥巩流量验证

图 8-9　天峨—桥巩段还原与验证

8.3.3 调度结果分析

8.3.3.1 突发性水污染事故拟定

该大化镇水污染事故地点上距天峨水文站 147km，下距岩滩水电站 2.2km。假设污染物从 2 月 1 日 8 时开始进入河道，在 10 时流量达到 $50m^3/s$ 的最大流量，一直以该流量维持到 18 时，然后在 20 时降为 0。污水所含的污染物浓度值初始值设为 1，计算范围内污染物浓度的本底值是 0，设河道内的污染物浓度值超过 0.0001 时，视为超标。

8.3.3.2 水库应对调度方案设置

针对该突发性水污染事故，设置了 4 种水库调度方案，见表 8-4。其中：

方案 1 为当岩滩坝址处的污染物浓度从 2 月 1 日 15 时开始超标时，岩滩水库开始调度。

方案 2 在方案 1 调度岩滩水库的基础上，加入红花水库一起调度，考虑到红花下泄流量与岩滩流量在石龙三江口汇合以增强调度效果的需要，红花水库的起调时间定为 2 月 12 日 9 时。

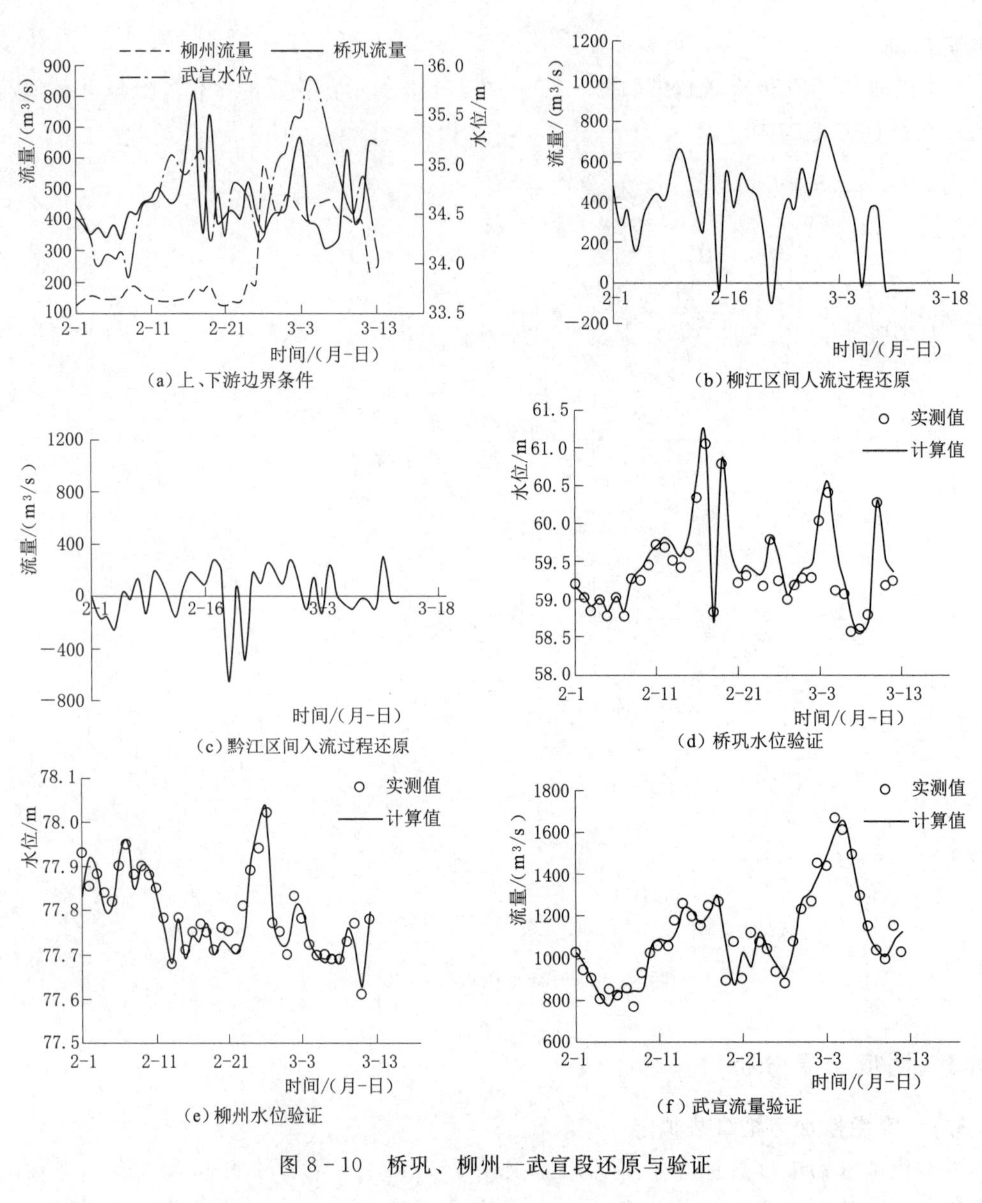

图8-10 桥巩、柳州—武宣段还原与验证

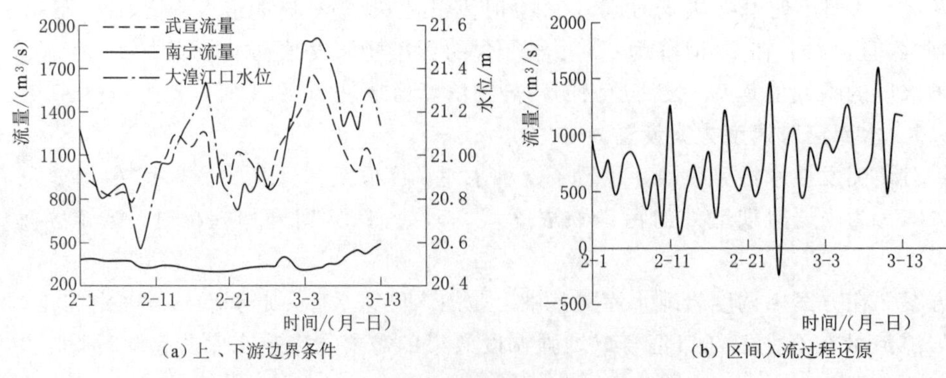

图8-11(一) 武宣、南宁—大湟江口段还原与验证

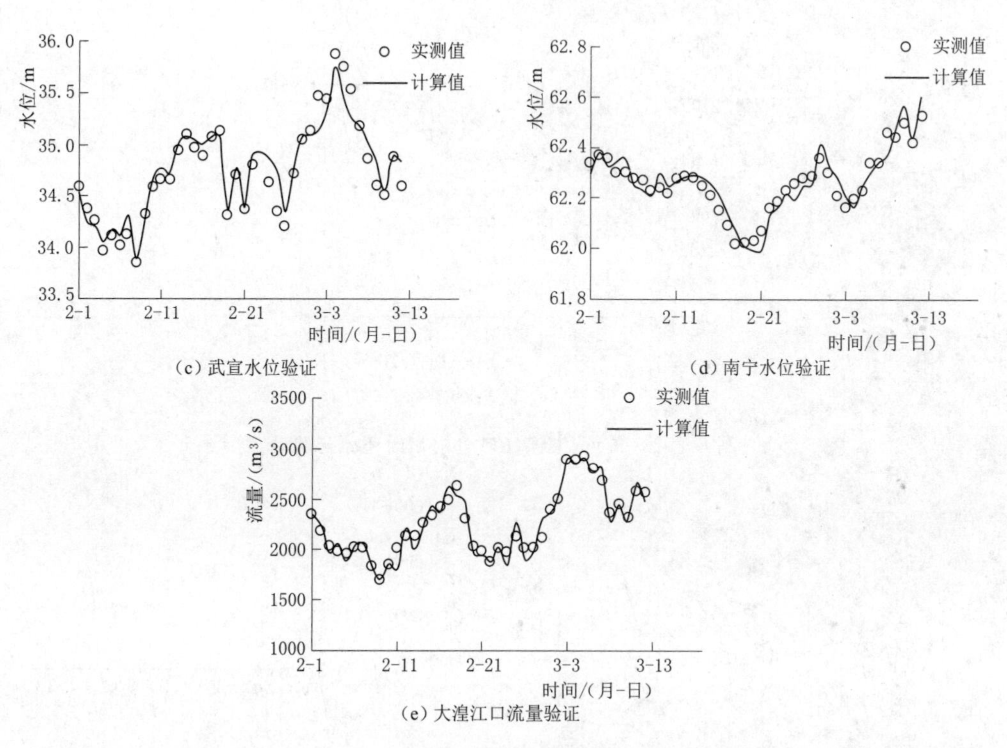

(c) 武宣水位验证

(d) 南宁水位验证

(e) 大湟江口流量验证

图 8-11（二） 武宣、南宁—大湟江口段还原与验证

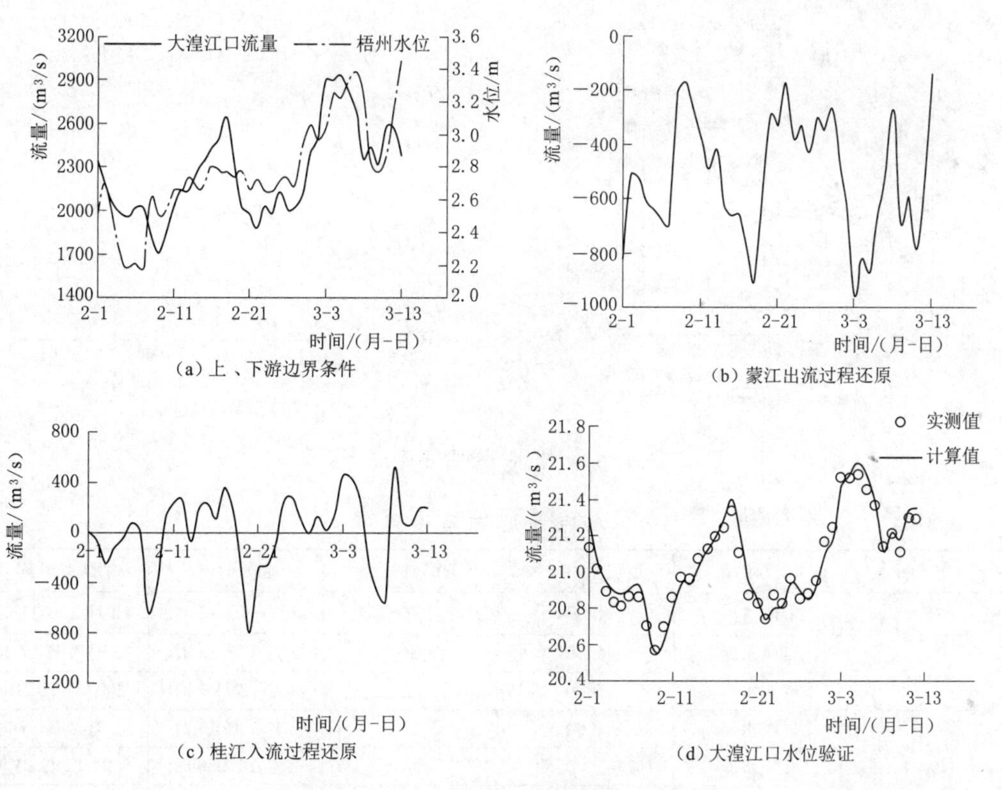

(a) 上、下游边界条件

(b) 蒙江出流过程还原

(c) 桂江入流过程还原

(d) 大湟江口水位验证

图 8-12（一） 大湟江口—梧州段还原与验证

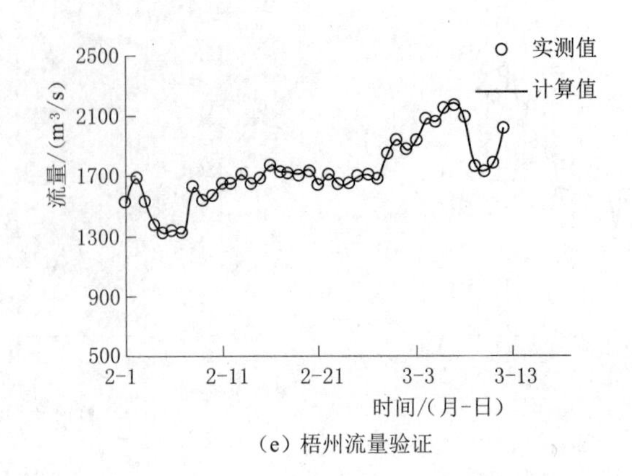

(e) 梧州流量验证

图 8-12(二) 大湟江口—梧州段还原与验证

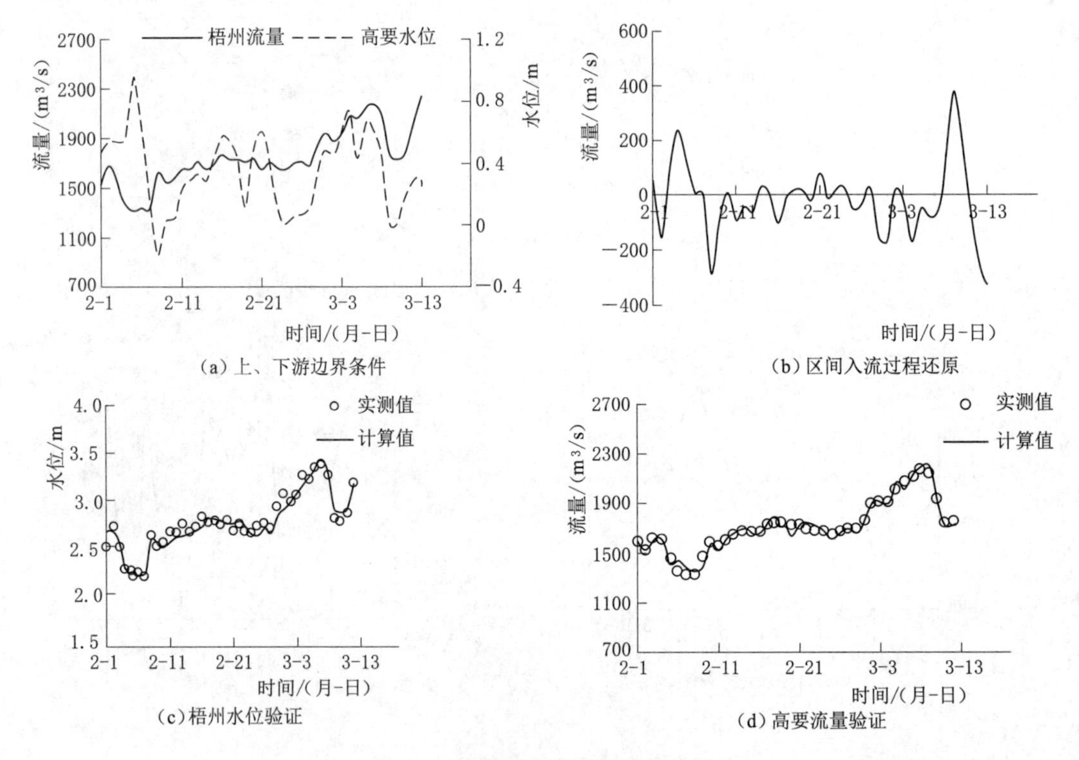

(a) 上、下游边界条件

(b) 区间入流过程还原

(c) 梧州水位验证

(d) 高要流量验证

图 8-13 梧州—高要还原与验证

表 8-4 水库调度方案设置

方案设置	调度水库	调度流量/(m³/s)	调度时长/h	起始时刻	结束时刻
方案1	岩滩水库	4000	26	2月1日15时	2月2日17时
方案2	岩滩水库	4000	26	2月1日15时	2月2日17时
	红花水库	2000	12	2月12日9时	2月12日21时
方案3	岩滩水库	4000	26	2月1日15时	2月2日17时
	红花水库	2000	12	2月12日9时	2月12日21时
	大藤峡水库	5000	24	2月22日2时	2月23日2时

续表

方案设置	调度水库	调度流量/(m^3/s)	调度时长/h	起始时刻	结束时刻
方案 4	岩滩水库	4000	26	2月1日15时	2月2日17时
	红花水库	2000	12	2月12日9时	2月12日21时
	大藤峡水库	6000	20	2月22日2时	2月23日0时

方案3在方案2同时调度岩滩和红花水库的基础上，加入大藤峡水库，大藤峡水库的起调时间为当坝址处污染物浓度开始超标时，即2月22日2时。

方案4在方案3调度岩滩、红花和大藤峡水库的基础上，将大藤峡水库调度下泄流量从方案3的5000m^3/s增大为6000m^3/s。

8.3.3.3 无调度措施下的污染输移特性

图8-14和表8-5给出了特征断面污染物浓度变化特征值。各典型断面位置污染物浓度变化呈抛物线状，断面污染物浓度的超标时间从上游岩滩的44h增大到下游梧州的76h，峰值浓度从0.0336降低到0.0061，在乐滩总超标历时减少是由于刁江支流的汇入加快了污染物的输移，桂平三江口位置总超标历时减少是由于郁江水流的汇入加快了污染物的输移传播。

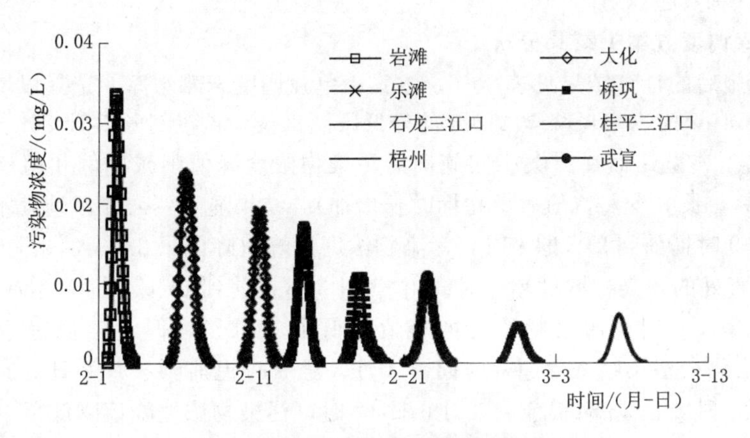

图8-14 典型断面污染物浓度变化图

表8-5 典型断面污染物浓度特征值

典型断面	开始超标时刻	开始达标时刻	出现峰值时刻	峰值浓度/(mg/L)	超标时长/h
岩滩水电站	2月1日15时	2月3日9时	2月2日4时	0.0336	44
大化水电站	2月5日17时	2月8日9时	2月6日17时	0.0238	66
乐滩水电站	2月10日10时	2月12日18时	2月11日12时	0.0191	59
桥巩水电站	2月13日9时	2月15日14时	2月14日10时	0.0172	62
石龙三江口	2月17日4时	2月19日21时	2月18日2时	0.0111	67
武宣水文站	2月21日3时	2月24日6时	2月22日13时	0.0110	76
桂平三江口	2月27日5时	3月2日1时	2月28日11时	0.0049	70
梧州水文站	3月5日9时	3月8日23时	3月7日3时	0.0061	76

岩滩从2月1日15时开始超标，在2月2日4点达到最大值0.0336，至3日9时消失，总共超标历时44h。

大化坝址污染物浓度从2月5日17时开始超标，在6日17时达到最大值0.0238，至8日9时开始达标，总共超标历时66h。

乐滩坝址污染物浓度从2月10号10时开始超标，在11日12时达到最大值0.0191，至12日18时消失，总共超标历时59h。

桥巩坝址处浓度在2月13日9时开始超标，在14日10时达到最大值0.0172，至15日14时消失，总共超标历时62h。

石龙三江口污染物浓度从2月17日4时开始超标，在18日2时达到最大值0.0111，至19日21时消失，总共超标历时67h。

武宣位置从2月21日3时开始超标，在22日13时达到最大值0.011，至24日6时消失，总共超标历时76h。

桂平三江口从2月27日5时开始超标，在28日11时达到最大值0.0049，至3月2日1时消失，总共超标历时70h。

梧州位置污染物浓度从3月5日9时开始超标，在7日3时达到最大值0.0061，至8日23时消失，总共超标历时70h。

8.3.3.4 水库调度方案1结果分析

方案1实施后的计算结果见表8-6。方案1单独调度岩滩水库，选择以增大下泄流量至4000m^3/s，直至库内水位降至219m的最低限制水位，调度时长共计26h。图8-15和图8-16给出了典型断面在方案1实施前后污染物浓度峰值削减比例和超标时长削减值（正值表示超标时长减少，负值表示超标时长增加）。结果显示：岩滩坝址处水质达标的时间从2月3日9时提前到2日的1时，污染物浓度的峰值降低了22.3%，污染物超标时间缩短32h。武宣处的污染物浓度超标时间由21日3时提前到16日9时，达标时间从22日13时提前到20日8时，污染物浓度的峰值降低了41.8%，但污染物超标时长增加了20h；梧州水文站处污染物浓度超标时间由3月5号9时提前到3月2日3时，污染物浓度达标时间从3月8日23时提前到3月6日12时，污染物浓度峰值降低了49.1%，但污染物超标时长增加了32h。分析方案1显示：

表8-6 典型断面污染物浓度特征值（水库调度方案1）

典型断面	开始超标时刻	开始达标时刻	出现峰值时刻	峰值浓度/(mg/L)	超标时长/h
岩滩水电站	2月1日15时	2月2日1时	2月1日18时	0.0261	12
大化水电站	2月2日16时	2月4日0时	2月2日10时	0.0206	34
乐滩水电站	2月4日23时	2月8日15时	2月6日6时	0.0116	90
桥巩水电站	2月8日7时	2月12日0时	2月9日21时	0.011	91
石龙三江口	2月12日23时	2月16日0时	2月12日9时	0.0075	75
武宣水文站	2月16日9时	2月20日8时	2月17日19时	0.0064	96
桂平三江口	2月23日3时	2月27日2时	2月25日13时	0.004	97
梧州水文站	3月2日3时	3月6日12时	3月4日14时	0.0031	108

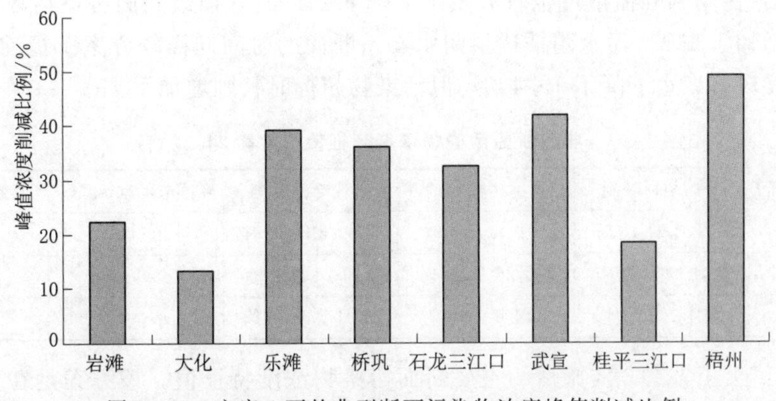

图 8-15　方案 1 下的典型断面污染物浓度峰值削减比例

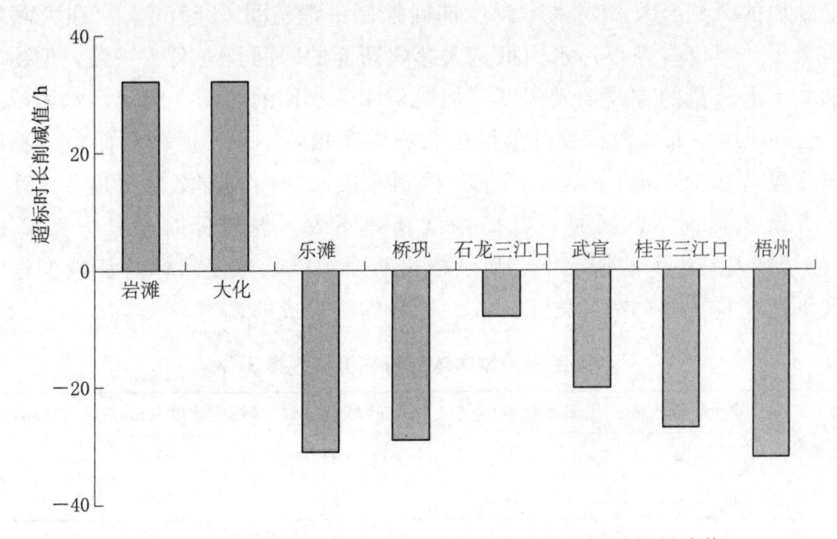

图 8-16　方案 1 下的典型断面污染物浓度超标时长削减值

1）在突发性水体污染发生在岩滩库区时，通过调度岩滩水库，加大下泄流量，可以显著降低库区及下游典型断面位置处的污染物浓度峰值，起到稀释污染物的作用，典型污染物峰值削减幅度总体呈现向下游增大的趋势。

2）由于加大岩滩出库下泄流量，相应增加了岩滩坝址下游河道的流速，下泄水流携带污染物以更快的速度向下游运动，岩滩水库下游典型断面位置污染物浓度超标时间及达标时间都显著提前。

3）岩滩水库调度，可以显著削减污染物在岩滩库区和大化库区滞留的时长，但大化坝址以下河道典型断面的污染物超标时长呈现显著增加的趋势。

8.3.3.5　其他水库调度结果分析

表 8-7 给出了水库调度方案 2 实施后的主要断面浓度特征值结果。由于方案 2 是在方案 1 调度岩滩水库的基础上，加入了红花电站，红花控制下泄流量为 $2000m^3/s$，于石龙三江口与岩滩下泄流量汇合，起到降低污染物浓度并快速向下游推移的作用。因此，从武宣断面污染物浓度变化过程来看，污水团抵达该断面的时间为 2 月 15 日 18 时，较方案

1提前了15h，污染物峰值浓度也较方案1下降了21.9%，但该断面污染物浓度超标时长则较方案1增加了11h。污水团抵达梧州水文站断面的时间同样较方案1提前了18h，污染物峰值浓度较方案1下降了19.4%，但污染物超标时长则增加了7h。

表8-7　　典型断面污染物浓度特征值（方案2）

典型断面	开始超标时刻	开始达标时刻	出现峰值时刻	峰值浓度/(mg/L)	超标时长/h
武宣水文站	2月15日18时	2月20日4时	2月16日23时	0.005	107
大藤峡水电站	2月22日2时	2月26日21时	2月24日1时	0.0043	116
梧州水文站	3月1日9时	3月6日6时	3月3日4时	0.0025	115

表8-8给出了方案3实施后的主要断面污染物浓度特征值。该方案是在方案2岩滩和红花联合调度的基础上，加入即将建成的大藤峡水库，大藤峡水库调度开始时间为污水团抵达坝址断面的时刻，大藤峡水库调度期间控制下泄流量5000m^3/s。在大藤峡水库参与调度的情形下，可以看到，污水团抵达大藤峡断面的时间与方案2一致，但由于大藤峡水库通过加大下泄流量的方式加入调度，加快了库区水体的流动，因此污水团峰值较方案2提前25h抵达坝址断面，污染物峰值浓度与方案2相差不大，但该断面污染物浓度超标时长较方案2显著减少了44h；污水团抵达梧州水文站断面较方案2提前了26h，污染物浓度峰值较方案2提前18h抵达，峰值浓度相差不大，但超标时长较方案2显著减少17h，在峰值浓度差别不大的情况下，显然梧州断面污染物浓度超标时长减少是由于大藤峡水库加大下泄流量从而对污染物起到极大稀释作用形成的。

表8-8　　典型断面污染物浓度特征值（方案3）

典型断面	开始超标时刻	开始达标时刻	出现峰值时刻	峰值浓度/(mg/L)	超标时长/h
大藤峡水电站	2月22日2时	2月25日3时	2月23日0时	0.0046	72
梧州水文站	2月28日7时	3月4日8时	3月1日22时	0.0027	98

表8-9给出了方案4下的大藤峡坝址断面和梧州水文站断面的污染物特征值。该方案与方案3基本一致，只是大藤峡调度期间下泄流量比方案3多1000m^3/s。总体来看，该方案实施后的变化趋势与方案3一致，污水团及浓度峰值更快地抵达大藤峡坝址断面和梧州水文站断面，峰值浓度基本一样，两断面污染物浓度超标时长都进一步缩短。

表8-9　　典型断面污染物浓度特征值（方案4）

典型断面	开始超标时刻	开始达标时刻	出现峰值时刻	峰值浓度/(mg/L)	超标时长/h
大藤峡水电站	2月22日2时	2月24日16时	2月22日21时	0.0045	64
梧州水文站	2月27日15时	3月3日10时	3月1日4时	0.0024	92

8.4　本章小结

（1）西江中游主干红水河突发水污染物事故后，下游控制站点位置污染物浓度变化呈对称抛物线状，由上游尖瘦型逐渐过渡到下游的矮胖型，最大浓度值逐渐减小，而影响时间则逐步增加；由于枯季流量小、流速慢，致使污染物在河道流动较为缓慢。

(2) 污水团向下游输移的影响范围变化规律分两阶段，第一阶段为对流剪切造成影响范围逐步增大的阶段，第二阶段则是污染物在输移扩散到下游某一河段后，由于持续物理稀释作用影响范围逐步减小阶段；中间支流的汇入会造成污染物浓度抛物线的不对称分布和影响范围的减小。

(3) 根据本次选取的 2014 年最枯月 2 月 8—28 日水文条件模拟计算显示，污水团的最大影响范围出现在 2 月 19 日左右，最大影响距离 52km，出现位置大致以大湟江口为中心的桂平三江口—长洲枢纽河段；显示若出现本次设想的突发污染事故，在不采取任何措施的情况下，由于枯季流量小、流速慢，造成污染物在西江主干河道上的长时间和大范围的滞留，将对取水和水生态环境造成极为不利的影响。

(4) 采用单库来应对下游突发性水体污染事故时，需要根据调度水库与调度目标河段的距离以及敏感因子来确定，若目标河段与调度水库相距太远且目标河段对污染物浓度更为敏感，则该水库就不适合作为调度水库；若该水库与目标河段距离较近且污染物浓度为敏感因子，则水库采用大流量、短历时的调度模式较为合适；若污染物滞留时长更为敏感，则采用流量适中、历时较长的调度模式较为合适。

(5) 当突发性水污染事故发生在水库库区时，需根据水库及下游河道功能来开展调度，当水库水质对供水及水生态安全很重要时，需尽快开启水库泄水实施，减少水库库区污染物的浓度和滞留时间；若水库下游河段属于重要功能区时，则需尽量延迟水库开启时间，减小下泄流量，以减小对下游目标河段的影响。

(6) 对于突发性水污染物事故下的梯级水库调度，由于可利用库容较单库要大，可以充分利用梯级水库的逐级补水方式，根据调度目标河段的敏感因子，采用延长调度时间或加大下泄流量的方式更好地控制水污染损失程度。

参 考 文 献

[1] 白玉川，万艳春，黄本胜，等. 河网非恒定流数值模拟的研究进展 [J]. 水利学报，2000 (12)：43-47.

[2] 李岳生，杨世孝，肖子良. 网河不恒定流隐式方程组的稀疏矩阵解法 [J]. 中山大学学报（自然科学版），1977 (3)：27-37.

[3] 徐小明，何建京，汪德爟. 求解大型河网非恒定流的非线性方法 [J]. 水动力学研究与进展，2001 (3)：1-3.

[4] Dronkers J J. Tidal computation for rivers，coastal areas，and seas [J]. J. Hydraulic. Div，ASCE，1969，95 (1)：29-77.

[5] Schulze K W. Finite Element Analysis of Long Wave in open Channel Systems. Finite Element Method in Flow Problems [M]. Ed. By Oden J T et al. The Univ. Of Alabama Press，1974.

[6] 李义天. 河网非恒定流隐式方程组的汊点分组解法 [J]. 水利学报，1997 (3)：49-57.

[7] 侯玉，卓建民，郑国权. 河网非恒定流汊点分组解法 [J]. 水科学进展，1999，10 (1)：48-52.

[8] 杨磊. 河网非恒定流的有限元数值解 [D]. 南京：河海大学，1994.

[9] 詹杰民，吕满英，李毓湘，等. 一种高效实用的河网水动力数学模型研究 [J]. 水动力学研究与进展A辑，2006，21 (6)：685-692.

[10] 季益柱，丁全林，王玲玲，等. 三峡水库一维水动力数值模拟及视化研究 [J]. 水利水电技术，2012，43 (11)：21-24.

[11] 伍宁. 一维圣维南方程组在非恒定流计算中的应用 [J]. 人民长江，2001，32 (11)：16-18.

[12] 张小琴，包为民，王涛. 水动力学模型初始条件问题浅议 [J]. 水电能源科学，2008，26 (2)：62-64，75.

[13] 朱金格，包芸，胡维平，等. 近50年来珠江河网区水动力对地形的响应 [J]. 中山大学学报（自然科学版），2010，49 (4)：129-133.

[14] 李毓湘，逄勇. 珠江三角洲地区河网水动力学模型研究 [J]. 水动力学研究与进展A辑，2001，16 (2)：143-155.

[15] 龙江，李适宇. 珠江三角洲河网一维水动力模拟的有限元法 [J]. 热带海洋学报，2008，27 (2)：7-11.

[16] 徐峰俊，朱士康，刘俊勇. 珠江河口区水环境整体数学模型研究 [J]. 人民珠江，2003 (5)：12-18.

[17] John D. C. Little. The use of storage water in a hydroelectric system [J]. Operations Research，1955，3 (2)：187-197.

[18] Windsor J S. Optimization model for reservoir flood control [J]. Water Resources Research，1973，9 (5)：1219-1226.

[19] 刘攀. 水库洪水资源化调度关键技术研究 [D]. 武汉：武汉大学，2005.

[20] Barros M，Tsai F，Yang S L，et al. Optimization Model for the Operation of Flood Control System [J]. Journal of Water Resources Planning and Management，2003，129 (3)：178-188.

[21] 张忠波，吴学春，张双虎. 并行动态规划和改进遗传算法在水库调度中的应用 [J]. 水力发电报学报，2014，33 (4)：21-27.

[22] 张水龙，冯平. 河流工程生态化的理论基础研究进展 [J]. 三峡大学学报，2006，28 (1)：6-9.

[23] 熊斯毅. 混合电力系统中并联水库的最优控制 [J]. 水电能源科学，1983，1 (1)：71-78.
[24] 张勇传，刘鑫卿，王麦力，等. 水库群优化调度函数 [J]. 水电能源科学，1988，6 (1)：69-79.
[25] 张勇传，丙凤山，刘鑫卿，等. 水库群优化调度理论的研究——SEPOA 方法 [J]. 水电能源科学，1987，5 (3)：234-244.
[26] 董子敖，李英. 大规模水电站群随机优化补偿调节调度模型 [J]. 水力发电报学报，1991，20 (4)：1-10.
[27] 徐刚，马光文. 蚁群算法在水库优化调度中的应用 [J]. 水科学进展，2005，16 (3)：397-400.
[28] 刘玒玒，汪妮，解建仓，等. 水库群供水优化调度的改进蚁群算法应用研究 [J]. 水力发电报学报，2015，34 (2)：31-36.
[29] 中水珠江规划勘测设计有限公司. 西江骨干水库对西江防洪影响研究报告 [R]. 广州：中水珠江规划勘测设计有限公司，2006.
[30] 中水珠江规划勘测设计有限公司. 西江洪水调度方案研究报告 [R]. 广州：中水珠江规划勘测设计有限公司，2008.
[31] 中水珠江规划勘测设计有限公司. 西江干流洪水实时调度方案 [R]. 广州：中水珠江规划勘测设计有限公司，2012.
[32] 吕新华. 大型水利工程的生态调度 [J]. 科学进步与对策，2006，11 (7)：129-131.
[33] 余文公. 三峡水库生态径流调度措施及方案研究 [D]. 南京：河海大学，2007.
[34] 舒丹丹. 生态友好型水库调度模型研究与应用 [D]. 郑州：郑州大学，2009.
[35] 胡和平，刘登峰，田富强，等. 基于生态流量过程线的水库生态调度方法研究 [J]. 水科学进展，2008，19 (3)：325-331.
[36] 曾勇. 跨界水冲突博弈分析 [J]. 水科学报，2011，42 (2)：204-210.
[37] 康玲，黄云燕，杨正祥，等. 水库生态调度模型及其应用 [J]. 水科学报，2010，41 (2)：134-141.
[38] 刘树君. 小浪底水库近期优化调度探讨 [J]. 人民黄河，2012，34 (10)：23-25.
[39] 王煜，戴会超，王冰伟，等. 优化中华鲟产卵生境的水库生态调度研究 [J]. 水科学报，2013，44 (3)：319-326.
[40] 珠江流域水资源保护局. 西江干流生态调度试调度方案 [R]. 广州：珠江流域水资源保护局，2016.
[41] 吴创收，黄世昌，王珊珊，等. 1954—2011 年间珠江入海水沙通量变化的多尺度分析 [J]. 地理学报，2014，69 (3)：422-432.
[42] (法) A. 普瓦雷尔. 几座高山水库冲沙管理经验回顾 [J]. 水利水电快报，2003，24 (21)：10-13.
[43] 赵惠君，张乐. 关注大坝对流域环境的影响 [J]. 长江职工大学学报，2002，19 (1)：4-8.
[44] 李义天，孙昭华，邓金运，等. 河流泥沙的资源化与开发利用 [J]. 科技导报，2002 (2)：57-61.
[45] 张陵. 长江中下游筑坝河流生态水文效应研究 [D]. 郑州：华北水利水电大学，2015.
[46] 刘方. 水库水沙联合调度优化方法与应用研究 [D]. 北京：华北电力大学，2013.
[47] 赵惠君，张乐. 关注大坝对流域环境的影响 [J]. 长江职工大学学报，2002，19 (1)：4-8.
[48] 何用. 水沙过程与河流生态环境作用初步研究 [D]. 武汉：武汉大学，2005.
[49] 余文公. 三峡水库生态径流调度措施与方案研究 [D]. 南京：河海大学，2007.
[50] (英) G. E. 佩茨. 蓄水对河流的影响 [M]. 王兆印，曾庆华，吕秀贞，等. 北京：中国环境科学出版社，1988.
[51] 李海斌，张文刚，康锋. 水库蓄清排浑的初步探讨 [J]. 水利建设与管理，2012，9：75-76.
[52] 陈建. 水库调度方式与水库泥沙淤积关系研究 [D]. 武汉：武汉大学，2007.
[53] 沈鸿金，王永勇. 珠江泥沙主要来源及时空变化初步分析 [J]. 人民珠江，2009，2：39-42.
[54] 张星. 西津水电站水库泥沙淤积研究 [J]. 人民珠江，2003 (2)：5-7.

[55] 孙波，等. 大藤峡水利枢纽工程可行性研究报告 [R]. 广州：中水珠江水利勘测规划有限公司，2012.

[56] 谢龙，蓝霄峰，马世荣. 西江干流重点河段（广西梧州河段）管理范围内建设项目防洪综合影响研究报告 [R]. 广州：珠江水利委员会珠江水利科学研究院，2015.

[57] 赵薛强，张永. 珠江河口地形特征演变分析研究报告 [R]. 广州：中水珠江水利勘测规划有限公司，2012.

[58] 张永，王建龙，高德恒. 西江河道地形变化分析研究报告 [R]. 广州：中水珠江水利勘测规划有限公司，2013.

[59] 兰电洋，腾培宋. 左江电站运行后对下游洪水影响初探 [J]. 广西水利水电，2008 (3)：34-37.

[60] 何长春，高宪池. 石泉、安康水电站对上下游水文情势的影响 [J]. 陕西水利，1991 (2)：22-25.

[61] 上犹江水力发电厂，松涛水利工程管理局，长江流域规划办公室水文处，等. 水库洪水传播问题初步探讨 [J]. 武汉水利电力学院学报，1977 (2)：20-44.

[62] 毛革，吕忠华，沈汉堃，等. 珠江流域防洪规划 [R]. 广州：珠江水利委员会，2007.

[63] 杜勇，丁镇. 龙滩、岩滩水库对梧州削峰的初步分析 [J]. 水文，2009，29 (增刊1)：76-78.

[64] 徐松，谭斌，马志鹏，等. 西江干流骨干水库群抑咸调度的自优化模拟模型 [J]. 水力发电，2012，38 (3)：24-26.

[65] 赵旭升，孙倩文，范光伟. 珠江防洪调度系统建设 [J]. 人民珠江，2007 (6)：95-97.

[66] 易灵，谢淑琴. 珠江枯期水库调度关键技术研究与应用 [J]. 人民珠江，2010，增刊 (1)：1-3.

[67] 谢志强，姚章民，李继平，等. 珠江流域“94·6”、“98·6”暴雨洪水特点及其比较分析 [J]. 水文，2002，22 (3)：56-58.

[68] 季晓云，张平. 西江“05·06”特大暴雨洪水分析 [J]. 中山大学学报（自然科学版），2005，44 (增刊2)：266-268.

[69] 苏灵，梁才贵. 广西境内西江干流洪水特征变化初探 [J]. 水文，2012，32 (1)：92-96.

[70] 许斌，谢平，谭莹莹，等. 洪水归槽影响下西江中游防洪能力分析 [J]. 水力发电学报，2014，33 (2)：65-72.

[71] 张康，何锦翔，方神光，等. 红水河梯级开发对洪水演进的影响分析 [J]. 人民珠江，2013，增刊：57-60.

[72] 赖万安，罗扬生. 大藤峡枢纽水库库区一维非恒定流洪水演进数值计算 [J]. 人民珠江，1995 (2)：23-26.

[73] 王船海，李光炽. 实用河网水流计算 [M]. 南京：河海大学出版社，1994.

[74] 张康，何锦翔，方神光，等. 红水河梯级开发对洪水演进的影响分析 [J]. 人民珠江，2013，增刊：57-60.

[75] 金忠青，韩龙喜，张健. 复杂河网的水力计算及参数反问题 [J]. 水动力学研究与进展，1998，13 (3)：280-285.

[76] 董文军，姜亨余，喻文唤. 一维水流方程中曼宁糙率的参数识别 [J]. 天津大学学报，2001，34 (2)：201-204.

[77] 程伟平，毛根海. 基于带参数的卡尔曼滤波的河道糙率动态反演研究 [J]. 水力发电学报，2005，24 (2)：123-127.

[78] 史明礼，苏娅，乔从林，等. 山区河道糙率变化规律浅析 [J]. 水文，2002，20 (2)：19-22.

[79] Kejun Yang，Shuyou Cao，Xingnian Liu. Flow resistance and its prediction methods in compound channels [J]. Acta Mech. Sin.，2007，23：23-31.

[80] 秦荣昱，王崇浩，刘淑杰，等. 峡谷河道综合糙率变化规律的预报 [J]. 泥沙研究，1995 (1)：59-69.

[81] 惠遇甲，陈稚聪. 长江三峡河道糙率的初步分析 [J]. 水利学报，1982 (8)：64-73.
[82] 丁永灿，姜寿来. 红水河河床糙率研究 [J]. 广西交通科技，1999 (3)：29-31.
[83] 武招云. 横比降对糙率的影响 [J]. 广西水利水电，1998 (4)：26-28.
[84] 唐洪武，闫静，肖洋，等. 含植物河道曼宁阻力系数的研究 [J]. 水利学报，2007，38 (11)：1347-1353.
[85] 拾兵，王川源，尹则高，等. 淹没植物对河道糙率的影响 [J]. 中国海洋大学学报，2009，39 (2)：295-298.
[86] 韩龙喜，朱羿，蒋莉华. 山区型河道一维水力数值模拟糙率确定方法 [J]. 水文，2002，22 (6)：16-18.
[87] 黄东，黄本胜，郑国栋. 西、北江下游及其三角洲网河河道设计洪潮水面线（试行）[R]. 广州：广东省水利厅，2002.
[88] 廖世洁，刘仲桂，叶建平，等. 广西防洪体系规划报告 [R]. 南宁：广西水利水电勘测设计研究院，1999.
[89] 陆航波. 郁江西津水库泥沙淤积对南宁电厂取水口的影响研究 [J]. 红水河，2009，28 (5)：17-20.
[90] 刘斌，余顺超，万东辉，等. 西江干流生态调度试调度方案 [R]. 广州：珠江流域水资源保护局，2016.
[91] 谢龙，马世荣，雷勇，等. 珠江流域（广西部分）重要河道采砂管理规划报告 [R]. 广州：珠江水利委员会珠江水利科学研究院，2011.
[92] 覃昌佩，谢洁，李婷婷. 红水河曹渡河口至乐滩过河建筑物对通航的影响分析 [J]. 珠江水运，2009，10：70-71.
[93] 方神光，张康. 红水河梯级水库洪水应急调度方案编制报告书 [R]. 广州：珠江水利委员会珠江水利科学研究院，2013.
[94] 李建，夏自强，王元坤，等. 长江中游四大家鱼产卵场河段形态与水流特性研究 [J]. 四川大学学报（工程科学版），2010，42 (4)：63-69.
[95] 胡二邦. 环境风险评价实用技术、方法和案例 [M]. 北京：中国环境科学出版社，2009.
[96] 徐小钰，朱记伟，李占斌，等. 国内外突发性水污染事件研究综述 [J]. 中国农村水利水电，2015，(6)：1-5.
[97] 张珂，刘仁志，张志娇，等. 流域突发性水污染事故风险评价方法及其应用 [J]. 应用基础与工程科学学报，2014，22 (4)：675-684.
[98] 钱树芹，高秋霖，张心凤，等. 珠江流域突发性水污染事故应对措施探讨 [J]. 人民珠江，2014 (5)：43-45.
[99] 徐丽媛，逄勇，罗缙，等. 河流水电梯级开发水质影响评价方法研究 [J]. 工业安全与环保，2014，40 (4)：74-77.
[100] 程永隆，沈恒，许友勤. 闽江梯级电站对水环境的影响 [J]. 水资源保护，2011，27 (5)：114-118.
[101] 陈建发，吴文炳，黄慧珍，等. 电站运营对北溪下游水质影响探讨及改进建议 [J]. 环境科学与管理，2013，38 (1)：25-29.
[102] 周彦辰，胡铁松，张楠楠. 内陆核电站事故情况下核素迁移扩散模拟 [J]. 华中科技大学学报（自然科学版），2014，42 (2)：11-15.
[103] 方神光，张文明，徐峰俊，等. 西江中游河网及梯级水库水动力整体数学模型研究 [J]. 人民珠江，2015 (4)：107-111.
[104] 荆海晓. 河网水动力及水质模型的研究及应用 [D]. 天津：天津大学，2010.